ICT 建设与运维岗位能力培养系列教材
职业教育新形态教材

Windows Server 2012 网络服务器配置与管理（第3版）（微课版）

黄君羡　简碧园　主　编
彭亚发　李　琳　李文远　副主编

电子工业出版社
Publishing House of Electronics Industry
北京·BEIJING

内 容 简 介

本书围绕网络管理员、IT 系统管理工程师等岗位对 Windows 服务部署项目实施与管理核心技能的要求，通过引入行业标准和职业岗位标准，以基于 Windows Server 2012 平台构建的网络主流技术和主流产品为载体，将 Windows Server 基础知识和服务架构融入各项目的工作任务中。

本书取材于真实企业网络建设工程项目，针对中小型网络建设与管理中涉及的技术与技能，精选网络工程项目案例加以提炼和虚拟。具体项目包括安装 Windows Server 2012 R2 系统、管理信息中心的用户与组、管理公司服务器的本地磁盘、部署业务部局域网、部署信息中心文件共享服务、实现公司各部门局域网的互联互通、部署公司的 DNS 服务、部署公司的 DHCP 服务、部署公司的 FTP 服务、部署公司的 Web 服务、部署信息中心的 NAT 服务、部署公司的电子邮件服务、部署信息中心的虚拟化服务、部署公司的活动目录服务。

本书配套 PPT、微课视频、思政视频、课程标准、课后习题等资源。本书适合网络技术人员、网络管理和维护人员、网络系统集成人员阅读和使用，也可作为高等学校相关专业和技术培训学校的教学参考用书。

未经许可，不得以任何方式复制或抄袭本书之部分或全部内容。
版权所有，侵权必究。

图书在版编目（CIP）数据

Windows Server 2012 网络服务器配置与管理：微课版 / 黄君羡，简碧园主编. —3 版. —北京：电子工业出版社，2021.12
ISBN 978-7-121-42148-8

Ⅰ. ①W… Ⅱ. ①黄… ②简… Ⅲ. ①Windows 操作系统－网络服务器－高等学校－教材 Ⅳ. ①TP316.86

中国版本图书馆 CIP 数据核字（2021）第 196380 号

责任编辑：朱怀永　　　　　　特约编辑：田学清
印　　刷：三河市鑫金马印装有限公司
装　　订：三河市鑫金马印装有限公司
出版发行：电子工业出版社
　　　　　北京市海淀区万寿路 173 信箱　　邮编：100036
开　　本：787×1092　1/16　　印张：21.5　　字数：550.4 千字
版　　次：2017 年 7 月第 1 版
　　　　　2021 年 12 月第 3 版
印　　次：2025 年 1 月第 6 次印刷
定　　价：59.80 元

凡所购买电子工业出版社图书有缺损问题，请向购买书店调换。若书店售缺，请与本社发行部联系，联系及邮购电话：（010）88254888，88258888。
质量投诉请发邮件至 zlts@phei.com.cn，盗版侵权举报请发邮件至 dbqq@phei.com.cn。
本书咨询联系方式：（010）88254608，zhy@phei.com.cn。

前 言

正月十六工作室集合 IT 厂商、IT 服务商、资深教师组成教材开发团队，聚焦产业发展动态，持续跟进 ICT 岗位需求变化，基于工作过程系统化开发项目化课程和立体化教学资源，旨在打造优质的网络类岗位能力系列课程，让每个网络人都能更快地提高职业能力，持续助力职业生涯发展。

本书采用容易让读者理解的方式，通过场景化的项目案例将理论与技术应用密切结合，让技术应用更具画面感。全书通过 14 个精心设计的项目让读者逐步地掌握 Windows Server 2012 的配置与管理方法，为成为网络管理员、IT 系统管理工程师打下基础。

本书极具职业特征，具体描述如下。

1．课证融通、校企双元开发

本书由高等学校教师和企业工程师联合编写。书中关于 Windows 服务的相关技术及知识点引入了微软 Windows 服务技术标准和微软 MCP 认证考核标准；课程项目导入了荔峰科技、中锐网络等服务商的典型项目案例和标准化业务实施流程；高等学校教师团队按高职网络专业人才培养要求和教学标准，遵循学习者认知特点，将企业资源进行教学化改造，形成工作过程系统化教材，教材内容符合网络管理员、IT 系统管理工程师岗位技能培养要求。

2．项目贯穿、课产融合

递进式场景化项目重构课程序列。本书围绕网络管理员、IT 系统管理工程师等岗位对 Windows 服务部署项目实施与管理核心技能的要求，基于工作过程系统化方法，按照 TCP/IP 协议由低层到高层这一规律，设计了 14 个进阶式项目案例。本书将 Windows 管理知识碎片化，按项目化方式重构，在每个项目中按需融入相关知识。相对于传统教材，读者通过进阶式项目案例的学习，不仅可以掌握系统管理相关的知识和技能，还可以收获知识的应用场景和项目实施的业务流程与职业素养，更能熟悉网络管理员、IT 系统管理工程师的岗位能力要求。课程学习架构如图 1 所示。

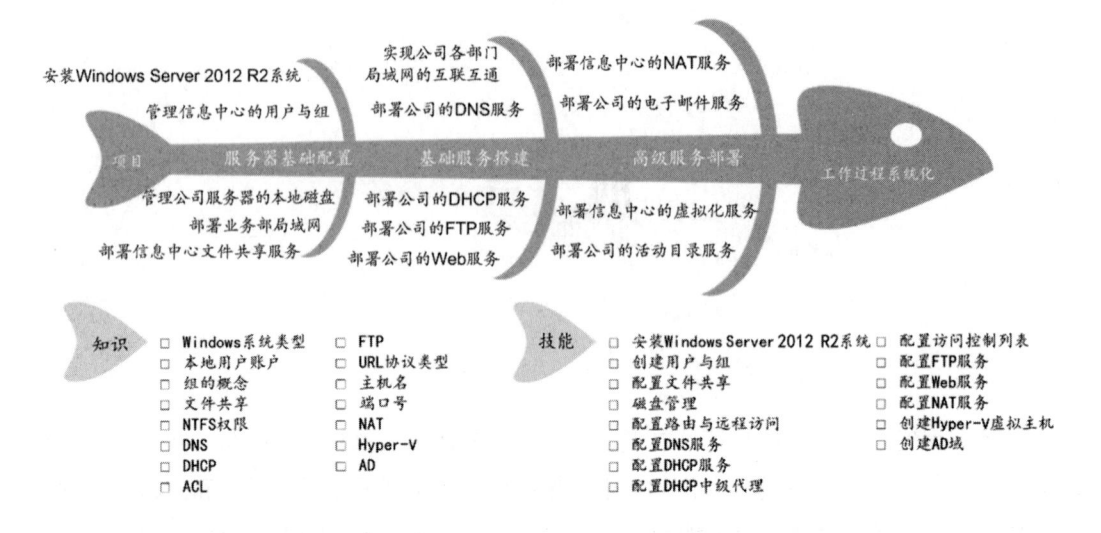

图 1 Windows Server 2012 网络服务器配置与管理学习架构

用业务流程驱动学习过程。将项目按企业工程项目实施流程分解为若干个工作任务，通过项目描述、项目分析、相关知识为任务做铺垫；任务实施过程由任务规划、任务实施和任务验证构成，符合工程项目实施的一般规律，如图 2 所示。学生通过 14 个项目的渐进学习，逐步熟悉网络管理员、IT 系统管理工程师岗位中 Windows 服务器配置与管理知识的应用场景，熟练掌握业务实施流程，培养良好的职业素养。

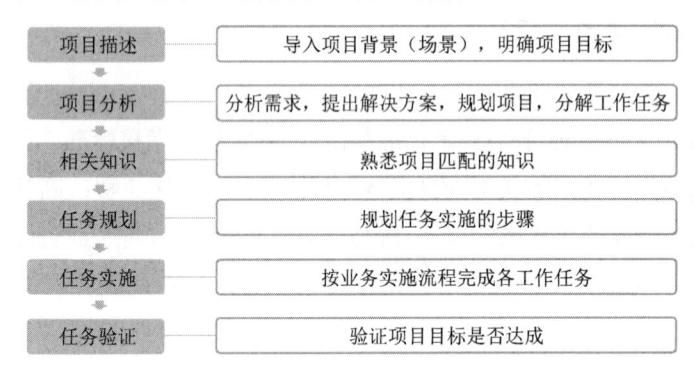

图 2 工作任务

3．实训项目具有复合性和延续性

考虑到企业真实工作项目的复合性，工作室精心设计了课程实训项目。实训项目不仅考核与本项目相关的知识、技能和业务流程，还涉及前序知识与技能，强化了各阶段知识点、技能点之间的关联，让学生更好地熟悉知识与技能在实际场景中的应用。

本书若作为教学用书，参考学时为 40～72 学时，各项目的参考学时如表 1 所示。

表 1 学时分配表

内容模块	课程内容	学时
课程概述	Windows Server 2012 概述	1~2
服务器基础配置	项目 1 安装 Windows Server 2012 R2 系统	1~2
	项目 2 管理信息中心的用户与组	2~4
	项目 3 管理公司服务器的本地磁盘	2~4
局域网组建	项目 4 部署业务部局域网	2~4
	项目 5 部署信息中心文件共享服务	2~4
	项目 6 实现公司各部门局域网的互联互通	2~4
基础服务部署	项目 7 部署公司的 DNS 服务	2~4
	项目 8 部署公司的 DHCP 服务	2~4
	项目 9 部署公司的 FTP 服务	2~4
	项目 10 部署公司的 Web 服务	2~4
高级服务部署	项目 11 部署信息中心的 NAT 服务	4~6
	项目 12 部署公司的电子邮件服务	4~6
	项目 13 部署信息中心的虚拟化服务	4~6
	项目 14 部署公司的活动目录服务	4~6
课程考核	综合项目实训/课程考评	4~8
课时总计		40~72

本书由正月十六工作室出品，由荔峰科技、中锐网络、微软中国、广东交通职业技术学院、广州市工贸技师学院等单位联合编写，主编为黄君羡和简碧园，副主编为彭亚发、李琳和李文远。

编者在编写本书过程中，参阅了大量的网络技术资料和书籍，特别引用了 IT 服务商的大量项目案例，在此，对这些资料的贡献者表示感谢。

编 者

2021 年 7 月

目 录

项目 1　安装 Windows Server 2012 R2 系统...1

项目描述...1

项目分析...1

相关知识...1

  1.1　Windows Server 2012 R2 简介..1

  1.2　Windows Server 2012 R2 的版本..2

  1.3　Windows Server 2012 R2 的最低配置要求..2

任务　Windows Server 2012 R2 的安装..2

练习与实践...7

项目 2　管理信息中心的用户与组...8

项目描述...8

项目分析...9

相关知识...9

  2.1　本地用户账户..9

  2.2　内置账户..10

  2.3　组的概念..10

  2.4　内置本地组..10

  2.5　内置特殊组..11

任务 2-1　管理信息中心的用户账户...11

任务 2-2　管理信息中心的组账户...16

练习与实践...19

项目 3　管理公司服务器的本地磁盘 22

项目描述 22
项目分析 23
相关知识 23
  3.1　MBR 磁盘与 GPT 磁盘 23
  3.2　文件系统 24
  3.3　基本磁盘 24
  3.4　动态磁盘 25
  3.5　基本磁盘和动态磁盘的转换 28
任务 3-1　基本磁盘的配置与管理 28
任务 3-2　动态磁盘的配置与管理 33
练习与实践 43

项目 4　部署业务部局域网 45

项目描述 45
项目分析 46
相关知识 46
  4.1　以太网 46
  4.2　IP 协议与 IP 地址 48
  4.3　MAC 地址与 ARP 协议 52
任务 4-1　组建业务部局域网 54
任务 4-2　局域网的维护与管理 58
练习与实践 64

项目 5　部署信息中心文件共享服务 67

项目描述 67
项目分析 68
相关知识 68
  5.1　文件共享 68
  5.2　文件共享权限 69
  5.3　文件共享的访问用户账户类型 69

        5.4   NTFS 权限 69
        5.5   文件共享权限与 NTFS 权限 70
    任务 5-1   为信息中心部署网络运维工具下载服务 71
    任务 5-2   为信息中心员工部署个人文件夹 73
    任务 5-3   为网络管理组和系统管理组部署资源协同空间 76
    练习与实践 81

项目 6 实现公司各部门局域网的互联互通 83

    项目描述 83
    项目分析 84
    相关知识 84
        6.1   路由和路由器的概念 84
        6.2   路由的类型 87
        6.3   路由协议 87
        6.4   RIP 协议 88
    任务 6-1   基于直连路由实现信息中心和研发部的互联 88
    任务 6-2   基于静态路由实现公司所有区域的互联 93
    任务 6-3   基于默认路由实现公司所有区域的互联 96
    任务 6-4   基于动态路由实现公司所有区域的互联 97
    练习与实践 100

项目 7 部署公司的 DNS 服务 103

    项目描述 103
    项目分析 104
    相关知识 104
        7.1   DNS 的基本概念 105
        7.2   DNS 的类型与解析 106
    任务 7-1   实现总公司主 DNS 服务器的部署 108
    任务 7-2   实现子公司委派 DNS 服务器的部署 117
    任务 7-3   实现香港办事处辅助 DNS 服务器的部署 126
    任务 7-4   DNS 服务器的管理 132

IX

练习与实践 137

项目 8　部署公司的 DHCP 服务 140

项目描述 140

项目分析 141

相关知识 141

  8.1　DHCP 的概念 141

  8.2　DHCP 客户端首次接入网络的工作过程 142

  8.3　DHCP 客户端 IP 地址租约的更新 144

  8.4　DHCP 客户端租用 IP 地址失败后的自动配置 145

  8.5　DHCP 中继代理服务 146

任务 8-1　部署 DHCP 服务，实现信息中心客户端接入局域网 146

任务 8-2　配置 DHCP 作用域，实现信息中心客户端访问外网 154

任务 8-3　配置 DHCP 中继代理，实现所有部门客户端自动配置网络信息 158

任务 8-4　维护与管理 DHCP 服务器 164

练习与实践 169

项目 9　部署公司的 FTP 服务 171

项目描述 171

项目分析 173

相关知识 173

  9.1　FTP 的工作原理 173

  9.2　FTP 的典型消息 174

  9.3　常用 FTP 服务器和客户端程序 175

  9.4　匿名 FTP 与实名 FTP 176

  9.5　FTP 的访问权限 176

  9.6　FTP 的访问方式 177

  9.7　在一台服务器上部署多个 FTP 站点 177

  9.8　通过虚拟目录让 FTP 站点链接不同的磁盘资源 177

任务 9-1　公司公共 FTP 站点的部署 178

任务 9-2　部门专属 FTP 站点的部署 182

任务 9-3　多个岗位学习资源专属 FTP 站点的部署 192

　　任务 9-4　基于 Serv-U 的 FTP 站点的部署 198

　　练习与实践 208

项目 10　部署公司的 Web 服务 212

　　项目描述 212

　　项目分析 213

　　相关知识 213

　　　　10.1　Web 的概念 213

　　　　10.2　URL 的概念 213

　　　　10.3　Web 服务的类型 214

　　　　10.4　IIS 简介 214

　　任务 10-1　部署公司的门户网站（HTML）.. 215

　　任务 10-2　部署公司的人事管理系统（ASP）.. 220

　　任务 10-3　部署公司的项目管理系统（ASP.NET）.. 223

　　任务 10-4　通过 FTP 服务远程更新公司门户网站 227

　　练习与实践 230

项目 11　部署信息中心的 NAT 服务 233

　　项目描述 233

　　项目分析 234

　　相关知识 234

　　　　11.1　NAT 的概念 234

　　　　11.2　访问控制列表 240

　　任务 11-1　部署动态 NAPT，实现公司计算机访问外网 244

　　任务 11-2　部署静态 NAPT，将公司门户网站发布到 Internet 上 250

　　任务 11-3　部署静态 NAT，将 FTP 服务器发布到 Internet 上 254

　　任务 11-4　部署 ACL，限制其他部门访问财务部的财务系统服务器 258

　　练习与实践 261

项目 12　部署公司的电子邮件服务 265

项目描述 265
项目分析 266
相关知识 266
　　12.1　POP3 服务与 SMTP 服务 267
　　12.2　电子邮件系统及其工作原理 267
任务 12-1　Windows Server 2012 R2 电子邮件服务的安装与配置 269
任务 12-2　WinWebMail 电子邮件服务的安装及配置 277
练习与实践 283

项目 13　部署信息中心的虚拟化服务 286

项目描述 286
项目分析 288
相关知识 288
　　13.1　虚拟化的概念 288
　　13.2　Hyper-V 虚拟化 289
任务 13-1　安装和配置 Hyper-V 服务 290
任务 13-2　在 Hyper-V 中部署 DNS 和 DHCP 两台虚拟机 295
任务 13-3　配置与管理虚拟机的快照 303
练习与实践 305

项目 14　部署公司的活动目录服务 308

项目描述 308
项目分析 309
相关知识 309
　　14.1　活动目录的概念 309
　　14.2　活动目录对象 310
　　14.3　活动目录架构 310
　　14.4　轻量目录访问协议 311

14.5　活动目录的逻辑结构 311
　　14.6　活动目录的物理结构 315
　　14.7　DNS 服务与活动目录 316
　　14.8　活动目录的特点与优势 317
任务 14-1　部署公司的第一台域控制器 318
任务 14-2　将用户和计算机加入域 324
练习与实践 328

项目 1

安装 Windows Server 2012 R2 系统

/ 项目学习目标 /

（1）了解 Windows Server 2012 R2 的功能。
（2）掌握安装服务器操作系统的业务实施流程。

项目描述

随着 Jan16 公司的业务发展，服务器资源日趋紧张，原先租赁的网络系统服务即将到期。Jan16 公司为保障公司业务更加安全和稳定，拟在公司数据中心机房搭建自己的网络服务平台，为此，公司新购置了一批服务器和 Windows Server 2012 R2 Datacenter。

Jan16 公司希望基于 Windows Server 2012 R2 搭建自己的 DNS 服务、DHCP 服务、FTP 服务、Web 服务等。公司让实习生小锐尽快了解 Windows Server 2012 R2，并将其安装到新购置的服务器上。

项目分析

Windows Server 2012 R2 是微软公司开发的服务器操作系统，在安装之前小锐需要先了解它的功能和部署方法，并掌握裸机安装服务器操作系统的技能。

相关知识

1.1 Windows Server 2012 R2 简介

Windows Server 2012 R2 是一款"云操作系统"，从管理硬件和应用程序扩展到管理服务和技术，让最终用户、开发人员和 IT 人员都能利用云计算的优势。Windows Server 2012 R2 提供了多项新功能，主要优化和改善的方面如下。

- 服务器虚拟化：具有更高性能与跨平台支持。
- 存储：用少量成本获得高性能，且适应性更强。
- 网络：混合网络可实现更高程度的灵活性与性能。
- 服务器管理与自动化：针对各种数据中心提高管理效率。
- Web 与应用程序平台：构建并部署现代化应用，在内部和云端进行扩展。
- 访问与信息保护：用户使用一致且灵活的方式访问企业资源，数据可受到妥善保护。
- 虚拟桌面基础架构：更高性能，更易于部署，具备成本效益。

1.2 Windows Server 2012 R2 的版本

Windows Server 2012 R2 发行的版本主要有 3 个，分别是 Essentials、Standard 和 Datacenter。

（1）Windows Server 2012 R2 Essentials（基础版）：面向中小型企业，用户数量限定在 25 人以内，设备数量限定在 50 台以内，该版本简化了界面，预先配置云服务连接，不支持虚拟化。

（2）Windows Server 2012 R2 Standard（标准版）：提供完整的 Windows Server 功能，限制使用两台虚拟主机，支持 Nano 服务器安装。

（3）Windows Server 2012 R2 Datacenter（数据中心版）：提供完整的 Windows Server 功能，不限制虚拟主机数量，还包括新功能，如存储空间直通和存储副本，以及新的受防护的虚拟机和软件定义的数据中心场景所需的功能。

1.3 Windows Server 2012 R2 的最低配置要求

在安装 Windows Server 2012 R2 之前，用户应先了解其系统要求，Windows Server 2012 R2 的最低配置要求如下。

- 处理器：1.4GHz 的 64 位处理器。
- 内存：512MB（带桌面体验的服务器安装选项为 2GB）。
- 磁盘空间：32GB。
- 网络适配器：至少有千兆位吞吐量的以太网适配器。

任务 Windows Server 2012 R2 的安装

任务规划

Jan16 公司购置的 Windows Server 2012 R2 Datacenter 提供了完整的 Windows Server 功能，经核查，公司新购置的服务器完全能满足 Windows Server 2012 R2 对硬件的要求，并且还未安装操作系统，小锐需要使用 Windows Server 2012 R2 的安装光盘，将该系统安装到服务器上，具体涉及以下步骤。

学习视频 1

（1）设置 BIOS，让服务器从安装光盘引导启动。
（2）根据系统安装向导提示安装 Windows Server 2012 R2。

任务实施

1. 设置 BIOS，让服务器从安装光盘引导启动

启动计算机，进行 BIOS 设置，更改计算机的启动顺序，将第一启动驱动器设置为光驱，保存后重启计算机。

2. 根据系统安装向导提示安装 Windows Server 2012 R2

（1）重启计算机后，将 Windows Server 2012 R2 的安装光盘放到光驱中，系统会自动加载如图 1-1 所示的安装程序界面。

（2）分别设置【要安装的语言】【时间和货币格式】【键盘和输入方法】选项，单击【下一步】按钮，进入如图 1-2 所示的界面。

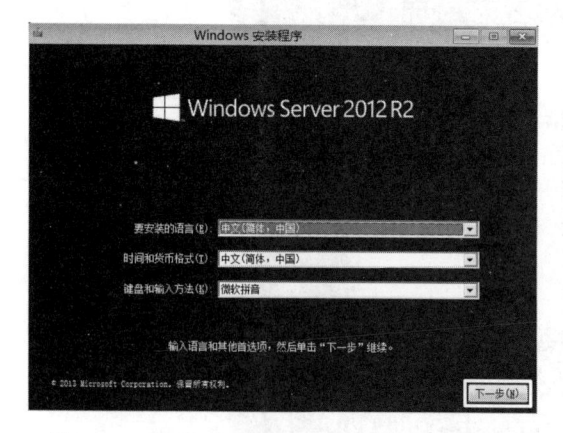

图 1-1　Windows Server 2012 R2 安装程序界面　　　图 1-2　现在安装系统界面

在一般情况下，安装程序的默认语言为【中文（简体，中国）】，时间和货币格式为【中文（简体，中国）】，键盘和输入方法为【微软拼音】，因此，用户也可以直接使用默认设置。

（3）单击【现在安装】按钮，然后单击【下一步】按钮，进入如图 1-3 所示的【选择要安装的操作系统】界面，在【操作系统】列表框中选择【Windows Server 2012 R2 Datacenter（带有 GUI 的服务器）】选项，并单击【下一步】按钮。

（4）在如图 1-4 所示的【许可条款】界面中，勾选【我接受许可条款】复选框，并单击【下一步】按钮。

（5）在如图 1-5 所示的【你想执行哪种类型的安装？】界面中，选择【自定义：仅安装 Windows（高级）】选项进行全新安装。

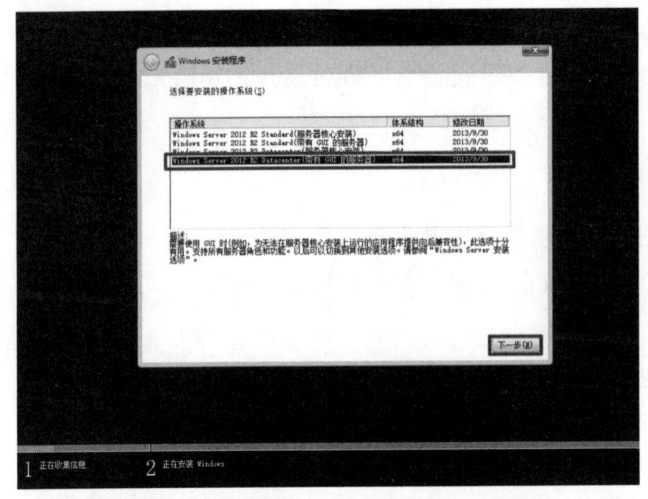

图 1-3 【选择要安装的操作系统】界面

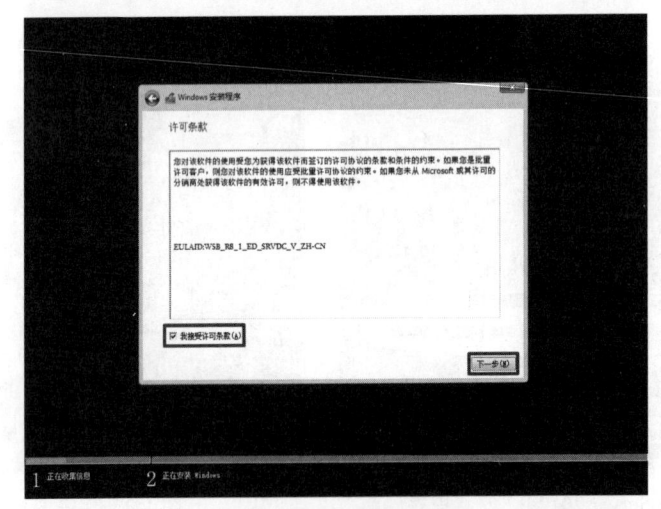

图 1-4 【许可条款】界面

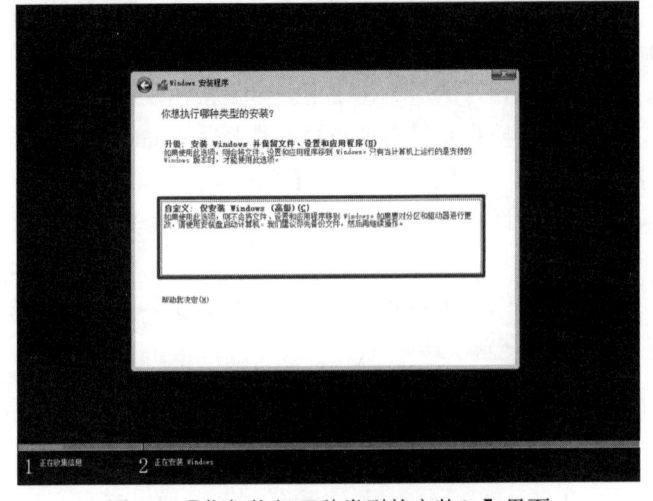

图 1-5 【你想执行哪种类型的安装?】界面

（6）在如图 1-6 所示的【你想将 Windows 安装在哪里？】界面中，选择【新建】选项可以进行磁盘的分区操作。

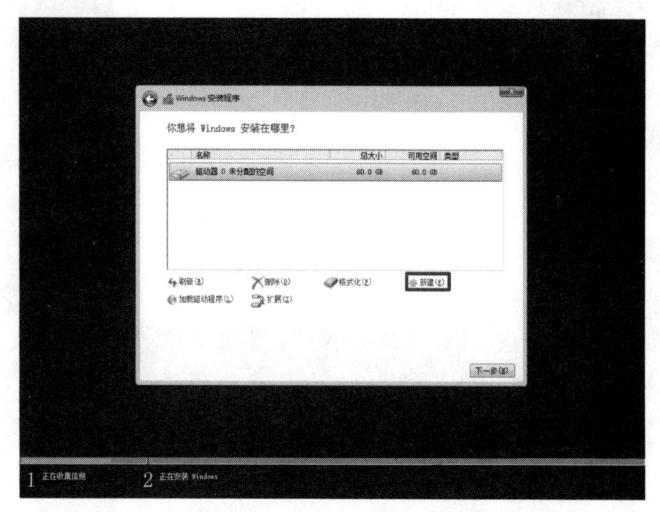

图 1-6　【你想将 Windows 安装在哪里？】界面

（7）选择【新建】选项后，在【大小】文本框中输入"20480"，即 20.1GB，然后单击【应用】按钮，即可完成一个大小为 20.1GB 的主分区的创建，结果如图 1-7 所示。

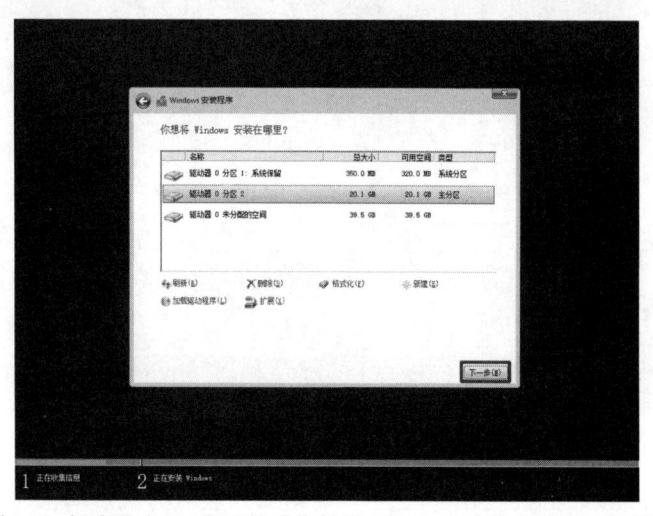

图 1-7　创建【分区 2】后的【你想将 Windows 安装在哪里？】界面

（8）选择刚刚新建的【分区 2】，单击【下一步】按钮，安装程序将自动进行安装操作。在安装过程中，计算机会根据需要自动重启动，过程如图 1-8 所示。

（9）安装完成后，系统会进入如图 1-9 所示[①]的【设置】界面。在【密码】和【重新输入密码】文本框中分别输入密码，单击【完成】按钮，完成系统管理员密码的设置并进入系统。

---

① 图 1-9 中"帐户"的正确写法应为"账户"。

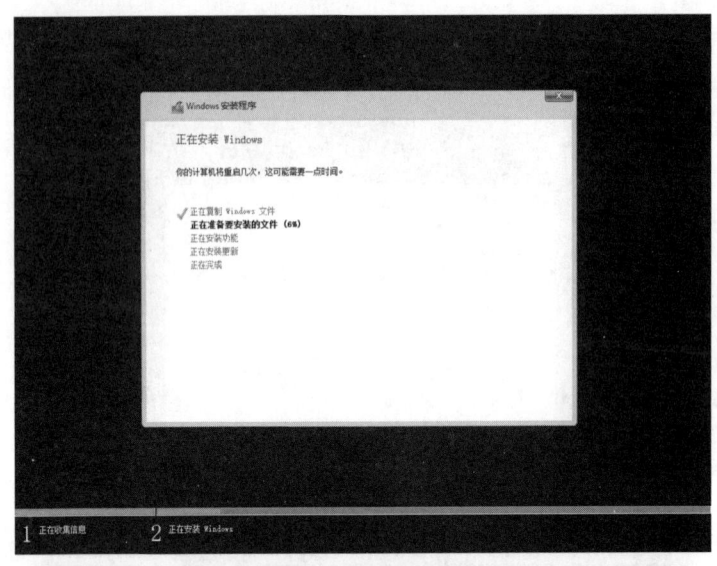

图 1-8 【正在安装 Windows】界面

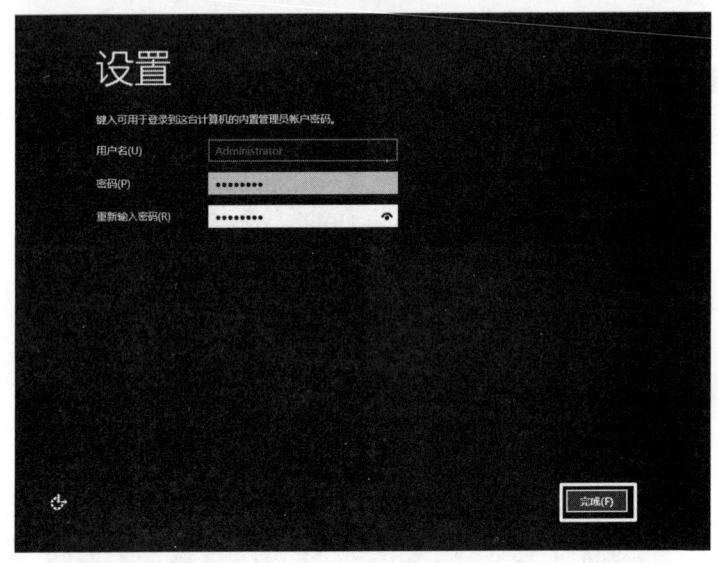

图 1-9 【设置】界面

> **注意**：在 Windows Server 2012 R2 中，密码必须设置为强密码，即密码必须由大小写字母、符号、数字混合组成，否则系统将提示【无法更新密码。为新密码提供的值不符合字符域的长度，复杂性或历史要求】。

任务验证

（1）在设置好系统管理员密码后，会进入如图 1-10 所示的系统登录界面。

（2）登录系统后，在【开始】菜单中选择【系统】命令，打开如图 1-11 所示的【系统】窗口。从图 1-11 中可以看出，系统已安装成功。

图 1-10　系统登录界面　　　　　　　　　图 1-11　【系统】窗口

（3）在【Windows 激活】栏中显示 Windows 尚未激活，用户可以通过购买 Windows 激活码来正式激活 Windows。

练习与实践

一、理论习题

1. Windows Server 2012 R2 不同于以往版本的特点是（　　　）。
   A．支持服务器虚拟化　　　　　　　B．服务器管理自动化
   C．支持存储虚拟化　　　　　　　　D．访问与信息保护更灵活
2. Windows Server 2012 R2 的版本有（　　　）。
   A．Foundation　　　B．Essentials　　　C．Standard　　　D．Datacenter

二、项目实训题

1. 项目背景

小锐通过完成本项目的任务已经熟悉了 Windows Server 2012 R2 的部署方法。Jan16 公司希望小锐尽快将另外一台服务器也安装 Windows Server 2012 R2。

2. 项目要求

（1）安装的系统版本为 Windows Server 2012 R2 Datacenter，安装完成后截取系统信息界面。

（2）系统盘的空间大小为 100GB，其他分区待用，安装完成后截取磁盘管理界面。

（3）计算机名为 Jan16-y（y 为学号），安装完成后截取系统信息界面。

（4）管理员密码为 1qaz@WSX，安装完成后，截取 Administrator 管理员的属性信息界面。

项目 2

管理信息中心的用户与组

/ 项目学习目标 /

（1）掌握系统内置组、内置账户的概念与应用。
（2）掌握系统自定义用户和自定义组的应用。
（3）掌握用户和组权限的继承性关系的应用。
（4）掌握公司组织架构下用户和组的部署业务实施流程。

项目描述

Jan16 公司的信息中心由信息中心主任黄工、网络管理组张工和李工、系统管理组赵工和宋工 5 位工程师负责管理，组织架构如图 2-1 所示。

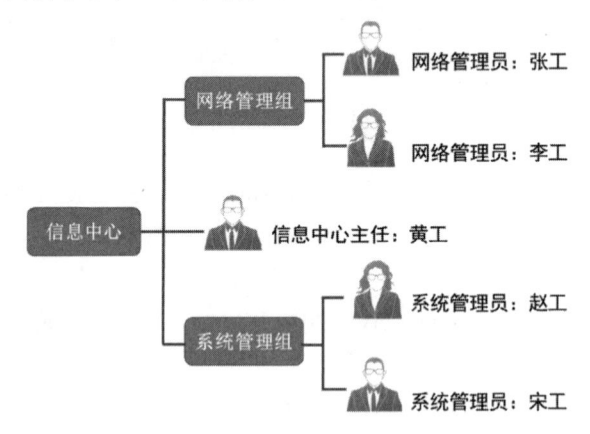

图 2-1 信息中心组织架构

信息中心在一台服务器上安装了 Windows Server 2012 R2 用于部署公司网络服务，信息中心的所有员工均需要使用该服务器。系统管理员根据员工的岗位职责，为每一位员工规划了相应权限，具体权限如表 2-1 所示。

表 2-1 信息中心员工权限信息

姓 名	用户账户	隶属组	权 限	备 注
黄工	Huang	/	系统管理	信息中心主任
张工	Zhang	Netadmins	网络管理	网络管理组
李工	Li		虚拟化管理	
赵工	Zhao	Sysadmins	系统管理	系统管理组
宋工	Song			

项目分析

Windows Server 2012 R2 是一款多用户、多任务的服务器操作系统，系统管理员通过创建用户账户为每一个用户提供系统访问凭证。在实际项目中，基于安全考虑，系统管理员会根据每一个用户的岗位职责来设置系统访问权限，所分配的权限仅涉及其所管理的具体工作任务。

Windows Server 2012 R2 服务器为满足不同岗位的工作任务要求，系统内置了大量的组账户，每一个组账户对应特定的系统配置权限，系统管理员可以配置用户账户的隶属组来为每一个用户分配系统配置权限。也就是说，对用户账户的授权其实是通过设置用户账户隶属组来完成的。

因此，本项目需要工程师熟悉 Windows Server 2012 R2 的用户和组的概念和应用，涉及以下工作任务。

（1）管理信息中心的用户账户，为信息中心各员工创建用户账户。

（2）管理信息中心的组账户，为信息中心各岗位创建组账户，根据岗位职责分配用户访问权限。

相关知识

2.1 本地用户账户

本地用户账户是指安装了 Windows Server 2012 R2 的计算机在本地安全目录数据库中创建的账户。使用本地用户账户只能登录创建该账户的计算机，并访问该计算机的资源。

本地用户账户创建在非域控制器的 Windows Server 2012 R2 独立服务器、成员服务器及其他 Windows 客户端上。本地用户账户只能在本地计算机上登录，无法访问域中其他计算机的资源。

本地计算机上都有一个管理账户数据的数据库，被称为安全账户管理器（SAM）。SAM 的文件路径为 C:\Windows\System32\config\SAM。在 SAM 中，每个账户被赋予唯一的安全识别号（SID），用户要访问本地计算机，都需要经过该 SAM 中的 SID 验证。

2.2 内置账户

Windows Server 2012 R2 中还有一种账户被称为内置账户，它与服务器的工作模式无关。当 Windows Server 2012 R2 安装完毕后，系统会在服务器上自动创建一些内置账户，【Administrator】和【Guest】是非常重要的两个内置账户。

- Administrator（系统管理员）拥有最高的权限，用于管理 Windows Server 2012 R2 系统和域。系统管理员的默认名字是 Administrator，用户可以更改系统管理员的名字，但不能删除该账户。该账户无法被禁止，永远不会到期，不受登录时间和指定的计算机登录的限制。
- Guest（来宾）是为临时访问计算机的用户提供的，该账户自动生成，且不能被删除，但用户可以更改其名字。【Guest】只有很少的权限，在默认情况下，该账户被禁止使用。【Guest】账户为机主之外的人提供了方便，但是也存在不安全因素。在局域网中，如果某台计算机上某些资源需要跟其他人共享，需启用【Guest】账户。

2.3 组的概念

为了简化用户账户的管理工作，Windows Server 2012 R2 提供了组的概念。组是指具有相同或者相似特性的用户集合。当要给一批用户分配同一个权限时，就可以将这些用户都归类到一个组中，只要给这个组分配该权限，组内的用户就都会自动拥有该权限。这里的组相当于一个班级或一个部门，班级里的学生、部门里的工作人员就是用户。

例如，同一个班级的学生可能需要访问很多相同的资源，这时不用逐个向该班级的学生授予对这些资源的访问权限，而可以将这些学生都归类到同一个组中，以使这些学生自动获得该组的权限。如果某个学生有退学、转专业等变动，则只需要将该学生的账户从组中删除，其所有的访问权限会随之撤销。与逐个撤销对各资源的访问权限相比，这种方式更加方便，大大减少了管理员的工作量。

在 Windows Server 2012 R2 中，用组账户来表示组，用户只能通过用户账户登录计算机，不能通过组账户登录计算机。

2.4 内置本地组

内置本地组是在系统安装时默认创建的，并被授予特定权限以方便计算机的管理，常见的内置本地组有以下几个。

- Administrators：在系统内具有最高权限，拥有赋予权限，可进行添加系统组件、升级系统、配置系统参数、配置安全信息等操作。内置的系统管理员账户是 Administrators 组的成员。如果某台计算机加入域中，则域管理员自动加入该组，并且拥有系统管理员的权限。属于 Administrators 组的用户账户，都拥有系统管理员的权限，拥有对这台计算机最大的控制权，内置的系统管理员账户就是此本地组的成员，而且无法将其从此组中删除。
- Guests：内置的【Guest】账户是该组的成员。在域中或计算机中没有固定账户的用户可使用其来临时访问域或计算机。在默认情况下不允许该组账户对域或计算机中的设置和资源进行更改。出于安全考虑，【Guest】账户在 Windows Server 2012 R2 安装后是被禁用的，如果用户需要，则可以手动启用。应该注意分配给该账户的权限，因为该账户经常是黑客攻击的主要对象。
- IIS_IUSRS：Internet 信息服务（IIS）使用的内置组。
- Users：一般用户所在的组，所有创建的本地用户账户都自动属于此组。Users 组的权限受到很大的限制，只有基本的权利，如运行程序、使用网络，但不能关闭 Windows Server 2012 R2，不能创建共享文件夹和使用本地打印机。如果某台计算机加入域，则域用户自动被加入该组。
- Network Configuration Operatiors：该组的成员可以更改 TCP/IP 设置，并且可以更新和发布 TCP/IP 地址。该组中没有默认的成员。

2.5 内置特殊组

除了以上所述的内置本地组，还有一些内置特殊组。特殊组存在于每一台装有 Windows Server 2012 R2 的计算机内，用户无法更改这些组的成员，也就是说，用户无法在【Active Directory 用户和计算机】窗口或【本地用户与组】界面内看到和管理这些组。这些组只有在设置权限时才能被看到。三个常用的内置特殊组如下。

- Everyone：包括所有访问该计算机的用户，当为 Everyone 指定权限并启用【Guest】账户时一定要小心，Windows 会将没有有效账户的用户当成【Guest】账户，该账户自动得到 Everyone 的权限。
- Creator Owner：文件等资源的创建者就是该资源的 Creator Owner。不过，如果创建者属于 Administrators 组的成员，则其 Creator Owner 为 Administrators 组。
- Hyper-V Administrators：在一般情况下都是系统管理员设置虚拟机，但有时也需要一些受限用户操作虚拟机，也就是普通用户。在默认情况下，普通用户没有虚拟机管理权限，但管理员可以通过添加用户（aaa）、添加 Hyper-V 管理员组（简称 HVA 组）的方式，将普通用户添加为 Hyper-V 管理员。

任务 2-1 管理信息中心的用户账户

任务规划

为满足公司信息中心员工对安装了 Windows Server 2012 R2 的服务器的访问，系统管理员根据表 2-1，为每一位员工创建用户账户，管理员可通过向导式菜单为员工创建用户账户，并通过用户界面修改用户账户的相关信息。用户使用新用户账户登录系统时，可自行修改登录密码。

在 Windows Server 2012 R2 的用户管理界面中为信息中心员工创建用户账户，可通过以下操作步骤实现。

（1）通过向导式菜单为员工创建用户账户。
（2）通过用户管理界面修改用户账户的相关信息。
（3）在任务验证中使用新用户账户登录系统，测试新用户第一次登录是否需要更改密码。

任务实施

1. 通过向导式菜单为员工创建用户账户

（1）以 Administrator 身份登录服务器，在【服务器管理器】窗口的【工具】下拉菜单中选择【计算机管理】命令，打开【计算机管理】窗口。

（2）在【计算机管理】窗口中，打开用户管理界面，如图 2-2 所示。

（3）右击【用户】选项，在弹出的快捷菜单中选择【新用户】命令，在打开的【新用户】对话框中输入创建用户账户的相关信息即可完成新用户账户的创建，如图 2-3 所示（填写内容为信息中心黄工的相关信息）。

图 2-2　【计算机管理】窗口中的用户管理界面

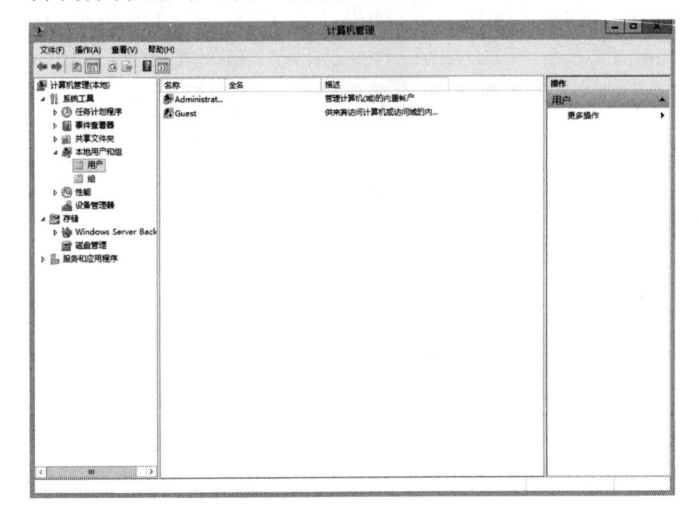

图 2-3　在【新用户】对话框中创建新用户 Huang

【新用户】对话框中各选项的释义如下。
- 用户名：登录本地系统时使用的名称。
- 全名：用户的全称，属于辅助性的描述信息，不影响系统的功能。
- 描述：关于该用户账户的说明文字，方便管理员识别用户账户，不影响系统的功能。
- 密码：用户登录时使用的密码。
- 确认密码：为防止密码输入错误，需要再输入一遍。
- 用户下次登录时须更改密码：用户首次登录时，使用管理员分配的密码，当用户再次登录时，强制用户更改密码，用户更改后的密码只有自己知道，这样可保证安全使用。当取消勾选【用户下次登录时须更改密码】复选框后，【用户不能更改

项目 2　管理信息中心的用户与组

密码】和【密码永不过期】这两个复选框将可用。
- 用户不能更改密码：只允许用户使用管理员分配的密码。
- 密码永不过期：密码默认的有效期为 42 天，超过 42 天系统会提示用户更改密码，勾选【密码永不过期】复选框后系统永远不会提示用户更改密码。
- 账户已禁用：勾选【账户已禁用】复选框后任何人都无法使用这个账户登录，适用于公司内某员工离职后，防止他人冒用该账户登录的情况。

（4）填入相关内容后，单击【创建】按钮完成用户账户的创建。单击【关闭】按钮后，在【计算机管理】窗口中可以看到新创建的用户账户，结果如图 2-4 所示。

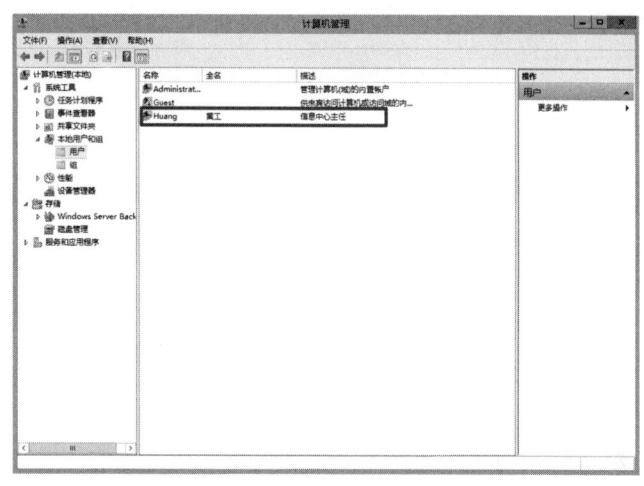

图 2-4　在【计算机管理】窗口中查看新创建的用户账户

2. 通过用户管理界面修改用户账户的相关信息

（1）打开【计算机管理】窗口，右击用户账户【Huang】，弹出快捷菜单，管理员可根据实际需要选择快捷菜单中的相关命令对用户账户进行管理，如图 2-5 所示。

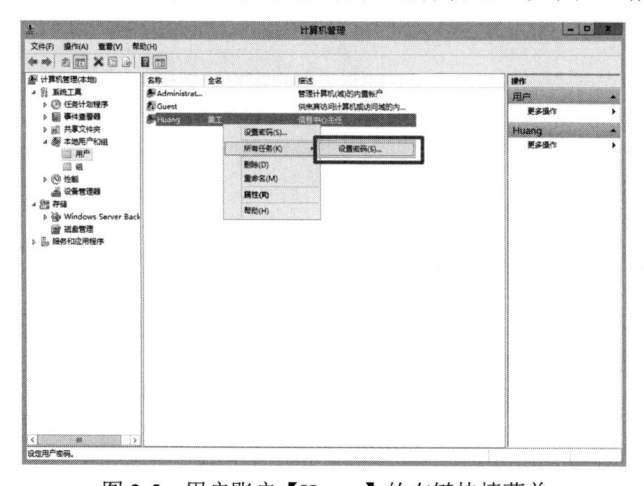

图 2-5　用户账户【Huang】的右键快捷菜单

013

用户账户的右键快捷菜单中部分命令的释义如下。
- 选择【设置密码】命令可以更改当前用户账户的密码。
- 选择【删除】命令可以删除当前用户账户。
- 选择【重命名】命令可更改当前用户账户的名称。
- 选择【属性】命令，在弹出的【属性】对话框中，可以进行禁用或激活用户账户、把用户账户加入组、编辑用户账户信息等操作。例如，停用用户账户【Huang】，则在【Huang 属性】对话框的【常规】选项卡中勾选【账户已禁用】复选框，然后单击【确定】按钮返回【计算机管理】窗口，这时，可以看到停用的账户有一个蓝色的向下箭头标记。

（2）参考前序步骤，继续完成网络管理组用户 Li 和 Zhang，系统管理组用户【Song】和【Zhao】的账户创建，结果如图 2-6 所示。

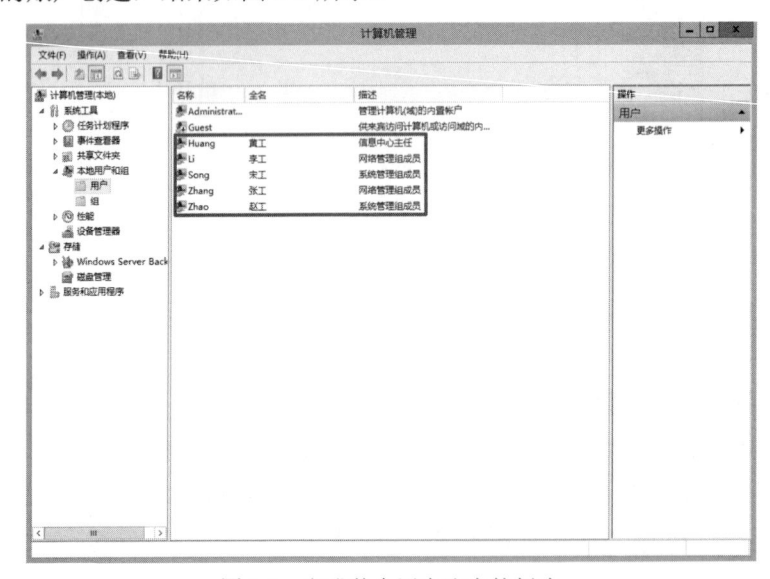

图 2-6　完成其余用户账户的创建

任务验证

（1）用户账户创建完成并注销 Administrator 账户后，在 Windows Server 2012 R2 登录界面中可以看到【宋工】【张工】【李工】【赵工】【黄工】登录账户选项，如图 2-7 所示。

（2）选择【黄工】选项，以黄工的身份登录服务器，系统会出现如图 2-8 所示的【在登录之前，必须更改用户的密码】提示信息。

（3）更改密码后，Windows Server 2012 R2 将以黄工的身份登录，成功登录系统的界面如图 2-9 所示。

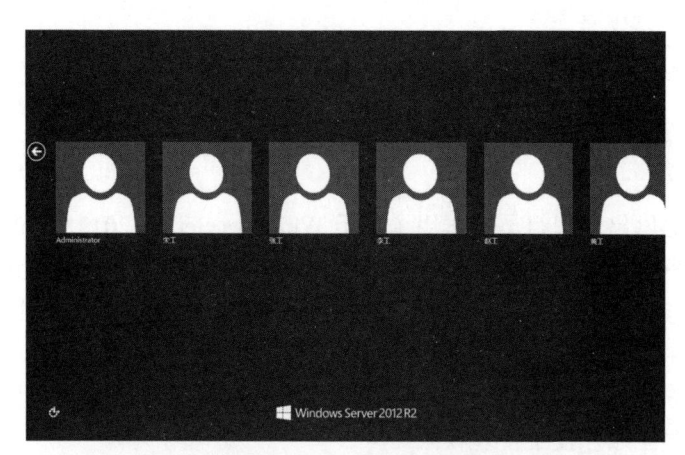

图 2-7　Windows Server 2012 R2 登录界面

图 2-8　提示信息

图 2-9　黄工成功登录系统的界面

任务 2-2 管理信息中心的组账户

任务规划

公司信息中心网络管理组员工试用了基于 Windows Server 2012 R2 的服务器一段时间后，决定在服务器上部署业务系统进行系统测试，在确定该系统能稳定支撑公司业务后再进行业务系统迁移，并在这台服务器上创建共享文件夹，同时将系统测试文档统一存放在网络共享文件夹中。

公司业务系统的管理涉及信息中心网络管理组和系统管理组的所有员工，公司信息中心需要为每一位员工账户授予管理权限。

根据图 2-1 中描述的信息中心组织架构、表 2-1 描述的信息中心员工权限信息和 Windows Server 2012 R2 内置组权限情况，网络工程师对用户隶属组账户进行了如下分析。

（1）该公司信息中心的黄工是信息中心主任，具有完全控制权限，并且可以给其他用户分配用户权利和访问控制权限，他的系统账户为系统管理员，即【Administrator】账户，该账户应隶属于 Administrators 组。

（2）网络管理组的成员包括张工和李工，他们需要对该服务器的网络服务进行相关配置和管理，负责分配服务器的网络管理权限。网络管理组可以更改 TCP/IP 设置，并可以更新和发布 TCP/IP 地址，而且对 Hyper-V 所有功能具有完全且不受限制的访问权限。张工和李工两个账户应隶属 Network Configuration Operators 组和 Hyper-V Administrators 组。

（3）系统管理组的成员包括赵工和宋工，他们需对系统进行修改、管理和维护，系统管理组需要对系统具有完全控制权限，赵工和宋工两个账户应隶属于 Administrators 组。

（4）从信息中心组织架构和后续权限管理需求出发，需要分别为网络管理组和系统管理组创建组账户【Netadmins】和【Sysadmins】，并将组成员添加到自定义组中。

综上所述，网络工程师对信息中心所有员工的操作权限和系统内置组做了映射，结果如表 2-2 所示。

表 2-2 服务器系统自定义组规划

用户账户	隶属自定义组	隶属系统内置组	权限
Zhao	Sysadmins	Administrators	系统管理
Song			
Zhang	Netadmins	Network Configuration Operators	网络管理
Li		Hyper-V Administrators	虚拟化管理
Huang	/	Administrators	系统管理

因此，本任务的主要操作步骤如下。

（1）创建本地组，并将用户账户添加到本地组中。

（2）设置用户账户的隶属系统内置组账户，赋予用户账户适配的系统权限。

说明：自定义组的权限管理与应用将在项目 5 中描述。

任务实施

1. 创建本地组，将用户账户添加到本地组中

（1）使用【Administrator】账户登录 Windows Server 2012 R2 服务器，在【计算机管理】窗口中打开组管理界面。在【组】的右键快捷菜单中选择【新建组(N)】命令，在弹出的【新建组】对话框中，输入组名【Netadmins】，并将账户【Zhang】和【Li】加入 Netadmins 组中，结果如图 2-10 所示。

图 2-10　新建组并加入成员

（2）单击【创建】按钮，完成 Netadmins 组的创建及成员的加入操作。按照上述方法完成 Sysadmins 组的创建及成员的加入操作，结果如图 2-11 所示。

图 2-11　完成组的创建及成员的加入操作

在组管理界面中，除了可以新建组，还可以对现有组进行编辑，右击需要修改的组，在弹出的快捷菜单中选择【添加到组】【删除】等命令即可对现有组进行编辑，具体命令说明如下。
- 选择【添加到组】命令可以更改当前组的成员、增加成员或删除成员。
- 选择【删除】命令可以删除当前组账户。
- 选择【重命名】命令可以更改当前组账户的名称。
- 选择【属性】命令可以修改组的描述、更改当前组的成员、增加或删除成员。

2. 设置用户账户的隶属系统内置组账户，赋予用户账户适配的系统权限

（1）在账户【Huang】的右键快捷菜单中选择【属性】命令，弹出【Huang 属性】对话框。选择【隶属于】选项卡，并单击选项卡中的【添加】按钮，弹出【选择组】对话框，如图 2-12 所示。

（2）在【选择组】对话框中输入 Administrators 组的完整名称，然后单击【检查名称】按钮完成管理员组的自动添加，单击【确定】按钮完成用户账户加入管理员组的操作，结果如图 2-13 所示。

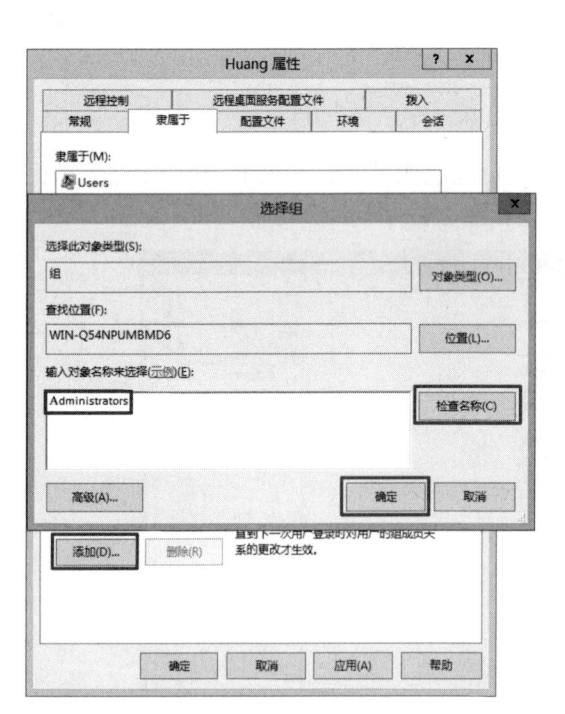

图 2-12　配置用户账户隶属组　　　　图 2-13　完成用户账户加入管理员组的操作

（3）按照以上操作步骤，将账户【Song】和【Zhao】加入 Administrators 组，将账户【Zhang】和【Li】加入 Network Configuration Operators 组和 Hyper-V Administrators 组中。

任务验证

自定义用户一开始仅具有普通的系统操作权限,但将用户账户添加到系统内置组中后,它通过组的继承关系,可以获得系统内置组相应的权限。因此,本任务中的用户账户可以通过组的继承关系获得对应隶属系统内置组的权限。

例如,【Li】账户隶属于 Network Configuration Operators 组和 Hyper-V Administrators 组,因此【Li】账户具有修改网络连接和访问 Hyper-V 功能的权限,在需要修改网络连接时,可以在弹出的【用户账户控制】对话框中输入【Li】账户的密码来获得修改网络连接的配置权限,进而完成网络连接的修改操作,如图 2-14 所示。

图 2-14 【Li】账户具有修改网络连接的权限

练习与实践

一、理论习题

1. Windows Server 2012 R2 中默认的管理员账户是（　　）。
   A．admin　　　　B．root　　　　C．supervisor　　　　D．Administrator
2. Windows Server 2012 R2 中的内置本地组不包括（　　）。
   A．Administrators　　B．Guest　　C．IIS_IUSRS　　D．Users
3. （　　）账户在默认情况下是禁用的。
   A．Administrator　　B．Power users　　C．Guest　　D．Administrators
4. 一个用户账户可以加入（　　）个组。
   A．1　　　　B．2　　　　C．3　　　　D．多

5．关于用户账户，以下说法正确的是（　　）。

A．用户账户的权限由它的隶属组决定，继承于隶属组的权限

B．用户账户的密码必须使用复杂性密码

C．Windows Server 2012 R2 允许创建两个相同用户名称的用户账户，因为他们的 SID 不同

D．为方便用户访问 Windows Server 2012 R2，【Guest】账户默认是未禁用的

二、项目实训题

实训一

1．在 Windows Server 2012 R2 上创建本地组 STUs 和本地账户【st1】【st2】【st3】，并将这三个账户加入 STUs 组中。

2．设置账户【st1】下次登录时须更改密码，设置账户【st2】不能更改密码并且密码永不过期，停用账户【st3】。

3．用账户【Administration】登录计算机，在计算机用户管理界面和组管理界面中进行如下操作。

（1）创建账户【test】，将其加入 Power Users 组。

（2）注销后用账户【test】登录，通过【whoami】命令记录自己的安全标识符。

（3）在桌面创建一个文本文件，命名为 test.txt。

（4）注销后重新用账户【Administrator】登录，这时测试是否可以在桌面上看到刚才创建的文本文件，如果看不到，那么应该在哪里找到它？

（5）删除账户【test】，重新创建一个账户【test】，注销后用账户【test】登录，此时是否还可以在桌面上看到刚刚创建的文本文件？这个新的账户【test】的安全标识符是否和原先删除的账户【test】的安全标识符一样？

实训二

1．项目背景

公司研发部由研发部主任赵工、软件开发组钱工和孙工、软件测试组李工和简工 5 位工程师组成，组织架构如图 2-15 所示。

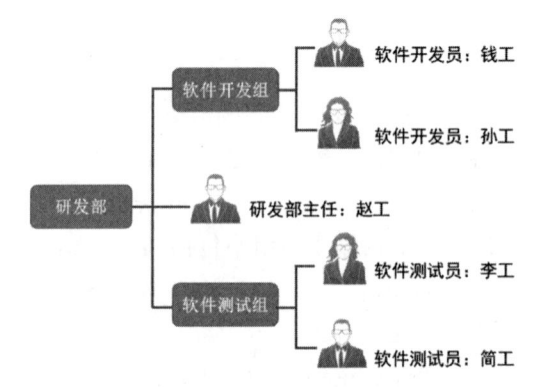

图 2-15　研发部组织架构

研发部为满足新开发软件产品部署的需要，特意采购了一台安装 Windows Server 2012 R2 的服务器供部门员工进行软件部署和测试。研发部根据员工的岗位职责，为每一位员工规划了相应权限，具体权限如表 2-3 所示。

表 2-3　研发部员工权限信息

姓　　名	用 户 账 户	权　　　　限	备　　注
赵工	Zhao	系统管理	研发部主任
钱工	Qian	系统管理	软件开发组
孙工	Sun		
李工	Li	网络管理 系统备份	软件测试组
简工	Jian	打印管理	

2．项目要求

（1）根据项目背景，规划研发部员工的用户账户权限，自定义组信息和用户隶属组关系，完成后，填入表 2-4 中。

表 2-4　研发部员工的用户账户和组账户权限规划

自定义组名称	隶属系统内置组	组　成　员	权　　　　限

（2）根据表 2-4，在研发部的服务器上实施操作（要求所有用户在第一次登录系统时修改密码），并截取以下系统界面。

① 截取用户管理界面，并截取所有用户属性对话框中的【隶属于】选项卡界面。

② 截取组管理界面。

项目 3

管理公司服务器的本地磁盘

/ 项目学习目标 /

（1）掌握基本磁盘、主分区、扩展分区、逻辑分区的概念与应用。
（2）掌握动态磁盘、扩展卷、RAID-0 卷、RAID-1 卷、RAID-5 卷的概念与应用。
（3）掌握 RAID-1 和 RAID-5 卷的故障与恢复的概念与应用。
（4）掌握公司服务器磁盘部署的业务实施流程。

项目描述

Jan16 公司新购置了一台服务器，欲将其作为公司新的文件服务器，Windows Server 2012 R2 在磁盘管理上继承了 2012 版本的各种优势，并支持 SATA SSD 和 NVMe 等新型磁盘设备。系统管理员小锐已安装了 Windows Server 2012 R2 Datacenter。

考虑到公司文件系统中数据的安全性、稳定性和可靠性等多重因素，公司希望系统管理员小锐尽快熟悉 Windows Server 2012 R2 在本地磁盘管理方面的管理与配置业务，为后续文件服务器的数据和服务迁移做好准备。服务器磁盘信息如表 3-1 所示。

表 3-1 服务器磁盘信息

编号	磁盘名称	容量	用途	未分配空间
1	磁盘 0	60GB	系统盘	20GB
2	磁盘 1	120GB	数据盘	120GB
3	磁盘 2	120GB	数据盘	120GB
4	磁盘 3	120GB	数据盘	120GB
5	磁盘 4	120GB	数据盘	120GB

为让公司系统管理员小锐尽快熟悉服务器存储管理业务，服务器供应商给小锐分配了以下操作考核任务，以便验证小锐是否具备服务器本地存储的管理能力。

（1）使用系统盘的未分配空间创建一个分区 E，并使用 NTFS 文件系统格式化分区 E。
（2）对 E 盘进行压缩，然后使用压缩后出现的未分配空间创建一个分区 F，使用 NTFS 文件系统格式化分区 F，并验证被压缩的分区文件是否可以访问。
（3）将磁盘 1、磁盘 2、磁盘 3、磁盘 4 转换为动态磁盘。

（4）在磁盘 1 中创建一个简单卷 G，大小为 120GB。
（5）使用扩展卷功能，利用磁盘 2 的空间，将简单卷 G 扩展到 150GB。
（6）使用磁盘 2 和磁盘 3 的空间创建一个带区卷 H，大小为 60GB。
（7）使用磁盘 2 和磁盘 3 的空间创建一个镜像卷 I，大小为 30GB。
（8）使用磁盘 2、磁盘 3 和磁盘 4 的空间创建一个 RAID-5 卷 J，大小为 60GB。

项目分析

Windows Server 2012 R2 提供了丰富的本地磁盘管理功能，它支持 FAT32、NTFS、ReFS 等文件系统，并支持基本磁盘和动态磁盘，管理员可以根据业务需要部署相应的磁盘管理系统和文件系统。

因此，本项目需要工程师熟悉 Windows Server 2012 R2 的文件系统、基本磁盘和动态磁盘的配置与管理方法，涉及以下工作任务。

（1）基本磁盘的配置与管理：按项目要求完成主分区、扩展分区和逻辑分区的划分，并在此基础上，实现各分区文件系统的管理。

（2）动态磁盘的配置与管理：按项目要求完成简单卷、带区卷、镜像卷、RAID-5 卷的创建。

相关知识

3.1 MBR 磁盘与 GPT 磁盘

1. MBR 磁盘

主引导记录（Master Boot Record，MBR）又叫作主引导扇区。它只包含一个 64 字节的磁盘分区表。由于每个分区信息需要占用 16 字节，因此采用 MBR 型分区结构的磁盘，最多只能识别 4 个主要分区（Primary Partition）。所以一块采用此种分区结构的磁盘，想要得到 4 个以上的主要分区是不可能的。这里就需要用到扩展分区了。扩展分区是主要分区的一种，但与主要分区的不同在于，在理论上它可以被划分为无数个逻辑分区。另外最关键的是，MBR 分区方案无法支持超过 2TB 容量的磁盘。因为这种方案使用 4 字节存储分区的总扇区数，最大能表示 232 的扇区个数，按每扇区 512 字节计算，每个分区容量最大不能超过 2TB。磁盘容量一旦超过 2TB，分区的起始位置就无法表示了。

2. GPT 磁盘

采用 GUID 分区表类型的磁盘通常被称为 GPT（Globally Unique Identifier Partition Table Format）磁盘。GPT 是一种基于 Itanium 计算机中的可扩展固件接口（EFI）使用的磁盘分区架构。与 MBR 磁盘相比，GPT 磁盘具有更多的优点，具体如下。

（1）支持 2TB 以上容量的大磁盘。
（2）每块磁盘的分区个数可以达到 128 个。

（3）分区大小支持 18GB。

（4）分区表自带备份。在磁盘的首尾部分分别保存了一份相同的分区表。其中一份分区表被破坏后，可以通过另一份分区表来恢复数据。

（5）每个分区可以有一个名称（不同于卷标）。

3.2 文件系统

在操作系统中，文件系统是用于命名、存储、组织文件的综合结构。Windows Server 2012 R2 支持 FAT32、NTFS 和 ReFS 文件系统类型。

1．FAT 文件系统

FAT（File Allocation Table）是"文件分配表"的意思。顾名思义，就是用来记录文件所在位置的表格。FAT16 使用了 16 位的空间来表示每个扇区配置文件的情形，最多只能支持 2GB 的分区。

FAT32 是 Windows 磁盘分区格式的一种。这种格式采用 32 位的文件分配表，使其对磁盘的管理能力大大增强，突破了 FAT16 对每一个分区的容量只有 2GB 的限制。由于现在的磁盘生产成本下降，其容量越来越大，运用 FAT32 的分区格式后，用户可以将一块大磁盘定义成一个分区而不必分为几个分区使用，大大方便了对磁盘的管理。但由于 FAT32 分区格式不支持大于 4GB 的单个文件，且性能不佳，易产生磁盘碎片，目前已被性能更优异的 NTFS 分区格式取代。

2．NTFS 文件系统

NTFS（New Technology File System）是一种具备各种 FAT 版本所不具备的性能，以及安全性、可靠性与先进特性的高级文件系统。比如，NTFS 文件系统可通过标准事务日志功能与恢复技术确保卷的一致性，即如果系统出现故障，NTFS 文件系统能够使用日志文件与检查点信息来恢复文件系统的一致性。

NTFS 文件系统还提供了在所有 FAT 版本中没有的高级功能。例如，为共享资源、文件夹及文件设置访问许可权限；使用磁盘配额对用户的磁盘空间进行管理等。

3．ReFS 文件系统

ReFS（Resilient File System）被称为弹性文件系统，是新引入的一种文件系统，目前只能用于存储数据，还不能引导系统，并且在移动媒介上无法使用。

ReFS 文件系统与 NTFS 文件系统大部分是兼容的，其主要是为了保持较高的稳定性，可以自动验证数据是否损坏，并尽力恢复数据。如果和引入的 Storage Spaces（存储空间）联合使用，则可以提供更佳的数据防护功能，同时对于上亿级别大小的文件的处理性能也有所提升。

3.3 基本磁盘

磁盘根据使用方式的不同可以分为两类：基本磁盘和动态磁盘。

基本磁盘只允许管理员将同一磁盘上的连续空间划分为 1 个分区。我们平时使用的磁盘类型一般是基本磁盘。如图 3-1 所示，在基本磁盘上最多只能创建 4 个分区，并且扩展分区数量最多只能有 1 个，因此 1 块磁盘最多可以有 4 个主分区或者 3 个主分区加 1 个扩展分区。如果想在 1 块磁盘上创建更多的分区，则需要创建扩展分区，然后在扩展分区上划分逻辑分区。

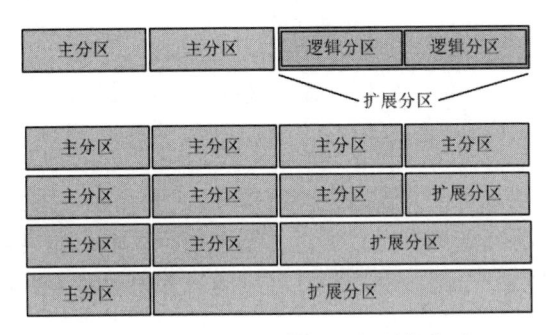

图 3-1 主分区、扩展分区与逻辑分区

3.4 动态磁盘

动态磁盘是磁盘的另一种类型，它没有分区的概念，以"卷"命名。相对于基本磁盘的分区只能隶属于 1 块磁盘，动态磁盘的卷则可以跨越多达 32 块物理磁盘，可满足更多大存储应用场景的需求。

动态磁盘和基本磁盘相比，有以下优势。

（1）卷集或分区的数量。动态磁盘在 1 块磁盘上可创建的卷集个数没有限制，而基本磁盘在 1 块磁盘上最多只能创建 4 个主分区。

（2）磁盘空间管理。动态磁盘可以把不同磁盘的分区创建成一个卷集，并且这些分区可以是非邻接的，这样，磁盘空间就是几个磁盘分区空间的总和。基本磁盘则不能跨磁盘分区，并且要求分区必须是连续的空间，因此，每个分区的容量最大只能是单块磁盘的最大容量。

（3）磁盘容量大小管理。动态磁盘允许用户在不重启机器的情况下调整动态磁盘的大小，而且不会丢失和损坏已有的数据。而基本磁盘的分区调整后需要重启机器才能生效。

（4）磁盘配置信息管理和容错。动态磁盘将磁盘配置信息存放在磁盘中，如果使用的是 RAID 容错系统，则这些信息将会被复制到其他动态磁盘上。当某块磁盘损坏时，系统会自动调用另一块磁盘的数据，从而确保数据的有效性。而基本磁盘将配置信息存放在引导区，没有容错功能。

系统管理员可以在动态磁盘中创建简单卷、跨区卷、带区卷、镜像卷、RAID-5 卷等卷集类型，以满足大容量、高 I/O、高可靠等不同应用场景的需求。

1. 简单卷

简单卷是动态磁盘中的一个独立单元，由一块磁盘的一个连续存储单元构成。扩展相同磁盘的简单卷后，该卷仍然为简单卷，且可以继续进行扩展、镜像等操作。简单卷结构示意图如图 3-2 所示。

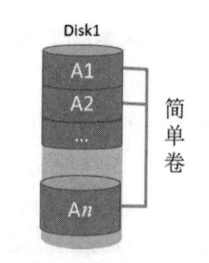

图 3-2　简单卷结构示意图

2. 跨区卷

跨区卷由两块或两块以上的物理磁盘空间构成，主要用于提供大容量的数据存储空间。当简单卷空间不足时，系统管理员可以通过扩展卷进行扩容，如果将它扩容到计算机的其他动态磁盘，则它将变成一个跨区卷。跨区卷结构示意图如图 3-3 所示。

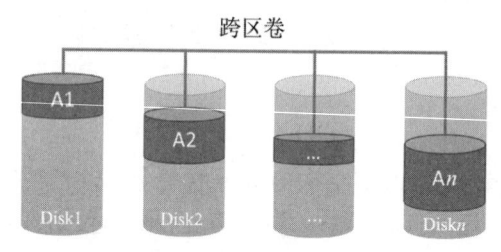

图 3-3　跨区卷结构示意图

跨区卷在存储信息时，存储完其中一个成员的磁盘台，再存储下一个，因此，它不能提升卷的读/写性能，但是它可以利用不同磁盘的未分配空间组成一个更大的逻辑连续存储空间，从而提升卷的容量。

跨区卷创建后，系统管理员不能删除它的任何一块磁盘空间（部分），只能通过删除整个跨区卷来释放磁盘空间。

3. 带区卷

带区卷（RAID-0）是由两块或两块以上的物理磁盘的等容量可用空间组成的一个逻辑卷。系统在带区卷上读/写时，会同时均衡地在多块磁盘上进行读/写数据的操作，从而提高带区卷的 I/O 性能。但是，如果其中一块磁盘出现故障，则将导致整个带区卷不可用。带区卷结构示意图如图 3-4 所示。

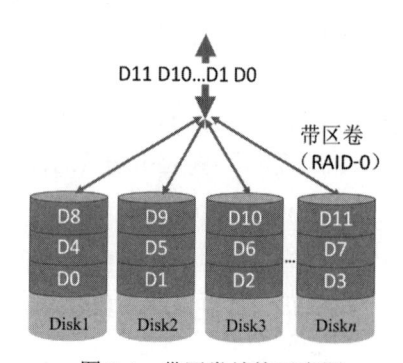

图 3-4　带区卷结构示意图

因此，带区卷主要用于对磁盘读/写速率要求较高且需要大容量存储空间的场景，如视频监控服务、视频点播服务等。

4．镜像卷

镜像卷（RAID-1）是由两块物理磁盘的等容量可用空间组成的一个逻辑卷。它将数据同时存储在两块磁盘中，因此，其具有容错功能，可确保在其中一块磁盘发生故障时，保存的数据仍可以被读取。镜像卷结构示意图如图3-5所示。

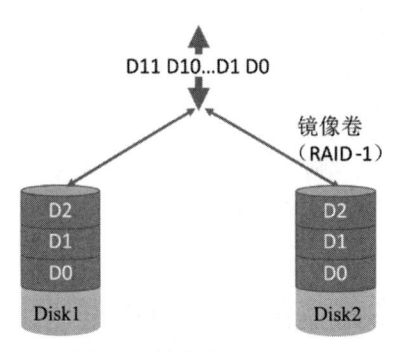

图3-5　镜像卷结构示意图

镜像卷的写入 I/O 性能等同于普通卷，但在读取数据时，它可以同时从两块磁盘中读取，因此相比普通卷，它的读取性能会更高，其常用于关键业务系统等对数据安全要求较高的场景。

5．RAID-5 卷

RAID-5 卷是由三块或三块以上物理磁盘的等容量可用空间组成的一个逻辑卷。它将数据分成相同大小的数据块，均匀地保存到各磁盘中，同时，为实现容错功能，它按特定的规则把用于奇偶校验的冗余信息均匀地保存到各磁盘中。这些校验数据是通过对被保存的数据进行计算得来的，当一块磁盘损坏或部分数据丢失时，RAID-5 卷可以通过剩余数据和校验信息来恢复丢失的数据，因此，RAID-5 卷可确保在其中一块磁盘发送故障时，保存的数据仍可以被读取。RAID-5 卷结构示意图如图 3-6 所示。

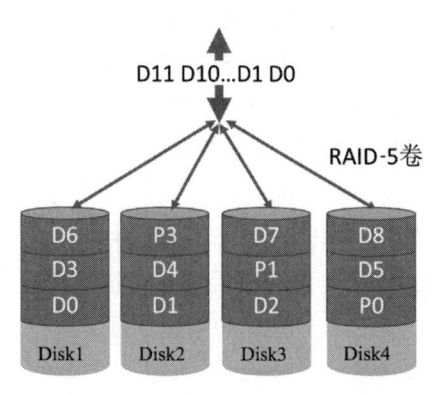

图3-6　RAID-5 卷结构示意图

RAID-5 卷因为要计算奇偶校验信息，所以在写入数据时要稍慢一些，但在读取数据时，可以同时读取多块磁盘数据，性能提升较大。因此，相对于 RAID-1，RAID-5 在磁盘利用率和读取性能上更优，存储成本更低，是目前运用最广泛的存储方案，常用于各种场景。

3.5 基本磁盘和动态磁盘的转换

1．基本磁盘转换为动态磁盘

基本磁盘可以直接转换为动态磁盘，转换完成后，所有的分区将转换为简单卷。

2．动态磁盘转换为基本磁盘

当动态磁盘存在卷时，动态磁盘无法转换为基本磁盘。因此，系统管理员只有将卷中的数据迁移，然后删除所有的卷，才可以将动态磁盘转换为基本磁盘。

任务 3-1　基本磁盘的配置与管理

学习视频 4

任务规划

Jan16 公司要求小锐熟悉 Windows Server 2012 R2 文件系统和基本磁盘的配置与管理相关功能，具体内容如下。

（1）使用系统盘的未分配空间创建一个分区 E，使用 NTFS 文件系统格式化分区 E。

（2）对 E 盘进行压缩，然后使用压缩后出现的未分配空间创建一个分区 F，使用 NTFS 文件系统格式化分区 F。

（3）验证被压缩的分区是否可以正常访问。

在 Windows Server 2012 R2 的【磁盘管理】窗口中，右击磁盘的【未分配】区域，在弹出的快捷菜单中选择相应的命令（包括【新建简单卷】【属性】等）对磁盘进行分区管理，选择相应的命令后，根据弹出的配置向导界面可以快速完成新建分区操作。

在 Windows Server 2012 R2 的【磁盘管理】窗口中，右击已有的磁盘分区，在弹出的快捷菜单中选择相应的命令（包括【格式化】【扩展分区】【压缩】等）对磁盘分区进行管理，选择相应的命令后，根据弹出的配置向导界面可以快速完成格式化、磁盘压缩等操作。

为此，本任务可通过以下几个步骤完成。

（1）使用系统盘的未分配空间创建一个分区 E，并将其格式化为 NTFS 格式。

（2）在 E 盘创建一个测试数据文件，然后对 E 盘进行磁盘压缩操作。

（3）使用磁盘压缩释放出来的未分配空间创建分区 F。

任务实施

1. 使用系统盘的未分配空间创建一个分区 E，并将其格式化为 NTFS 格式

（1）右击【开始】菜单的 ▦ 按钮，在弹出的快捷菜单中选择【磁盘管理】命令，打开【磁盘管理】窗口，如图 3-7 所示。

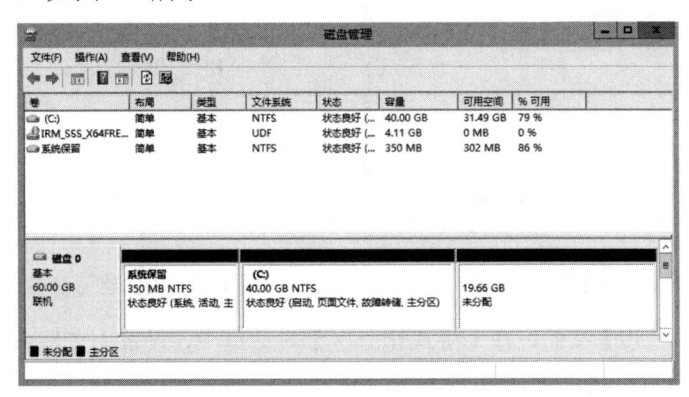

图 3-7 【磁盘管理】窗口

在【磁盘管理】窗口中，可以看到磁盘的基本信息，包括磁盘类型、容量、是否联机，分区（或卷）的容量、类型及空间使用情况等。其中，磁盘 0 为一块 60GB 的基本磁盘，包含一个主分区（C 盘），大小为 40GB，类型为 NTFS；一个 350MB 的系统保留分区；其余约 20GB 为未分配空间。

（2）右击磁盘 0 的【未分配】区域，如图 3-8 所示，在弹出的快捷菜单中选择【新建简单卷】命令。

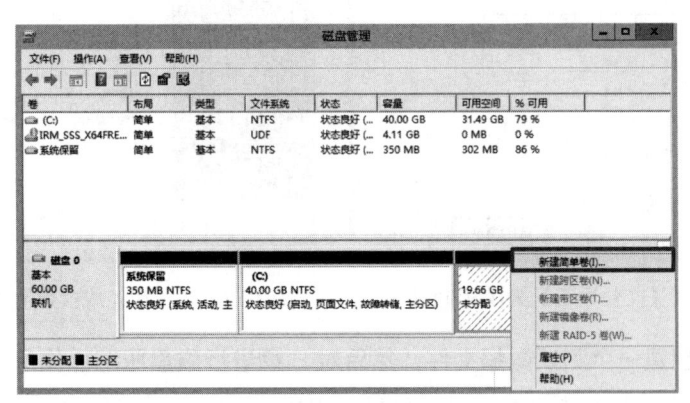

图 3-8 选择【新建简单卷】命令

（3）弹出【指定卷大小】对话框，在【简单卷大小(MB)】数值框中输入需要创建的卷的大小（默认值为可用磁盘空间的最大值，单位为 MB），根据任务要求，此处使用默认值（最大空间约 20GB），结果如图 3-9 所示。

（4）单击【下一步】按钮，在打开的【分配驱动器号和路径】对话框中，选择驱动器号【E】，结果如图 3-10 所示。

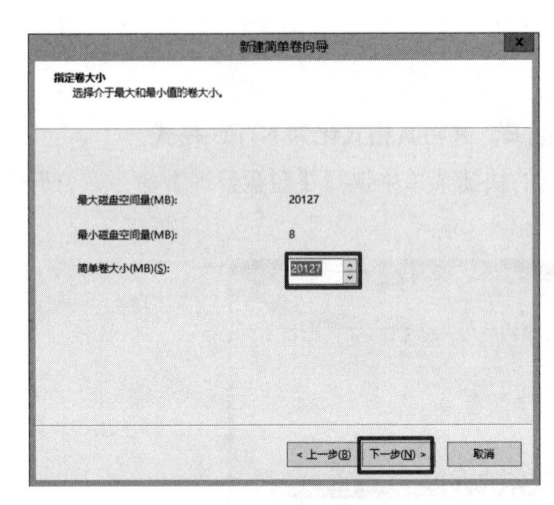

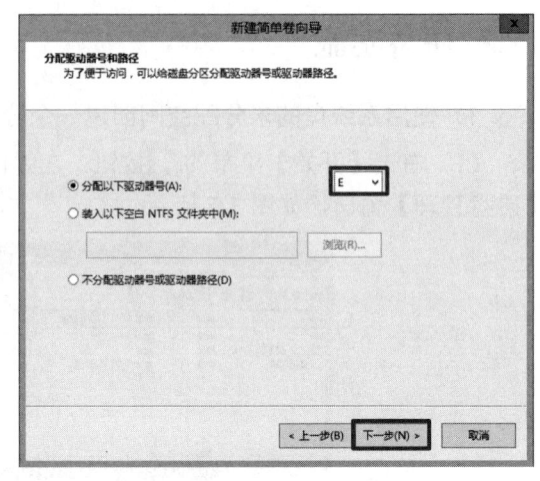

图 3-9　输入新建简单卷的大小　　　　　　图 3-10　为新建简单卷指定驱动器号

（5）单击【下一步】按钮，在【格式化分区】对话框中，设置【文件系统】为【NTFS】、其他选项按默认设置，结果如图 3-11 所示。

（6）单击【下一步】按钮，在如图 3-12 所示的【正在完成新建简单卷向导】对话框中，核对新建简单卷的相关设置信息，确认无误后单击【完成】按钮，完成新建简单卷的操作。

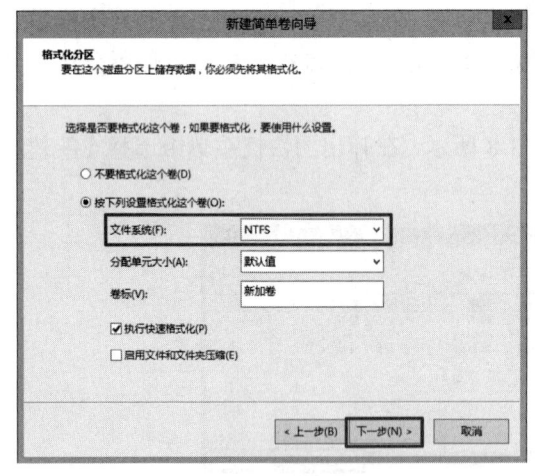

图 3-11　设置【文件系统】为【NTFS】　　　　图 3-12　【正在完成新建简单卷向导】对话框

2．在 E 盘创建一个测试数据文件，然后对 E 盘进行磁盘压缩操作

当用户需要减少卷的磁盘空间时，可以采用压缩卷的方式来释放磁盘空间，该操作不会导致数据丢失，但是在进行卷压缩时，可压缩的空间大小最大为压缩前总空间的 50%，并且不得超过可用空间的大小。

接下来小锐将对刚刚创建的 E 盘进行压缩，并使用释放的空间新建分区 F。操作前先在 E 盘新建一个文本文件，即【压缩卷测试.txt】，文件内容如图 3-13 所示。

（1）右击需要进行压缩的卷【E 盘】，在弹出的快捷菜单中选择如图 3-14 所示的【压缩卷】命令。

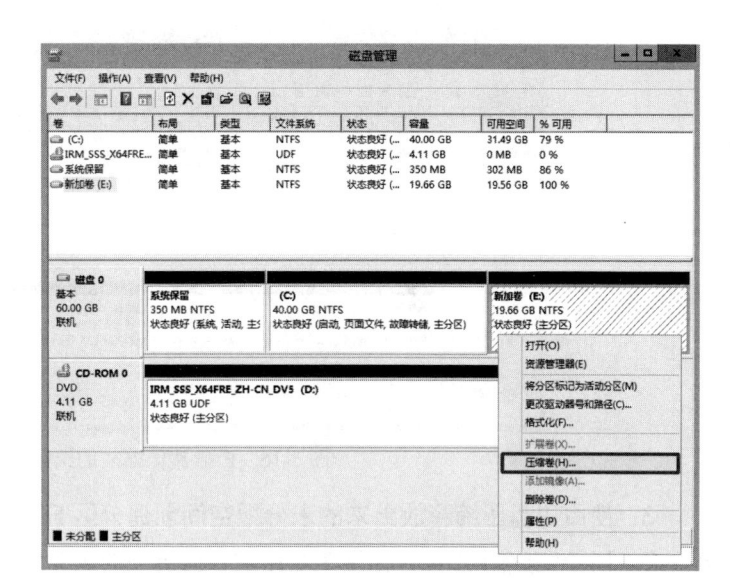

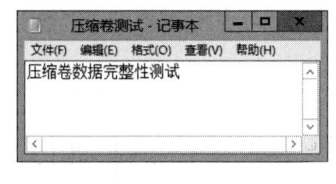

项目 3　管理公司服务器的本地磁盘

图 3-13　【压缩卷测试.txt】文件内容

图 3-14　选择【压缩卷】命令

（2）在打开的【压缩 E:】对话框中，系统会自动进行可压缩空间的计算，得出当前可用于压缩的空间量。

在【输入压缩空间量(MB)】数值框中输入需要压缩的空间量，这里输入【10240】（约 10GB），在【压缩后的总计大小(MB)】文本框中会实时显示压缩后的剩余空间大小，结果如图 3-15 所示，单击【压缩】按钮将执行压缩卷操作。

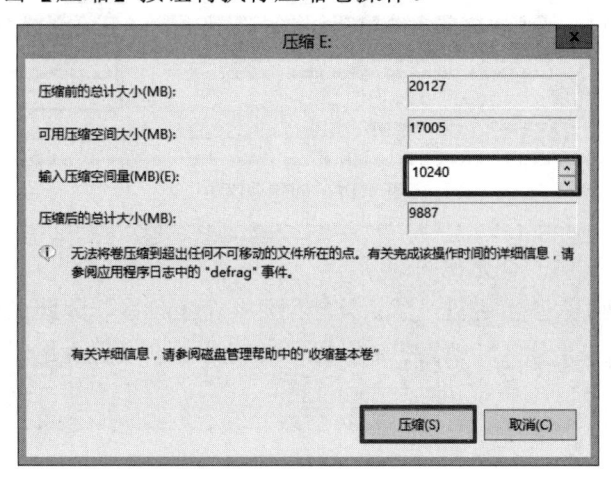

图 3-15　输入需要压缩的空间量

（3）压缩卷操作完成后，可以看到 E 盘的大小变小了，同时出现了一个 10GB 的未分配空间，结果如图 3-16 所示。

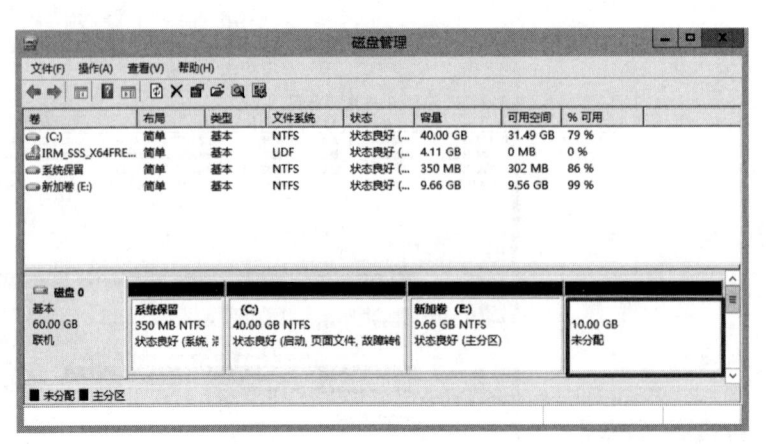

图 3-16　E 盘被压缩后的结果

3. 使用磁盘压缩释放出来的未分配空间创建分区 F

参照上述的操作步骤，使用磁盘压缩释放出来的未分配空间创建分区 F，结果如图 3-17 所示。

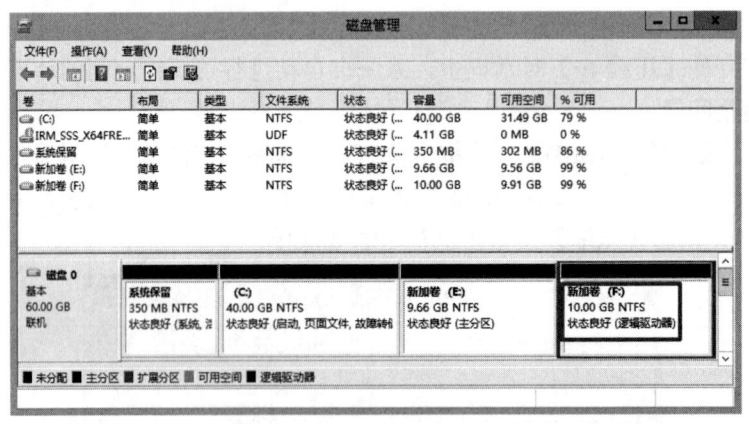

图 3-17　创建分区 F

> 关于创建分区 F 后的补充说明：
> 由于当前磁盘 0 为基本磁盘，默认只能创建 4 个主分区，因此在创建分区 F 时，系统默认将创建的第 4 个分区转换为扩展分区，并将分区 F 设置为逻辑分区（也被称为逻辑驱动器）。

任务验证

任务完成后，管理员查看 E 盘分区的数据文件，发现数据既没有丢失也没有损坏，结果如图 3-18 所示。可见磁盘压缩操作不会造成数据的损坏。

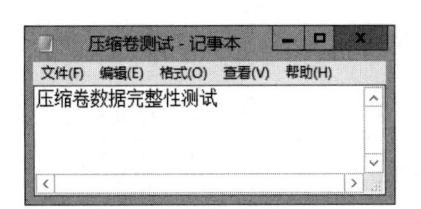

图 3-18　E 盘分区的数据文件

任务 3-2　动态磁盘的配置与管理

任务规划

Jan16 公司要求小锐熟悉 Windows Server 2012 R2 动态磁盘的配置与管理相关功能，具体内容如下。

（1）在磁盘 1 中创建一个简单卷 G，大小为 120GB。

（2）使用扩展卷功能，利用磁盘 2 的空间，将简单卷 G 扩展到 150GB。

（3）使用磁盘 2 和磁盘 3 的空间创建一个带区卷 H，大小为 60GB。

（4）使用磁盘 2 和磁盘 3 的空间创建一个镜像卷 I，大小为 30GB。

（5）使用磁盘 2、磁盘 3 和磁盘 4 的空间创建一个 RAID-5 卷 J，大小为 60GB。

要实现本任务的动态磁盘的配置与管理工作，可通过以下几个步骤来完成。

（1）初始化磁盘 1～磁盘 4，并将其转换为动态磁盘。

（2）使用磁盘 1 的全部空间创建简单卷 G，大小为 120GB，然后利用磁盘 2 的空间将简单卷 G 扩展到 150GB。

（3）使用磁盘 2 和磁盘 3 的空间创建一个带区卷 H，大小为 60GB。

（4）使用磁盘 2 和磁盘 3 的空间创建一个镜像卷 I，大小为 30GB。

（5）使用磁盘 2、磁盘 3 和磁盘 4 的空间创建一个 RAID-5 卷 J，大小为 60GB。

任务实施

1. 初始化磁盘 1～磁盘 4，并将其转换为动态磁盘

（1）将磁盘 1～磁盘 4 全部安装在存储服务器中，重启 Windows Server 2012 R2 后再次登录，在【计算机管理】窗口中选择【磁盘管理】选项，进入磁盘管理界面，可以看到 4 块新磁盘，其容量均为 120GB，且都为【没有初始化】状态，如图 3-19 所示。

（2）对所有新磁盘进行【联机】操作后，右击【磁盘 1】图标，在弹出的快捷菜单中选择【初始化磁盘】命令，弹出如图 3-20 所示的【初始化磁盘】对话框，勾选【磁盘 1】、【磁盘 2】、【磁盘 3】和【磁盘 4】复选框，分区形式选择【MBR(主启动记录)】，单击【确定】按钮，完成磁盘的初始化，此时 4 块磁盘的状态为基本磁盘，结果如图 3-21 所示。

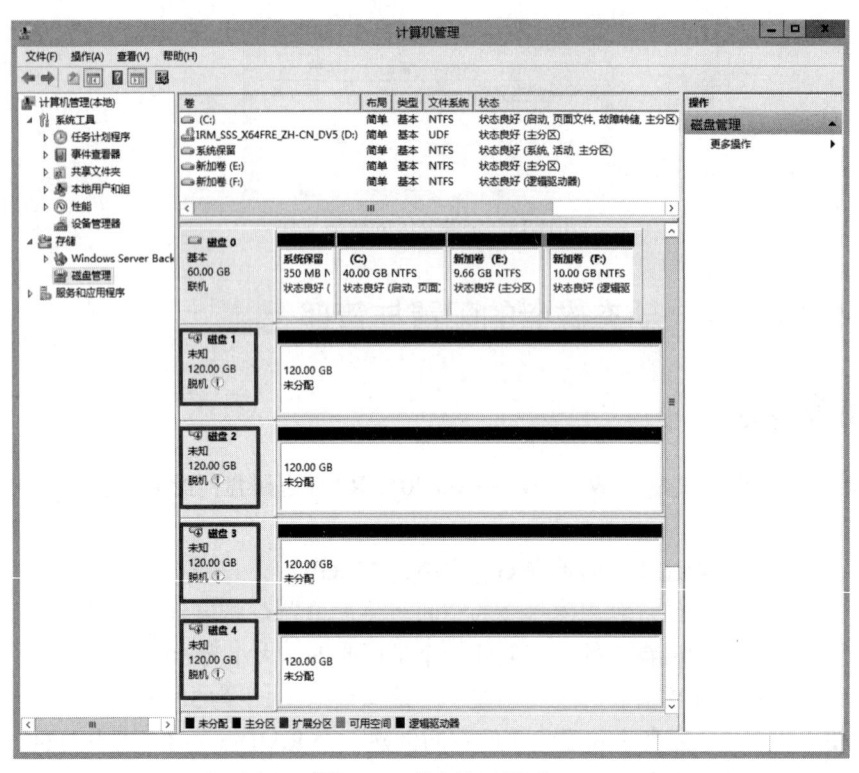

图 3-19 磁盘管理界面

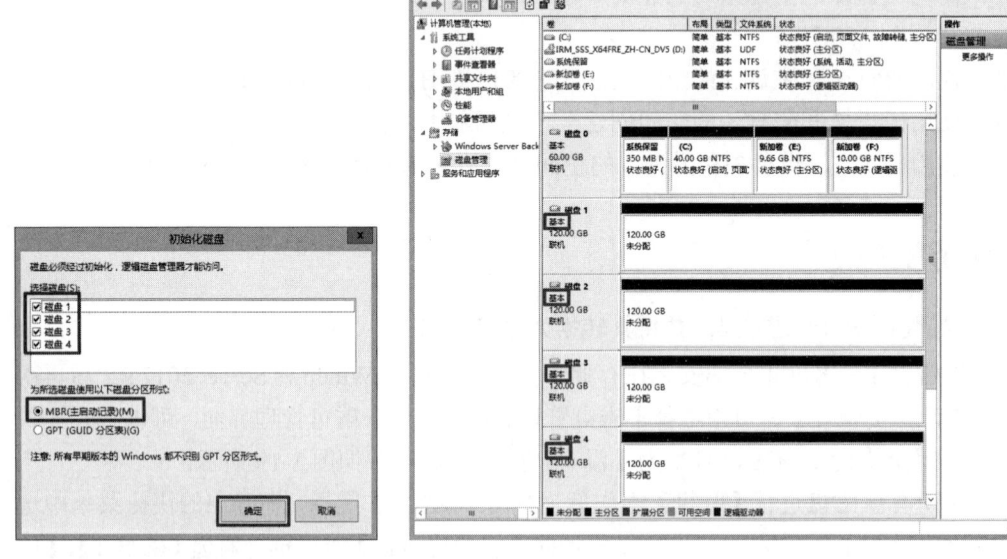

图 3-20 【初始化磁盘】对话框　　　　图 3-21 初始化磁盘结果

（3）右击【磁盘 1】图标，在弹出的快捷菜单中选择【转换到动态磁盘】命令，在打开的对话框中勾选【磁盘 1】、【磁盘 2】、【磁盘 3】和【磁盘 4】复选框，单击【确定】按钮，完成基本磁盘到动态磁盘的转换，如图 3-22 和图 3-23 所示。

项目 3　管理公司服务器的本地磁盘

图 3-22　选择【转换到动态磁盘】命令

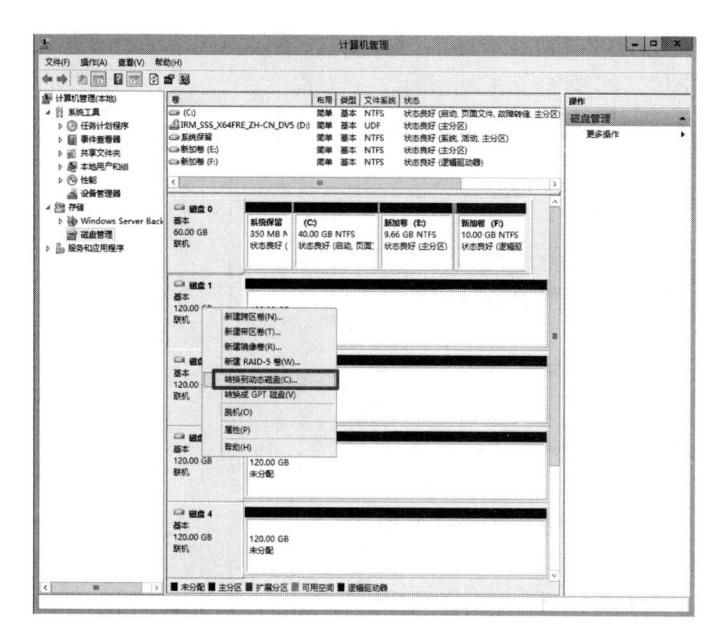

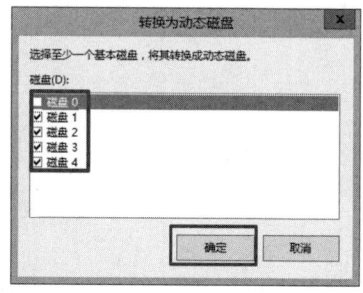

图 3-23　完成基本磁盘到动态磁盘的转换

2. 使用磁盘 1 的全部空间创建简单卷 G，大小为 120GB，然后利用磁盘 2 的空间将简单卷 G 扩展到 150GB

（1）右击磁盘 1 的【未分配】区域，在弹出的快捷菜单中选择【新建简单卷】命令，如图 3-24 所示，然后在弹出的对话框中单击【下一步】按钮，打开【指定卷大小】对话框，在【简单卷大小(MB)】数值框中输入【122877】（全部空间大小，约为 120GB），结果如图 3-25 所示。

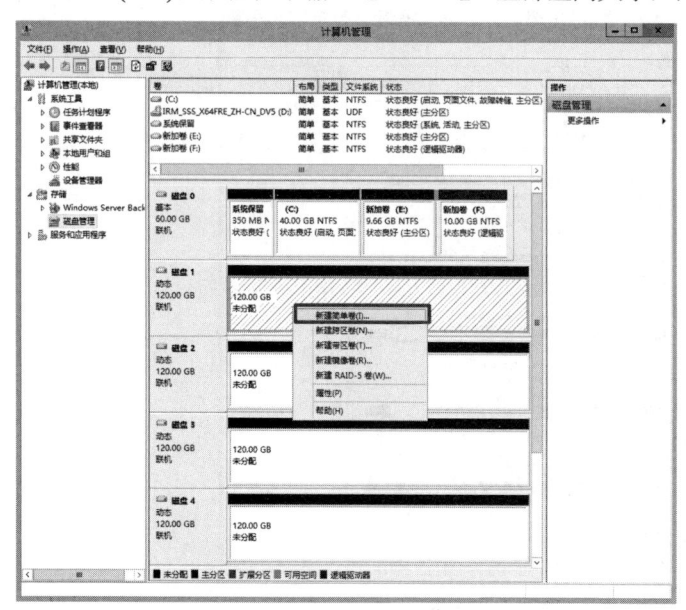

图 3-24　选择【新建简单卷】命令

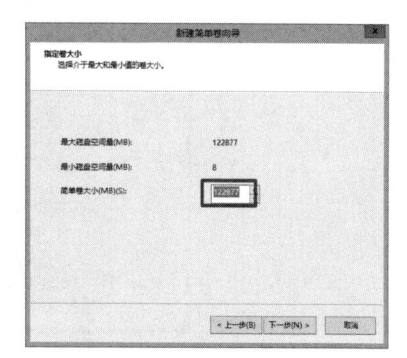

图 3-25　指定简单卷大小

035

（2）将磁盘 1 分配为 G 盘，文件格式设置为 NTFS，格式化完成后，可以看到在磁盘 1 中创建了一个大小为 120GB 的 G 盘，结果如图 3-26 所示。

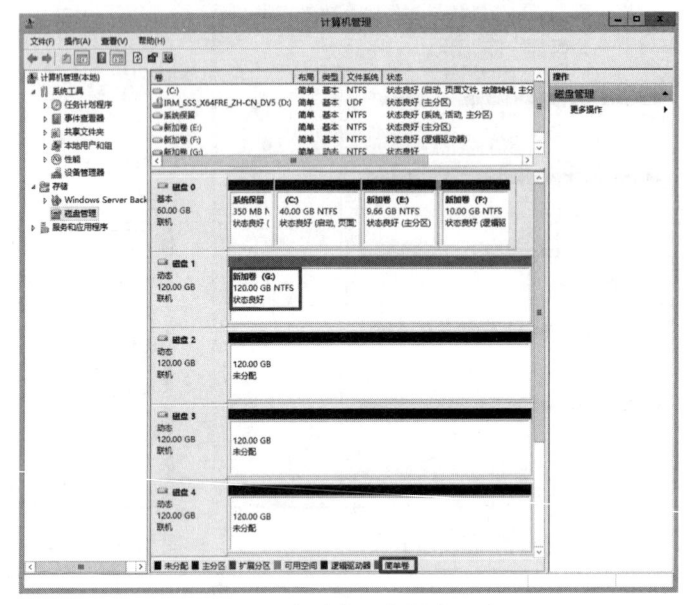

图 3-26　在磁盘 1 中创建 G 盘

下面小锐将利用磁盘 2 中的未分配空间来扩展 G 盘，将 G 盘空间增加到 150GB。完成后，G 盘将由两块磁盘的空间组成，这种磁盘就是跨区卷。

（3）在磁盘 1 上右击【新加卷(G:)】区域，在弹出的快捷菜单中选择【扩展卷】命令，如图 3-27 所示。

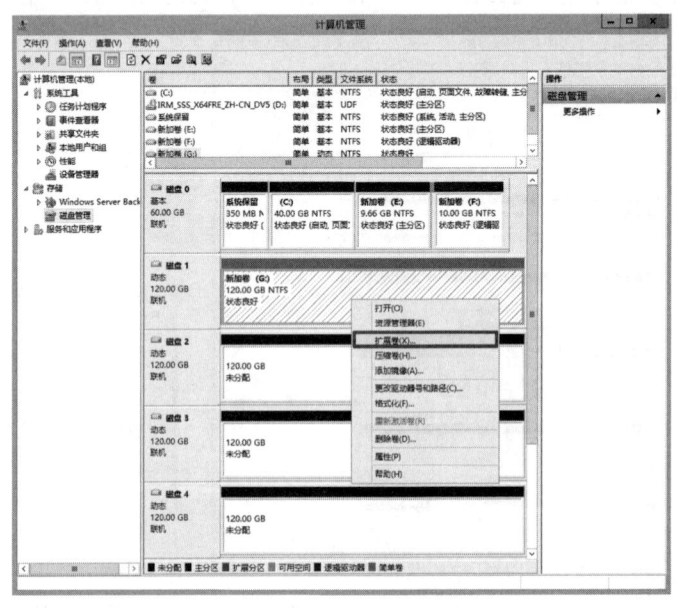

图 3-27　选择【扩展卷】命令

（4）在弹出的【扩展卷向导】对话框中，单击【下一步】按钮，打开【选择磁盘】对话框，在【可用】列表框中列出了可用于扩展的磁盘。按任务要求，在列表框中选择【磁盘 2】选项，并单击【添加】按钮，然后在【选择空间量(MB)】数值框中输入【30720】（约 30GB），结果如图 3-28 所示，调整后的卷大小为 150GB。

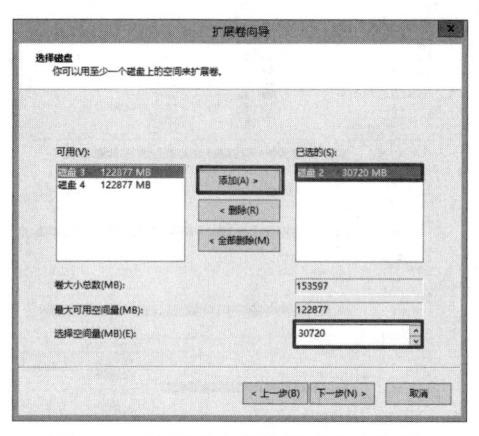

图 3-28　选择磁盘并设置磁盘空间量

（5）单击【下一步】按钮，打开【完成扩展卷向导】对话框，确认显示的相关操作信息无误后，单击【完成】按钮，完成 G 盘空间的扩展。

（6）打开如图 3-29 所示的磁盘管理界面，可以看到原来容量为 120GB 的简单卷 G 已变成容量为 150GB 的跨区卷。

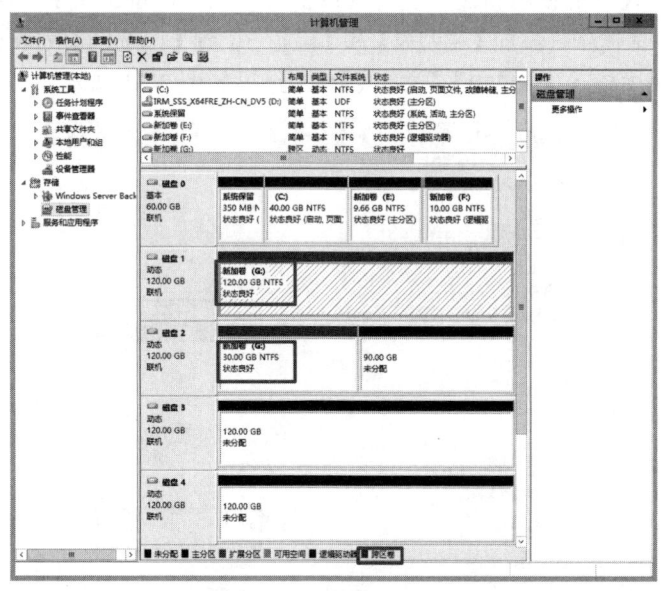

图 3-29　磁盘管理界面

3. 使用磁盘 2 和磁盘 3 的空间创建一个带区卷 H，大小为 60GB

带区卷是由两块或两块以上物理磁盘的等容量可用空间组成的一个逻辑卷。它的空间大小是所有物理磁盘空间大小的总和，因此，要在两块磁盘上创建一个大小为 60GB 的带区卷，每块磁盘的空间大小为30GB，具体操作步骤如下。

（1）在磁盘 2 中右击【未分配】区域，在弹出的快捷菜单中选择【新建带区卷】命令，如图 3-30 所示。

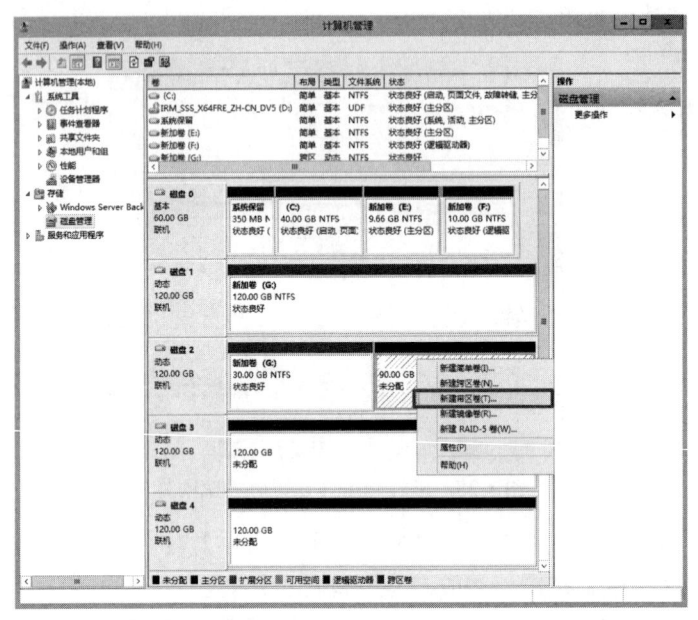

图 3-30　选择【新建带区卷】命令

（2）在弹出的【欢迎使用新建带区卷向导】对话框中，单击【下一步】按钮。在弹出的【选择磁盘】对话框中，添加【磁盘 2】和【磁盘 3】到【已选的】列表框中，然后在【选择空间量】数值框中输入【30720】（约 30GB），结果如图 3-31 所示。

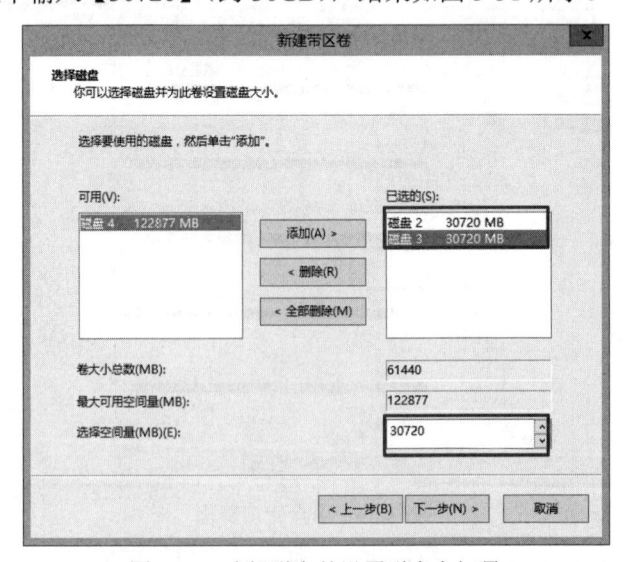

图 3-31　选择磁盘并设置磁盘空间量

（3）单击【下一步】按钮，在弹出的界面中设置驱动器号为【H】，然后单击【完成】按钮，完成带区卷的创建，结果如图 3-32 所示。

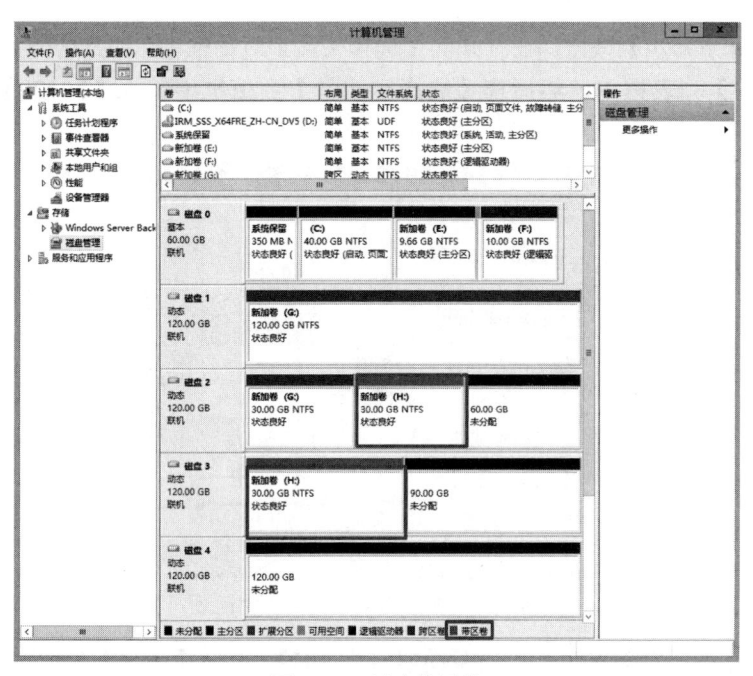

图 3-32　创建带区卷

4．使用磁盘 2 和磁盘 3 的空间创建一个镜像卷 I，大小为 30GB

使用两块磁盘创建的镜像卷的磁盘利用率为 50%，因此当使用两块磁盘创建一个大小为 30GB 的镜像卷时，每块磁盘需要提供 30GB 的磁盘空间，操作步骤如下。

（1）右击磁盘 2 的【未分配】区域，在弹出的快捷菜单中选择【新建镜像卷】命令，如图 3-33 所示，进入【欢迎使用新建镜像卷向导】对话框。

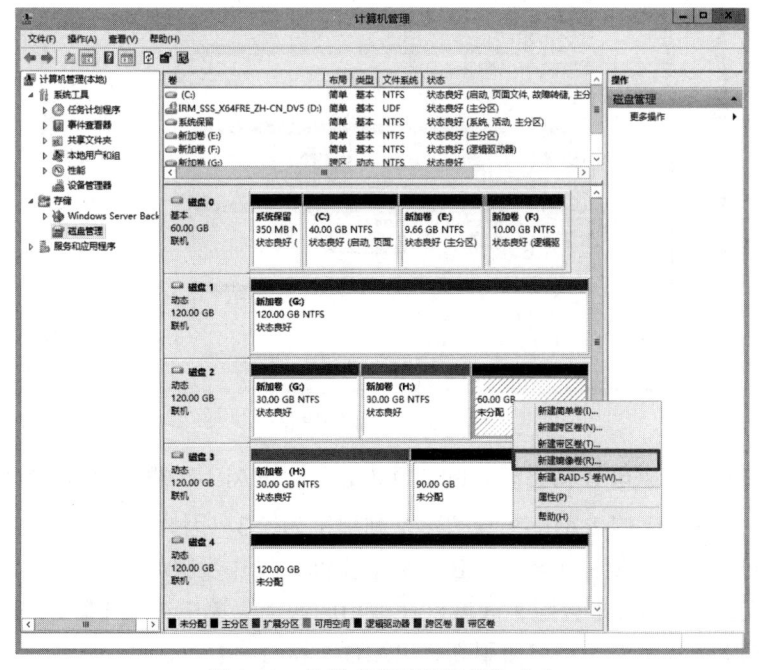

图 3-33　选择【新建镜像卷】命令

（2）单击【下一步】按钮，在打开的【选择磁盘】对话框中，添加【磁盘 2】和【磁盘 3】到【已选的】列表框中，然后在【选择空间量】数值框中输入【30720】（约 30GB），如图 3-34 所示。

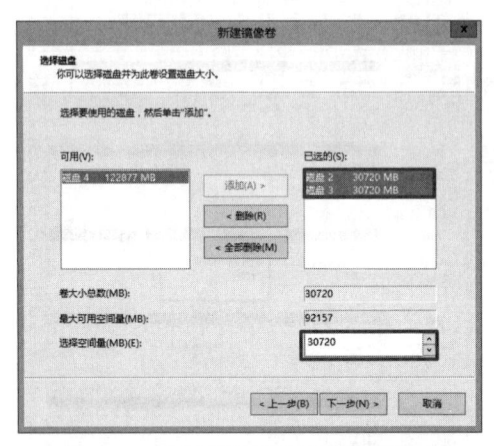

图 3-34　选择磁盘并设置磁盘空间量

（3）单击【下一步】按钮，设置驱动器号为【H】，单击【完成】按钮，完成镜像卷的创建，结果如图 3-35 所示。

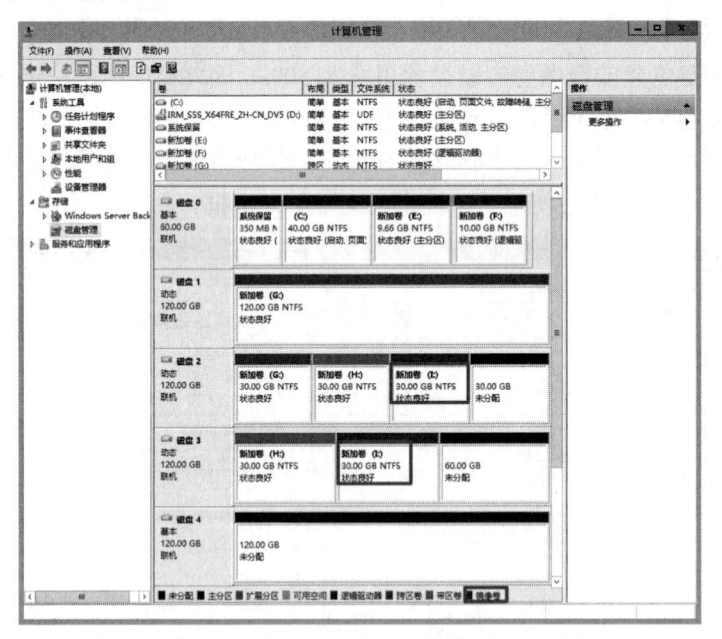

图 3-35　创建镜像卷

5. 使用磁盘 2、磁盘 3 和磁盘 4 的空间创建一个 RAID-5 卷 J，大小为 60GB

使用 3 块磁盘创建的 RAID-5 卷的磁盘利用率为 2/3，因此创建一个大小为 60GB 的 RAID-5 卷，每块磁盘需要提供约 30GB 的磁盘空间，操作步骤如下。

（1）右击磁盘 2 的【未分配】区域，在弹出的快捷菜单中选择【新建 RAID-5 卷】命令，如图 3-36 所示，进入【欢迎使用新建 RAID-5 卷向导】对话框。

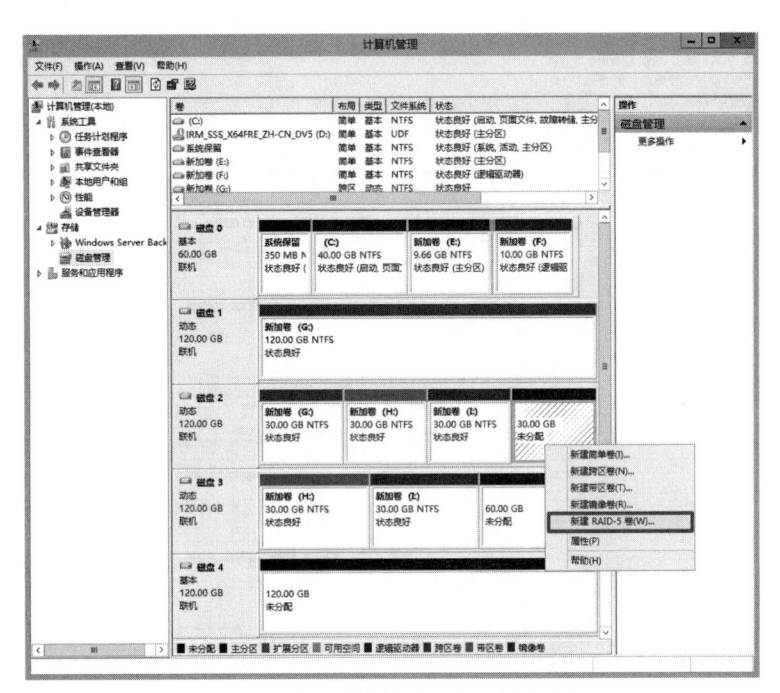

项目 3　管理公司服务器的本地磁盘

图 3-36　选择【新建 RAID-5 卷】命令

（2）单击【下一步】按钮，在打开的【选择磁盘】对话框中，添加【磁盘 2】、【磁盘 3】和【磁盘 4】到【已选的】列表框中，然后在【选择空间量】数值框中输入【30717】（约 30GB），如图 3-37 所示。

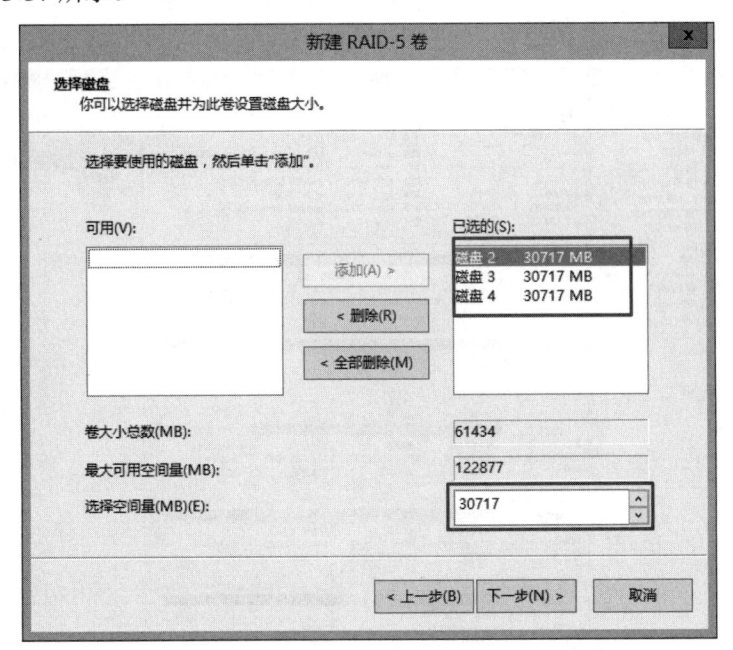

图 3-37　选择磁盘并设置磁盘空间量

（3）单击【下一步】按钮，设置驱动器号为【H】，单击【完成】按钮，完成 RAID-5 卷的创建，结果如图 3-38 所示。

041

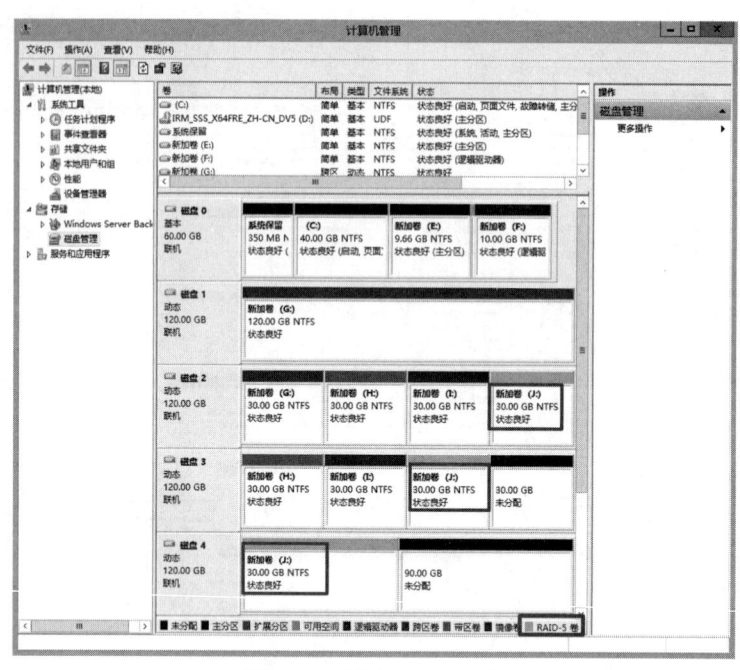

图 3-38 创建 RAID-5 卷

任务验证

打开磁盘管理界面,从中可以看到按任务要求创建完成的扩展卷、带区卷、镜像卷和 RAID-5 卷,结果如图 3-39 所示。

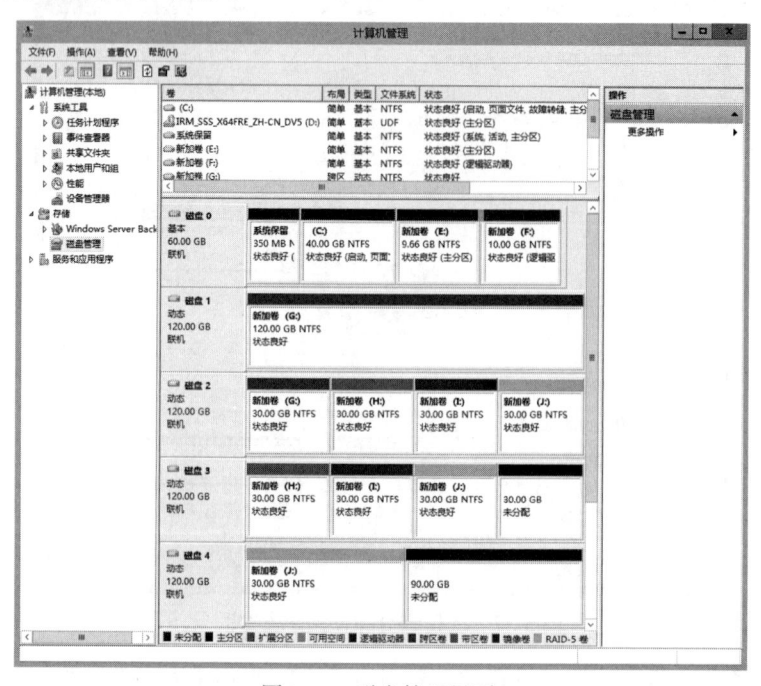

图 3-39 磁盘管理界面

练习与实践

一、理论习题

1．在 Windows Server 2012 R2 的动态磁盘中，具有容错功能的是（   ）。
   A．简单卷　　　　B．跨区卷　　　　C．镜像卷　　　　D．RAID-5 卷
2．下列动态磁盘在损坏一块磁盘时，仍然可以被访问的是（   ）。
   A．简单卷　　　　B．跨区卷　　　　C．镜像卷　　　　D．RAID-5 卷
3．在以下文件系统类型中，能使用文件访问许可权的是（   ）。
   A．FAT16　　　　B．EXT　　　　　C．NTFS　　　　　D．FAT32
4．在以下选项中，（   ）的磁盘利用率只有 50%。
   A．跨区卷　　　　B．带区卷　　　　C．镜像卷　　　　D．RAID-5 卷
5．在以下选项中，（   ）至少需要 3 块磁盘。
   A．跨区卷　　　　B．带区卷　　　　C．镜像卷　　　　D．RAID-5 卷

二、项目实训题

实训一

1．项目背景

Jan16 公司有市场部、项目部、业务部、财务部 4 个部门，因业务快速发展，公司规模不断扩大，文件越来越多，为了集中管理文件，公司要求小正对公司各个部门的文件进行统一管理，为此公司采购了一台服务器，并安装了 Windows Server 2012 R2，专门用于文件管理。

服务器配备了 4 块新磁盘，分别为 1TB 的容量，公司要求小正根据公司文件管理规划，完成该服务器磁盘的配置与管理工作。

2．项目要求

（1）将新磁盘联机、初始化并转换为动态磁盘。

（2）使用磁盘 1、磁盘 2 的空间创建一个带区卷 E，供业务部存放文件使用，大小为 500GB。

（3）使用磁盘 2、磁盘 3 的空间创建一个镜像卷 F，供项目部存放文件使用，大小为 300GB。

（4）使用磁盘 1、磁盘 2、磁盘 3 的空间创建一个 RAID-5 卷 G，供财务部存放文件使用，大小为 500GB。

（5）使用磁盘 1、磁盘 2、磁盘 3、磁盘 4 的未分配空间创建一个跨区卷 H，供市场部存放文件使用。

3．提交项目实施的关键界面截图

（1）动态磁盘的界面截图。

（2）带区卷 E 的磁盘管理界面截图。

（3）镜像卷 F 的磁盘管理界面截图。

（4）RAID-5 卷 G 的磁盘管理界面截图。

（5）跨区卷 H 的磁盘管理界面截图。

实训二

1．项目背景

Jan16 公司有一台服务器，安装了 Windows Server 2012 R2，该服务器有 4 块磁盘，容量分别为 100GB、110GB、120GB、130GB，请根据以下要求管理该服务器的磁盘。

2．项目要求

（1）创建一个 2GB 的带区卷 D，并在新建的卷上创建一个文本文件（输入一些数据），卸载一块磁盘（模拟存储中的一块磁盘损坏的情况），查看能否成功读取刚刚创建的文本文件。

（2）创建一个 2GB 的镜像卷 E，并在新建的卷上创建一个文本文件（输入一些数据），卸载一块磁盘（模拟存储中的一块磁盘损坏的情况），查看能否成功读取刚刚创建的文本文件；重新添加一块磁盘到计算机，查看能否在新创建的磁盘上重建 RAID-1 卷？

（3）创建一个 2GB 的 RAID-5 卷 F，并在新建的卷上创建一个文本文件（输入一些数据），卸载一块磁盘（模拟存储中的一块磁盘损坏的情况），查看能否成功读取刚刚创建的文本文件；重新添加一块磁盘到计算机，查看能否在新创建的磁盘上重建 RAID-5 卷？如果同时损坏 2 块磁盘，那么 RAID 的数据能否重建？

3．提交项目实施的关键界面截图

（1）带区卷任务。

- 截取带区卷 D 被卸载一块磁盘时的磁盘管理界面。
- 带区卷 D 是否还可以读/写文件？请截取关键界面，并简要分析原因。

（2）镜像卷任务。

- 截取镜像卷 E 被卸载一块磁盘时的磁盘管理界面。
- 镜像卷 E 是否还可以读/写文件？请截取关键界面，并简要分析原因。
- 镜像卷 E 是否可以重建？如果可以，则截取任务实现的关键界面。

（3）RAID-5 卷任务。

- 截取 RAID-5 卷 F 被卸载一块磁盘时的磁盘管理界面。
- RAID-5 卷 F 是否还可以读/写文件？请截取关键界面，并简要分析原因。
- RAID-5 卷 F 是否可以重建？如果可以，则截取任务实现的关键界面。
- 截取 RAID-5 卷 F 被卸载 2 块磁盘时的磁盘管理界面。RAID-5 卷 F 是否还可以读/写文件？请截取关键界面，并简要分析原因。RAID-5 卷 F 是否可以重建？如果可以，则截取任务实现的关键界面。

项目 4

部署业务部局域网

/ 项目学习目标 /

(1) 了解以太网、快速以太网、千兆以太网和万兆以太网的概念。
(2) 掌握 IP 地址的分类,以及专用 IP 地址与特殊 IP 地址的概念与应用。
(3) 掌握局域网 ARP 协议的概念、工作流程与应用。
(4) 掌握局域网的组建与维护、局域网常见故障检测与排除的业务实施流程。

项目描述

Jan16 公司新成立了业务部,为方便业务部员工使用 QQ、淘宝、微信等 Internet 平台开展品牌推广活动,公司分别为每一位员工配备了一台计算机,并为该部门部署了一台文件服务器,用于存放公司简介、产品简介、市场营销软文等内容。

公司要求网络管理员尽快为这批计算机和服务器配置 IP 地址,实现客户机和文件服务器的互连,并做好局域网的维护工作,为后续接入信息中心网络和部署文件共享服务做好准备。业务部的网络拓扑规划如图 4-1 所示。

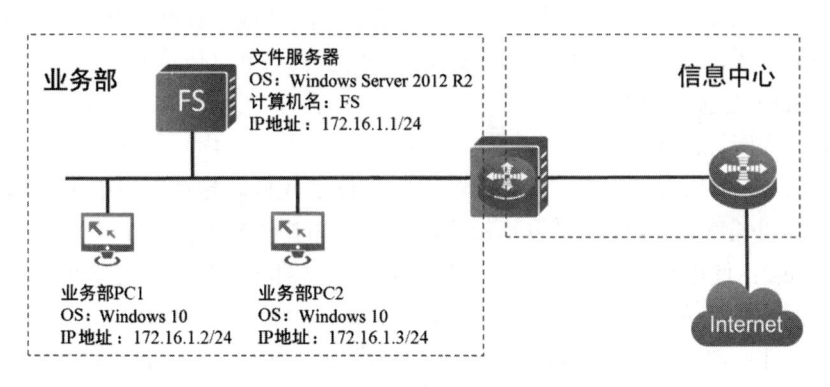

图 4-1 业务部的网络拓扑规划

项目分析

在组建局域网时，用户需要了解以太网的定义、ARP 协议、IP 地址、MAC 通信等相关知识；对局域网进行运维时，用户需要熟悉局域网的组建、局域网故障检测、局域网故障排除等技能。

本项目的服务器和计算机安装了 Windows Server 2012 R2 和 Windows 10，根据项目目标，管理员需要为这些计算机配置 IP 地址，然后测试员工计算机和服务器之间是否能相互通信，涉及以下工作任务。

（1）为业务部的计算机和服务器配置 IP 地址，完成业务部局域网的组建；
（2）掌握局域网常见的维护与管理技能，及时处理局域网出现的问题。

相关知识

4.1 以太网

以太网是当前应用最为广泛的局域网，包括标准以太网（10Mbit/s）、快速以太网（100Mbit/s）、千兆以太网（1Gbit/s）和万兆以太网（10Gbit/s），采用的是 CSMA/CD（带冲突检测的载波监听多路访问）协议，符合 IEEE 802.3 标准。

IEEE 802.3 标准规定了物理层的连线、电信号和介质访问层协议的内容。以太网是当前应用最普遍的局域网技术。在 20 世纪末期，快速以太网飞速发展，目前千兆以太网甚至万兆以太网正在国际组织和领导企业的推动下不断扩大应用范围。

1. 标准以太网

标准以太网只有 10Mbit/s 的吞吐量，使用的是 CSMA/CD 协议。以太网可以使用粗同轴电缆、细同轴电缆、非屏蔽双绞线、屏蔽双绞线和光纤等多种传输介质进行连接，并且在 IEEE 802.3 标准中，为不同的传输介质制定了不同的物理层标准，在这些标准中前面的数字表示传输速率，单位是"Mbit/s"，最后一个数字表示单段传输介质的长度（基准单位是 100m），Base 表示"基带"。

常见的以太网标准如下。

- 10Base-5：使用直径为 0.4 英寸、阻抗为 50Ω 的粗同轴电缆，也被称为粗缆以太网，最大网段长度为 500m，采用基带传输方法，拓扑结构为总线型。
- 10Base-2：使用直径为 0.2 英寸、阻抗为 50Ω 的细同轴电缆，也被称为细缆以太网，最大网段长度为 185m，采用基带传输方法，拓扑结构为总线型。
- 10Base-T：使用三类以上双绞线，最大网段长度为 100m，拓扑结构为星型。
- 10Base-F：使用光纤，传输速率为 10Mbit/s，拓扑结构为星型。

2. 快速以太网

随着网络的发展，标准以太网技术已难以满足日益增长的网络数据流量的需求。在 1993 年 10 月，Grand Junction 公司推出了快速以太网集线器 Fast Switch10/100 和网络接口卡 FastNIC100，快速以太网技术得以应用，在 1995 年 3 月，IEEE 宣布了 IEEE 802.3u 100B-T 快速以太网标准。

快速以太网技术可以有效地保障用户在布线基础实施上的投资。它支持三、四、五类双绞线以及光纤的连接，能有效地利用现有的设施。常见的快速以太网标准如下。

- 100Base-TX：一种使用五类以上双绞线的快速以太网标准。它使用两对双绞线，一对用于发送数据，一对用于接收数据，支持全双工的数据传输模式，信号频率为 125MHz。它的最大网段长度为 100m，拓扑结构为星型。
- 100Base-FX：一种使用光缆的快速以太网标准，可使用单模和多模光纤（62.5μm 和 125μm）。多模光纤连接的最大距离为 550m，单模光纤连接的最大距离为 3000m，它支持全双工的数据传输模式，拓扑结构为星型。100Base-FX 特别适用于有电气干扰、连接距离较远或高保密环境等情况。

3. 千兆以太网

千兆以太网是一种高速局域网，可以提供 1Gbit/s 的通信带宽，与标准以太网、快速以太网采用的 CSMA/CD 协议、帧格式和帧长一样，因此可以实现在原有低速以太网基础上平滑、连续性的升级。由于千兆以太网采用了与标准以太网、快速以太网完全兼容的技术规范，因此千兆以太网除了继承标准以太网的优点，还具有升级平滑、实施容易、性价比高和易管理等优点，千兆以太网技术适合作为大中规模的园区主干网。

千兆以太网技术有两个标准：IEEE 802.3z 和 IEEE 802.3ab。IEEE 802.3z 制定了光纤和短距离铜线连接方案的标准。IEEE 802.3ab 制定了五类双绞线较长距离连接方案的标准。

（1）IEEE 802.3z。

IEEE 802.3z 定义了基于光纤和短距离铜线的全双工链路标准，传输速率为 1000Mbit/s。IEEE 802.3z 千兆以太网标准如下。

- 1000Base-SX：传输介质为直径 62.5μm 或 50μm 的多模光纤，传输距离为 220～550m。
- 1000Base-LX：传输介质为直径 9μm 或 10μm 的单模光纤，传输距离为 5000m。
- 1000Base-CX：传输介质为 150Ω 屏蔽双绞线（STP），传输距离为 25m。
- 1000Base-TX：传输介质为六类以上双绞线，用两对线发送数据，两对线接收数据，每对线支持 500Mbit/s 的单向数据传输速率，传输速率为 1Gbit/s，最大电缆长度为 100m。由于每对线缆本身不进行双向传输，因此线缆之间的串扰大大降低。这种技术对网络的接口要求比较低，不需要非常复杂的电路设计，降低了网络接口的成本。但要达到 1000Mbit/s 的传输速率，带宽需要超过 100MHz，所以要求使用六类以上双绞线（两对线用于接收数据，两对线用于发送数据，网络设备无须具备回声消除技术，这只有六类或更高的布线系统才能支持）。

（2）IEEE 802.3ab。

IEEE 802.3ab 定义了基于五类非屏蔽双绞线（UTP）的 1000Base-T 标准，其目的是在五类非屏蔽双绞线上实现 1000Mbit/s 的传输速率。IEEE 802.3ab 标准的意义主要有如下两点。

- 保护用户在五类非屏蔽双绞线布线系统上的投资。

- 1000Base-T 是 100Base-T 的自然扩展，与 10Base-T、100Base-T 完全兼容。不过，在五类非屏蔽双绞线上实现 1000Mbit/s 的传输速率需要解决五类非屏蔽双绞线的串扰和衰减问题。

EEE 802.3ab 千兆以太网的标准如下。

1000Base-T：传输介质为五类以上双绞线，用两对线发送数据，两对线接收数据，每对线支持 250Mbit/s 的双向数据传输速率（半双工），传输速率为 1Gbit/s，最大电缆长度为 100m。如果要采用全双工模式传输数据，则要求网络设备支持串扰/回声消除技术，并且布线系统必须为超五类以上。1000Base-T 不支持 8B/10B 编码方式，而是采用更加复杂的编码方式。1000Base-T 的优点是用户可以在 100Base-T 的基础上平滑升级到 1000Base-T。

4．万兆以太网

万兆以太网于 2002 年 7 月在 IEEE 通过，其规范被包含在 IEEE 802.3 标准的补充标准 IEEE 802.3ae 中，旨在完善 IEEE 802.3 协议，提高以太网带宽，将以太网应用扩展到城域网和广域网，并与原有的网络操作和网络管理保持一致。

万兆以太网是一种数据传输速率高达 10Gbit/s、通信距离可延伸到 40km 的以太网，但它只适用于全双工通信，并只能使用光纤传输介质，所以它不再使用 CSMA/CD 协议。除此之外，万兆以太网和其他以太网间的不同之处还在于，万兆以太网标准中包含了广域网的物理层协议，所以万兆以太网不仅可以应用于局域网，也可以应用于城域网和广域网，它能使局域网和城域网实现无缝连接，应用范围更为广泛。网络技术人员可以采用统一的网络技术构建高性能的园区网、城域网和广域网。

万兆以太网最主要的特点如下。

- 保留 802.3 以太网的帧格式。
- 保留 802.3 以太网的最大帧长和最小帧长。
- 只使用全双工的数据传输模式，完全改变了标准以太网的半双工的广播工作方式。
- 只使用光纤作为传输介质而不使用铜线。
- 使用点对点链路，支持星型拓扑结构的局域网。
- 数据传输速率非常高，不直接和端用户相连。
- 创造了新的光物理媒体相关子层。

4.2　IP 协议与 IP 地址

Internet 上使用的一个关键的底层协议是网际协议，通常被称为 IP 协议。互联网设备使用一个共同遵守的通信协议，从而使 Internet 成为一个允许连接不同类型计算机和不同操作系统的网络。要使两台计算机彼此之间能够进行通信，必须让两台计算机使用同一种语言。通信协议正像两台计算机交换信息所使用的共同语言，规定了通信双方在通信中所应共同遵守的约定。

计算机的通信协议精确地定义了计算机在彼此通信过程中的所有细节。例如，每台计算机发送的信息格式和含义、在什么情况下应发送规定的特殊信息，以及接收方的计算机应做出哪些应答等。IP 协议具有适应各种各样网络硬件的灵活性，对底层网络硬件几乎没有任何要求，任何一个网络只要可以从一个地点向另一个地点传送二进制数据，就可以使用 IP 协议加入 Internet。如果希望能在 Internet 上进行交流和通信，则连接 Internet 的每台计算机都必须遵守 IP 协议。为此使用 Internet 的每台计算机必须运行 IP 软件，以便时刻准备发送或接收信息。

IP 协议对于网络通信有重要的意义：网络中的计算机通过安装 IP 软件，使许许多多的局域网组成了一个庞大而又严密的通信系统，从而使 Internet 看起来好像是真实存在的，但实际上它是一种并不存在的虚拟网络，只不过是利用 IP 协议把全世界上所有愿意接入 Internet 的局域网连接起来，使得它们彼此之间能够通信。

4.2.1 IP 地址及其分类

IP 地址是按照 IP 协议规定的格式，为每一台正式接入 Internet 的主机分配的、供全世界标识的唯一通信地址。目前全球广泛应用的 IP 协议是 4.0 版本，记为 IPv4，因而 IP 地址又被称为 IPv4 地址，本节所讲的 IP 地址除特殊说明外均指 IPv4 地址。

下面讲解 IP 地址结构和编址方案。IP 地址用 32 位二进制数表示，用来标识网络中的一个逻辑地址。人们习惯上把这个 32 位的数字划分为 4 个 8 位组，之间用"."隔开，然后用 0~255 的十进制数来表示这 4 个 8 位组，这就是所谓的点分十进制，从而方便用户记忆，如图 4-2 所示。

图 4-2 IP 地址结构

IP 地址由网络号（Netid）和主机号（Hostid）两部分构成。网络号确定了某主机所在的物理网络，它必须是全球统一的；主机号确定了在某一物理网络上的一台主机，它可由本地分配，不需要全球统一。

根据网络规模，IP 地址被划分为 A~E 五类，其中 A、B、C 类被称为基本类，用于主机地址，D 类用于组播，E 类保留给将来使用。目前大量的 IP 地址为 A~C 类，如图 4-3 所示。

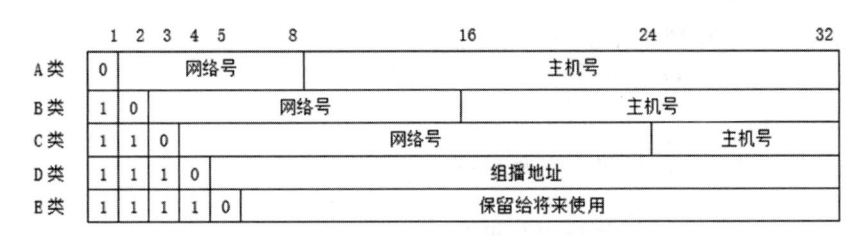

图 4-3 IP 地址编址方案

（1）A 类地址。

A 类地址适用于超大型网络，前 8 位为网络号，后 24 位为主机号。A 类地址的特点如下。

- 第 1 位为 0。
- 网络号的范围为 1.0.0.0～126.0.0.0。
- 子网掩码为 255.0.0.0。
- 最大网络数为 127 个（1～126 是可用的，127 作为本地软件回路测试本主机使用）。
- 网络中的最大主机数是 1 677 214（即 $2^{24}-2$）个。其中，减 2 的原因是去掉一个主机号全 0 的地址和一个主机号全 1 的地址。全 0 的主机地址表示该网络的地址，全 1 的主机地址表示该网络的广播地址。

（2）B 类地址。

B 类地址适用于中等规模的网络，前 16 位为网络号，后 16 位为主机号。B 类地址的特点如下。

- 前 2 位为 10。
- 网络号的范围为 128.0.0.0～191.255.0.0。
- 子网掩码为 255.255.0.0。
- 最大网络数为 16 384 个。
- 网络中的最大主机数是 65 534（即 $2^{16}-2$）个。

（3）C 类地址。

C 类地址适用于小规模的网络，前 24 位为网络号，后 8 位为主机号。C 类地址的特点如下。

- 前 3 位为 110。
- 网络号的范围为 192.0.0.0～223.255.255.0。
- 子网掩码为 255.255.255.0
- 最大网络数为 254 个。
- 网络中的最大主机数是 254（即 $2^{8}-2$）个。

（4）D 类地址。

D 类地址用于组播，组播就是同时把数据发送给一组主机，只有那些已经登记可以接收组播地址的主机才能接收组播数据包。D 类地址的特点如下。

- 前 4 位为 1110。
- 网络号的范围为 224.0.0.0～239.255.255.255。
- 子网掩码为 255.255.255.255。

（5）E 类地址。

E 类地址为保留地址，其前 4 位为 1111。

4.2.2 专用 IP 地址与特殊 IP 地址

1. 专用 IP 地址

在 IP 地址中，存在三个地址段，它们仅在内网中使用，不会被路由器转发到公网中。

假如一个内网采用了 TCP/IP 协议，那么要为内部的计算机分配 IP 地址，也就是说，这些计算机的 IP 地址仅用于内部通信，而无须向 Internet 管理机构申请全球唯一的 IP 地址。这样处理可以节约大量的 Internet IP 地址。

为避免内部 IP 地址和 Internet IP 地址相互冲突，IP 地址管理机构规定了下列地址仅用于内部通信而不作为全球地址使用，具体如下。

- A 类地址中的 10.0.0.0～10.255.255.255。
- B 类地址中的 172.16.0.0～172.32.0.0。
- C 类地址中的 192.168.0.0～192.168.255.255。

这些 IP 地址被称为专用地址（Private Address）或者私有地址。

2．特殊 IP 地址

除了以上介绍的各类 IP 地址，还有一些特殊的 IP 地址，其中有的不能用作设备的 IP 地址，也不能用于 Internet，具体如下。

① 环回地址。

127 网段的所有地址都被称为环回地址，主要用于测试网络协议是否可以正常工作。比如，使用【ping 127.0.0.1】命令就可以测试本地 TCP/IP 协议是否已经正常安装。在系统内部，环回地址还可用于机器内进程间的通信。

在 Windows 中，环回地址还被称为【localhost】，127 网段不允许出现在任何网络上。

② 0.0.0.0 地址。

0.0.0.0 地址用于表示默认路由，如果网络中设置了网关，系统就会自动产生一条目的地址为 0.0.0.0 的默认路由。

0.0.0.0 还可以在 IP 数据包中用作源 IP 地址。例如，在 DHCP 环境中，客户机启动时还没有 IP 地址，它在向 DHCP 服务器申请 IP 地址时，就用 0.0.0.0 作为自己的源 IP 地址，目的 IP 地址为 255.255.255.255。

③ 255.255.255.255 地址。

255.255.255.255 地址的主要用途：局域网中的某台计算机向局域网中的其他计算机发送广播包的地址，当路由器收到这样的广播包时会将其过滤，所以该地址一般仅用于局域网内部。

④ 主机号全为 1 的地址。

主机号全为 1 的地址被称为广播地址，主机用这类地址将一个 IP 数据包发送到本地网络的所有设备上，通常路由器会过滤这类地址，但是允许用户通过配置，将该数据包发送到特定网络的主机上。

广播地址只能用作目的 IP 地址。

⑤ 主机号全为 0 的地址。

主机号全为 0 的地址被称为网络地址，用于表示本地网络。

⑥ 169.254/16。

如果局域网中没有部署 DHCP 服务，那么客户机在试图自动获取 IP 地址时会因没有响应而为自己随即分配一个该网段的 IP 地址，以用于与相同状况的客户机进行通信。

如果网络中主机的 IP 地址属于该网段，那么网络很可能出现了故障。

除专用 IP 地址和特殊 IP 地址外，其余的 A、B、C 类地址可以在 Internet 上使用，它们被称为公网地址（Public Address）。

4.3 MAC 地址与 ARP 协议

1. MAC 地址

MAC（Medium Access Control，介质访问控制）地址是烧录在网卡里的。MAC 地址也被称为硬件地址，由长度为 48 位（6 字节）的十六进制数组成，如 00-1F-3B-43-CF-97。

在网络底层的物理传输过程中，MAC 地址是通过物理地址来识别主机的，它是全球唯一的。例如，以太网卡，其物理地址是 48 位的整数，如 00-1F-3B-43-CF-97，以机器可读的方式存入主机接口中。以太网地址管理机构将以太网地址，也就是 48 位的不同组合，分为若干独立的连续地址组，生产以太网网卡的厂家购买其中一组，在具体生产时，逐个将唯一地址赋予以太网卡。

形象地说，MAC 地址就如同我们的身份证号，具有全球唯一性。

2. ARP 协议

IP 数据包常通过以太网发送，以太网设备并不能识别 32 位 IP 地址，它们是以 48 位 MAC 地址传输以太网数据包的。因此，必须把目的 IP 地址转换成目的 MAC 地址。在以太网中，一台主机要和另一台主机进行直接通信，必须要知道目标主机的 MAC 地址，但这个目的 MAC 地址是如何获得的呢？它是通过地址解析协议获得的。ARP（Address Resolution Protocol）协议用于将网络中的 IP 地址解析为目的硬件地址（MAC 地址），以保证通信的顺利进行。

1）ARP 协议的报头结构

ARP 和 RARP 协议使用相同的报头结构，如图 4-4 所示。

硬件类型		协议类型
硬件地址长度	协议长度	操作类型
源硬件地址（0～3 字节）		
源硬件地址（4～5 字节）		源 IP 地址（0～1 字节）
源 IP 地址（2～3 字节）		目的硬件地址（0～1 字节）
目的硬件地址（2～5 字节）		
目的 IP 地址（0～3 字节）		

图 4-4　ARP 协议报头结构

- 硬件类型：指明了发送方想知道的硬件接口类型，以太网的值为 1。
- 协议类型：指明了发送方提供的高层协议类型，IP 地址为 0800（十六进制）。
- 硬件地址长度和协议长度：指明了硬件地址和高层协议地址的长度，这样 ARP 报文就可以在任意硬件和任意协议的网络中使用。
- 操作类型：用来表示这个报文的类型。ARP 请求为 1，ARP 响应为 2；RARP 请求为 3，RARP 响应为 4。

- 源硬件地址（0~3 字节）：源主机硬件地址的前 3 字节。
- 源硬件地址（4~5 字节）：源主机硬件地址的后 3 字节。
- 源 IP 地址（0~1 字节）：源主机 IP 地址的前 2 字节。
- 源 IP 地址（2~3 字节）：源主机 IP 地址的后 2 字节。
- 目的硬件地址（0~1 字节）：目标主机硬件地址的前 2 字节。
- 目的硬件地址（2~5 字节）：目标主机硬件地址的后 4 字节。
- 目的 IP 地址（0~3 字节）：目标主机的 IP 地址。

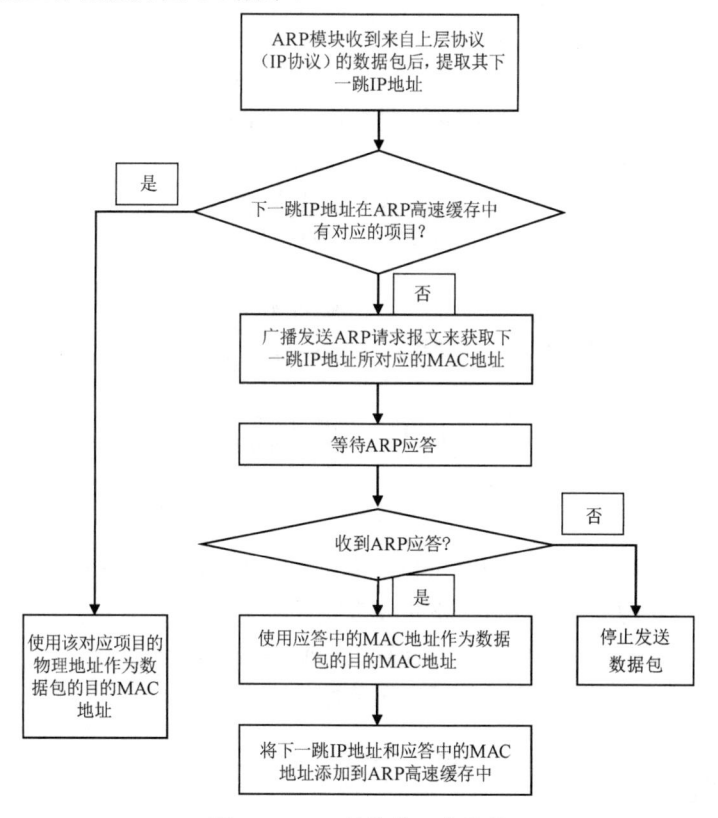

2）ARP 协议的工作流程

ARP 协议的工作流程如图 4-5 所示。

图 4-5 ARP 协议的工作流程

① 首先，每台主机都会在自己的 ARP 缓冲区（ARP Cache）中创建一个 ARP 列表，以表示 IP 地址和 MAC 地址的对应关系。

② 当源主机需要将一个数据包发送到目标主机时，会首先检查自己 ARP 列表中是否存在该 IP 地址对应的 MAC 地址，如果有，就直接将数据包发送到这个 MAC 地址；如果没有，就向本地网段发起一个 ARP 请求的广播包，查询此目标主机对应的 MAC 地址。此 ARP 请求数据包里包括源主机的 IP 地址、硬件地址及目标主机的 IP 地址。

③ 网络中所有的主机收到这个 ARP 请求后，会检查数据包中的目的 IP 地址是否和自己的 IP 地址一致。如果不一致就忽略此数据包；如果一致，则该主机首先将发送端的 MAC

地址和 IP 地址添加到自己的 ARP 列表中，如果 ARP 列表中已经存在该 IP 地址的信息，则将其覆盖，然后给源主机发送一个 ARP 响应数据包，告诉对方自己是它需要查找的 MAC 地址。

④ 源主机收到这个 ARP 响应数据包后，将得到的目标主机的 IP 地址和 MAC 地址添加到自己的 ARP 列表中，并利用此信息开始进行数据传输。如果源主机一直没有收到 ARP 响应数据包，则表示 ARP 查询失败。

任务 4-1　组建业务部局域网

任务规划

业务部拥有 3 台计算机，其网络拓扑结构如图 4-6 所示。

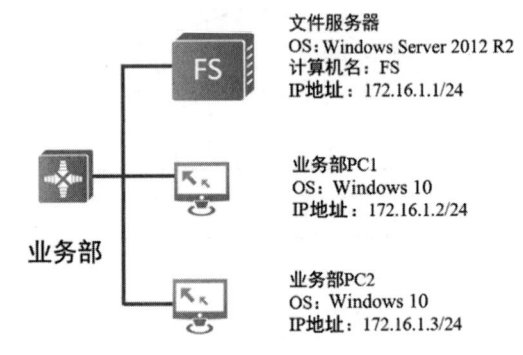

```
文件服务器
OS: Windows Server 2012 R2
计算机名：FS
IP 地址：172.16.1.1/24

业务部PC1
OS: Windows 10
IP 地址：172.16.1.2/24

业务部PC2
OS: Windows 10
IP 地址：172.16.1.3/24
```

图 4-6　业务部网络拓扑结构

网络管理员需要根据业务部网络拓扑结构为这些计算机和服务器配置 IP 地址，实现业务部计算机间的相互通信，可通过以下步骤来完成。

（1）根据业务部网络拓扑结构，为计算机和服务器配置 IP 地址。

（2）为方便测试，暂时禁用计算机和服务器的防火墙。

任务实施

1. 根据业务部网络拓扑结构，为计算机和服务器配置 IP 地址

为服务器和计算机配置 IP 地址的过程是相同的，下面以服务器 FS 的 IP 地址配置过程为例进行介绍，实施步骤如下。

（1）右击桌面左下角的【Windows】图标，在弹出的快捷菜单中选择【网络连接】命令。

（2）在弹出的【网络连接】窗口中，右击需要配置的网络适配器，在弹出的快捷菜单中选择【属性】命令。

（3）在弹出的【网络适配器属性】对话框中双击【Internet 协议版本 4（TCP/IPv4）】选项。

（4）在弹出的【Internet 协议版本 4（TCP/IPv4）属性】对话框（见图 4-7）中，选中【使用下面的 IP 地址】单选按钮。

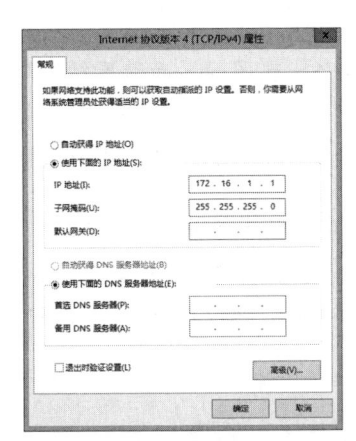

图 4-7 【Internet 协议版本 4（TCP/IPv4）属性】对话框

（5）在如图 4-7 所示的【IP 地址】文本框中输入【172.16.1.1】，在【子网掩码】文本框中输入【255.255.255.0】，其余保持默认设置，最后单击【确定】按钮，完成 IP 地址的配置。

参考前面的步骤，继续完成计算机 PC1 和 PC2 的 IP 地址配置。

配置好服务器和计算机的 IP 地址后，Windows 系统需要将其写入系统配置文件中，用户可以执行【ipconfig/all】命令查看系统配置文件，以确认 IP 地址配置结果是否正确。

（6）按【Windows+R】快捷键，打开【运行】对话框，输入【cmd】，打开命令提示符窗口，在命令提示符窗口中执行【ipconfig/all】命令可以查看系统配置文件。服务器 FS、计算机 PC1 和计算机 PC2 的 IP 地址和 MAC 地址如图 4-8～图 4-10 所示。

```
C:\>ipconfig/all
......(省略部分显示信息)
    物理地址. . . . . . . . . . . . . : 00-03-FF-44-CF-97
    IPv4 地址 . . . . . . . . . . . . : 172.16.1.1
    子网掩码  . . . . . . . . . . . . : 255.255.255.0
......(省略部分显示信息)
```

图 4-8 服务器 FS 的 IP 地址和 MAC 地址

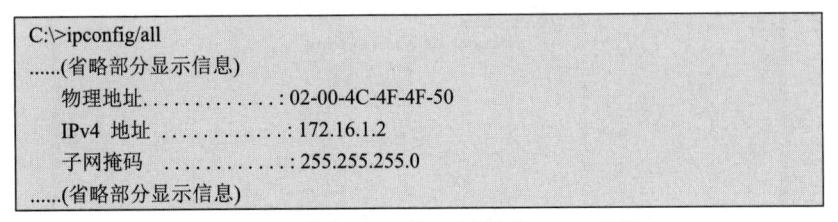

```
C:\>ipconfig/all
......(省略部分显示信息)
    物理地址. . . . . . . . . . . . . : 02-00-4C-4F-4F-50
    IPv4 地址 . . . . . . . . . . . . : 172.16.1.2
    子网掩码  . . . . . . . . . . . . : 255.255.255.0
......(省略部分显示信息)
```

图 4-9 计算机 PC1 的 IP 地址和 MAC 地址

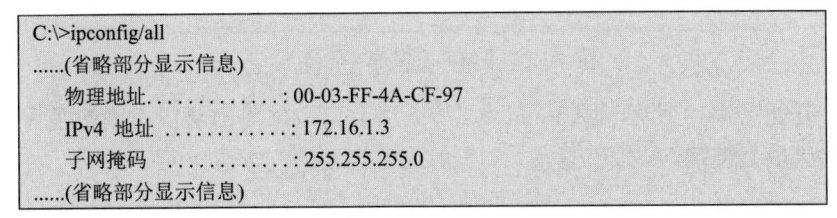

```
C:\>ipconfig/all
......(省略部分显示信息)
    物理地址. . . . . . . . . . . . . : 00-03-FF-4A-CF-97
    IPv4 地址 . . . . . . . . . . . . : 172.16.1.3
    子网掩码  . . . . . . . . . . . . : 255.255.255.0
......(省略部分显示信息)
```

图 4-10 计算机 PC2 的 IP 地址和 MAC 地址

> **注意**：在实际运用中，经常会出现图形界面配置结果与【ipconfig/all】命令执行结果不一致的情况，这表明通过图形界面配置的 IP 地址并没有写入系统配置文件中。此时，用户可以通过"插拔网线""禁用/启用网卡"等方式来解决。

2. 为方便测试，暂时禁用计算机和服务器的防火墙

Windows Server 2012 R2 默认启用了 Windows 防火墙，当没有更改任何设置时，用户在使用【ping 目的 IP 地址】命令测试计算机间的连通性时，执行的结果为【请求超时。】，如图 4-11 所示。

```
C:\>ping 172.16.1.2
正在 Ping 172.16.1.2 具有 32 字节的数据:
请求超时。
请求超时。
请求超时。
请求超时。
172.16.1.2 的 Ping 统计信息:
    数据包: 已发送 = 4, 已接收 = 0, 丢失 = 4 (100% 丢失)
```

图 4-11　防火墙阻止 ping 命令执行

因此，为满足网络测试需求，可以暂时禁用计算机的"Windows 防火墙"，步骤如下。

（1）打开如图 4-12 所示的【网络和共享中心】窗口，单击左下角的【Windows 防火墙】链接。

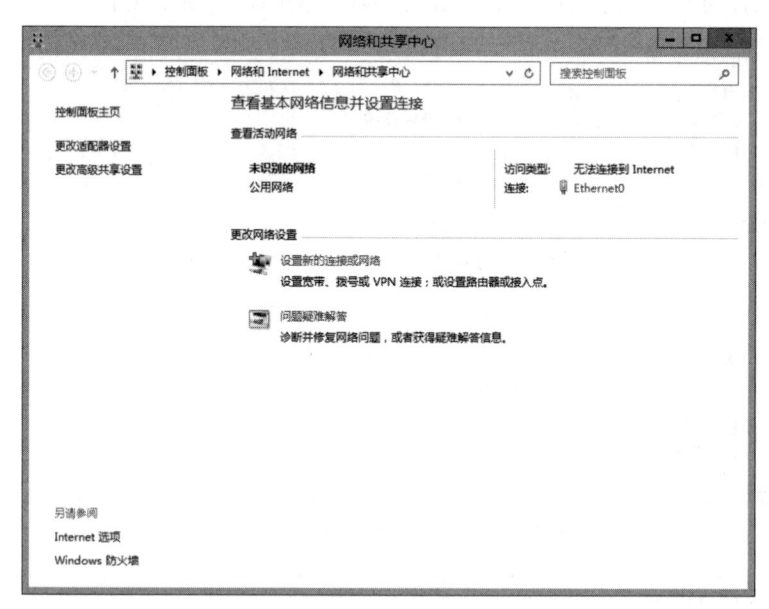

图 4-12　【网络和共享中心】窗口

（2）打开如图 4-13 所示的【Windows 防火墙】窗口，单击窗口左侧的【启用或关闭 Windows 防火墙】链接。

图 4-13 【Windows 防火墙】窗口

（3）打开如图 4-14 所示的【自定义设置】窗口，分别选中【专用网络设置】和【公用网络设置】栏中的【关闭 Windows 防火墙（不推荐）】单选按钮，然后单击【确定】按钮，完成关闭 Windows 防护墙的操作。

图 4-14 【自定义设置】窗口

任务验证

在本任务中，已为计算机和服务器配置了 IP 地址，并记录了它们对应的 MAC 地址，下面可以通过【ping】命令测试计算机的连通性，然后通过【arp】命令查看计算机间是否相互学习到了对方的 IP 地址与 MAC 地址的映射信息。

在确认 IP 地址配置正确后，就可以通过【ping】命令来测试计算机间的连通性。在 3 台计算机中分别使用【ping 目的 IP 地址】命令测试本机能否访问另外 2 台计算机。

（1）在服务器 FS 上执行【ping】命令的结果如图 4-15 所示。

```
C:\>ping 172.16.1.2
正在 Ping 172.16.1.2 具有 32 字节的数据:
来自 172.16.1.2 的回复: 字节=32 时间=1ms TTL=128
来自 172.16.1.2 的回复: 字节=32 时间<1ms TTL=128
来自 172.16.1.2 的回复: 字节=32 时间<1ms TTL=128
来自 172.16.1.2 的回复: 字节=32 时间<1ms TTL=128
172.16.1.2 的 Ping 统计信息:
    数据包: 已发送 = 4, 已接收 = 4, 丢失 = 0 (0% 丢失),
往返行程的估计时间(以毫秒为单位):
    最短 = 0ms, 最长 = 0ms, 平均 = 0ms

C:\>ping 172.16.1.3
正在 Ping 172.16.1.3 具有 32 字节的数据:
来自 172.16.1.3 的回复: 字节=32 时间<1ms TTL=128
来自 172.16.1.3 的回复: 字节=32 时间<1ms TTL=128
来自 172.16.1.3 的回复: 字节=32 时间<1ms TTL=128
来自 172.16.1.3 的回复: 字节=32 时间<1ms TTL=128
172.16.1.3 的 Ping 统计信息:
    数据包: 已发送 = 4, 已接收 = 4, 丢失 = 0 (0% 丢失),
往返行程的估计时间(以毫秒为单位):
    最短 = 0ms, 最长 = 0ms, 平均 = 0ms
```

图 4-15　在服务器 FS 上执行【ping】命令的结果

从图 4-15 中可以看出，服务器 FS 可以与计算机 PC1 和计算机 PC2 进行通信，执行【arp -a】命令可以进一步查看服务器显示的 IP 地址与 MAC 地址的映射信息。

（2）在服务器 FS 上执行【arp -a】命令的结果如图 4-16 所示，从图中可以看出，服务器 FS 显示的计算机 PC1 和计算机 PC2 的 MAC 地址。

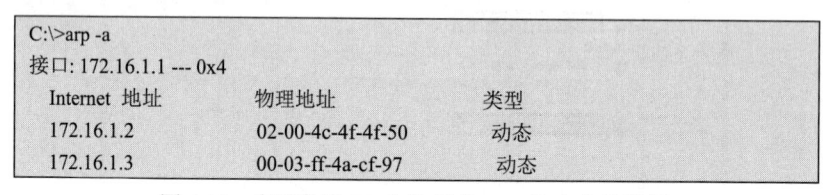

```
C:\>arp -a
接口: 172.16.1.1 --- 0x4
  Internet 地址          物理地址              类型
  172.16.1.2           02-00-4c-4f-4f-50      动态
  172.16.1.3           00-03-ff-4a-cf-97      动态
```

图 4-16　在服务器 FS 上执行【arp -a】命令的结果

（3）在计算机 PC1 和计算机 PC2 上使用【ping 目的 IP 地址】和【arp -a】命令验证计算机的连通性和查看 MAC 地址的操作与在服务器 FS 上的操作类似，读者可以自行验证。

任务 4-2　局域网的维护与管理

任务规划

业务部员工在使用计算机一段时间后，发现部分计算机突然无法和其他计算机相互通信，网络管理员需要及时对网络故障进行检测，找到故障位置并排除故障。

依据局域网的工作原理，管理员可从物理层到数据链路层逐层进行故障排查，局域网故障的检测与排除可按照以下步骤实施。

（1）检测通信信号。
（2）检测 TCP/IP 协议是否可以正常加载。
（3）检测计算机的 TCP/IP 协议是否配置正确。
（4）检测计算机同局域网中其他主机的通信情况是否正常。

任务实施

1. 检测通信信号

计算机和交换机连通后，网卡和交换机对应端口的指示灯都会出现亮灯和闪烁现象。闪烁表示有数据在传输，灯的不同颜色表示不同的传输速率。关于交换机和网卡灯的颜色信息，读者可以查阅产品资料，不同厂商的标准略有不同。

当设备上的信号灯不亮时，用户可以通过以下步骤进行故障定位与排除。

（1）重新接插跳线，如果故障依然存在，则可以更换跳线再次测试。

（2）当跳线不存在问题时，则可以使用网络通断测线仪对网络传输链路进行测试，该项测试可以检测端接模块和线缆内部是否存在短路、开路和接线图故障。

最常见的故障是端接模块故障，由于用户经常对网络面板内的端接模块进行插拔操作，并且该端接模块常年暴露在空气中，接触金属表面容易被氧化和老化，因此可能会出现短路、开路（弹簧片没有弹性导致接触不良）等问题。如果端接模块出现故障，则需要重新更换端接模块。

2. 检测 TCP/IP 协议是否可以正常加载

计算机在安装网络适配器驱动或者重新配置 TCP/IP 协议时，可能导致系统 TCP/IP 协议加载错误，并导致通信故障。

127.0.0.1 是一个环回地址，用户可以执行【ping 127.0.0.1】命令来检测本地计算机是否成功装载了 TCP/IP 协议。

127.0.0.1 是给本机 loop back 接口预留的 IP 地址，用于让上层应用联系本机。当数据到了 IP 层发现目的地址是自己时，则会被回环驱动程序送回。因此通过这个地址可以测试 TCP/IP 协议的安装是否成功。

【ping 127.0.0.1】命令的执行结果如图 4-17 所示。

```
C:\>ping 127.0.0.1
正在 Ping 127.0.0.1 具有 32 字节的数据:
来自 127.0.0.1 的回复: 字节=32 时间<1ms TTL=128
来自 127.0.0.1 的回复: 字节=32 时间<1ms TTL=128
来自 127.0.0.1 的回复: 字节=32 时间<1ms TTL=128
来自 127.0.0.1 的回复: 字节=32 时间<1ms TTL=128
127.0.0.1 的 Ping 统计信息:
    数据包: 已发送 = 4，已接收 = 4，丢失 = 0 (0% 丢失)，
往返行程的估计时间(以毫秒为单位):
    最短 = 0ms，最长 = 0ms，平均 = 0ms
```

图 4-17　【ping 127.0.0.1】命令的执行结果（1）

如果协议加载错误，则执行结果如图 4-18 所示。【传输失败，错误代码 1231。】是指不能访问网络位置，目标主机无法到达。

```
C:\>ping 127.0.0.1
正在 Ping 127.0.0.1 具有 32 字节的数据:
PING: 传输失败，错误代码 1231。
PING: 传输失败，错误代码 1231。
PING: 传输失败，错误代码 1231。
PING: 传输失败，错误代码 1231。
127.0.0.1 的 Ping 统计信息:
    数据包: 已发送 =4，已接收 =0，丢失 =4 (100% 丢失)
```

图 4-18　【ping 127.0.0.1】命令的执行结果（2）

当检测到 TCP/IP 协议未能正常加载时，用户可以通过以下步骤进行故障定位与排除。

（1）右击桌面左下角的【Windows】图标，在弹出的快捷菜单中选择【设备管理器】命令，在弹出的【设备管理器】窗口中单击【网络适配器】选项左侧的三角形图标，在展开的列表中可以看到本机安装的网络适配器。如果计算机安装了多个网络适配器，则用户可右击出现网络故障的网络适配器，然后在弹出的快捷菜单中选择【卸载】命令，卸载该网络适配器的驱动程序，如图 4-19 所示。

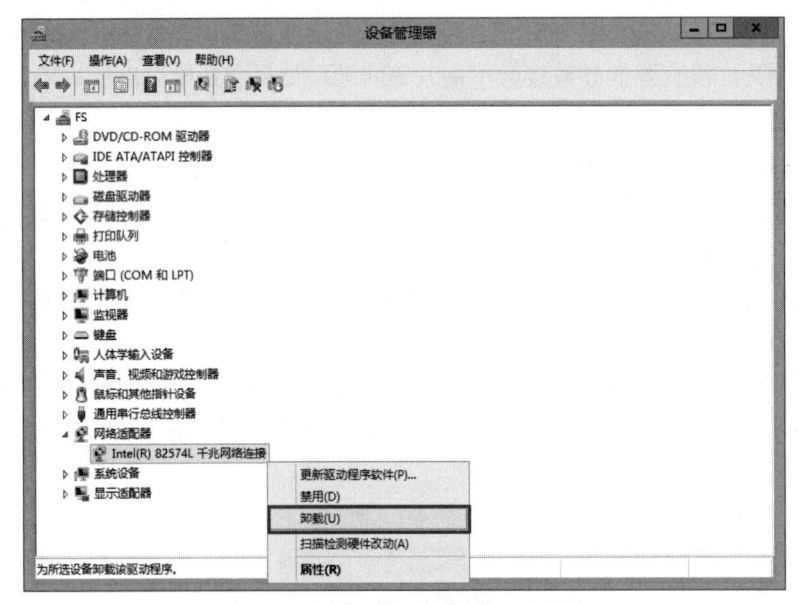

图 4-19　卸载网络适配器的驱动程序

（2）卸载完成后，右击【网络适配器】选项，在弹出的如图 4-20 所示的快捷菜单中选择【扫描检测硬件改动】命令，系统将自动搜索新硬件，重新安装网络适配器驱动程序，相应的 TCP/IP 协议驱动也将自动重新加载。

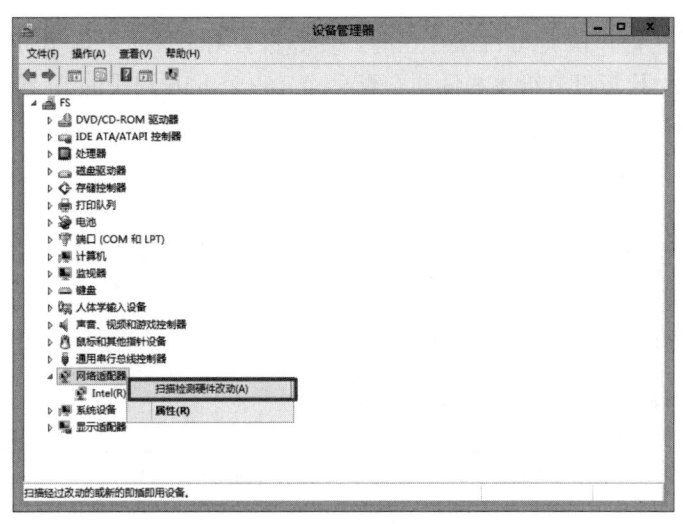

图 4-20　选择【扫描检测硬件改动】命令

3. 检测计算机的 TCP/IP 协议是否配置正确

在给计算机配置 IP 地址时，计算机会将图形界面的配置结果写入系统配置文件中，但 Windows 写入系统配置文件的操作并不是 100%成功的，当写入失败时，计算机将无法正常通信。这种故障往往较为隐蔽，用户可以通过执行【ipconfig/all】命令来查看网络的详细配置信息，确认系统配置文件的 IP 地址是否写入成功。

例如，给一台计算机配置 IP 地址（IP 地址为 172.16.1.1，子网掩码为 255.255.255.0）后，用户可以查看【ipconfig/all】命令的执行结果，正确的结果如图 4-21 所示。

```
C:\>ipconfig/all
......(省略部分显示信息)
    物理地址. . . . . . . . . . . . . : 00-03-FF-44-CF-97
    IPv4 地址 . . . . . . . . . . . . : 172.16.1.1(首选)
    子网掩码  . . . . . . . . . . . . : 255.255.255.0
......(省略部分显示信息)
```

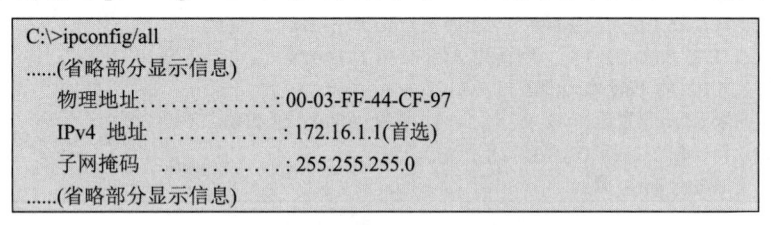

图 4-21　【ipconfig/all】命令正确的执行结果

如果 Windows 写入系统配置文件的操作失败，则【ipconfig/all】命令显示的 IP 地址配置信息将是其他结果，可能包括如下几种。

① 变更前的 IP 地址。
② IP 地址为 0.0.0.0/0。
③ 169.254/16 网段的一个随机 IP 地址（DHCP 获取失败导致，具体内容查看项目 8）。

当检测到计算机的 TCP/IP 协议配置不正确时，则可以通过以下步骤进行故障定位与排除。

（1）如果是第①、②种结果，则可以通过选择下面的其中一种操作来排除故障。
操作 1：先禁用网卡，然后启用网卡。
操作 2：拔出网线，然后重新插上。
（2）如果是第③种结果，则是因为该计算机配置的 IP 地址和局域网中的其他计算机的

IP 地址一致，而引发了 IP 地址冲突，这时，计算机会给出警告，提示 IP 地址冲突（如果出现 IP 地址冲突，计算机将给本机随机分配一个 169.254/16 网段的 IP 地址）。IP 地址冲突下的 IP 地址配置信息如图 4-22 所示。

```
C:\>ipconfig/all
......(省略部分显示信息)
    DHCP 已启用 ........... : 否
    自动配置已启用 ......... : 是
    自动配置 IPv4 地址 ...... : 169.254.250.142(首选)
    子网掩码 ............. : 255.255.0.0
    IPv4 地址 ............ : 172.16.1.1(复制)
    子网掩码 ............. : 255.255.255.0
......(省略部分显示信息)
```

图 4-22　IP 地址冲突下的 IP 地址配置信息

这时，用户应该重新核对局域网 IP 地址分配情况，确认冲突的两台计算机对应的 IP 地址，并按正确的 IP 地址对计算机进行配置。

4．检测计算机同局域网中其他主机的通信情况是否正常

确认计算机的 TCP/IP 协议可以正常加载和配置正确后，用户可以使用【ping】命令测试计算机与局域网中的其他计算机能否正常通信，正常通信的结果如图 4-23 所示。

```
C:\>ping 172.16.1.2
正在 Ping 172.16.1.2 具有 32 字节的数据:
来自 172.16.1.2 的回复: 字节=32 时间=1ms TTL=128
来自 172.16.1.2 的回复: 字节=32 时间<1ms TTL=128
来自 172.16.1.2 的回复: 字节=32 时间<1ms TTL=128
来自 172.16.1.2 的回复: 字节=32 时间<1ms TTL=128
172.16.1.2 的 Ping 统计信息:
    数据包: 已发送 = 4，已接收 = 4，丢失 = 0 (0% 丢失)，
往返行程的估计时间(以毫秒为单位):
    最短 = 0ms，最长 = 1ms，平均 = 0ms
```

图 4-23　正常通信的结果

但是如果出现网络故障，则【ping】命令会出现几种不同的响应结果，下面以几种常见的网络故障为例执行相应的排查步骤。

【ping】命令的执行结果为【请求超时。】，如图 4-24 所示。

```
C:\>ping 172.16.1.3
正在 Ping 172.16.1.3 具有 32 字节的数据:
请求超时。
请求超时。
请求超时。
请求超时。
172.16.1.3 的 Ping 统计信息:
    数据包: 已发送 = 4，已接收 = 0，丢失 = 4 (100% 丢失)，
```

图 4-24　【请求超时。】结果

此时，可以针对以下几种故障进行排除。

① 对方主机拒绝 ICMP 回复。

如果目标主机运行了防火墙（如 Windows Server 2012 R2 默认启用了"Windows 防火墙"或者其他操作系统安装了过滤软件），此时，在执行【ping】命令时就会出现【请求超时。】结果。

在执行【ping】命令时，ARP 协议会尝试解析目标主机（IP 地址）的 MAC 地址，如果对方存在，则会主动响应 ARP 协议，此时本机应该在 ARP 缓存中记录目标主机的 IP 地址与 MAC 地址映射信息。用户可以在命令提示符窗口中执行【arp -a】命令查看结果，正常的结果如图 4-25 所示。

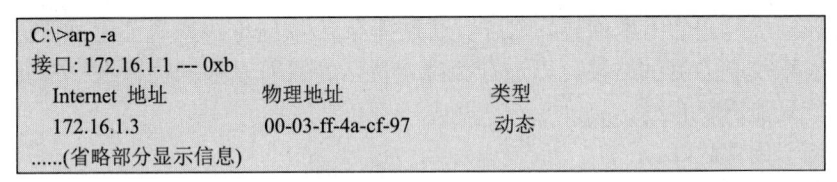

```
C:\>arp -a
接口: 172.16.1.1 --- 0xb
  Internet 地址          物理地址              类型
  172.16.1.3            00-03-ff-4a-cf-97    动态
......(省略部分显示信息)
```

图 4-25　正常的结果

能学习到目标主机的 MAC 地址证明本机和目标主机间可以通信，测试期间临时关闭防火墙后，【ping】命令就可以收到对方的响应数据包。

因此，【ping】命令返回错误并不代表目标主机无法连通，此时可以通过【arp】命令来进一步验证。

② 对方主机不存在。

对方主机可能运行的是 Windows Server 2008 或者更早期的操作系统，用户必须到目标主机上检查其是否开机或 IP 地址配置是否正确。

如果对方主机的 IP 地址没有正确配置或者对方主机不存在，则在 Windows Server 2012 R2 上执行【ping】命令的结果为【目标主机无法访问。】，如图 4-26 所示。此时同样需要到对方主机上进行核查。

```
C:\>ping 172.16.1.4
正在 Ping 172.16.1.4 具有 32 字节的数据:
来自 172.16.1.1 的回复: 目标主机无法访问。
来自 172.16.1.1 的回复: 目标主机无法访问。
来自 172.16.1.1 的回复: 目标主机无法访问。
来自 172.16.1.1 的回复: 目标主机无法访问。
172.16.1.4 的 Ping 统计信息:
    数据包: 已发送 = 4，已接收 = 4，丢失 = 0 (0% 丢失)，
```

图 4-26　【目标主机无法访问。】结果

③ 本机 ICMP 通信故障。

如果本机的 ARP 列表没有学习到对方主机的 MAC 地址记录，则需要到目标主机上做进一步测试。

在目标主机上测试时，如果目标主机与其他计算机通信正常，而本机始终无法与其他计算机通信，则本机的 ICMP 协议可能出现故障，可以参考本任务"3. 检测计算机的 TCP/IP 协议是否配置正确"中的内容进行排除。

其他常见局域网通信故障的检测与排除。

（1）永久链路性能故障。

一般在工程验收时管理员都对永久链路做过验收测试，并且该链路出现故障的概率较低。除非未进行验收的认证测试或者在使用时发生了改变链路通信质量的事件。

例 1：工程验收后又在线缆附近安装了大功率的电器，线缆经过该区域时受到强电磁场的干扰而导致信号衰减和失真。

例 2：在没有经专业人员指导下改动网络链路，或者因二次施工导致线缆内部结构被破坏而出现串扰、回波损耗等故障。

如果怀疑线缆通信出现问题，则可以通过福禄克/安捷伦线缆认证测试仪进行故障测试，用户根据仪表的测试结果可以进行故障定位，并且可以根据位置进行修复。如果无法修复，就只能重新布线。

（2）网卡硬件故障。

用户在使用网络适配器的过程中，可能会因静电、短路等导致网络适配器损坏，有时只会损坏一些元件，而有些元件的损坏只会影响网络的通信，计算机还可以正确识别网络适配器，并正确安装相应驱动程序。这种故障的隐蔽性较强，如果用户进行以上所有故障排查后，仍然无法解决问题，则可以尝试更换一个网络适配器来验证。

如果网卡硬件出现故障，则必须更换。

练习与实践

一、理论习题

1. ARP 协议的主要功能是（　　）。
   A．将 IP 地址解析为 MAC 地址　　B．将 MAC 地址解析为 IP 地址
   C．将主机名解析为 IP 地址　　　　D．将 IP 地址解析为主机名
2. 在下列选项中，（　　）不属于数据链路层的功能。
   A．组帧　　　　B．物理编址　　　C．接入控制　　　D．服务点编址
3. 在 CAT 5E 传输介质上运行千兆以太网的协议是（　　）。
   A．100Base-T　　B．1000Base-T　　C．1000Base-TX　　D．1000Base-LX
4. 以下对 MAC 地址描述正确的是（　　）。
   A．由 32 位二进制数组成　　　　B．由 48 位二进制数组成
   C．前 6 位二进制数由 IEEE 分配　　D．后 6 位十六进制数由 IEEE 分配
5. 某主机的 IP 地址是 202.114.18.10，子网掩码是 255.255.255.252，其广播地址是（　　）。
   A．202.114.18.255　B．202.114.18.12　C．202.114.18.11　D．202.114.18.8
6. 192.108.192.0 属于（　　）IP 地址。
   A．A 类　　　　B．B 类　　　　C．C 类　　　　D．D 类
7. 如果子网掩码是 255.255.255.128，主机地址为 195.16.15.14，则在该子网掩码下最多可以容纳（　　）台主机。
   A．254　　　　B．126　　　　C．30　　　　D．62

8．某主机的 IP 地址是 202.114.18.190/26，其网络地址是（　　）。
   A．202.114.18.128　　　　　　　　B．202.114.18.191
   C．202.114.18.0　　　　　　　　　D．202.114.18.190
9．在下列选项中，（　　）可以和 202.101.35.45/27 直接通信。
   A．202.101.35.31/27　　　　　　　B．202.101.36.12/27
   C．202.101.35.60/27　　　　　　　D．202.101.35.63/27
10．在下列选项中，（　　）不能用在 Internet 上。
   A．172.16.20.5　　B．10.103.202.1　　C．202.103.101.1　　D．192.168.1.1
11．在下列选项中，（　　）属于 RFC1918 指定的私有 IP 地址。
   A．10.1.2.1　　　B．191.108.3.5　　C．224.106.9.10　　D．172.33.10.9

二、项目综合实训题

1．项目背景

Jan16 公司为满足财务部数字化办公的需求，近期采购了 4 台计算机，已完成综合布线，并将这 4 台计算机接入了一台交换机上，财务部网络拓扑结构如图 4-27 所示。

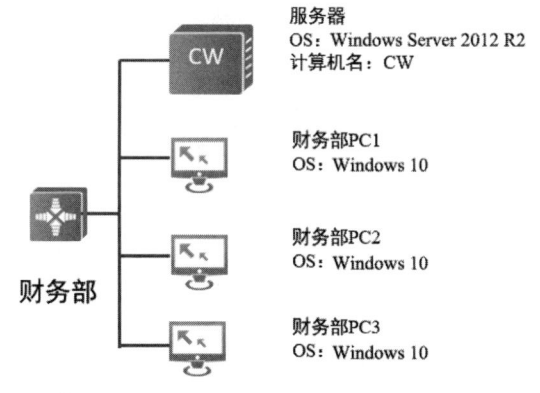

图 4-27　财务部网络拓扑结构

公司要求网络管理员尽快完成财务部局域网的组建，具体内容如下。
（1）考虑到财务部的特殊性，财务部的计算机不接入公司网络，需要独立运行。
（2）为财务部各计算机规划 IP 地址。
（3）为财务部各计算机配置 IP 地址。

2．项目要求

（1）根据项目背景，补充完整表 4-1～表 4-4 的相关信息。

表 4-1　服务器的 TCP/IP 相关配置信息规划

计 算 机 名	IP 地址/子网掩码	网　关

表 4-2　财务部 PC1 的 TCP/IP 相关配置信息规划

计 算 机 名	IP 地址/子网掩码	网　关

表 4-3　财务部 PC2 的 TCP/IP 相关配置信息规划

计 算 机 名	IP 地址/子网掩码	网　　关

表 4-4　财务部 PC3 的 TCP/IP 相关配置信息规划

计 算 机 名	IP 地址/子网掩码	网　　关

（2）根据项目要求，实现计算机间的相互通信，并截取以下结果。
- 在 4 台计算机的命令提示符窗口中执行【ipconfig/all】命令的结果。
- 在服务器的命令提示符窗口中执行【ping PC1～PC3 的 IP 地址】命令的结果。
- 在服务器的命令提示符窗口中执行【arp -a】命令的结果。

（3）结合本项目相关知识和该实训任务，简要描述 ARP 协议的工作流程。

项目 5

部署信息中心文件共享服务

/ 项目学习目标 /

（1）掌握文件共享、文件共享权限的概念与应用。
（2）掌握实名账户与匿名账户的概念与应用。
（3）掌握 NTFS 权限中标准访问权限和特殊访问权限的概念与应用。
（4）掌握文件共享权限与 NTFS 权限的协同应用。
（5）掌握公司文件共享服务部署的业务实施流程。

项目描述

Jan16 公司的信息中心由网络管理组和系统管理组构成，负责公司基础网络和应用服务的日常维护与管理。

维护与管理公司网络的过程需要填写大量的纸质日志和文档，为方便对这些日志和文档的管理，公司决定采用电子文档方式将其存放在公司的文件服务器上，项目相关信息如下。

（1）公司信息中心组织架构如图 5-1 所示，信息中心网络拓扑结构如图 5-2 所示。

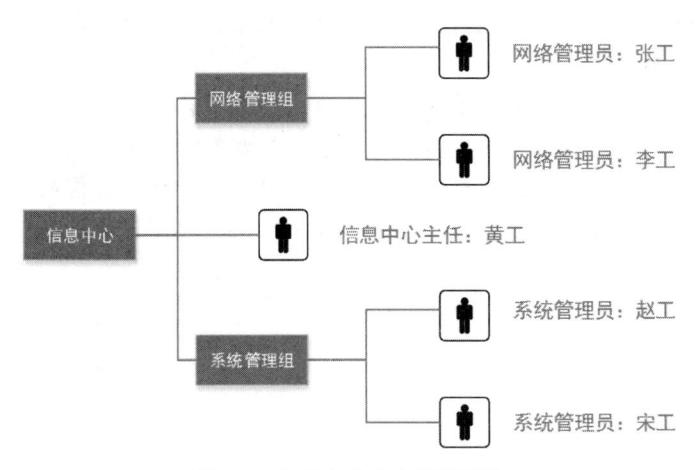

图 5-1　公司信息中心组织架构

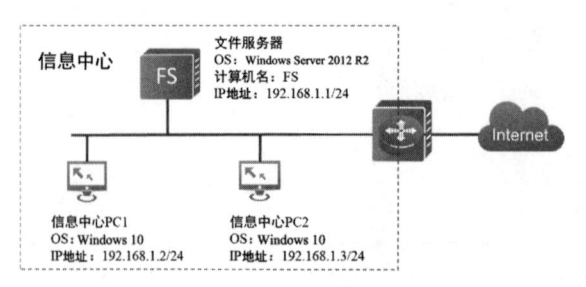

图 5-2　信息中心网络拓扑结构

（2）公司的文件服务器安装了 Windows Server 2012 R2，要求提供的共享服务如下。

① 为信息中心所有员工提供一个【网络运维工具】共享文件夹，允许上传和下载。

② 为信息中心所有员工提供一个私有共享空间，方便员工办公。

③ 为信息中心创建【信息中心日志文档】文件夹，并创建两个子文件夹【网络管理组】和【系统管理组】，网络管理组员工可以读/写【网络管理组】文件夹，可以读取【系统管理组】文件夹，系统管理组员工可以读/写【系统管理组】文件夹，可以读取【网络管理组】文件夹，实现信息中心员工的信息协同。

④ 系统管理员根据以上要求，为每一个岗位规划了相应权限，员工具体账户信息和共享文件夹访问权限如表 5-1 所示。

表 5-1　信息中心员工具体账户信息和共享文件夹访问权限

组　别	姓　名	用户账户	隶属组	共享文件夹访问权限
网络管理组	张工	Zhang	Netadmins	【网络管理组】有读/写权限；【系统管理组】有读取权限
	李工	Li		
系统管理组	赵工	Zhao	Sysadmins	【网络管理组】有读取权限；【系统管理组】有读/写权限
	宋工	Song		

项目分析

Windows Server 2012 R2 的文件共享服务可以提供匿名共享和实名共享服务，在权限上还可以基于 NTFS 权限为用户或组设置不同的访问权限，将共享服务及权限和 NTFS 权限配合使用即可实现本项目的要求。

根据该公司信息中心网络拓扑结构和项目需求，本项目可以通过以下步骤来完成。

（1）在文件服务器上部署【网络运维工具】匿名共享文件夹，允许所有人上传和下载。

（2）在文件服务器上部署实名共享文件夹（个人文件夹），仅允许信息中心员工本人访问。

（3）在文件服务器上部署基于组用户的共享文件夹，实现网络管理组和系统管理组的信息协同。

相关知识

5.1　文件共享

文件共享是指用户主动地在网络上共享自己的计算机文件，供局域网内其他计算机使用的操作。在 Windows Server 2012 R2 的文件夹的右键快捷菜单中提供了文件夹的共享设置命令，在配置文件共享时，系统会自动安装文件共享服务角色和功能。

在网络中专门用于提供文件共享服务的服务器被称为文件服务器。

5.2 文件共享权限

在文件服务器上部署共享服务可以设置多种用户访问权限，常见的有读取和写入权限。
- 读取权限：允许用户浏览和下载共享文件夹及子文件夹中的文件。
- 写入权限：用户除具备读取权限，还可以新建、删除和修改共享文件夹及子文件夹中的文件或文件夹。

5.3 文件共享的访问用户账户类型

文件服务器针对访问用户账户设置了两种类型：匿名账户和实名账户。
- 匿名账户：在 Windows 中匿名账户一般指【Guest】账户，但在匿名共享文件夹中授权时通常用【Everyone】账户进行授权。当客户端要访问文件服务器的共享文件夹时，需要在文件服务器中启用【Guest】账户。
- 实名账户：顾名思义，用户在访问共享文件夹时需要输入特定的账户名称和密码。在默认情况下，这些账户都是由文件服务器创建的，并用于共享文件夹的授权。如果有大量的账户需要授权，则一般会先新建组账户，然后在共享中对组账户授权来间接完成用户账户的授权（用户账户继承组账户的权限）。

5.4 NTFS 权限

相对于 FAT 和 FAT32 文件系统，NTFS 文件系统具有支持长文件名、数据保护和恢复、更大的磁盘/卷空间、文件加密、磁盘压缩、磁盘限额等功能。因此，NTFS 目前已成为 Windows 服务器常用的文件系统。

NTFS 权限的配置与管理通常分为两类：标准访问权限和特殊访问权限。

1．标准访问权限

标准访问权限主要是指常用的 NTFS 权限，包括读取、写入、列出文件夹内容、读取和执行、修改、完全控制。
- 读取：用户可以查看文件夹中的文件和子文件夹，还可以查看文件或子文件夹的属性、权限和所有权。
- 写入：用户可以创建新文件和文件夹，还可以更改文件或文件夹的属性及查看文件夹的权限和所有权。
- 列出文件夹内容：用户除了可以读取文件或文件夹，还可以遍历文件夹。
- 读取和执行：用户除了可以读取文件或文件夹，还可以运行文件夹下的可执行文件。该权限和"列出文件夹内容"的权限相同，只是在权限继承方面有所区别，"列出文件夹内容"权限只能由文件夹来继承，而"读取和执行"权限由文件夹和文件同时继承。
- 修改：用户除了能够执行"读取"、"写入"、"列出文件夹内容"和"读取和执行"权限提供的操作，还可以删除、重命名文件和文件夹。
- 完全控制：用户可以执行所有其他权限提供的操作，可以获取所有权、更改权限，还可以删除文件和子文件夹。

2．特殊访问权限

标准访问权限可以满足大部分需求，但对于权限管理要求严格的项目，标准访问权限就无法满足需求了。

案例1：只赋予指定用户创建文件夹的权限，但不赋予其创建文件的权限。

案例2：只赋予指定用户删除当前文件夹中的文件的权限，但不赋予其删除当前文件夹中的子文件夹的权限。

显然这两个案例都无法通过标准访问权限设置来完成，它们需要用到更高级的特殊访问权限功能。特殊访问权限主要包括遍历文件夹/运行文件、列出文件夹/读取数据、读取属性、读取扩展属性、创建文件/写入数据、创建文件夹/附加数据、写入属性、写入扩展属性、删除子文件夹及文件、删除、读取权限、更改权限、取得所有权。

- 遍历文件夹/运行文件：该权限允许用户在文件夹及其子文件夹之间移动（遍历），即使这些文件夹本身没有访问权限。对于文件来说，用户还可以执行该程序文件。
- 列出文件夹/读取数据：该权限允许用户查看文件夹中的文件名称、子文件夹名称和文件中的数据。
- 读取属性：该权限允许用户查看文件或文件夹的属性（如只读、隐藏等）。
- 读取扩展属性：该权限允许用户查看文件或文件夹的扩展属性。
- 创建文件/写入数据：该权限允许用户在文件夹中创建新文件，也允许用户将数据写入现有文件并覆盖现有文件中的数据。
- 创建文件夹/附加数据：该权限允许用户在文件夹中创建新文件夹或允许用户在现有文件的末尾添加数据，但不能对文件现有的数据进行覆盖、修改，也不能删除数据。
- 写入属性：该权限允许用户更改文件或文件夹的属性（如只读或隐藏等）。
- 写入扩展属性：该权限允许用户对文件或文件夹的扩展属性进行修改。
- 删除子文件夹及文件：该权限允许用户删除文件夹中的子文件夹或文件。
- 删除：该权限允许用户删除当前文件夹和文件。
- 读取权限：该权限允许用户读取文件或文件夹的权限列表。
- 更改权限：该权限允许用户改变文件或文件夹上的现有权限。
- 取得所有权：该权限允许用户获取文件或文件夹的所有权，一旦获取了所有权，用户就可以对文件或文件夹进行完全控制。

5.5 文件共享权限与 NTFS 权限

在文件服务器中，管理员可以通过文件共享权限配置用户对共享文件夹的访问权限，但是如果该共享文件夹所在磁盘为 NTFS 文件系统磁盘，则该文件夹的访问权限还会受到 NTFS 权限的限制。

因此，用户在访问该共享文件夹时，将受到 NTFS 权限和文件共享权限的双重约束。当用户访问共享文件夹时，他对该共享文件夹的访问权限为文件共享权限和 NTFS 权限的并集。例如，用户 user 对共享文件夹 share 具有写入权限，但 NTFS 权限限制 user 写入，则用户 user 不具备该共享文件夹的写入权限，也就是只有文件共享权限和 NTFS 权限都允许写入，用户才可以写入，其他情况为拒绝。也就是说，NTFS 权限和共享中最苛刻的限制累加到一起就是用户得到的访问权限。

在实际应用中，管理员经常在文件共享权限中配置较大的权限，然后通过 NTFS 设置针对性的权限来实现用户对文件服务器共享文件夹的访问权限的配置。这个原则可以用一句话来概括："文件共享权限最大化，NTFS 权限最小化"。

任务 5-1　为信息中心部署网络运维工具下载服务

任务规划

Jan16 公司信息中心需要在文件服务器上创建【网络运维工具】匿名共享文件夹，并将日常运维工具放置在该共享文件夹上，以方便信息中心员工在维护和管理公司网络和计算机时下载、安装，信息中心员工对该共享文件夹有上传和下载权限。

要实现本任务的文件共享服务，可通过以下 3 个步骤来完成。

（1）在文件服务器上创建一个【网络运维工具】文件夹。

（2）在文件服务器上启用【Guest】匿名账户。

（3）将【网络运维工具】文件夹配置为共享，文件共享权限为允许任何人读取和写入。

任务实施

1. 在文件服务器上创建一个【网络运维工具】文件夹

在 IP 地址为 192.168.1.1 的文件服务器的 C 盘下创建名为【网络运维工具】的文件夹。

2. 在文件服务器上启用【Guest】匿名账户

在【服务器管理器】窗口的【工具】下拉菜单中选择【计算机管理】命令，然后选择【本地用户和组】节点中的【用户】选项，在【Guest】选项上右击，在弹出的快捷菜单中选择【属性】命令，打开【Guest 属性】对话框，取消勾选【账户已禁用】复选框，将【Guest】匿名账户启用，如图 5-3 所示。

3. 将【网络运维工具】文件夹配置为共享，文件共享权限为允许任何人读取和写入

（1）右击【网络运维工具】文件夹，在弹出的如图 5-4 所示的快捷菜单中选择【共享】子菜单下的【特定用户】命令。

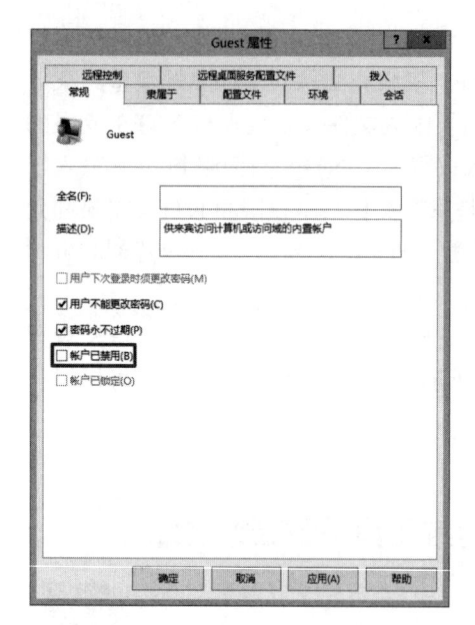

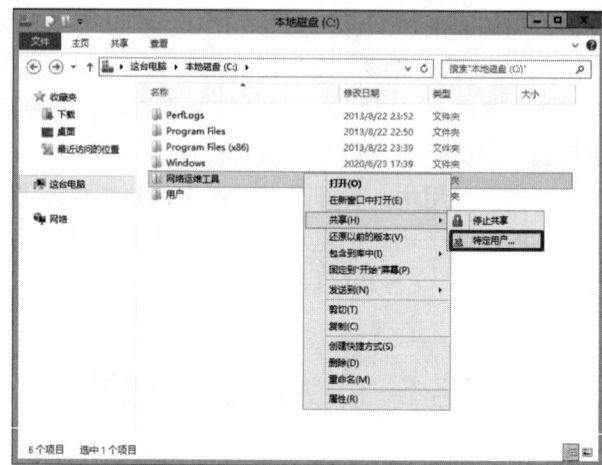

图 5-3　启用【Guest】匿名账户　　　　　　　图 5-4　选择【特定用户】命令

（2）在打开的【文件共享】窗口的下拉列表中选择【Everyone】选项，如图 5-5 所示。单击【添加】按钮，并赋予【Everyone】用户组【读取/写入】权限，如图 5-6 所示。

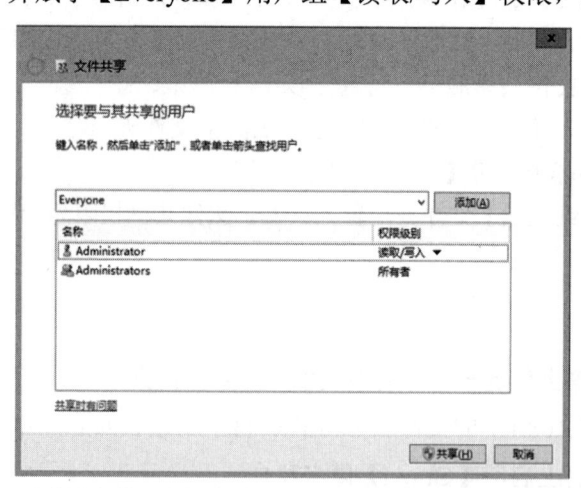

图 5-5　在【文件共享】窗口的下拉列表中选择【Everyone】选项

（3）单击【共享】按钮，在弹出的【网络发现和文件共享】对话框中单击【是，启用所有公用网络的网络发现和文件共享】按钮，完成文件共享任务。

（4）右击【网络运维工具】文件夹，在弹出的快捷菜单中选择【属性】命令，在打开的如图 5-7 所示的【网络运维工具 属性】对话框的【安全】选项卡中，可以看到【Everyone】已具备完全控制权限。

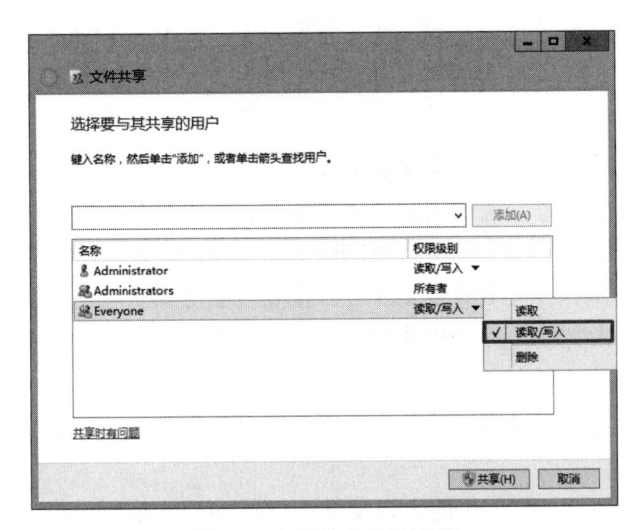

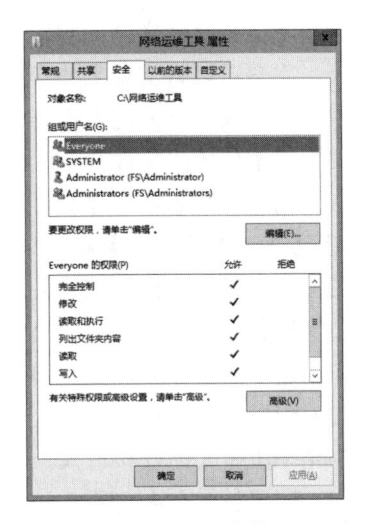

图 5-6　文件共享权限配置　　　　　　图 5-7　查看【Everyone】的 NTFS 权限

任务验证

在客户机的资源管理器地址栏中输入【\\192.168.1.1】，在打开的网络共享文件夹中，复制【test.txt】文件，并写入【网络运维工具】共享文件夹中，结果如图 5-8 所示，验证了用户可以访问该共享文件夹，并具备写入权限。读取权限的测试与写入权限的测试类似，经验证也可以查看该网络共享文件夹中的文件。

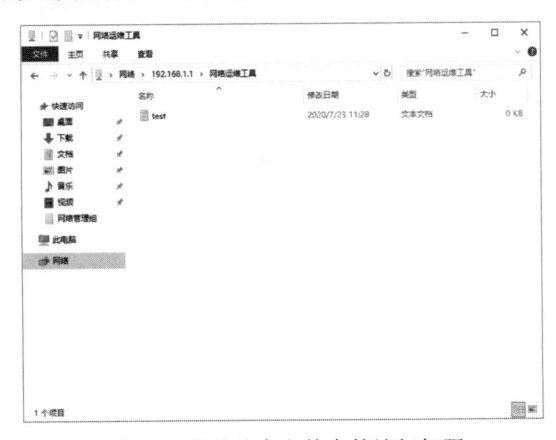

图 5-8　测试共享文件夹的访问权限

任务 5-2　为信息中心员工部署个人文件夹

任务规划

Jan16 公司信息中心员工在维护公司内网和计算机时，需要填写维护日志文档，员工希望在该文件服务器上创建个人文件夹用于存放该文档。

学习视频 8

073

为满足员工存储文档的需求，管理员在文件服务器上将为部门的每一位员工创建共享文件夹，用户可以将文件上传至自己的共享文件夹中，并且该共享文件夹只有用户本人具备读取和写入权限，其他人不能访问。

要实现本任务的文件共享服务，可通过以下几个步骤来完成。

（1）创建员工账户。在文件服务器上为每一位员工创建用户账户，在本任务中将创建【张工】、【李工】、【赵工】和【宋工】账户。

（2）创建【维护日志文档】文件夹和对应员工的子文件夹。在文件服务器上创建【维护日志文档】文件夹用于存放员工的个人文档，然后在【维护日志文档】文件夹下为每一位员工创建个人文件夹，文件夹以员工用户名命名。

（3）配置共享文件夹的权限。配置【维护日志文档】文件夹为共享文件夹，文件共享权限为允许所有人读取和写入。

（4）配置员工个人文件夹的权限。为每一位员工的个人文件夹设置 NTFS 权限，仅允许对应员工账户读取和写入。

任务实施

1. 创建员工账户

在文件服务器上创建网络管理组用户【Zhang】（张工）和【Li】（李工）的账户，系统管理组用户【Zhao】（赵工）和【Song】（宋工）的账户，结果如图 5-9 所示。

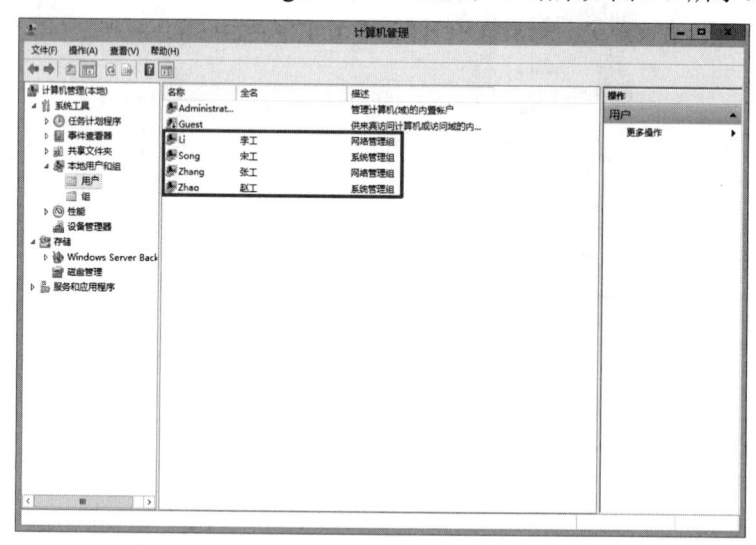

图 5-9　创建员工账户

2. 创建【维护日志文档】文件夹和对应员工的子文件夹

在文件服务器的 C 盘中创建名为【维护日志文档】的文件夹，并在该文件夹下创建【李工】、【宋工】、【张工】和【赵工】4 个子文件夹，结果如图 5-10 所示。

图 5-10 创建【维护日志文档】文件夹和对应员工的子文件夹

3. 配置共享文件夹的权限

参考任务 5-1，配置【维护日志文档】文件夹为完全共享，允许所有人读取和写入，结果如图 5-11 所示。

4. 配置员工个人文件夹的权限

配置员工个人文件夹（如【张工】）的 NTFS 权限为仅允许对应员工账户读取和写入，以【张工】文件夹为例，其配置后的结果如图 5-12 所示。

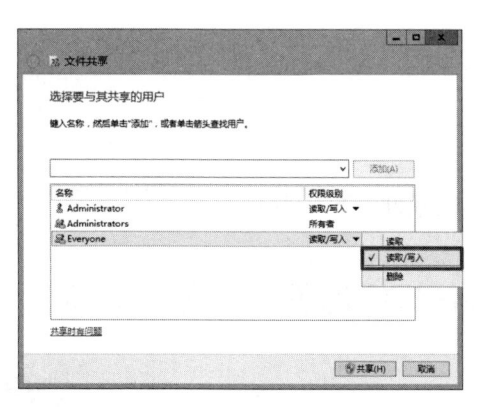

图 5-11 配置【维护日志文档】文件夹为完全共享 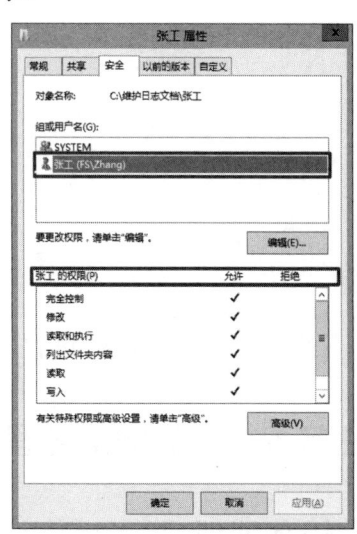　　图 5-12 查看【张工】文件夹的 NTFS 权限

> **注意**：在配置员工账户文件夹的权限时，需要单击【高级】按钮，在弹出的对话框中取消该文件夹的 NTFS 权限的继承性。

任务验证

在信息中心 PC1 上用【Li】账户访问文件服务器，只显示【李工】共享文件夹，结果如图 5-13 所示，访问【李工】共享文件夹时，可以正常访问，并可以写入和删除数据，结果如图 5-14 所示。

图 5-13　用【Li】账户访问文件服务器的结果

图 5-14　用【Li】账户访问【李工】共享文件夹的结果

任务 5-3　为网络管理组和系统管理组部署资源协同空间

任务规划

信息中心有网络管理组和系统管理组两个组，每个组在运维时希望通过网络共享文件夹存放相关日志文档，各组的日志文档权限为组内部成员具有读取和写入权限，其他组成员仅具有读取权限。

学习视频 9

要实现本任务的文件共享服务，需要通过以下几个步骤来完成。

1．创建用户账户和组账户

在文件服务器上为每一位员工创建用户账户，并为系统管理组和网络管理组分别创建组账户【Sysadmins】和【Netadmins】，然后将【Zhang】和【Li】账户加入【Netadmins】组，将【Zhao】和【Song】账户加入【Sysadmins】组。

2．创建【信息中心日志文档】文件夹及【网络管理组】和【系统管理组】子文件夹

3．配置【信息中心日志文档】文件夹共享权限

将【信息中心日志文档】文件夹配置为共享，文件共享权限为允许【Netadmins】和【Sysadmins】两个组账户具有读取和写入权限；NTFS权限为允许【Netadmins】和【Sysadmins】两个组账户具有读取和执行、列出文件夹内容、读取权限。

4．配置【网络管理组】和【系统管理组】两个子文件夹的 NTFS 权限

对【网络管理组】和【系统管理组】子文件夹配置 NTFS 权限：允许【Netadmins】组账户对【网络管理组】文件夹具有读取和写入权限，允许【Sysadmins】组账户对【系统管理组】文件夹具有读取和写入权限。

任务实施

1．创建用户账户和组账户

为信息中心员工创建用工账户，为【网络管理组】和【系统管理组】分别创建组账户【Netadmins】和【Sysadmins】，并将【Zhang】和【Li】账户添加到【Netadmins】组中，将【Zhao】和【Song】账户添加到【Sysadmins】组中，结果如图 5-15 所示。

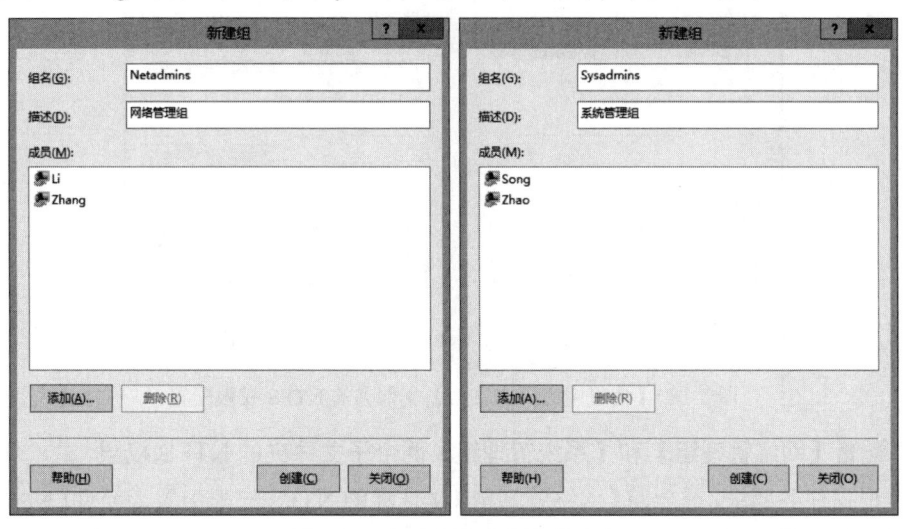

图 5-15　创建用户账户和组账户

2．创建【信息中心日志文档】文件夹及【网络管理组】和【系统管理组】子文件夹

在文件服务器的 C 盘中创建【信息中心日志文档】文件夹，并在该文件夹下创建【网

络管理组】和【系统管理组】子文件夹，结果如图 5-16 所示。

3. 配置【信息中心日志文档】文件夹共享权限

（1）将【信息中心日志文档】文件夹的文件共享权限配置为允许【Netadmins】和【Sysadmins】两个组账户具有读取和写入权限，结果如图 5-17 所示。

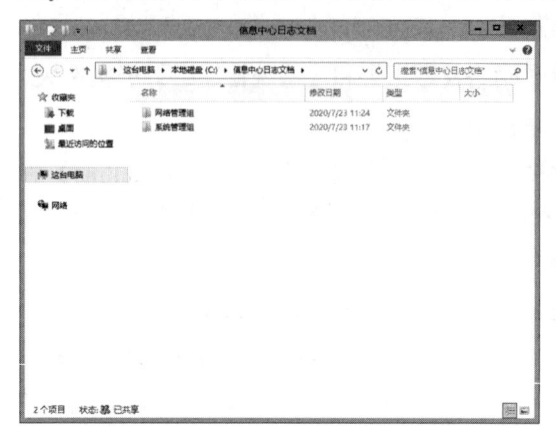

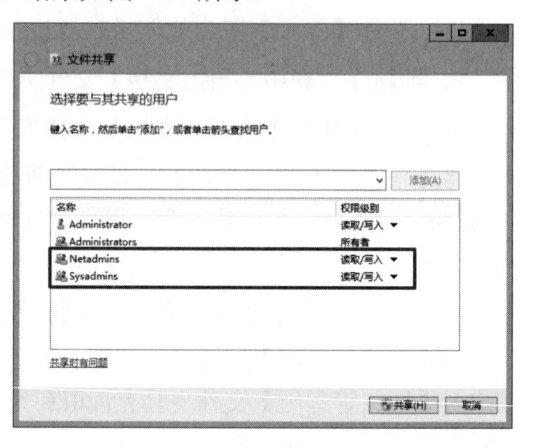

图 5-16　在文件服务器上创建的文件夹　　　图 5-17　【信息中心日志文档】文件夹的文件共享权限配置

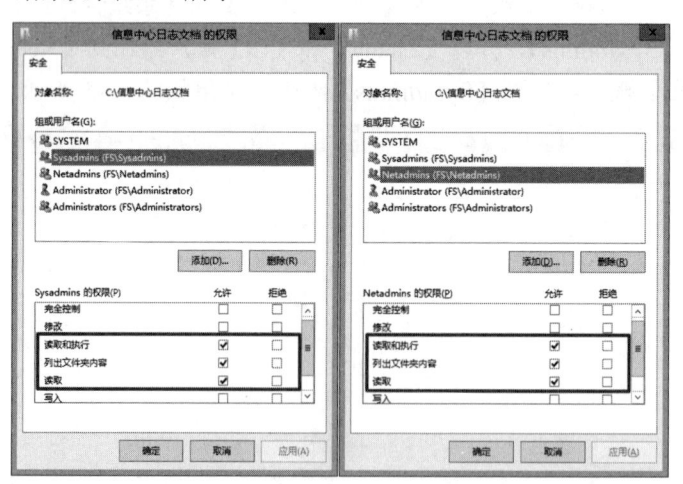

（2）配置【信息中心日志文档】文件夹的 NTFS 权限，NTFS 权限为允许【Netadmins】和【Sysadmins】两个组账户具有读取和执行、列出文件夹内容、读取权限（管理员账户权限暂不做处理），结果如图 5-18 所示。

图 5-18　【信息中心日志文档】文件夹的 NTFS 权限配置

4. 配置【网络管理组】和【系统管理组】两个子文件夹的 NTFS 权限

（1）根据任务要求，需要将【网络管理组】文件夹的 NTFS 权限配置为允许【Netadmins】组账户对【网络管理组】文件夹具有读取和写入权限（【Sysadmins】组账户本身已经具备读取权限）。右击【网络管理组】文件夹，在弹出的快捷菜单中选择【属性】命令，在打开的【网络管理组 属性】对话框中，选择【安全】选项卡，单击【编辑】按钮，进入【网络管理组 的权限】对话框，选择【Netadmins (FS\Netadmins)】组，然后追加【修改】和【写入】

权限，结果如图 5-19 所示。

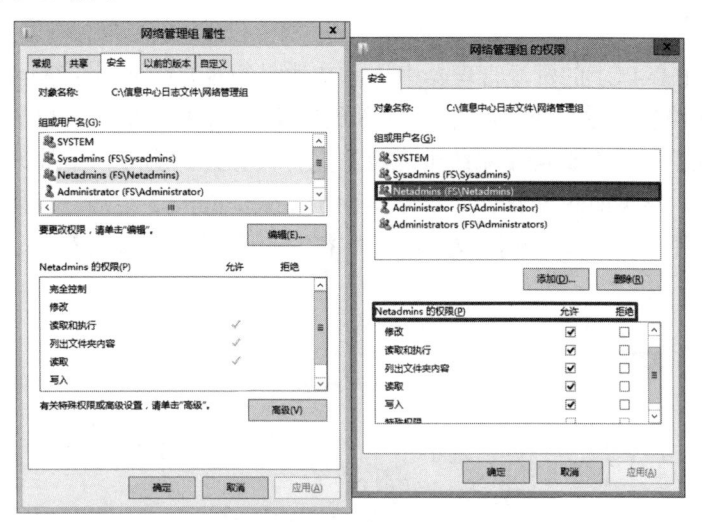

图 5-19 配置【网络管理组】文件夹的 NTFS 权限

提示：在 NTFS 权限中，子文件夹默认继承父文件夹的权限，因此【网络管理组】子文件夹无须再对【Netadmins】和【Sysadmins】组账户授权，仅需增加【Netadmins】组账户的写入权限即可。

（2）与上一步类似，需要将【系统管理组】文件夹的 NTFS 权限配置为允许【Sysadmins】组账户对【系统管理组】文件夹具有【修改】和【写入】权限，配置完成后，结果如图 5-20 所示。

图 5-20 配置【系统管理组】文件夹的 NTFS 权限

任务验证

（1）在信息中心 PC1 的资源管理器中访问文件服务器的局域网共享地址【\\192.168.1.1\信息中心日志文档】，在弹出的对话框中输入账户【Zhang】的账户名和密码。

（2）【Zhang】账户在访问【系统管理组】文件夹并尝试删除该文件夹的文件时，系统会给出拒绝提示，结果如图 5-21 所示。这是由于【Netadmins】组账户仅能读取【系统管理组】文件夹的文件，不能写入和修改文件，而【Zhang】账户隶属于【Netadmins】组，所以仅具有读取权限。

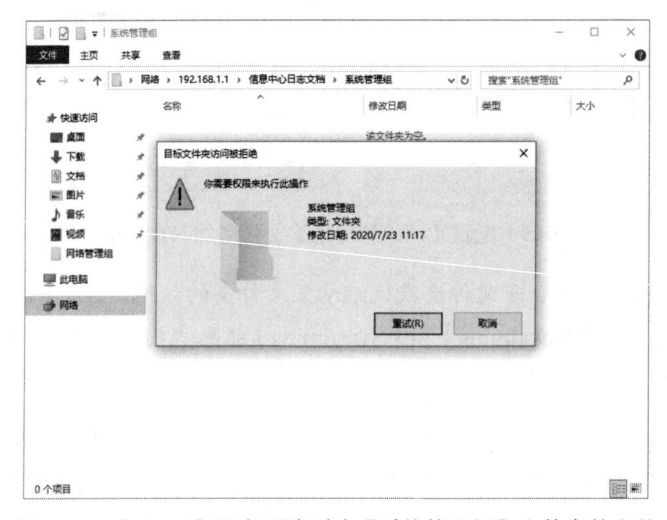

图 5-21　【Zhang】账户无法删除【系统管理组】文件夹的文件

（3）使用【Zhang】账户访问【网络管理组】文件夹，并成功上传一个测试文档，结果如图 5-22 所示。这是由于【Netadmins】组账户对该文件夹具有读取和写入权限，显然【Zhang】账户继承了组的权限。

图 5-22　【Zhang】账户可以写入文件

练习与实践

一、理论习题

1. NTFS 权限可以应用在（　　）文件系统上。
   A．FAT32　　　　B．FAT　　　　C．NTFS　　　　D．EXT3
2. 在下列选项中，属于 NTFS 权限的有（　　）。
   A．读取　　　　B．写入　　　　C．完全控制　　　　D．修改
3. 在下列 NTFS 权限中，（　　）权限可以对文件夹执行删除操作。
   A．读取　　　　　　　　　　B．写入
   C．列出文件夹内容　　　　　D．修改
4. NTFS 权限可以控制对（　　）对象的访问。
   A．文件　　　　B．文件夹　　　　C．计算机　　　　D．某一个硬件
5. 【Everyone】组对【Public】文件夹具有完全控制权限，同时对【FileA】文件夹具有 NTFS 的读取权限，那么【Everyone】组对【FileA】文件夹的有效权限是（　　）。
   A．读取　　　　B．写入　　　　C．完全控制　　　　D．修改
6. 在 NTFS 分区创建一个文件夹【temp1】，【As】组账户拥有该文件夹的读取权限，【Bs】组账户拥有该文件夹的写入权限。此时如果【test】账户隶属于【As】和【Bs】两个组账户，则【test】账户对该文件夹有何种权限？
7. 在 NTFS 分区创建一个文件夹【temp2】，【As】组账户拥有该文件夹的写入权限，【Bs】组账户拥有该文件夹的拒绝写入权限。此时如果【test】账户隶属于【As】和【Bs】两个组账户，则【test】账户对该文件夹有何种权限？

二、项目实训题

1. 项目背景

Jan16 公司研发部由研发部主任赵工、软件开发组钱工和孙工、软件测试组李工和简工 5 位工程师组成，组织架构如图 5-23 所示。

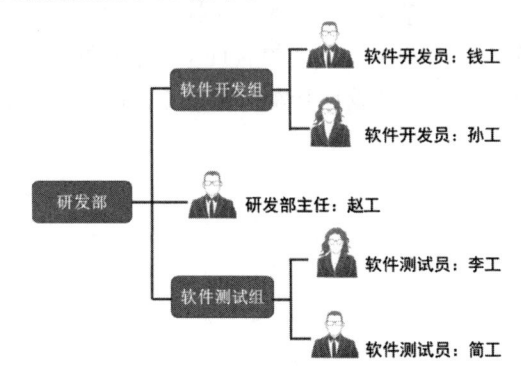

图 5-23　研发部组织架构

研发部为满足内部项目开发协同需求，要在部门的 Windows Server 2012 R2 服务器上部署文件共享服务，具体内容如下。

（1）为研发部所有员工提供一个【软件开发工具】共享文件夹，允许上传和下载。

（2）为研发部所有员工提供一个私有共享空间，方便员工办公。

（3）为研发部创建【软件开发日志文档】文件夹，并创建两个子文件夹【软件开发组】和【软件测试组】，软件开发组员工可以读取/写入【软件开发组】文件夹，可以读取【软件测试组】文件夹，软件测试组员工可以读取/写入【软件测试组】文件夹，可以读取【软件开发组】文件夹，实现研发部员工的信息协同。

研发部各员工的账户信息如表 5-2 所示。

表 5-2　研发部各员工的账户信息

姓　名	用户账户	备　注
赵工	Zhao	研发部主任
钱工	Qian	软件开发组
孙工	Sun	
李工	Li	软件测试组
简工	Jian	

2．项目要求

（1）根据项目背景，规划研发部自定义组信息和用户隶属组关系，完成后填入表 5-3 中。

表 5-3　研发部用户账户和组账户隶属规划

组　别	姓　名	用户账户名称	隶属组名称	共享文件夹访问权限

（2）根据表 5-3 和项目需求，在研发部的服务器上实施本项目，并截取以下系统配置界面。

① 截取用户管理界面，并截取所有用户账户属性对话框中的隶属组选项卡界面。

② 截取组管理界面。

③ 截取【软件开发工具】共享文件夹的 NTFS 权限界面。

④ 截取研发部员工个人相关共享文件夹的 NTFS 权限界面。

⑤ 截取【软件开发日志文档】、【软件开发组】和【软件测试组】文件夹的 NTFS 权限界面。

项目 6

实现公司各部门局域网的互联互通

/项目学习目标/

（1）掌握路由和路由器的概念。
（2）掌握直连路由、静态路由、默认路由、动态路由的概念与应用。
（3）掌握园区网多中心互联服务部署的业务实施流程。

项目描述

Jan16 公司有 2 个园区、2 个厂区，下设信息中心、研发部两个部门，每个部门都建好了局域网，为满足公司业务发展需求，公司要求网络管理员将各局域网互联，实现公司内部的相互通信和资源共享，具体要求如下。

（1）实现信息中心和研发部的互联。
（2）实现中心园区 1、中心园区 2、厂区 1、厂区 2 的互联。

Jan16 公司的网络拓扑结构如图 6-1 所示。

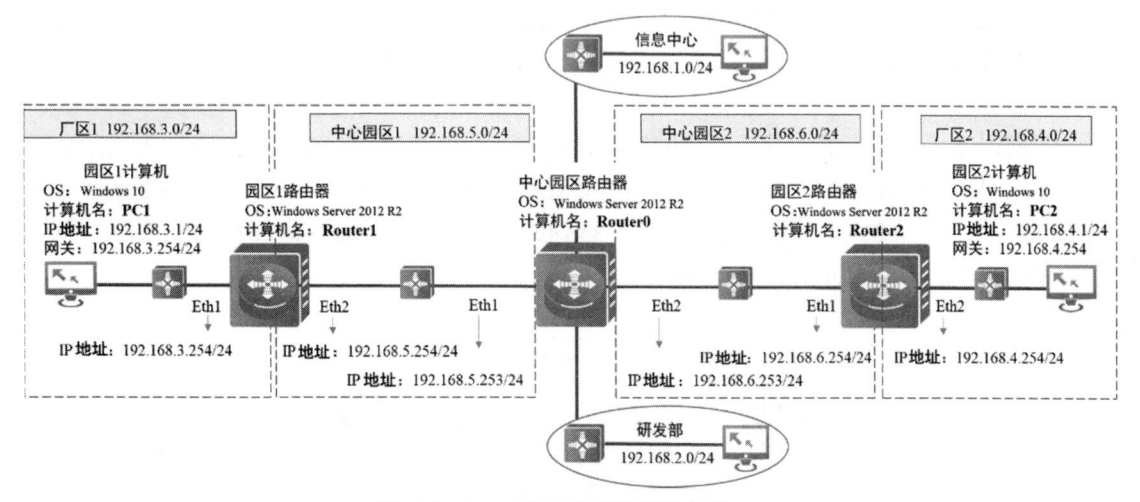

图 6-1 Jan16 公司的网络拓扑结构

项目分析

在网络中，路由器用于实现局域网的互联，公司常常使用两种路由器：软件路由器和硬件路由器。Windows Server 2012 R2 的路由和远程访问服务就是一个典型的软件路由器。本项目可以利用公司已有的 Windows Server 2012 R2 计算机作为局域网互联的路由器，实现局域网的互联。

根据 Jan16 公司的网络拓扑结构和项目需求，本项目可以通过以下步骤来完成，其中，实现公司所有区域网络的互联可以有多种方法，本项目将提供静态路由、默认路由和动态路由三种方法，具体如下。

（1）基于直连路由实现信息中心和研发部的互联：使用中心园区的 Router0 路由器，通过直连路由配置实现两个部门网络的互联互通。

（2）基于静态路由实现公司所有区域的互联：通过在 Router0、Router1 和 Router2 三台路由器上配置静态路由条目，实现公司所有区域网络的互联。

（3）基于默认路由实现公司所有区域的互联：通过在 Router0、Router1 和 Router2 三台路由器上配置默认路由条目，实现公司所有区域网络的互联。

（4）基于动态路由实现公司所有区域的互联：通过在 Router0、Router1 和 Router2 三台路由器上配置动态路由条目，实现公司所有区域网络的互联。

相关知识

6.1 路由和路由器的概念

1. 路由

在网络通信中，路由（Route）是一个网络层的术语，作为名词它是指从某一台网络设备出发去往某个目的地的路径，作为动词它是指跨越一个从源主机到目标主机的网络来转发数据包。

简言之，从源主机到目标主机的数据包转发过程就被称为路由。在如图 6-2 所示的网络环境中，主机 1 和主机 2 进行通信时就要经过中间的路由器，当这两台主机之间存在多条链路时，就会面临多个数据包转发链路选择的问题，例如，是沿着 R1→R2→R4 的路径，还是沿着 R1→R3→R4 的路径进行转发。

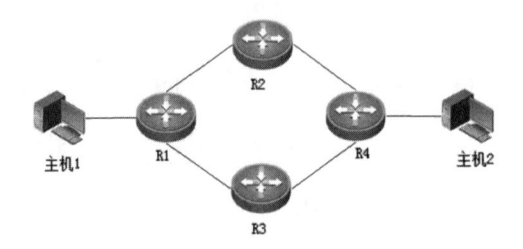

图 6-2 主机 1 到主机 2 的路由选择

在实际应用中，Internet 上路由器的数目更多，两台主机之间数据包转发存在的路径也就更多，为了提高网络访问速度，就需要使用一种方法来判断从源主机到达目标主机所经过的最佳路径，从而进行数据包转发，这就是路由技术。

2．路由器

路由器（Router）是执行路由动作的一种网络设备。它能够将数据包转发到正确的目的地，并在转发过程中选择最佳的路径。路由器工作在网络层，用于连接不同的逻辑子网，分为硬件路由器和软件路由器两种。

（1）硬件路由器：专门用于路由的设备。例如，锐捷、华为等公司生产的系列路由器产品。硬件路由器实质上是一台计算机，不同于普通计算机的是，它运行的操作系统主要用来进行路由维护，不能运行程序。硬件路由器的优点是路由效率高，缺点是价格较昂贵，配置较为复杂。

（2）软件路由器：在一台计算机上安装路由功能的程序，使其具备路由器的功能，这台计算机就被称为软件路由器。由于路由器必须有多个接口用于连接不同的 IP 子网，因此充当软件路由器的计算机一般需要安装多个网卡。软件路由器的优点是价格相对较低，且配置简单，缺点是路由效率低，一般只在小型网络中使用。

3．路由表

路由表（Routing Table）是若干条路由信息的一个集合体。在路由表中，一条路由信息被称为一个路由项或一个路由条目，路由设备根据路由表的路由条目进行路径选择。

在现实生活中，人们如果想去某一个地方，在大脑中就会有一张地图，其中包含到达目的地可以走的多条路径，路由器中的路由表就相当于人脑中的地图。正是由于路由表的存在，路由器才可以依据路由表进行数据包的转发。图 6-3 展示了两台路由器中的路由表信息。

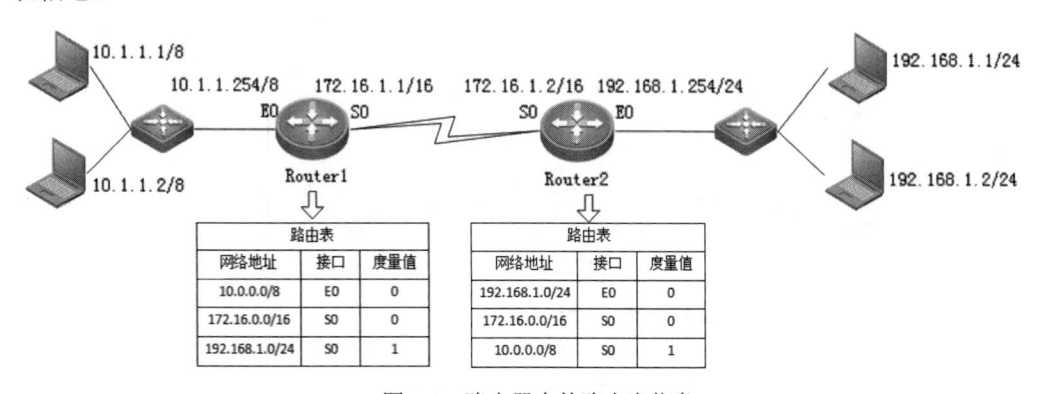

图 6-3　路由器中的路由表信息

在路由表中有该路由器掌握的所有目的网络地址，以及通过路由器到达这些网络的最佳路径。最佳路径指的是路由器的某个接口或与其相邻的下一跳路由器的接口地址。当路由器收到一个数据包时，它会将数据包目的 IP 地址的网络地址和路由表中的路由条目进行对比，如果有去往目标网络的路由条目，就根据该路由条目将数据包转发到相应的接口；如果没有相应的路由条目，则根据路由器的配置将数据包转发到默认接口或者丢弃。

每一台计算机上都维护着一张路由表,根据路由表的内容控制与其他主机的通信,执行【route print】命令可以查看计算机的路由表,结果如图 6-4 所示。

```
C:\>route print
......(省略部分显示信息)
IPv4 路由表
===========================================================================
活动路由:
    网络目标              网络掩码          网关              接口            跃点数
        0.0.0.0           0.0.0.0       192.168.1.1      192.168.1.100        30
      127.0.0.0         255.0.0.0         在链路上          127.0.0.1         306
      127.0.0.1   255.255.255.255         在链路上          127.0.0.1         306
    192.168.1.0     255.255.255.0         在链路上        192.168.1.100       286
    192.168.1.1   255.255.255.255         在链路上        192.168.1.100       286
  192.168.1.255   255.255.255.255         在链路上        192.168.1.100       286
      224.0.0.0         240.0.0.0         在链路上          127.0.0.1         306
      224.0.0.0         240.0.0.0         在链路上        192.168.1.100       286
255.255.255.255   255.255.255.255         在链路上          127.0.0.1         306
255.255.255.255   255.255.255.255         在链路上        192.168.1.100       286
===========================================================================
永久路由:
    网络地址           网络掩码         网关地址         跃点数
      0.0.0.0           0.0.0.0        10.1.1.254        默认
......(省略部分显示信息)
```

图 6-4 执行【route print】命令查看计算机的路由表

4. 路由算法的路径选择过程

一般地,路由器会根据如图 6-5 所示的步骤进行路径选择。

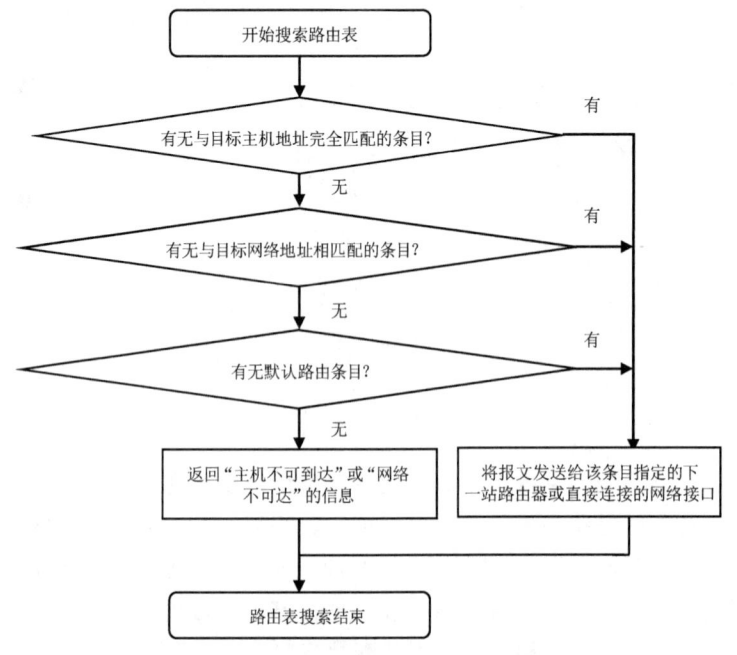

图 6-5 路由算法的路径选择过程

6.2 路由的类型

路由通常分为静态路由、默认路由和动态路由。

1. 静态路由

静态路由是由管理员手动进行配置的，在静态路由中必须明确指出从源到目标所经过的路径，一般应用在网络规模不大、拓扑结构相对稳定的网络中。

使用具有管理员权限的用户账户登录 Windows Server 2012 R2 计算机，打开命令提示符窗口，执行【route add】命令可以添加静态路由，示例如图 6-6 所示。

```
C:\>route add 192.168.2.0 mask 255.255.255.0 192.168.1.1 metric 3
C:\>route print
......(省略部分显示信息)
        192.168.2.0      255.255.255.0         在链路上        192.168.1.1       33
......(省略部分显示信息)
```

图 6-6　执行【route add】命令添加静态路由

执行【route delete】命令可以手动删除静态路由，示例如图 6-7 所示。

```
C:\> route delete 192.168.2.0
```

图 6-7　执行【route delete】命令删除静态路由

2. 默认路由

默认路由是一种特殊的静态路由，也是由管理员手动配置的。它用于为那些在路由表中没有找到明确匹配的路由信息的数据包指定下一跳地址。

在 Windows Server 2012 R2 计算机上配置默认网关时就为该计算机指定了默认路由，用户也可以通过执行【route add】命令来添加默认路由，示例如图 6-8 所示。

```
C:\> route add 0.0.0.0 mask 0.0.0.0 192.168.1.254    metric 3
C:\>route print
......(省略部分显示信息)
        0.0.0.0          0.0.0.0          192.168.1.254     192.168.1.1       33
......(省略部分显示信息)
```

图 6-8　执行【route add】命令添加默认路由

3. 动态路由

当网络规模较大且网络结构经常发生变化时使用动态路由。通过在路由器上配置路由协议可以自动搜集网络信息，并且能及时根据网络结构的变化，动态地维护路由表中的信息条目。

6.3 路由协议

路由设备之间要相互通信，需通过路由协议（Routing Protocol）来相互学习，以构建一张到达其他设备的路由表，然后根据路由表，实现 IP 数据包的转发。路由协议的常见分类如下。

(1)根据不同路由算法，可分为以下两种。

① 距离矢量路由协议：通过判断数据包从源主机到目标主机所经过的路由器的数目来决定选择哪条路由，如 RIP 协议等。

② 链路状态路由协议：不是根据路由器的数目选择路径，而是综合考虑从源主机到目标主机间的各种情况（如带宽、延迟、可靠性、承载能力和最大传输单元等），最终选择一条最优路径，如 OSPF、IS-IS 协议等。

(2)根据不同的工作范围，可以分为以下两种。

① 内部网关协议（IGP）：在一个自治系统内进行路由信息交换的路由协议，如 RIP、OSPF、IS-IS 协议等。

② 外部网关协议（EGP）：在不同自治系统间进行路由信息交换的路由协议，如 BGP 协议。

(3)根据手动配置或自动学习两种不同的方式创建路由表，可以分为以下两种。

① 静态路由协议：由网络管理员手动配置路由器的路由信息。

② 动态路由协议：路由器自动学习路由信息，动态创建路由表，如 RIP、OSPF 协议等。

6.4 RIP 协议

RIP 协议最初是为 Xerox 网络系统的 Xerox parc 通用协议而设计的，是 Internet 中常用的路由协议。RIP 协议通过记录从源主机到目标主机经过的最少跳数（Hop）来选择最佳路径，它支持的最大跳数为 15 跳，即从源主机到目标主机的数据包最多可以被 15 台路由器转发，如果超过 15 跳，RIP 协议就认为目的地不可达。单纯以第几跳数作为路由的依据不能充分描述路径特性，可能导致所选的路径不是最优的，因此 RIP 协议只适用于中小型网络中。

运行 RIP 协议的路由器在默认情况下每隔 30 秒会自动向它的邻居发送自己的全部路由表信息，因此会浪费较多的带宽资源。同时，由于路由信息是一跳一跳地进行传递的，因此 RIP 协议的收敛速度会比较慢。当网络拓扑结构发生变化时，RIP 协议通过触发更新的方式进行路由更新，而不必等待下一个发送周期。例如，当路由器检测到某条链路失败时，它将立即更新自己的路由表并发送新的路由，每台收到该触发更新的路由器都会立即修改其路由表，并继续转发该触发更新。

任务 6-1 基于直连路由实现信息中心和研发部的互联

任务规划

Jan16 公司的信息中心和研发部均设在中心园区，前期，信息中心和研发部均实现了内部互联。信息中心提供了一台装有 Windows Server 2012 R2 的双网卡服务器作为两个部门互联的路由器，其 IP 地址已根据图 6-9 做了规划，并已按网络拓扑结构部署好

学习视频 10

物理环境。网络管理员小锐需要根据网络拓扑结构配置 Windows Server 2012 R2 服务器的路由和远程访问服务功能实现两个部门的互联。

图 6-9 任务 6-1 的网络拓扑结构

在双网卡服务器上安装 Windows Server 2012 R2，部署和启用路由与远程访问服务，可将该服务器配置为路由器，它可实现两个直接连接的局域网（直连网络）的互联。因此，本任务可通过以下步骤来实施。

（1）配置信息中心和研发部客户机的 IP 地址、子网掩码和网关。
（2）在 Windows Server 2012 R2 服务器上安装路由和远程访问角色。
（3）配置并启用路由和远程访问服务，实现信息中心和研发部的相互通信。

任务实施

1. 配置信息中心和研发部客户机的 IP 地址、子网掩码和网关

（1）使用具有管理员权限的用户账户登录 PC1 和 PC2，将 IP 地址、子网掩码和网关配置到本地连接中，结果如图 6-10 和图 6-11 所示。

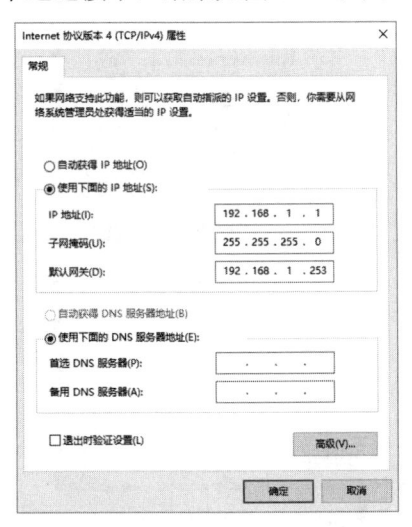

图 6-10 PC1 的 TCP/IP 配置 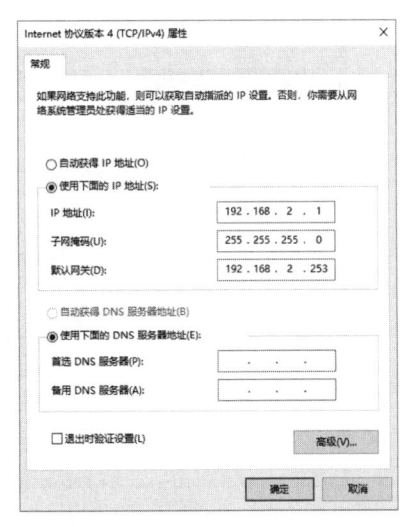　　　　图 6-11 PC2 的 TCP/IP 配置

（2）在 PC1 中打开命令提示符窗口，执行【ping 192.168.1.253】命令检查到其默认网关的通信情况，结果显示通信成功；执行【ping 192.168.2.1】命令检查与另一子网的 PC2 的通信情况，结果显示连接超时，如图 6-12 所示。

```
C:\>ping 192.168.1.253
……(省略部分显示信息)
Reply from 192.168.1.253: bytes=32 time<10ms TTL=128
……(省略部分显示信息)
C:\>ping 192.168.2.1
……(省略部分显示信息)
Request timed out.
……(省略部分显示信息)
```

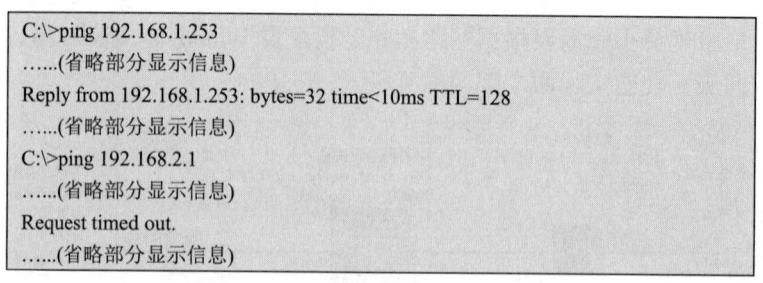

图 6-12　PC1 的【ping】命令测试结果

（3）同理，可以在 PC2 上进行类似的测试，可以发现局域网内部和网关的通信良好，但是无法和另一个局域网的计算机通信。

> 特别提示：为更好地显示【ping】命令的测试效果，建议读者先关闭计算机的 Windows 防火墙。

2．在 Windows Server 2012 R2 服务器上安装路由和远程访问角色

（1）在【服务器管理器】窗口中单击【添加角色和功能】链接，打开【添加角色和功能向导】窗口。

（2）按默认设置连续单击【下一步】按钮，直到打开如图 6-13 所示的【选择服务器角色】窗口，勾选【远程访问】复选框（路由功能服务组件）。

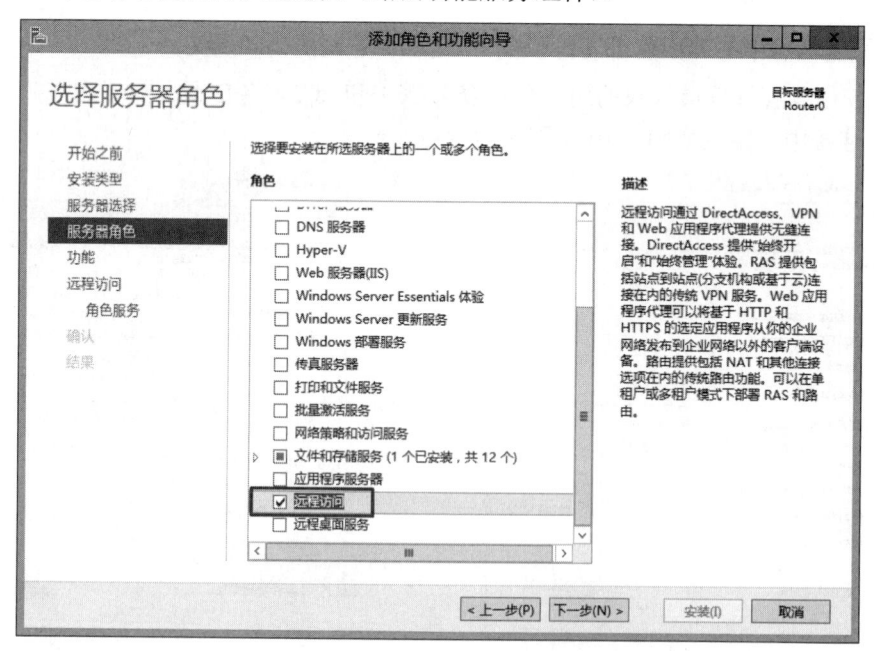

图 6-13　【选择服务器角色】窗口

（3）按默认设置连续单击【下一步】按钮，直到打开如图 6-14 所示的【选择角色服务】窗口，勾选【DirectAccess 和 VPN(RAS)】和【路由】两个复选框。同时，在弹出的【添加路由 所需的功能？】对话框中，按默认设置单击【添加功能】按钮，然后单击【下一步】按钮。

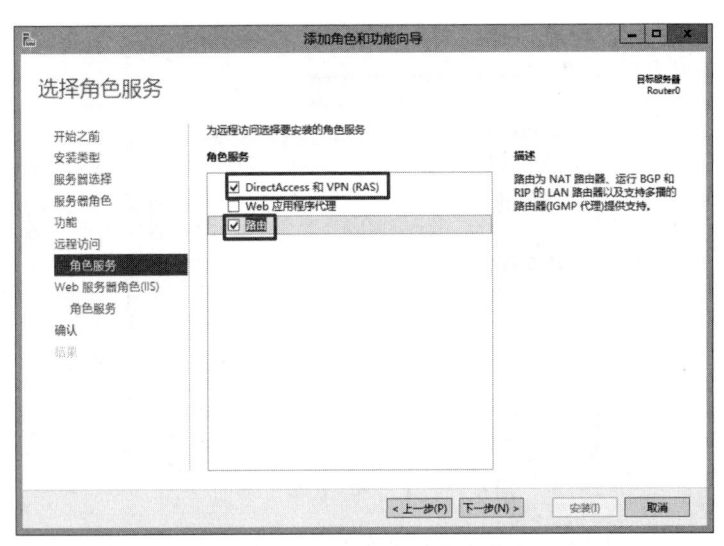

项目6　实现公司各部门局域网的互联互通

图 6-14　【选择角色服务】窗口

（4）按默认设置继续执行【添加角色和功能向导】窗口中的步骤，完成路由和远程访问角色的安装。

3．配置并启用路由和远程访问服务，实现信息中心和研发部的相互通信

（1）在【服务器管理器】窗口的【工具】下拉菜单中选择【路由和远程访问】命令，打开【路由和远程访问】窗口，右击【ROUTER(本地)】选项，在弹出的快捷菜单中选择【配置并启用路由和远程访问】命令，如图 6-15 所示。

（2）在弹出的如图 6-16 所示的【路由和远程访问服务器安装向导】界面中，选中【自定义配置】单选按钮，然后单击【下一步】按钮。

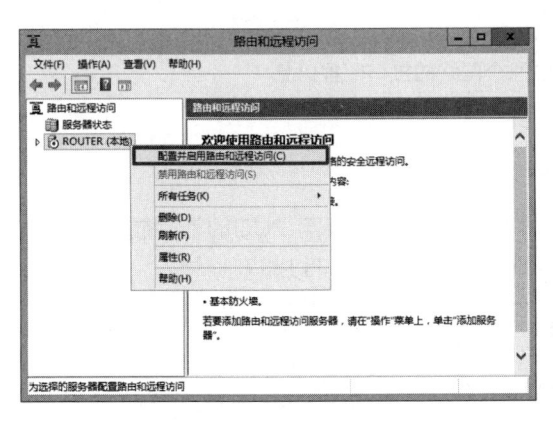

图 6-15　【路由和远程访问】窗口 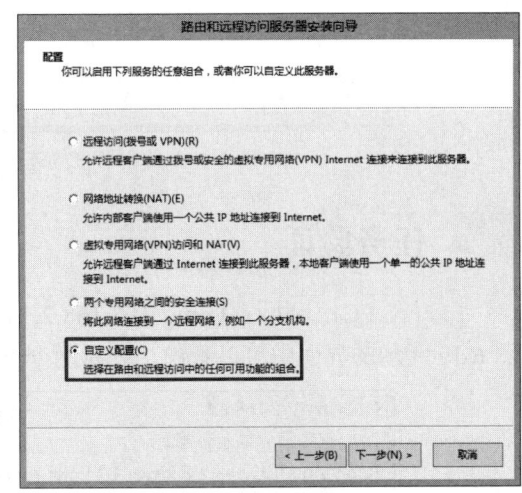　　　图 6-16　【路由和远程访问服务器安装向导】界面

（3）在弹出的如图 6-17 所示的【自定义配置】界面中，勾选【LAN 路由】复选框（该功能用于提供不同局域网的互联路由服务），然后单击【下一步】按钮。

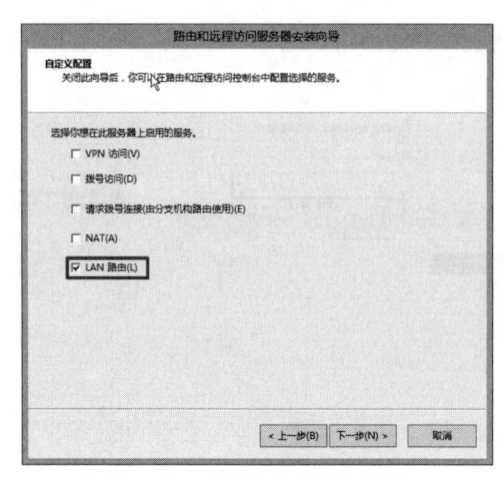

图 6-17 【自定义配置】界面

(4)按照默认设置执行【路由和远程访问服务器安装向导】界面中的步骤,完成路由和远程访问服务的配置,并在最终弹出的【启用服务】界面中单击【启用服务】按钮,启用路由和远程访问服务。完成后,选择【IPv4】节点下的【常规】选项,可以看到如图 6-18 所示的路由器直接连接的两个网络的接口配置信息。

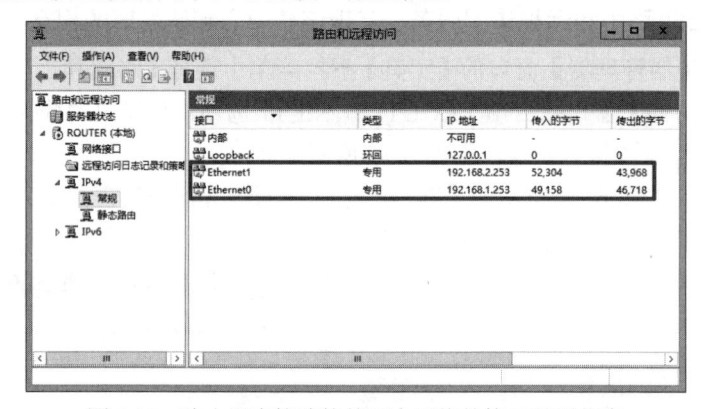

图 6-18 路由器直接连接的两个网络的接口配置信息

任务验证

(1)在 PC1 上执行【ping 192.168.2.1】命令,再次检查其与 PC2 的连接情况,从如图 6-19 所示的界面中可以看出,分属两个不同网段的两台 PC 可以相互通信。

```
C:\>ping 192.168.2.1
......(省略部分显示信息)
Reply from 192.168.2.1: bytes=32 time<10ms TTL=127
......(省略部分显示信息)
```

图 6-19 将 Router0 配置为路由器之后测试不同子网的连通性

(2)同理,可以在 PC2 上执行【ping 192.168.1.1】命令测试其与 PC1 的连通性。TTL 值应为 127,表示数据包经过了一台路由器的转发,每经过一台路由器,TTL 值减 1。

任务 6-2 基于静态路由实现公司所有区域的互联

任务规划

Jan16 公司有 2 个厂区和 2 个园区,每个区域都已各自组建好局域网并分别通过园区 1 路由器和园区 2 路由器连接到中心园区,现需要配置静态路由以实现整个园区网的网络互联。Jan16 公司园区网拓扑结构如图 6-20 所示。

学习视频 11

```
┌─厂区1 192.168.3.0/24─┐ ┌中心园区1 192.168.5.0/24┐ ┌中心园区2 192.168.6.0/24┐ ┌─厂区2 192.168.4.0/24─┐
   园区1计算机              园区1路由器                中心园区路由器              园区2路由器              园区2计算机
   OS: Windows 10         OS: Windows Server 2012 R2  OS: Windows Server 2012 R2  OS: Windows Server 2012 R2  OS: Windows 10
   计算机名:PC1            计算机名:Router1            计算机名:Router0            计算机名:Router2            计算机名:PC2
   IP地址:                                                                                                   IP地址:
   192.168.3.1/24                                                                                            192.168.4.1/24
   网关:192.168.3.254/24                                                                                     网关:192.168.4.254

                    Eth1        Eth2        Eth1        Eth2        Eth1        Eth2
   IP地址:192.168.3.254/24  IP地址:192.168.5.254/24  IP地址:192.168.6.254/24  IP地址:192.168.4.254/24
                           IP地址:192.168.5.253/24  IP地址:192.168.6.253/24
```

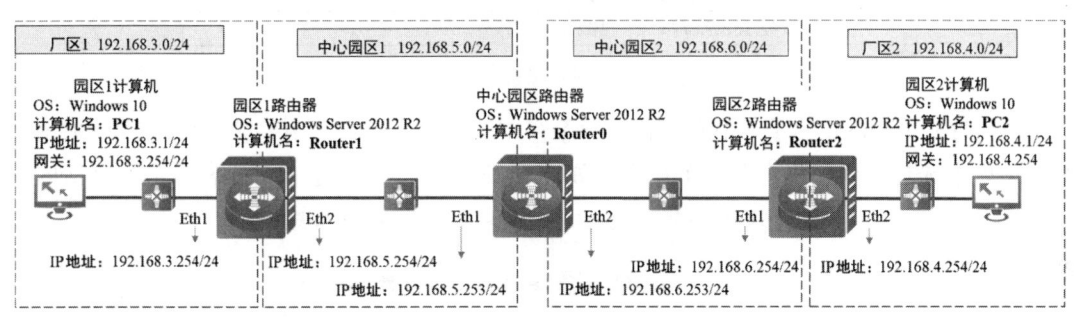

图 6-20 Jan16 公司园区网拓扑结构

类似任务 6-1,首先,通过配置 Router0、Router1 和 Router2 三台 Windows Server 2012 R2 服务器的路由和远程访问服务,实现基本的直连网络互通。然后,在 Router0、Router1 和 Router2 上配置静态路由,则可以实现公司所有区域的互联互通。因此,本任务可通过以下操作步骤来实施。

(1)配置中心园区 1 和中心园区 2 客户机的 IP 地址、子网掩码和网关。
(2)在 Windows Server 2012 R2 服务器上安装路由和远程访问角色。
(3)在 Router0、Router1 和 Router2 上配置静态路由,实现园区网互通。

任务实施

1. 配置中心园区 1 和中心园区 2 客户机 IP 的地址、子网掩码和网关

(1)参考任务 6-1,分别完成 PC1 和 PC2 的 TCP/IP 配置。
(2)完成后可以对 PC1 和 PC2 进行网络的连通性测试,可以发现局域网内部和网关可以相互通信,但是局域网内部的计算机无法和另一个局域网的计算机通信。

2. 在 Windows Server 2012 R2 服务器上安装路由和远程访问角色

参考任务 6-1,完成 Windows Server 2012 R2 服务器的路由和远程访问角色的安装。

3. 在 Router0、Router1 和 Router2 上配置静态路由,实现园区网互通

参考任务 6-1,分别在 Router0、Router1 和 Router2 的路由和远程访问服务上启用【LAN 路由】功能。此时,如果进行局域网间的连通性测试,可以发现三台服务器的相邻网络之间可以相互通信,但非相邻网络之间还是不能相互通信。

因此,可以分别在 Router0、Router1 和 Router2 三台路由器上配置静态路由,并为每台路由器的非直连网络添加静态路由信息，实现不同局域网间的互联互通。根据公司园区网拓扑结构，各路由器需要添加的静态路由信息如图 6-21 所示。

路由器	目标网段	下一跳（网关）	（转发）接口	跃点数
Router0	192.168.3.0/24	192.168.5.254	Eth1	默认
Router0	192.168.4.0/24	192.168.6.254	Eth2	默认
Router1	192.168.4.0/24	192.168.5.253	Eth2	默认
Router1	192.168.6.0/24	192.168.5.253	Eth2	默认
Router2	192.168.3.0/24	192.168.6.253	Eth1	默认
Router2	192.168.5.0/24	192.168.6.253	Eth1	默认

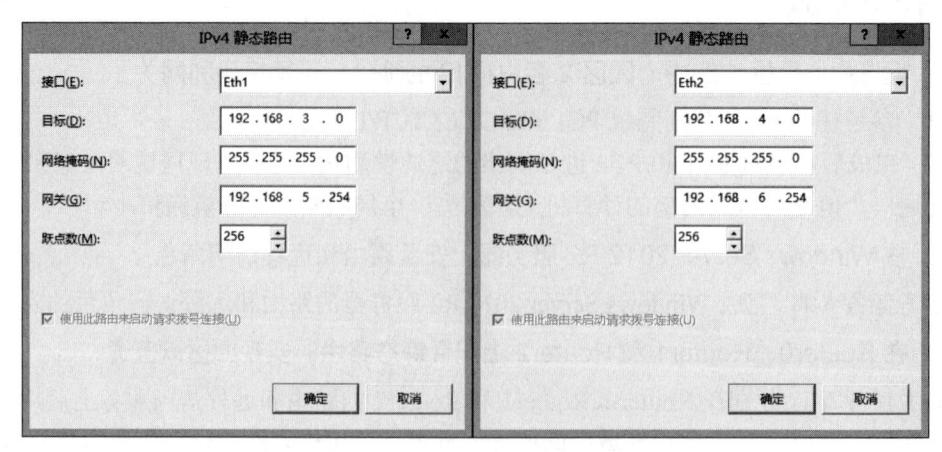

图 6-21　静态路由信息规划

（1）打开 Router0 的【路由和远程访问】窗口，右击【静态路由】选项，然后在弹出的快捷菜单中选择【新建静态路由】命令，如图 6-22 所示，打开【IPv4 静态路由】对话框。

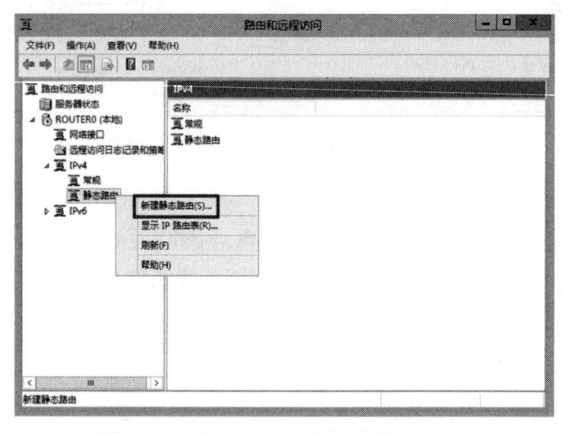

图 6-22　在 Router0 上新建静态路由

（2）按图 6-21 所示，在【IPv4 静态路由】对话框中输入静态路由信息，结果如图 6-23 所示。

图 6-23　在 Router0 上添加静态路由信息

（3）完成后，返回【路由和远程访问】窗口，右击【静态路由】选项，在弹出的快捷菜单中选择【显示 IP 路由表】命令，在打开的【ROUTER0-IP 路由表】对话框中可以看到该路由器的所有路由信息，其中包括刚刚添加的两条静态路由信息，如图 6-24 所示。

图 6-24　在 Router0 上查看 IP 路由表

（4）由于通信是双向的，因此在 Router1 和 Router2 上也要创建静态路由。采用同样的方法，按图 6-21 所示，在 Router1 和 Router2 上分别添加静态路由信息，结果如图 6-25 和图 6-26 所示。

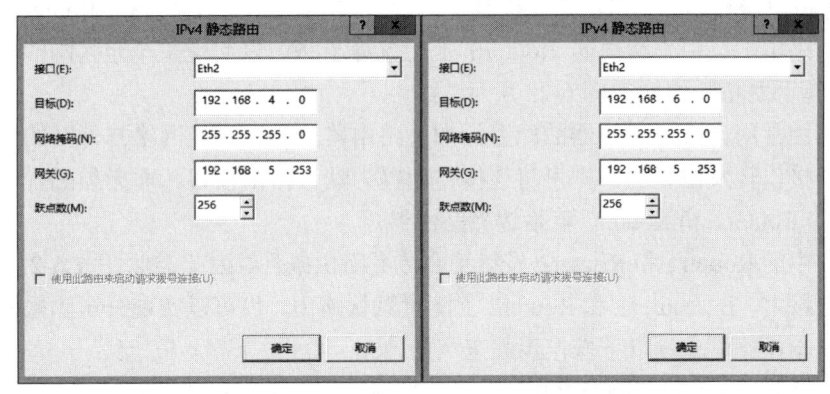

图 6-25　在 Router1 上添加静态路由信息

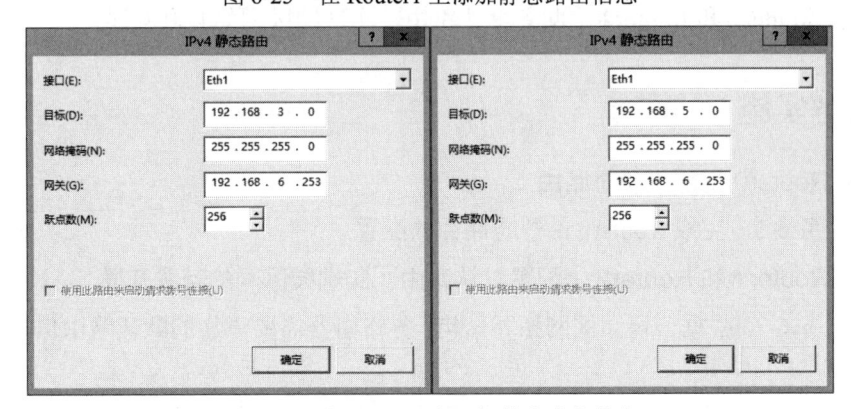

图 6-26　在 Router2 上添加静态路由信息

任务验证

（1）在 PC1 上执行【ping 192.168.4.1】命令测试其与 PC2 的连通性，结果如图 6-27 所示，从图中可以看出，两台计算机实现了相互通信。TTL 值为 125，说明该数据包经过了 Router0、Router1 和 Router2 三台路由器的转发（Windows 的 TTL 初始值默认为 128）。

```
C:\>ping 192.168.4.1
……(省略部分显示信息)
Reply from 192.168.4.1: bytes=32 time<10ms TTL=125
……(省略部分显示信息)
```

图 6-27　使用 PC1 和 PC2 测试园区网中心的互联情况

（2）同理，PC2 也可以与 PC1 通信，由此，通过静态路由实现了公司所有区域的互联。

任务 6-3　基于默认路由实现公司所有区域的互联

任务规划

Jan16 公司有 2 个厂区和 2 个园区，每个区域都已各自组建好局域网并分别通过园区 1 路由器和园区 2 路由器连接到中心园区，现需要在边界路由器 Router1 和 Router2 上配置默认路由，在中心路由器 Router0 上配置静态路由以实现整个园区网的网络互联。Jan16 公司园区网拓扑结构如图 6-20 所示。

默认路由常用于边界路由器的配置，如果路由器的所有直连网络与外网的通信都是通过唯一一个接口转发出去的，则可将该接口配置为默认路由接口，而无须配置静态路由。图 6-20 中的 Router1 和 Router2 就是边界路由器。

本任务中的 Router1 和 Router2 显然符合边界路由条件，因此类似任务 6-2，在 Router0 上配置静态路由，在 Router1 和 Router2 上配置默认路由，也可以实现公司园区网的互联互通。因此，本任务可通过以下操作步骤来实施。

（1）在 Router0 上配置静态路由。
（2）在 Router1 和 Router2 上配置默认路由，实现园区网的互联互通。

任务实施

1. 在 Router0 上配置静态路由

参考任务 6-2，完成 Router0 的静态路由的配置。

2. 在 Router1 和 Router2 上配置默认路由，实现园区网的互联互通

参考任务 6-2，根据公司园区网拓扑结构，各路由器需要添加的默认路由信息如图 6-28 所示。

路由器	目标网段	下一跳（网关）	（转发）接口	跃点数	备注
Router0	192.168.3.0/24	192.168.5.254	Eth1	默认	静态路由
Router0	192.168.4.0/24	192.168.6.254	Eth2	默认	静态路由
Router1	0.0.0.0/0	192.168.5.253	Eth1	默认	默认路由
Router2	0.0.0.0/0	192.168.6.253	Eth1	默认	默认路由

图 6-28　默认路由信息规划

从图 6-28 中可以看出，目标网段为【0.0.0.0/0】的路由是默认路由，它是一种特殊的静态路由。

（1）分别在 Router1 和 Router2 上添加默认路由信息，结果如图 6-29 和图 6-30 所示。

图 6-29　在 Router1 上添加默认路由信息

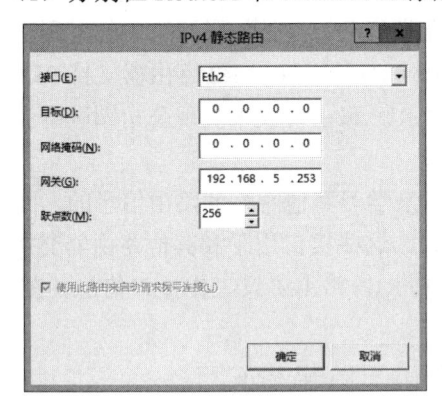

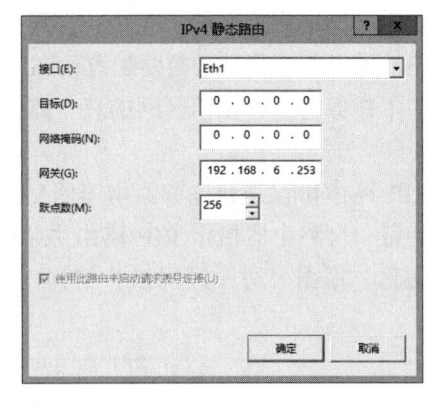

图 6-30　在 Router2 上添加默认路由信息

（2）打开 Router1 的 IP 路由表，从中可以看到新创建的默认路由，结果如图 6-31 所示。

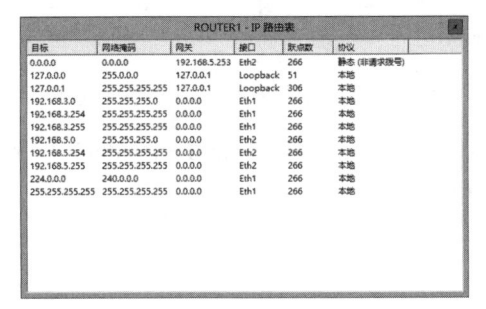

图 6-31　在 Router1 上查看 IP 路由表

任务验证

在 PC1 上再次执行【ping 192.168.4.1】命令测试其与 PC2 的连通性，结果如图 6-32 所示，从图中可以看出，两台计算机相互通信成功，表示实现了园区网的互联。

```
C:\>ping 192.168.4.1
……(省略部分显示信息)
Reply from 192.168.4.1: bytes=32 time<10ms TTL=125
……(省略部分显示信息)
```

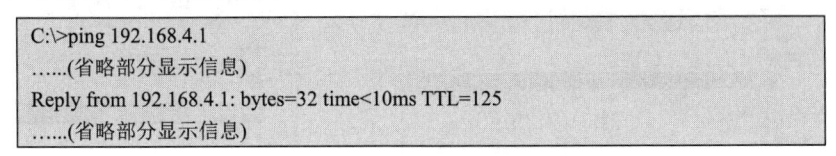

图 6-32　检测默认路由的连通性

任务 6-4　基于动态路由实现公司所有区域的互联

任务规划

Jan16 公司有 2 个厂区和 2 个园区，每个区域都已各自组建好局域网并分别通过园区 1 路由器和园区 2 路由器连接到中心园区，现需要在路由器 Router0、Router1 和 Router2 上配置 RIP 动态路由以实现整个园区网的网络互联。Jan16 公司园区网拓扑结构如图 6-20 所示。

在小型网络中使用静态路由，即可满足网络互联需求，但是如果网络中的子网较多而且网络地址经常变化，就需要配置动态路由。Windows Server 2012 R2 路由器支持 RIP 路由协议，本任务将通过在园区网的三台路由器上启用 RIP 路由协议来实现公司园区网的互联互通。

RIP 路由协议是通过在路由器间交换路由信息来学习其他网络的路由信息的，因此，需要为每一台路由器指定 RIP 路由协议的工作接口，这些接口用于和其他路由器交换 RIP 路由信息。根据公司园区网拓扑结构，各路由器的 RIP 路由协议工作接口信息如图 6-33 所示。

路由器	接口	相邻路由器	启用的路由协议
Router0	Eth1	Router1	RIPv2
	Eth2	Router2	RIPv2
Router1	Eth1	无	无
	Eth2	Router0	RIPv2
Router2	Eth1	Router0	RIPv2
	Eth2	无	无

图 6-33　各路由器的 RIP 路由协议工作接口信息

因此，本任务将根据图 6-33，分别在 Router0、Router1 和 Router2 上配置 RIP 路由协议来实现园区网的互联互通。

任务实施

（1）右击 Router1 的【路由和远程访问】窗口的【IPv4】节点下的【常规】选项，然后在弹出的快捷菜单中选择【新增路由协议】命令，如图 6-34 所示。

（2）在弹出的如图 6-35 所示的【新路由协议】对话框中选择【RIP Version 2 for Internet Protocol】选项，然后单击【确定】按钮，完成路由器 RIP 路由协议的添加。

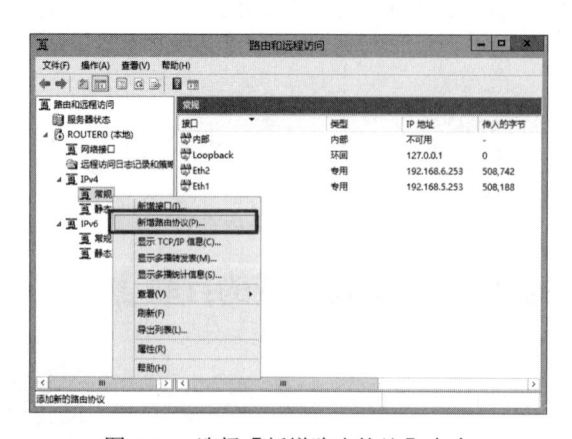

图 6-34　选择【新增路由协议】命令　　　　图 6-35　【新路由协议】对话框

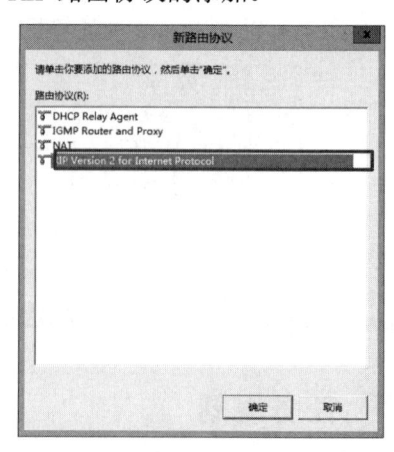

（3）右击【RIP】选项，在弹出的快捷菜单中选择【新增接口】命令，如图 6-36 所示。

（4）根据任务规划，在弹出的【RIP Version 2 for Internet Protocol 的新接口】对话框中，Router1 应该选择【Eth2】接口启用 RIP 路由协议，结果如图 6-37 所示。

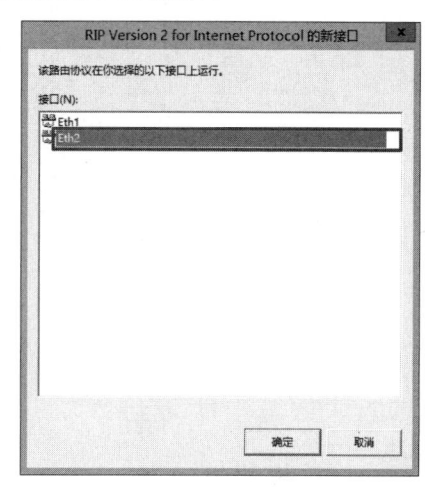

图 6-36　选择【新增接口】命令

图 6-37　为路由器 Router1 选择 RIP 路由协议的工作接口

（5）单击【确定】按钮，将弹出如图 6-38 所示的【RIP 属性-Eth2 属性】对话框。

（6）按照默认设置，单击【确定】按钮，完成 Router1 路由器 RIP 路由协议的配置。

（7）按照同样的方法并根据图 6-33，分别在 Route0、Router2 上启用 RIP 路由协议。

（8）间隔一段时间后（建议超过 180 秒），路由器之间通过交换 RIP 协议数据包，学习到整个园区网的所有网段的路由信息。

（9）在 Router0 的【路由和远程访问】窗口中右击【静态路由】选项，在弹出的快捷菜单中选择【显示 IP 路由表】命令，打开【ROUTER0-IP 路由表】对话框，从中可以看出，Router0 已通过 RIP 路由协议学习到了 192.168.3.0 和 192.168.4.0 的路由信息，如图 6-39 所示。

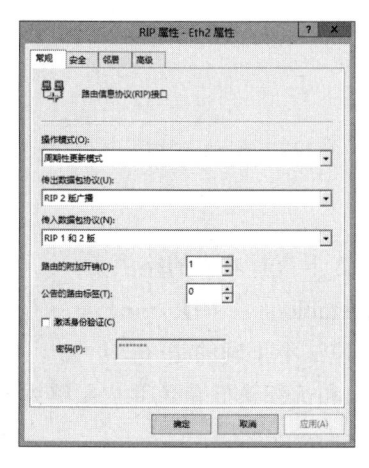

图 6-38　【RIP 属性-Eth2 属性】对话框

图 6-39　在 Router0 上查看 IP 路由表

（10）同理，可以查看 Router1 和 Router2 的 IP 路由表，结果如图 6-40 和图 6-41 所示，它们均学习到了其他路由器上的路由信息。

目标	网络掩码	网关	接口	跃点数	协议
127.0.0.0	255.0.0.0	127.0.0.1	Loopback	51	本地
127.0.0.1	255.255.255.255	127.0.0.1	Loopback	306	本地
192.168.3.0	255.255.255.0	0.0.0.0	Eth1	266	本地
192.168.3.254	255.255.255.255	0.0.0.0	Eth1	266	本地
192.168.3.255	255.255.255.255	0.0.0.0	Eth1	266	本地
192.168.4.0	255.255.255.0	192.168.5.253	Eth2	14	翻录
192.168.5.0	255.255.255.0	0.0.0.0	Eth2	266	本地
192.168.5.254	255.255.255.255	0.0.0.0	Eth2	266	本地
192.168.5.255	255.255.255.255	0.0.0.0	Eth2	266	本地
192.168.6.0	255.255.255.0	192.168.5.253	Eth2	13	翻录
224.0.0.0	240.0.0.0	0.0.0.0	Eth1	266	本地
255.255.255.255	255.255.255.255	0.0.0.0	Eth1	266	本地

图 6-40　在 Router1 上查看 IP 路由表

目标	网络掩码	网关	接口	跃点数	协议
127.0.0.0	255.0.0.0	127.0.0.1	Loopback	51	本地
127.0.0.1	255.255.255.255	127.0.0.1	Loopback	306	本地
192.168.3.0	255.255.255.0	192.168.6.253	Eth1	14	翻录
192.168.4.0	255.255.255.0	192.168.6.253	Eth1	26	翻录
192.168.4.0	255.255.255.0	0.0.0.0	Eth2	266	本地
192.168.4.254	255.255.255.255	0.0.0.0	Eth2	266	本地
192.168.4.255	255.255.255.255	0.0.0.0	Eth2	266	本地
192.168.5.0	255.255.255.0	192.168.6.253	Eth1	13	翻录
192.168.6.0	255.255.255.0	0.0.0.0	Eth1	266	本地
192.168.6.254	255.255.255.255	0.0.0.0	Eth1	266	本地
192.168.6.255	255.255.255.255	0.0.0.0	Eth1	266	本地
224.0.0.0	240.0.0.0	0.0.0.0	Eth1	266	本地
255.255.255.255	255.255.255.255	0.0.0.0	Eth1	266	本地

图 6-41　在 Router2 上查看 IP 路由表

任务验证

在 PC1 上再次执行【ping 192.168.4.1】命令测试其与 PC2 的连通性，结果如图 6-42 所示，从图中可以看出，两台计算机相互通信成功，表示实现了园区网的互联互通。

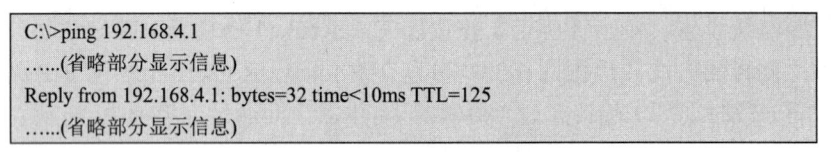

```
C:\>ping 192.168.4.1
……(省略部分显示信息)
Reply from 192.168.4.1: bytes=32 time<10ms TTL=125
……(省略部分显示信息)
```

图 6-42　检测动态路由的连通性

练习与实践

一、理论习题

1. 在下列选项中，（　　）是静态路由。
   A．路由器为本地接口生成的路由
   B．在路由器上静态配置的路由
   C．路由器通过路由协议学来的路由
   D．路由器上目标为 255.255.255.255/32 的路由

2. 使用（　　）命令可以在 Windows Server 2012 R2 下查看本机的路由表。
   A．ipconfig/all　　　B．route print　　　C．route table　　　D．ping

3. 关于 Windows Server 2012 R2 的路由功能，以下说法不正确的是（　　）。
   A．Windows Server 2012 R2 服务器需要安装路由和远程访问角色并启用路由和远程访问服务才具备路由功能

B. Windows Server 2012 R2 服务器的路由和远程访问服务无须定义就可以自动从接口中学习 RIP 路由信息

C. Windows Server 2012 R2 服务器启用路由和远程访问服务后就可以实现直连网络的互联互通

D. 0.0.0.0/0 是一种特殊的静态路由

4. 关于静态路由配置，以下说法不正确的是（　　）。

A. 当配置目标网络为 192.168.1.20/24 的主机所在网络的静态路由时，目标网络为 192.168.1.0/24

B. 当配置目标网络为 192.168.1.20/24 的主机的静态路由时，目标网络为 192.168.1.20/24

C. 边界路由器可以配置默认路由，默认路由的目标网络为 0.0.0.0/0

D. 路由器需要为路由器直连网络配置静态路由信息，以实现直连网络的互联

5. 关于 RIP 路由协议，以下说法不正确的是（　　）。

A. RIP 是一种基于路由跳数的路由协议

B. RIP 路由协议支持的最大跳数为 16 跳

C. RIP 路由协议适用于大型网络的互联

D. RIPv2 兼容 RIPv1

二、项目实训题

1. 项目背景

Jan16 公司有三个园区，下设财务部、IT 信息中心、市场部三个部门，每个部门都建好了局域网，现为了满足公司业务发展需求，公司要求网络管理员将各局域网互联，实现公司内部的相互通信和资源共享，具体要求如下。

分别通过静态路由、默认路由和 RIP 动态路由的方式实现三个园区的互联，公司网络拓扑结构如图 6-43 所示。

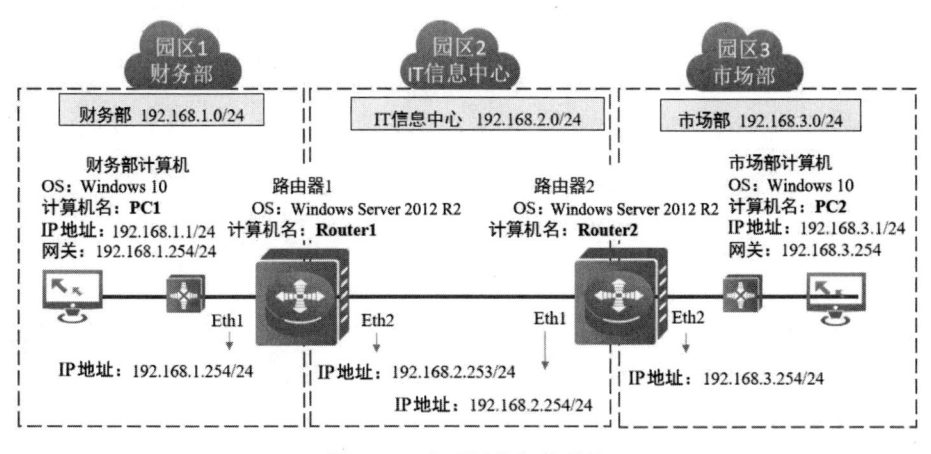

图 6-43　公司网络拓扑结构

2．项目要求

（1）根据项目需求，完成公司三个园区的互联，并截取以下界面。

① 分别截取 PC1 和 PC2 的【ipconfig/all】命令的执行结果。

② 分别截取 PC1 和 PC2 连通性测试界面。

③ 分别截取 Router1 和 Router2 在静态路由下的路由表。

④ 分别截取 Router1 和 Router2 在默认路由下的路由表。

⑤ 分别截取 Router1 和 Router2 在 RIP 动态路由下的路由表。

（2）验证命令 ping、route、tracert。

项目 7

部署公司的 DNS 服务

项目学习目标

（1）了解 DNS 的基本概念。
（2）掌握 DNS 的解析过程。
（3）掌握主 DNS 服务器、辅助 DNS 服务器、委派 DNS 服务器的概念与应用。
（4）掌握 DNS 服务器的备份与还原等常规维护与管理技能。
（5）掌握多区域公司组织架构下 DNS 服务部署的业务实施流程。

项目描述

Jan16 公司总公司位于北京，子公司位于广州，并在香港建有办事处，总公司和子公司建有公司大部分的应用服务器，办事处仅有少量的应用服务器。

现阶段，公司内部全部通过 IP 地址实现相互访问，员工经常抱怨 IP 地址众多且难以记忆，要访问相关的业务系统非常麻烦。公司要求管理员尽快部署域名解析系统，实现基于域名访问公司的业务系统，以提高工作效率。

基于此，公司信息部网络高级工程师针对公司网络拓扑结构和服务器情况制订了一份 DNS 部署规划方案，具体内容如下。

（1）DNS 服务器的部署。主 DNS 服务器主要部署在北京，负责公司 DNS.Jan16.cn 域名的管理和总公司计算机域名的解析；在广州子公司部署一台委派 DNS 服务器，负责 DNS.GZ.Jan16.cn 域名的管理和广州区域计算机域名的解析；在香港办事处部署一台辅助 DNS 服务器，负责香港区域计算机域名的解析。

（2）公司域名规划。公司为主要应用服务器做了域名的规划，服务器的域名、IP 地址和计算机名称的映射关系如表 7-1 所示。

表 7-1 服务器的域名、IP 地址和计算机名称的映射关系

服务器角色	计算机名称	IP 地址	域 名	位 置
主 DNS 服务器	DNS	192.168.1.1/24	DNS.Jan16.cn	北京总公司
Web 服务器	WEB	192.168.1.10/24	WWW.Jan16.cn	北京总公司
委派 DNS 服务器	GZDNS	192.168.1.100/24	DNS.GZ.Jan16.cn	广州子公司
文件服务器	FS	192.168.1.101/24	FS.GZ.Jan16.cn	广州子公司
辅助 DNS 服务器	HKDNS	192.168.1.200/24	HKDNS.Jan16.cn	香港办事处

（3）公司 DNS 服务器的日常管理。管理员应具备对 DNS 服务器进行日常维护的能力，包括启动和关闭 DNS 服务、DNS 递归查询管理等，并且每月需要备份一次 DNS 服务器的数据，在 DNS 服务器出现故障时能利用备份数据快速重建。

（4）公司网络拓扑结构如图 7-1 所示。

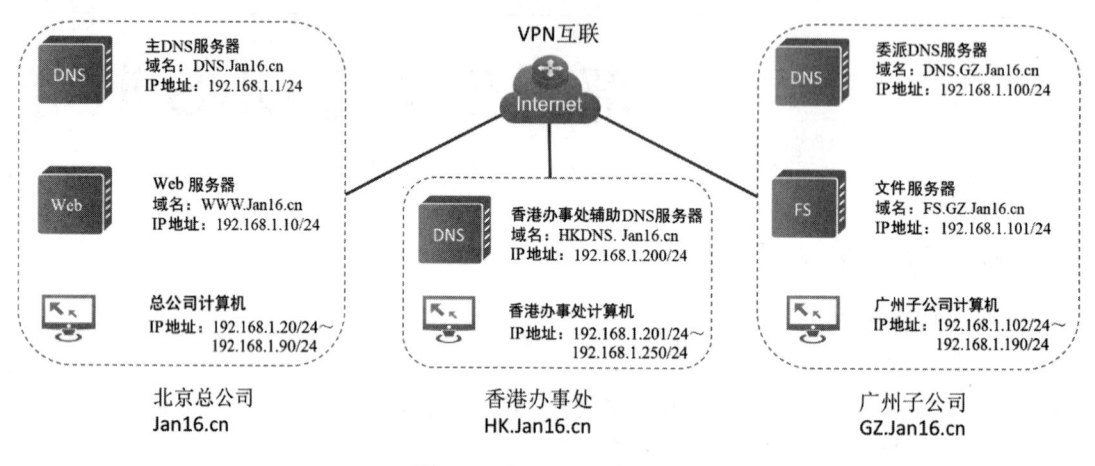

```
主DNS服务器                          委派DNS服务器
域名：DNS.Jan16.cn    VPN互联        域名：DNS.GZ.Jan16.cn
IP地址：192.168.1.1/24               IP地址：192.168.1.100/24
                     Internet

Web 服务器         香港办事处辅助DNS服务器       文件服务器
域名：WWW.Jan16.cn  域名：HKDNS.Jan16.cn         域名：FS.GZ.Jan16.cn
IP地址：192.168.1.10/24 IP地址：192.168.1.200/24  IP地址：192.168.1.101/24

总公司计算机       香港办事处计算机              广州子公司计算机
IP地址：192.168.1.20/24~  IP地址：192.168.1.201/24~  IP地址：192.168.1.102/24~
       192.168.1.90/24          192.168.1.250/24          192.168.1.190/24

北京总公司         香港办事处                    广州子公司
Jan16.cn           HK.Jan16.cn                   GZ.Jan16.cn
```

图 7-1　公司网络拓扑结构

项目分析

DNS 服务用于域名和 IP 地址的映射，相对于 IP 地址，域名更容易被用户记忆，通过部署 DNS 服务器可以实现计算机使用域名来访问各应用服务器，从而提高工作效率。

在公司网络中，管理员常根据公司地理位置和所管理域名的数量，部署不同类型的 DNS 服务器来解决域名解析问题，常见的 DNS 服务器角色包括主 DNS 服务器、辅助 DNS 服务器、委派 DNS 服务器。

根据该公司的网络拓扑结构和项目需求，本项目可以通过以下工作任务来实施。

（1）实现总公司主 DNS 服务器的部署：在北京总公司部署主 DNS 服务器。
（2）实现子公司委派 DNS 服务器的部署：在广州子公司部署委派 DNS 服务器。
（3）实现香港办事处辅助 DNS 服务器的部署：在香港办事处部署辅助 DNS 服务器。
（4）DNS 服务器的管理：熟悉 DNS 服务器的常规管理任务。

相关知识

在 TCP/IP 网络中，计算机之间进行通信需要依靠 IP 地址。然而，IP 地址是一些数字的组合，普通用户难以记忆，使用非常不方便。为解决该问题，需要为用户提供一种友好并方便记忆和使用的名称，并且需要将该名称转换为 IP 地址以便实现网络通信，DNS（域名系统）就是一套用简单易记的名称映射 IP 地址的解决方案。

7.1 DNS 的基本概念

1. DNS

DNS 是 Domain Name System 的缩写，域名虽然便于人们记忆，但计算机只能通过 IP 地址来通信，它们之间的转换工作被称为域名解析。域名解析需要由专门的域名解析服务器来完成，DNS 就是用于域名解析的服务器。

DNS 名称采用 FQDN（Fully Qualified Domain Name，完全限定的域名）的形式，由主机名和域名两部分组成。例如，www.baidu.com 就是一个典型的 FQDN，其中，baidu.com 是域名，表示一个区域，www 是主机名，表示 baidu.com 区域内的一台主机。

2．域名空间

DNS 的域是一种分布式的层次结构，如图 7-2 所示。DNS 域名空间包括根域（Root Domain）、顶级域（Top-level Domains）、二级域（Second-level Domains）及子域（Subdomains）。例如，www.pconline.com.cn.，其中【.】为根域，【cn】为顶级域，【com】为二级域，【pconline】为子域，【www】为主机名。

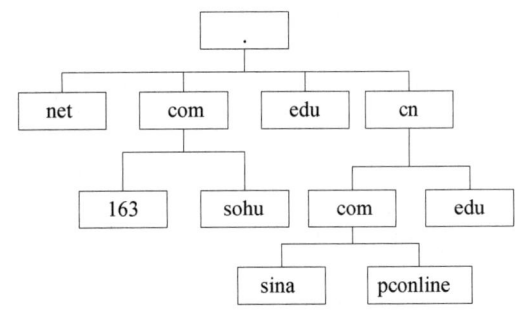

图 7-2 域名体系层次结构

DNS 规定，域名中的标号由英文字母和数字组成，每一个标号不超过 63 个字符，也不区分大小写字母。标号中除连字符（-）外不能使用其他的标点符号。级别最低的域名写在最左边，而级别最高的域名写在最右边。由多个标号组成的完整域名总共不超过 255 个字符。

顶级域有两种划分方式：机构域和地理域。表 7-2 列举了常用的机构域和地理域。

表 7-2 常用的机构域和地理域

顶　级　域	名　　称	描　　述
机 构 域	.com	商业组织
	.edu	教育组织
	.net	网络支持组织
	.gov	政府机构
	.org	非商业性组织
	.int	国际组织
地 理 域	.cn	中国
	.us	美国
	.fr	法国

7.2 DNS 的类型与解析

7.2.1 DNS 的解析方式

DNS 解析可以分为两个基本步骤：本地解析和 DNS 服务器解析。

1. 本地解析

在 Windows 中有一个 Hosts 文件（%systemroot%\system32\drivers\etc），它在 Windows 本地存储了 IP 地址和 Host Name（主机名）的映射关系。根据系统规则，Windows 在进行 DNS 请求之前，系统会先检查自己的 Hosts 文件中是否有这个地址映射关系，如果有，则调用这个 IP 地址映射，如果没有找到，则继续在以前的 DNS 查询应答的响应缓存中查找，如果缓存中没有，就向 DNS 服务器请求域名解析，也就是说，Hosts 文件的请求级别比 DNS 高。

2. DNS 服务器解析

DNS 服务器解析是目前广泛采用的一种名称解析方法，全世界有大量的 DNS 服务器，它们协同工作构成了一个分布式的 DNS 名称解析网络。例如，Jan16.cn 的 DNS 服务器只负责本域内数据的更新，而其他 DNS 服务器并不知道也无须知道 Jan16.cn 域内有哪些主机，但它们知道 Jan16.cn 域的位置。当需要解析 WWW.Jan16.cn 时，它们就会向 Jan16.cn 域的 DNS 服务器发出请求从而完成该域名的解析。当采用这种分布式域名解析结构时，DNS 数据的更新只需要在一台或者几台 DNS 服务器上进行，使得整体的解析效率大大提高。

7.2.2 DNS 服务器的类型

DNS 服务器用于实现域名和 IP 地址的双向解析，将域名解析为 IP 地址称为正向解析，将 IP 地址解析为域名称为反向解析。在网络中，主要存在 4 种 DNS 服务器：主 DNS 服务器、辅助 DNS 服务器、转发 DNS 服务器和惟缓存 DNS 服务器。

1. 主 DNS 服务器

主 DNS 服务器是特定 DNS 域内所有信息的权威性信息源。主 DNS 服务器保存了自主生产的区域文件，该文件是可读/写的。当 DNS 区域中的信息发生变化时，这些变化都会被保存到主 DNS 服务器的区域文件中。

2. 辅助 DNS 服务器

辅助 DNS 服务器不创建区域数据，它的区域数据是从主 DNS 服务器中复制过来的，因此，辅助 DNS 服务器的区域数据只能读不能修改，也被称为副本区域数据。当启动辅助 DNS 服务器时，它会和建立联系的主 DNS 服务器联系，并从主 DNS 服务器中复制区域数据。辅助 DNS 服务器在工作时，会定期地更新副本区域数据，以尽可能地保证副本区域数据和正本区域数据的一致性。辅助 DNS 服务器除了可以从主 DNS 服务器中复制区域数据，还可以从其他辅助 DNS 服务器中复制区域数据。

在一个区域中设置多台辅助 DNS 服务器可以实现容错，减轻主 DNS 服务器的负担，同时可以加快域名解析的速度。

3. 转发 DNS 服务器

转发 DNS 服务器用于将域名解析请求转发给其他 DNS 服务器。当 DNS 服务器收到客户端的请求后，它首先会尝试从本地数据库中查找匹配项，找到后返回客户端解析结果；若未找到，则需要向其他 DNS 服务器转发解析请求，其他 DNS 服务器完成解析后返回解析结果，转发 DNS 服务器会将该结果存储在自己的缓存中，同时返回客户端解析结果，后续如果客户端再次请求解析相同的名称，转发 DNS 服务器会根据缓存记录结果回复该客户端。

4. 惟缓存 DNS 服务器

惟缓存 DNS 服务器可以提供名称解析，但没有任何本地数据库文件。惟缓存 DNS 服务器必须同时是转发 DNS 服务器，它将客户端的解析请求转发给其他 DNS 服务器，并将结果存储在缓存中。其与转发 DNS 服务器的区别在于，没有本地数据库文件。惟缓存 DNS 服务器不是权威性的服务器，因为它所提供的所有信息都是间接信息。

7.2.3 DNS 的查询模式

DNS 客户端向 DNS 服务器提出查询请求，DNS 服务器做出响应的过程被称为域名解析。

正向解析是指当 DNS 客户端向 DNS 服务器提交域名查询 IP 地址，或 DNS 服务器向另一台 DNS 服务器提交域名（提交查询的 DNS 服务器相对而言也是 DNS 客户端）查询 IP 地址时，DNS 服务器做出响应的过程。反过来，DNS 客户端向 DNS 服务器提交 IP 地址查询域名，DNS 服务器做出响应的过程则被称为反向解析。

根据 DNS 服务器对 DNS 客户端的不同响应方式，域名解析可分为 2 种类型：递归查询和迭代查询。

1. 递归查询

递归查询发生在 DNS 客户端向 DNS 服务器发出解析请求的情况下，DNS 服务器会向客户端返回两种结果：查询到的结果或查询失败。如果当前 DNS 服务器无法解析名称，它不会告知 DNS 客户端，而是自行向其他 DNS 服务器查询并完成解析，然后将解析结果返回 DNS 客户端。

2. 迭代查询

迭代查询通常在一台 DNS 服务器向另一台 DNS 服务器发出解析请求时使用。发起者向 DNS 服务器发出解析请求，如果当前 DNS 服务器未能在本地查询到请求的数据，则当前 DNS 服务器将告知发起者另一台 DNS 服务器的 IP 地址；然后，由发起者自行向另一台 DNS 服务器发起查询；以此类推，直到查询到所需数据为止。

迭代的意思是：若在某地查不到，该地就会告知查询者其他地方的地址，让查询者转到其他地方去查。

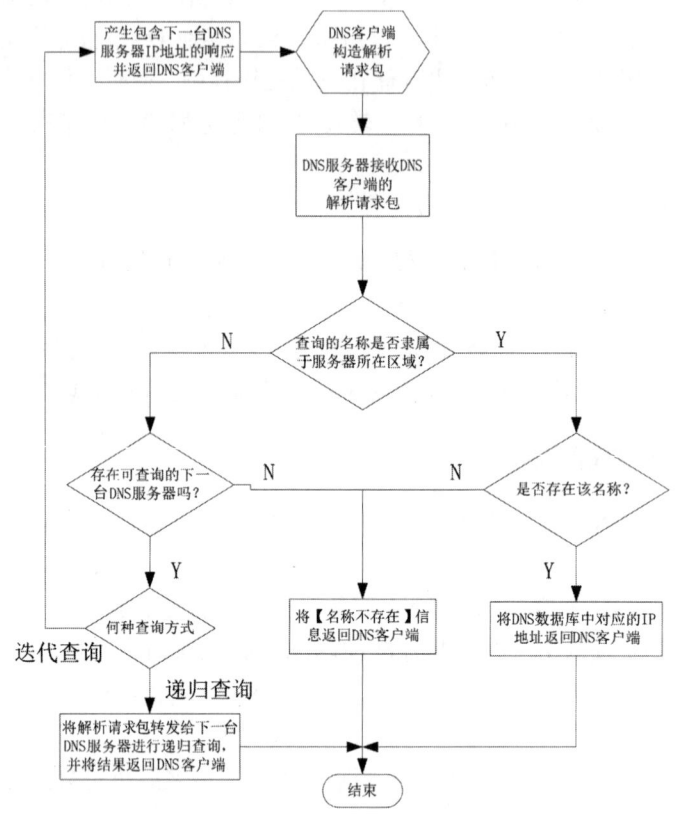

7.2.4 DNS 的解析过程

DNS 的解析过程如图 7-3 所示。

图 7-3 DNS 的解析过程

任务 7-1 实现总公司主 DNS 服务器的部署

任务规划

公司为部署 DNS 服务，已在总公司准备了一台安装 Windows Server 2012 R2 的服务器。北京总公司网络拓扑结构如图 7-4 所示。

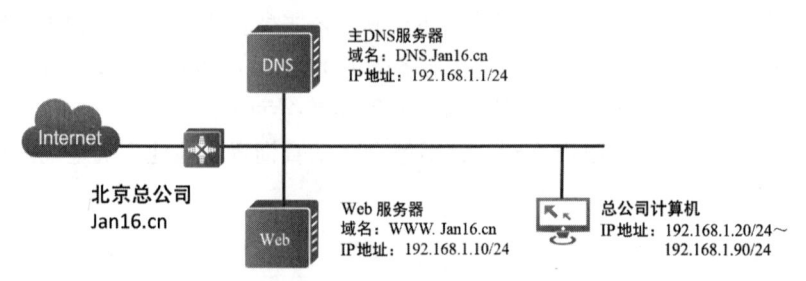

图 7-4 北京总公司网络拓扑结构

公司要求管理员部署 DNS 服务，实现客户机基于域名访问公司门户网站。主 DNS 服务器和 Web 服务器的域名、IP 地址和计算机名称的映射关系如表 7-3 所示。

表 7-3　主 DNS 服务器和 Web 服务器的域名、IP 地址和计算机名称的映射关系

服务器角色	计算机名称	IP 地址	域　　名	位　　置
主 DNS 服务器	DNS	192.168.1.1/24	DNS.Jan16.cn	北京总公司
Web 服务器	WEB	192.168.1.10/24	WWW.Jan16.cn	北京总公司

在北京总公司的 DNS 服务器上安装 Windows Server 2012 R2 后，可以通过以下步骤来部署总公司的 DNS 服务。

（1）配置 DNS 服务器的角色与功能。
（2）为 Jan16.cn 创建主要区域。
（3）为总公司服务器注册域名。
（4）为总公司客户机配置 DNS 服务器地址。

任务实施

1. 配置 DNS 服务器的角色与功能

将 IP 地址为 192.168.1.1 的服务器配置为 DNS 服务器，具体步骤如下。

在【服务器管理器】窗口下，单击【添加角色和功能】链接，在打开的【添加角色和功能向导】窗口中，使用默认设置，连续单击【下一步】按钮，直到打开如图 7-5 所示的【选择服务器角色】窗口，勾选【DNS 服务器】复选框，并在弹出的【添加角色和功能向导】对话框中单击【添加功能】按钮，返回【选择服务器角色】窗口，然后单击【下一步】按钮。

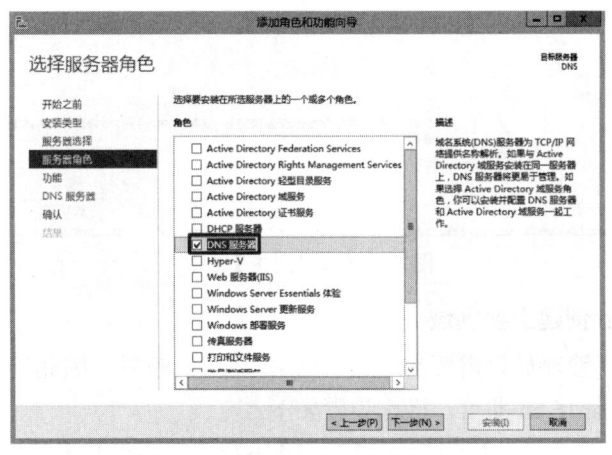

图 7-5　【选择服务器角色】窗口

在后续的操作中使用默认设置，并单击【下一步】按钮，直到打开如图 7-6 所示的【确认安装所选内容】窗口，然后单击【安装】按钮，当出现如图 7-7 所示的【安装进度】窗口时，重启操作系统，即可完成 DNS 服务器的角色与功能的配置。

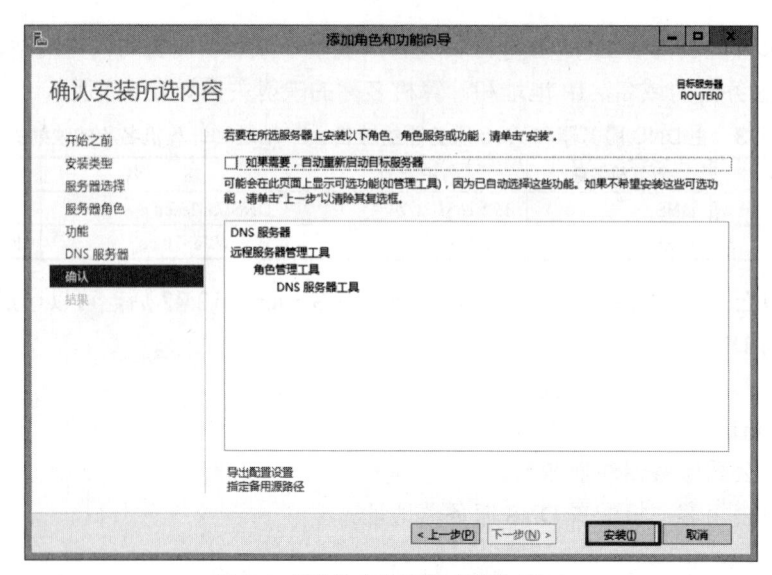

图 7-6 【确认安装所选内容】窗口

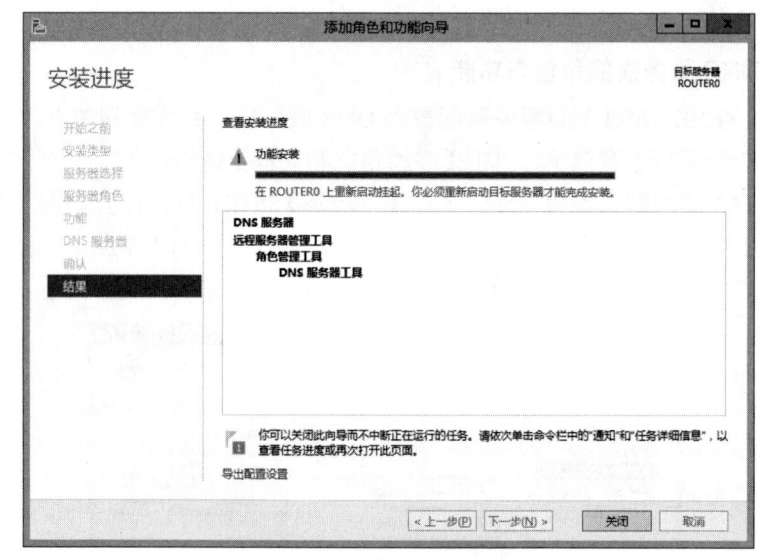

图 7-7 【安装进度】窗口

2．为 Jan16.cn 创建主要区域

根据任务背景，管理员只需要实现域名到 IP 地址的映射，因此只需在 DNS 服务器上创建正向解析区域 Jan16.cn 即可，操作步骤如下。

（1）打开【服务器管理器】窗口，在【工具】下拉菜单中选择【DNS】命令，打开【DNS 管理器】窗口。

（2）在【DNS 管理器】窗口左侧的控制台树中右击【正向查找区域】选项，在弹出的如图 7-8 所示的快捷菜单中选择【新建区域】命令，打开【新建区域向导】对话框，然后单击【下一步】按钮。

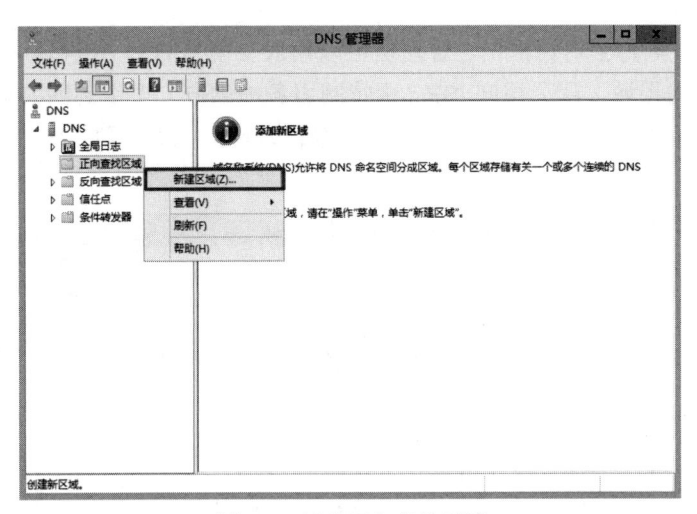

图 7-8　新建正向查找区域

（3）在如图 7-9 所示的【区域类型】对话框中，管理员可根据需要选择创建的 DNS 区域的类型，本任务需要创建一个 DNS 主要区域用于管理 Jan16.cn 域名，因此这里选择【主要区域】类型，然后单击【下一步】按钮。

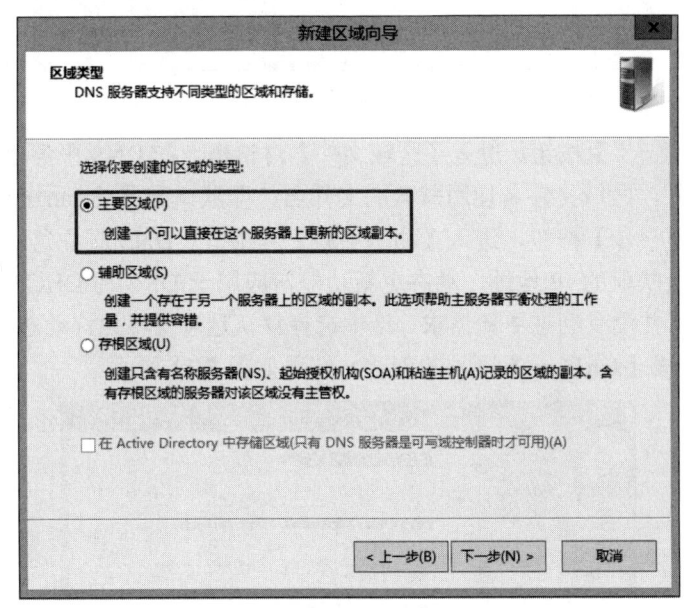

图 7-9　【区域类型】对话框

(4)在【区域名称】对话框中,管理员可以输入要创建的 DNS 区域名称,该区域名称通常为申请公司的根域,即公司向 ISP(因特网服务提供方)申请到的 DNS 名称。在本任务中,公司根域为 Jan16.cn,因此,在【区域名称】文本框中输入【Jan16.cn】,结果如图 7-10 所示。

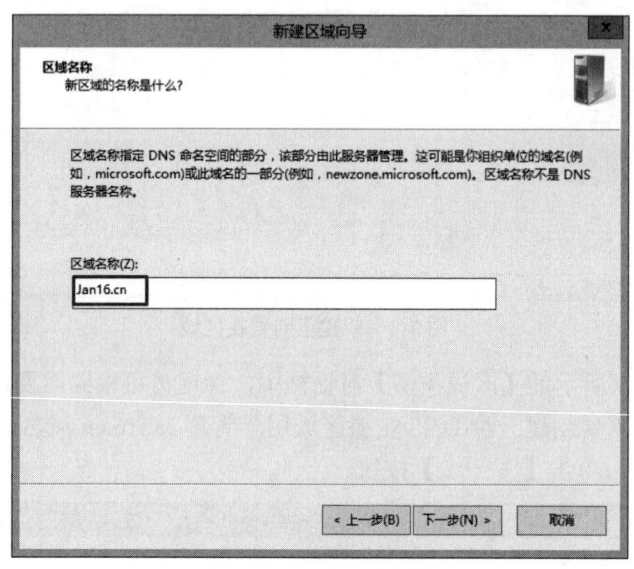

图 7-10 创建区域名称

(5)单击【下一步】按钮,进入【区域文件】对话框,在 DNS 服务器中,每一个区域都会对应一个文件,区域文件名使用默认的文件名,即默认配置的 Jan16.cn.dns。

(6)单击【下一步】按钮,进入【动态更新】对话框。DNS 服务允许客户端的计算机动态更新其域名所映射的 IP 地址,动态更新功能常应用于 DNS 和 DHCP 服务器的集成。在本任务中,公司并没有动态更新需求,这里选择默认选项【不允许动态更新】,然后单击【下一步】按钮完成【Jan16.cn】区域的创建,结果如图 7-11 所示。

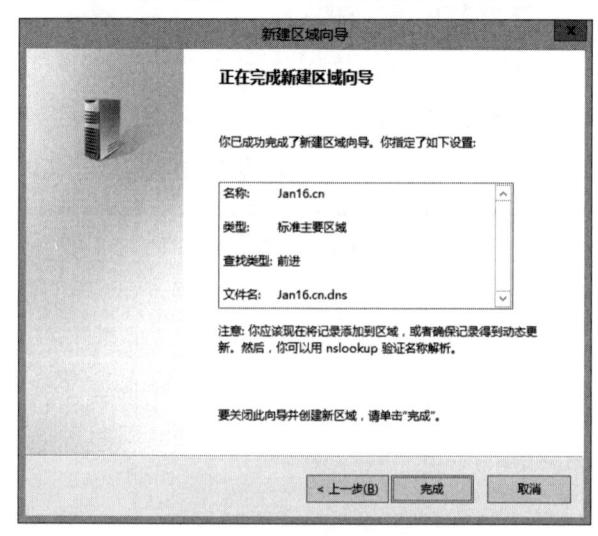

图 7-11 主要区域创建完成

3．为总公司服务器注册域名

（1）配置根域信息。创建完【Jan16.cn】主要区域后，首先需要对该区域进行配置，添加根域信息。

① 在【正向查找区域】列表的【Jan16.cn】区域上，单击鼠标右键，在弹出的快捷菜单中选择【属性】命令，然后在弹出的如图 7-12 所示的【Jan16.cn 属性】对话框中选择【名称服务器】选项卡，并单击【添加】按钮，配置根域信息。

② 在弹出的如图 7-13 所示的【新建名称服务器记录】对话框的【服务器完全限定的域名(FQDN)】文本框中输入根域【Jan16.cn】，在【IP 地址】栏中输入【192.168.1.1】，系统自动验证成功后，单击【确定】按钮，完成根域信息的配置。

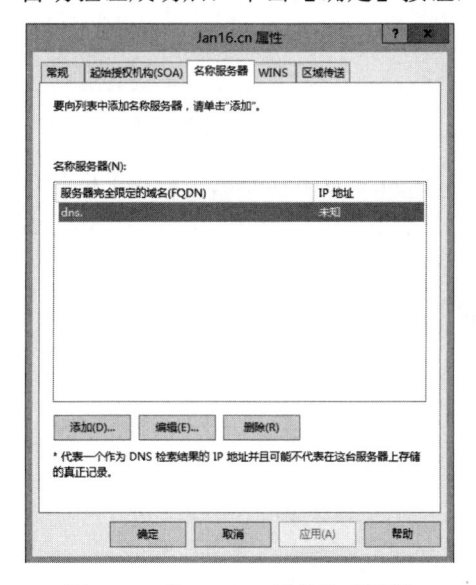

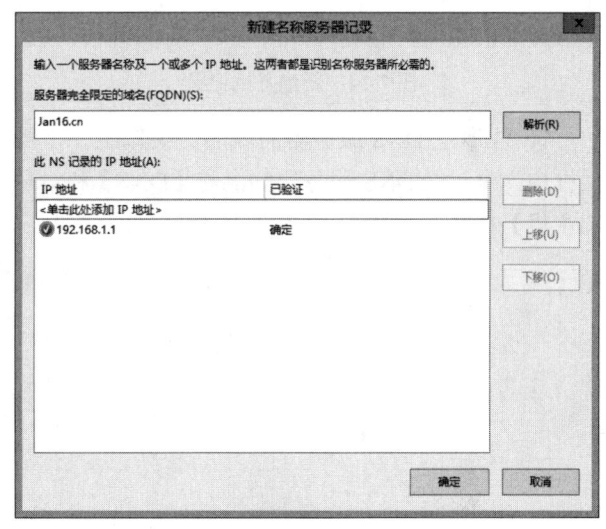

图 7-12　【Jan16.cn 属性】对话框　　　图 7-13　编辑名称服务器记录（根域注册）

（2）注册域名记录。DNS 主要区域允许管理员注册多种类型的资源记录，常见的资源记录如下。

- 主机（A）记录：新建一个域名到 IP 地址的映射。
- 别名（CNAME）记录：新建一个域名到另外一个域名的映射。
- 邮件交换器（MX）记录：和电子邮件服务器配套使用，用于指定电子邮件服务器的地址。

在本任务中，需要根据表 7-3 为主 DNS 服务器和 Web 服务器注册域名。

① 注册 Web 服务器的域名。右击【Jan16.cn】区域，在弹出的快捷菜单中选择【新建主机(A 或 AAAA)】命令，结果如图 7-14 所示。

在弹出的如图 7-15 所示的【新建主机】对话框中，输入 Web 服务器的名称【WWW】（则完全限定的域名就是 WWW.Jan16.cn.）和对应的 IP 地址【192.168.1.10】，然后单击【添加主机】按钮，完成 Web 服务器域名的注册。

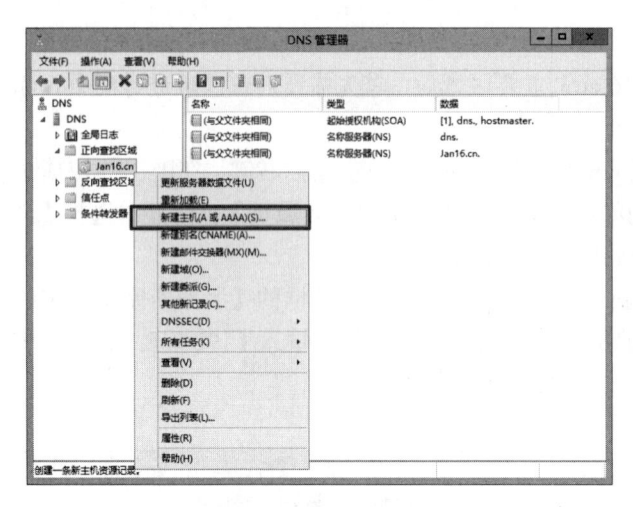

图 7-14　新建主机记录　　　　　图 7-15　【新建主机】对话框（1）

② 注册主 DNS 服务器的域名。类似上一步操作，在如图 7-16 所示的【新建主机】对话框中，输入主 DNS 服务器的名称【DNS】和对应的 IP 地址【192.168.1.1】，最后单击【添加主机】按钮，完成主 DNS 服务器域名的注册。

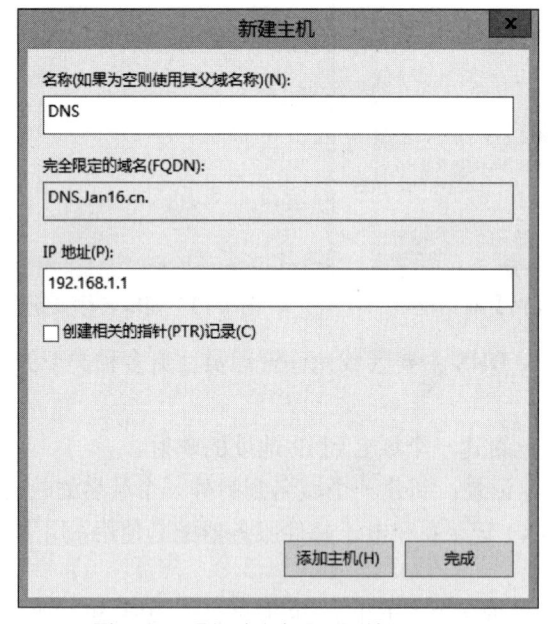

图 7-16　【新建主机】对话框（2）

4．为总公司客户机配置 DNS 服务器地址

计算机要实现域名解析，管理员需要在 TCP/IP 配置中指定 DNS 服务器地址，任意选择一台客户机（如 Ethernet0），打开【Ethernet0 属性】对话框，然后勾选【Internet 协议版本 4(TCP/IPv4)】复选框，在弹出的【Internet 协议版本 4(TCP/IPv4)属性】对话框的【首选 DNS 服务器】文本框中输入总公司的 DNS 服务器地址【192.168.1.1】，结果如图 7-17 所示。

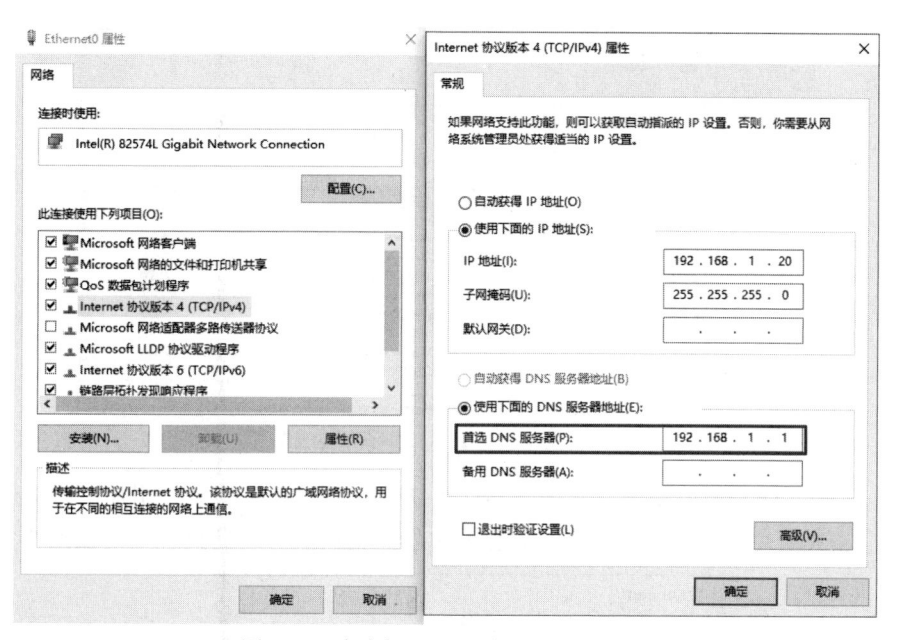

图 7-17　客户机 DNS 服务器地址的配置

任务验证

1. 测试 DNS 服务器是否安装成功

（1）如果 DNS 服务器安装成功，则系统在【%systemroot%\System32】目录下会自动创建一个【dns】文件夹，其中包含 DNS 区域数据库文件和日志文件等 DNS 相关文档，【dns】文件夹结构如图 7-18 所示。

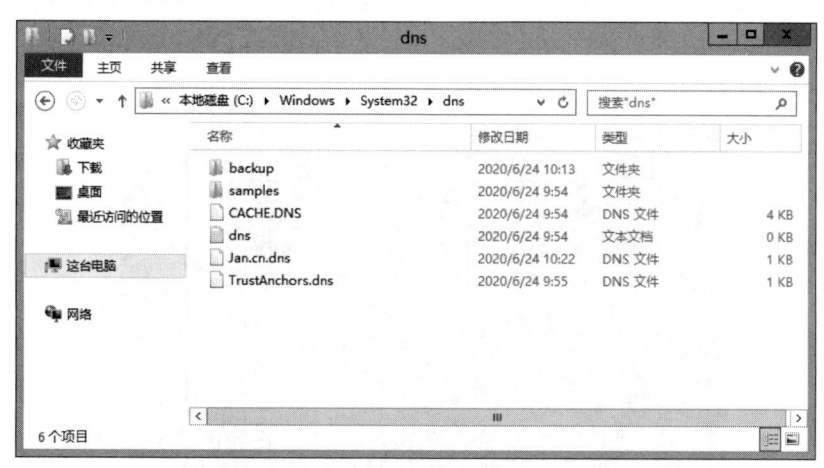

图 7-18　【dns】文件夹结构

（2）DNS 服务器安装成功后，会自动启动 DNS 服务。在【服务器管理器】窗口的【工具】下拉菜单中选择【服务】命令，在打开的【服务】窗口中，可以看到已经启动的 DNS 服务，如图 7-19 所示。

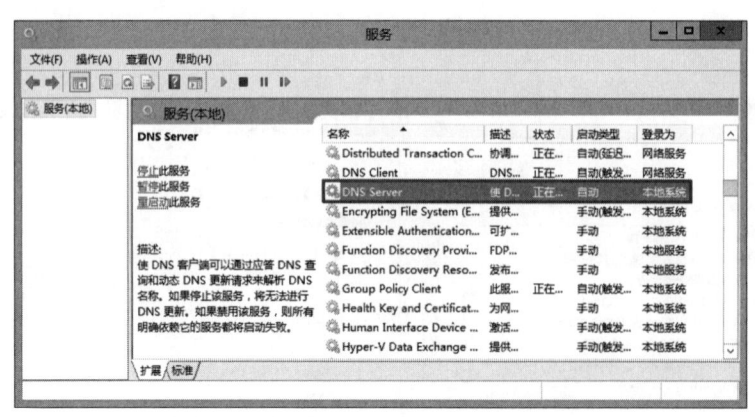

图 7-19 在【服务】窗口中查看 DNS 服务

（3）执行【net start】命令，将列出当前系统已启动的所有服务，用户可以在结果中查看 DNS 服务是否启动。成功启动 DNS 服务后【net start】命令的执行结果如图 7-20 所示。

```
C:\>net start
已经启动以下 Windows 服务：
……（省略部分显示信息）
    DNS Server
……（省略部分显示信息）
```

图 7-20 成功启动 DNS 服务后【net start】命令的执行结果

2．DNS 解析的测试

DNS 服务器配置好之后，对 DNS 解析的测试通常通过【ping】【nslookup】【ipconfig/displaydns】等命令进行。

（1）在客户机上打开命令提示符窗口，执行【ping WWW.Jan16.cn】命令，测试域名是否能正常解析，结果如图 7-21 所示，从图中可以看出，域名【WWW.Jan16.cn】已经被正确解析为 IP 地址【192.168.1.10】。

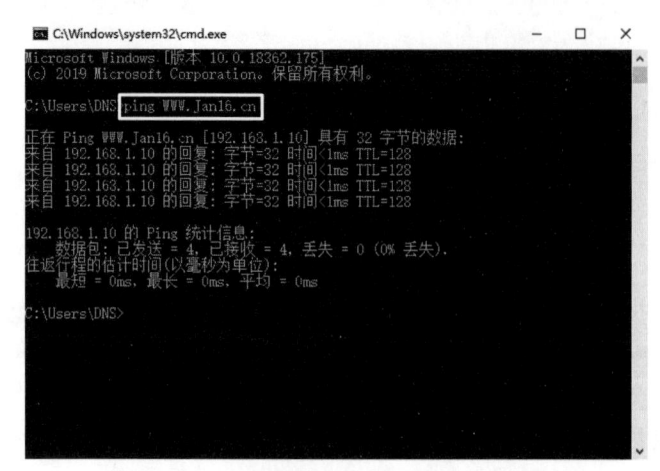

图 7-21 使用【ping】命令测试 DNS 解析

（2）【nslookup】是一个专门用于 DNS 解析测试的命令，在命令提示符窗口中执行

项目 7　部署公司的 DNS 服务

【nslookup DNS.Jan16.cn】命令，从如图 7-22 所示的命令返回结果中可以看出，DNS 服务器解析【DNS.Jan16.cn】对应的 IP 地址为【192.168.1.1】。

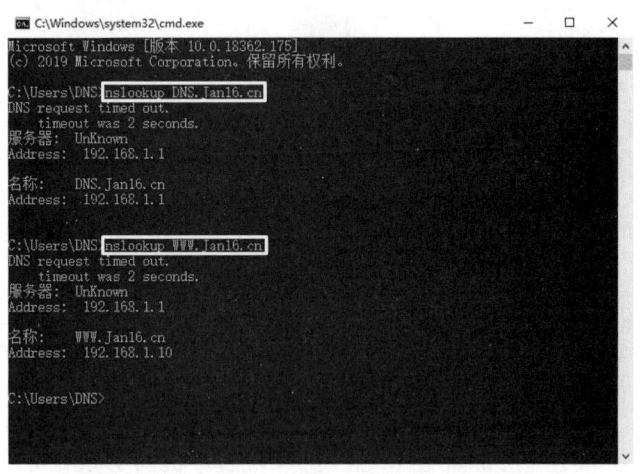

图 7-22　使用【nslookup】命令测试 DNS 解析

（3）客户机向 DNS 服务器请求域名解析后，会将域名解析的结果存储在本地缓存中，当再次解析相同域名时，不用向 DNS 服务器发起请求。执行【ipconfig /displaydns】命令，可以查看客户机已学习到的 DNS 缓存记录，结果如图 7-23 所示。

图 7-23　执行【ipconfig /displaydns】命令查看客户机已学习到的 DNS 缓存记录

任务 7-2　实现子公司委派 DNS 服务器的部署

任务规划

广州子公司是一个独立运营的实体，它希望能更加便捷地管理自己的域名系统，为此，广州子公司已准备了一台安装 Windows Server 2012 R2 的服务器，广州子公司与北京总公司的网络拓扑结构如图 7-24 所示。

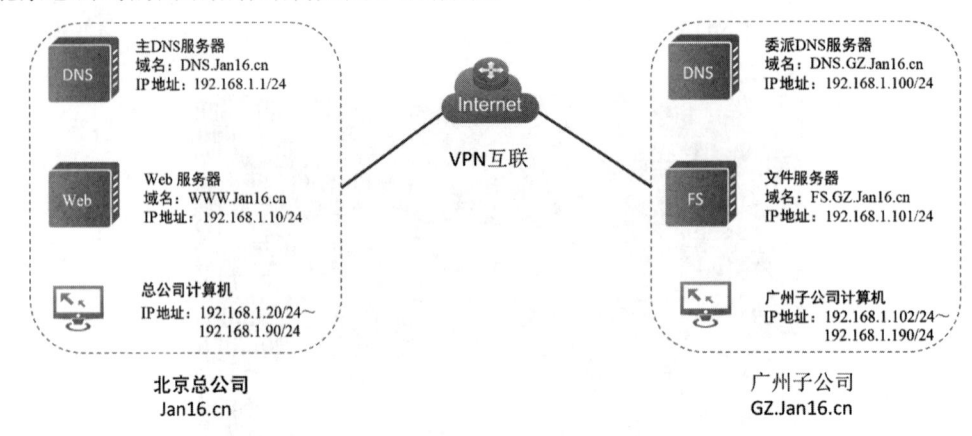

图 7-24 广州子公司与北京总公司的网络拓扑结构

公司要求管理员为子公司部署 DNS 服务，实现客户机基于域名访问公司各网站。委派 DNS 服务器和文件服务器的域名、IP 地址和计算机名称的映射关系如表 7-4 所示。

表 7-4 委派 DNS 服务器和文件服务器的域名、IP 地址和计算机名称的映射关系

服务器角色	计算机名称	IP 地址	域名	位置
委派 DNS 服务器	GZDNS	192.168.1.100/24	DNS.GZ.Jan16.cn	广州子公司
文件服务器	FS	192.168.1.101/24	FS.GZ.Jan16.cn	广州子公司

公司如果在多个区域办公，本地部署的 DNS 服务器将提高本地客户机解析域名的速度；在子公司或分公司部署委派 DNS 服务器，可以将子域的域名管理委托给下一级 DNS 服务器，有利于减轻主 DNS 服务器的负担，并对子域域名的管理带来便捷。委派 DNS 服务器常被部署在子公司或分公司中。

要在子公司中部署委派 DNS 服务器，可以通过以下操作步骤来完成。

（1）在北京总公司的主 DNS 服务器上创建委派区域【GZ.Jan16.cn】。

（2）在广州子公司的 DNS 服务器上创建主要区域【GZ.Jan16.cn】，并注册子公司服务器的域名。

（3）在广州子公司的 DNS 服务器上创建【Jan16.cn】的辅助 DNS 服务器。

（4）设置北京总公司的主 DNS 服务器，允许广州子公司的辅助 DNS 服务器复制主 DNS 服务器的区域数据。

（5）在北京总公司的主 DNS 服务器上创建【GZ.Jan16.cn】的辅助 DNS 服务器。

（6）为广州子公司的客户机配置 DNS 服务器地址。

任务实施

1．在北京总公司的主 DNS 服务器上创建委派区域【GZ.Jan16.cn】

（1）在总公司的主 DNS 服务器中打开【DNS 管理器】窗口，在控制台树中，右击【Jan16.cn】选项，在弹出的如图 7-25 所示的快捷菜单中选择【新建委派】命令。

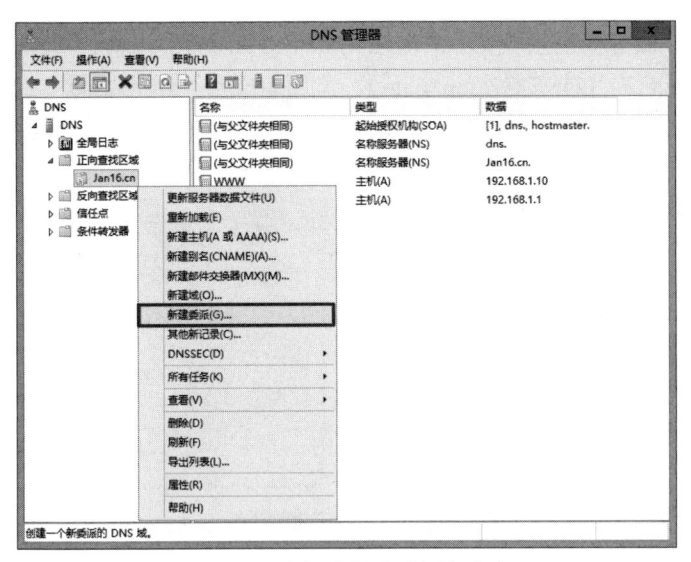

图 7-25 选择【新建委派】命令

（2）在如图 7-26 所示的【新建委派向导】对话框的【委派的域】文本框中输入要委派的子域名称【GZ】，然后单击【下一步】按钮。

（3）在【新建名称服务器记录】对话框中输入子域的服务器完全限定的域名和 IP 地址，结果如图 7-27 所示。

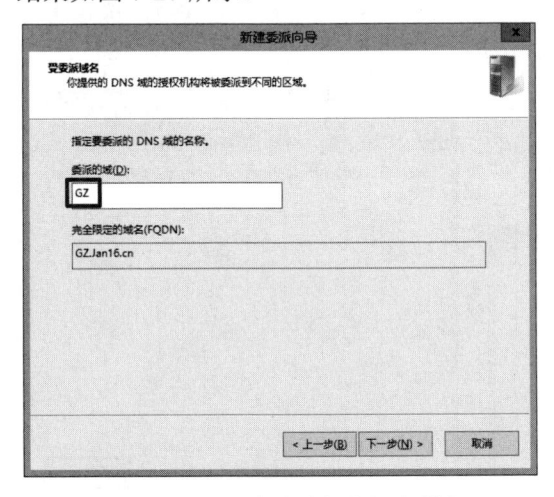

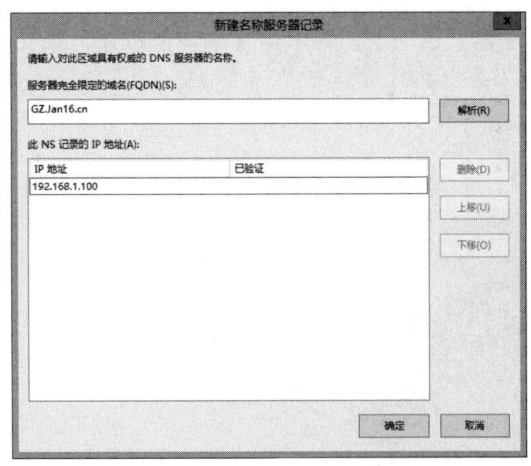

图 7-26　【新建委派向导】对话框　　　　图 7-27　【新建名称服务器记录】对话框

（4）系统自动验证通过后，单击【确定】按钮，完成委派区域【GZ.Jan16.cn】的创建。

2. 在广州子公司的 DNS 服务器上创建主要区域【GZ.Jan16.cn】，并注册子公司服务器的域名

在广州子公司的 DNS 服务器上安装 DNS 服务器角色与功能。参照任务 7-1，完成【GZ.Jan16.cn】主要区域的创建，结果如图 7-28 所示。

（1）添加文件服务器的主机记录，域名为【FS.GZ.Jan16.cn】；同时添加委派 DNS 服务器的主机记录，域名为【DNS.GZ.Jan16.cn】。添加完成后，结果如图 7-29 所示。

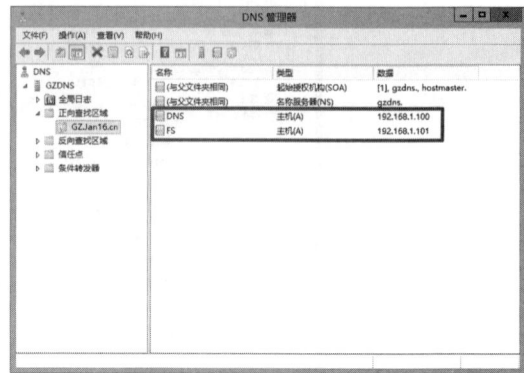

图 7-28　创建主要区域【GZ.Jan16.cn】　　　图 7-29　添加文件服务器和委派 DNS 服务器的主机记录

（2）配置子域 DNS 服务器的转发器指向主 DNS 服务器。

为确保子域 DNS 服务器能正常解析全域的 DNS 记录，需要配置子域 DNS 服务器的转发器指向公司的主 DNS 服务器。

① 在广州子公司的【DNS 管理器】窗口中，右击【GZDNS】选项，在弹出的快捷菜单中选择【属性】命令，如图 7-30 所示，在弹出的【GZDNS 属性】对话框中，选择【转发器】选项卡，并单击【编辑】按钮，如图 7-31 所示。

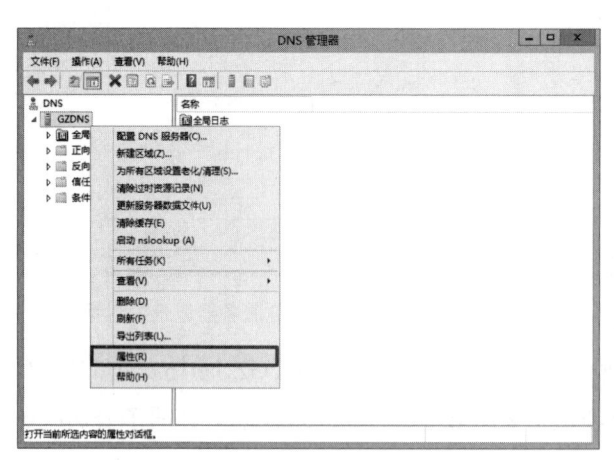

图 7-30　选择【属性】命令　　　图 7-31　【转发器】选项卡

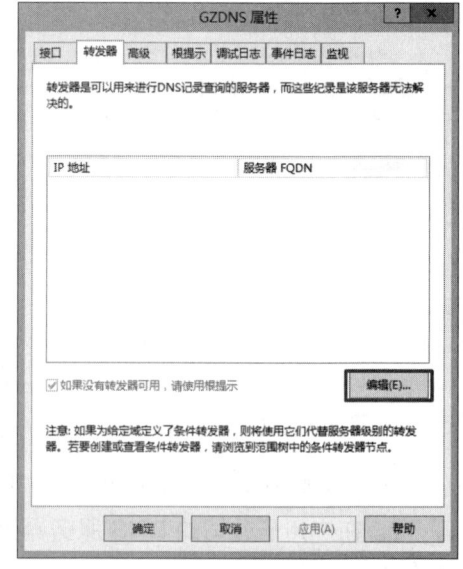

② 在如图 7-32 所示的【编辑转发器】对话框中，输入主 DNS 服务器的 IP 地址，验证成功后，单击【确定】按钮，完成子域 DNS 服务器的转发器配置，结果如图 7-33 所示。

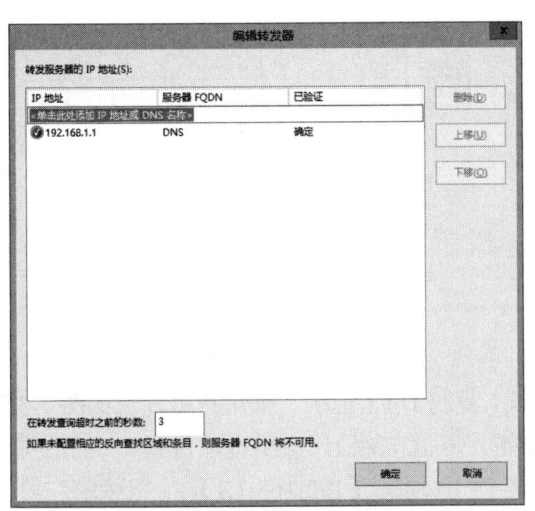

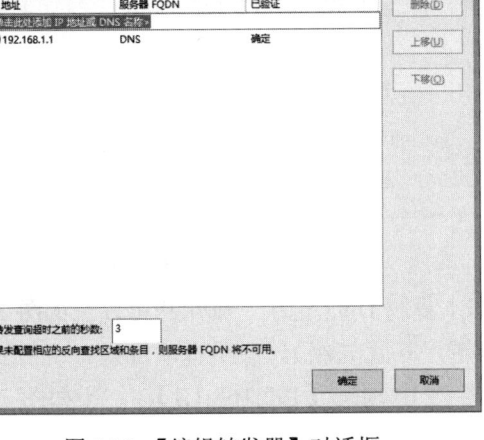

图 7-32 【编辑转发器】对话框　　　　图 7-33 子域 DNS 服务器的转发器配置

3. 在广州子公司的 DNS 服务器上创建【Jan16.cn】的辅助 DNS 服务器

广州子公司的客户机在解析北京总公司的域名时，因为距离往往响应时间较长，所以广州本地也部署了 DNS 服务器，管理员通常会在广州子公司的 DNS 服务器上创建公司其他区域的辅助 DNS 服务器，这样广州子公司的客户机在解析其他区域的域名时，能有效地缩短域名解析时间。

在广州子公司的 DNS 服务器上创建北京总公司【Jan16.cn】区域的辅助 DNS 服务器的步骤如下。

（1）在【DNS 管理器】窗口的控制台树中，右击【GZDNS】选项，在弹出的快捷菜单中选择【新建区域】命令，打开【新建区域向导】对话框。

（2）在【区域类型】对话框中，选中【辅助区域】单选按钮，如图 7-34 所示，然后单击【下一步】按钮。

（3）在打开的【区域名称】对话框中，输入要创建的辅助区域的名称（辅助区域的名称要和主要区域的名称相同），如图 7-35 所示。

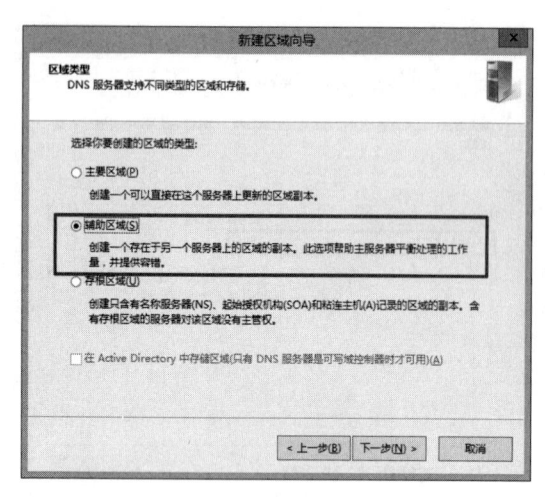

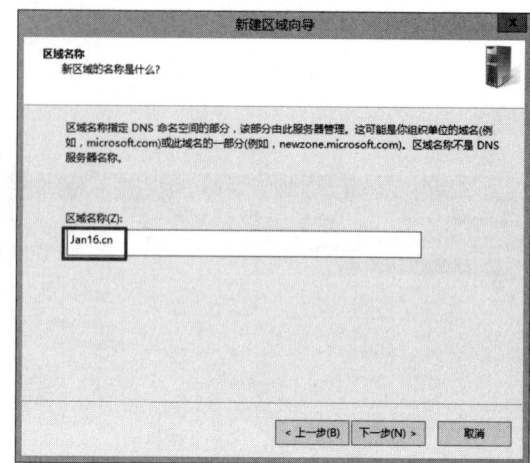

图 7-34 【区域类型】对话框　　　　　图 7-35 【区域名称】对话框

（4）如果辅助区域可以从多台 DNS 服务器上复制 DNS 记录，则用户可以在如图 7-36 所示的对话框中添加并设置这些复制源的复制顺序（优先级）。由于本项目只有一个复制源，因此这里仅输入北京总公司主 DNS 服务器的 IP 地址【192.168.1.1】，结果如图 7-36 所示。

（5）最后，单击【完成】按钮，完成辅助 DNS 服务器的创建。

> **注意**：在通常情况下，经过上述的操作步骤后，用户创建的辅助区域无法进行区域数据复制，也就是说，用户创建的辅助区域无法正常提供服务，如图 7-37 所示。原因是，用户还没有在主 DNS 服务器的相应区域上允许辅助 DNS 服务器进行区域数据复制。

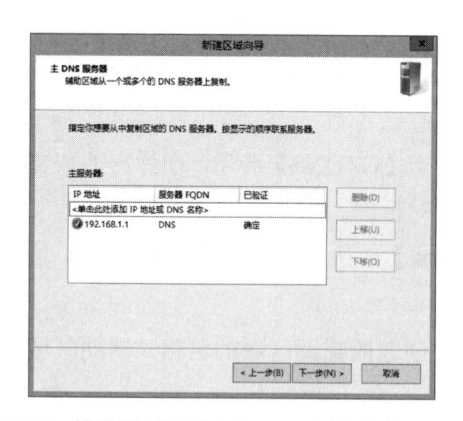

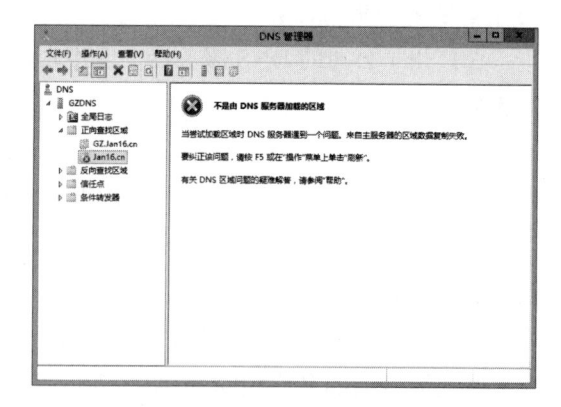

图 7-36 辅助区域创建之主 DNS 服务器的 IP 地址　　　　图 7-37 辅助 DNS 服务器无法正常提供服务

4. 设置北京总公司的主 DNS 服务器，允许广州子公司的辅助 DNS 服务器复制主 DNS 服务器的区域数据

（1）在主 DNS 服务器的相应区域上，单击鼠标右键，在弹出的快捷菜单中选择【属性】命令，结果如图 7-38 所示。

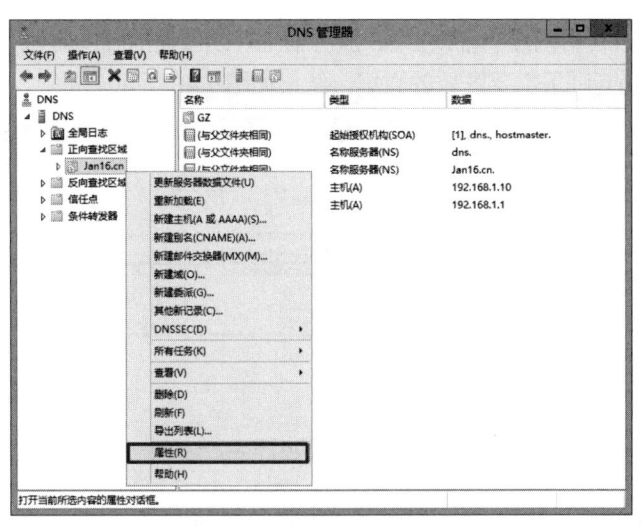

图 7-38 选择【属性】命令

（2）在弹出的【Jan16.cn 属性】对话框中，选择【区域传送】选项卡，在【允许区域传送】复选框中，有 3 个单选按钮可以设置，它们代表的含义如下。
- 到所有服务器：允许将本 DNS 服务器的区域数据复制到任意服务器。
- 只有在"名称服务器"选项卡中列出的服务器：要配合【名称服务器】选项卡使用，仅允许【名称服务器】选项卡中列出的服务器复制本 DNS 服务器的区域数据。
- 只允许到下列服务器：要配合其下方的列表框一起使用，可以通过【编辑】按钮，将允许复制本 DNS 服务器区域数据的 DNS 服务器的 IP 地址添加到列表框中汇总。

这里，我们选中【到所有服务器】单选按钮，最后单击【确定】按钮完成设置，结果如图 7-39 所示。

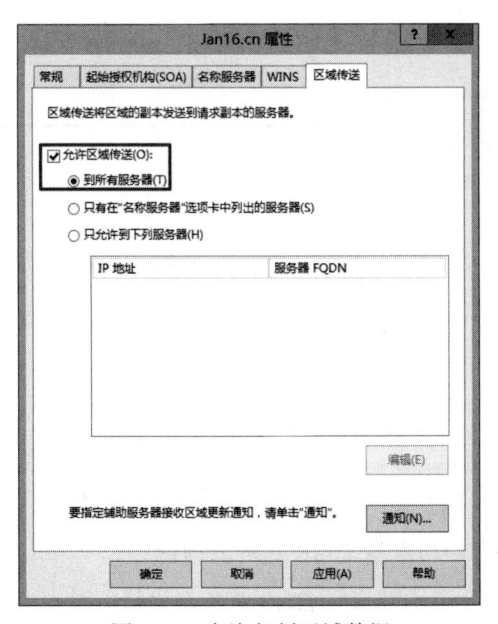

图 7-39 允许复制区域数据

（3）回到广州子公司创建的辅助 DNS 服务器上，在创建的辅助区域上，重新进行数据加载后，辅助区域成功复制了主要区域的数据，结果如图 7-40 所示。

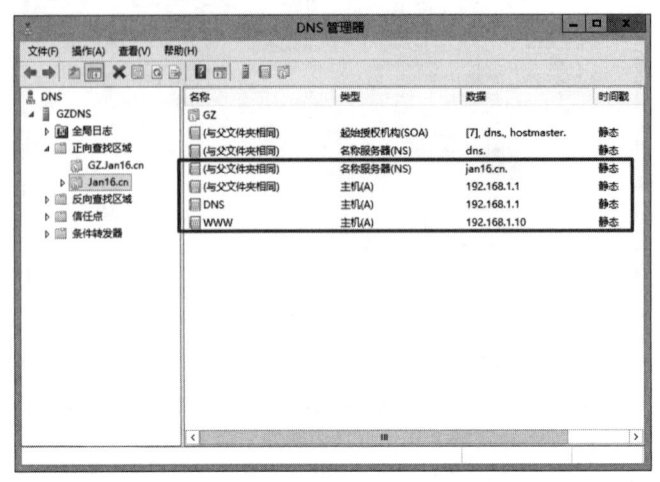

图 7-40　广州子公司复制北京总公司的区域数据

5．在北京总公司的主 DNS 服务器上创建【GZ.Jan16.cn】的辅助 DNS 服务器

同理，北京总公司的客户机在解析其他区域的域名时，也要等待其他区域的 DNS 服务器的解析，因此，在北京总公司的主 DNS 服务器上也可以创建其他区域的辅助 DNS 服务器来提高本区域客户机域名的解析效率。

在北京总公司的主 DNS 服务器上创建【GZ.Jan16.cn】区域的辅助 DNS 服务器，可参考本任务的步骤 3，结果如图 7-41 所示。

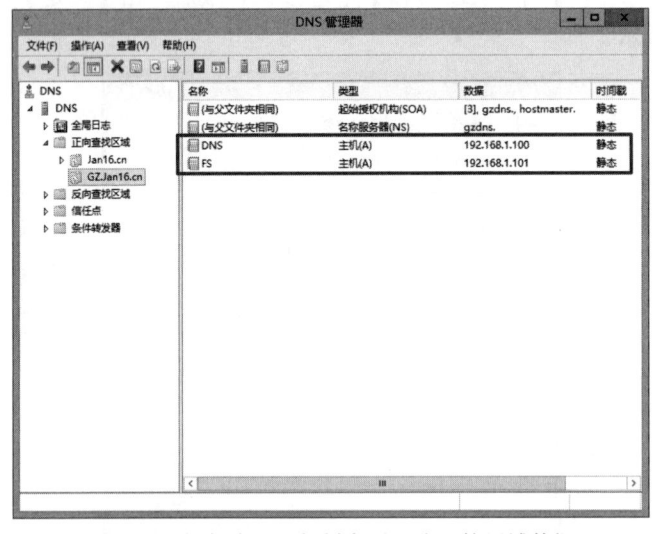

图 7-41　北京总公司复制广州子公司的区域数据

6．为广州子公司的客户机配置 DNS 服务器地址

广州子公司和北京总公司均部署了 DNS 服务器地址，原则上，广州子公司的客户机可以通过任意一台 DNS 服务器来解析域名，但为了减少域名解析的响应时间，管理员通常在为客户机部署 DNS 服务器时会根据以下原则来设置 DNS 服务器地址。

（1）依据就近原则，首选 DNS 服务器指向最近的 DNS 服务器的 IP 地址。

（2）依据备份原则，备用 DNS 服务器指向公司的根域 DNS 服务器的 IP 地址。

因此，广州子公司的客户机需要将首选 DNS 服务器指向广州子公司的 DNS 服务器的 IP 地址，备用 DNS 服务器指向北京总公司的 DNS 服务器的 IP 地址。广州子公司的客户机 TCP/IP 的配置信息如图 7-42 所示。

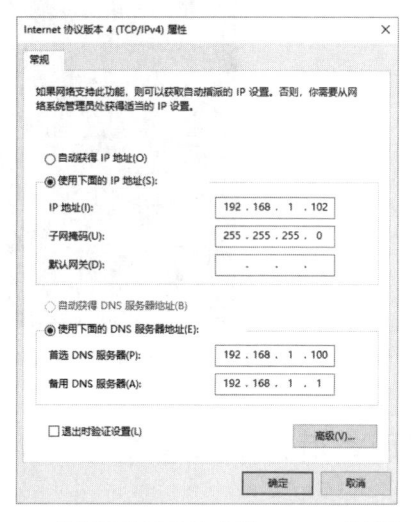

图 7-42　广州子公司的客户机 TCP/IP 的配置信息

任务验证

（1）在北京总公司的客户机上测试子域的域名解析结果。从如图 7-43 所示的测试结果中可以看出，北京总公司的客户机通过北京 DNS 服务器正确解析了子域的域名。

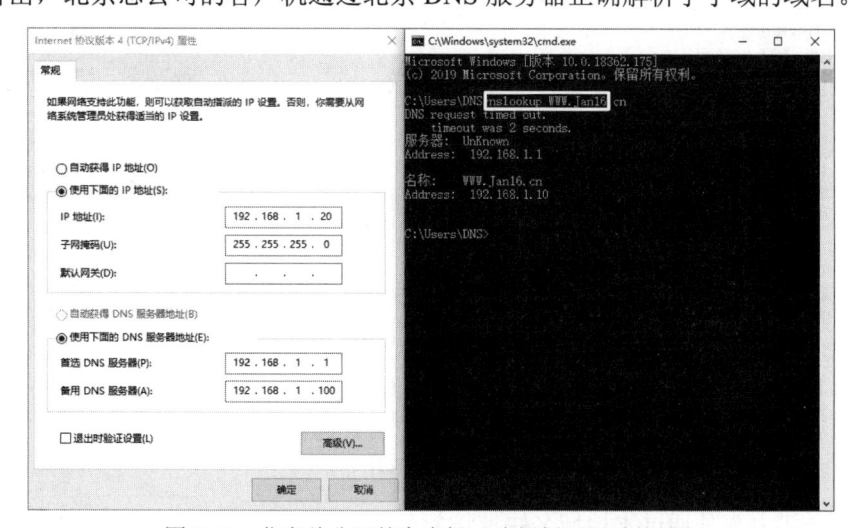

图 7-43　北京总公司的客户机正确解析了子域的域名

（2）在广州子区域的客户机上测试父域的域名解析结果。从如图 7-44 所示的测试结果中可以看出，广州子公司的客户机通过广州 DNS 服务器正确解析了父域的域名。

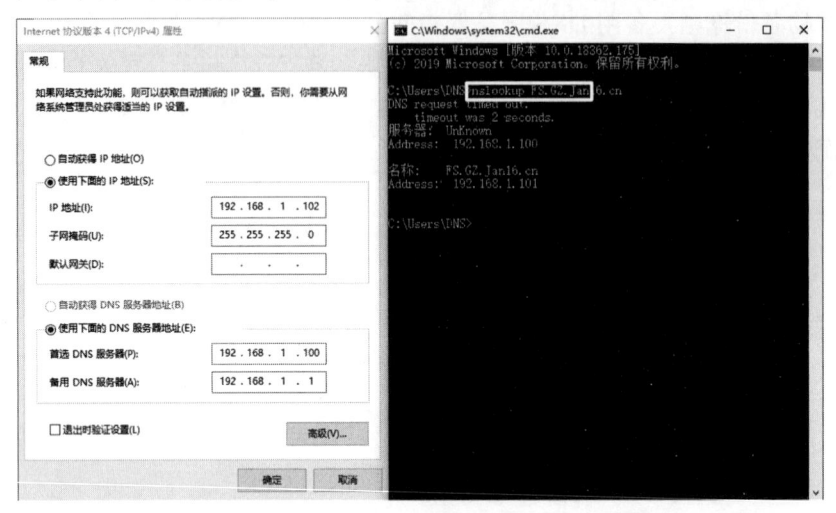

图 7-44　广州子公司的客户机正确解析了父域的域名

任务 7-3　实现香港办事处辅助 DNS 服务器的部署

任务规划

学习视频 16

香港办事处为加快客户机的域名解析速度，已在香港准备了一台安装 Windows Server 2012 R2 的服务器用于部署公司的辅助 DNS 服务器，公司网络拓扑结构如图 7-45 所示。

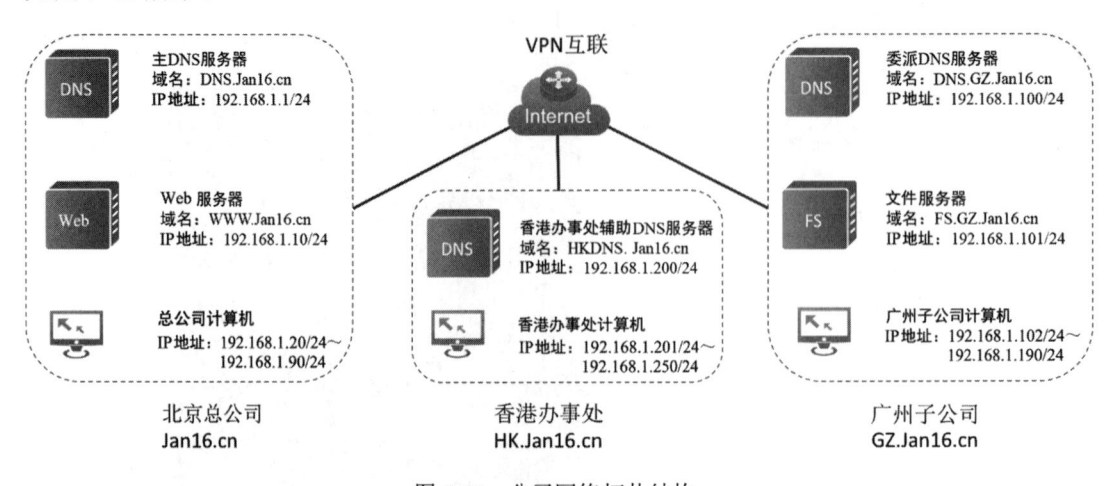

图 7-45　公司网络拓扑结构

要实现香港办事处通过本地域名快速访问公司资源，则要求香港办事处的 DNS 服务器必须拥有全公司所有的域名数据。公司的域名数据存储在北京和广州两台 DNS 服务器中，因此香港办事处辅助 DNS 服务器必须复制北京和广州两台 DNS 服务器的数据，才能实现香港办事处计算机域名的快速解析，从而提高香港办事处对公司网络资源访问的效率。

在香港办事处部署辅助 DNS 服务器，可以通过以下操作步骤来完成。

（1）在北京总公司 DNS 服务器上授权香港办事处辅助 DNS 服务器复制 DNS 记录。

（2）在香港办事处辅助 DNS 服务器上创建北京总公司的辅助 DNS 服务器。

（3）在广州子公司 DNS 服务器上授权香港办事处辅助 DNS 服务器复制 DNS 记录。

（4）在香港办事处辅助 DNS 服务器上创建广州子公司的辅助 DNS 服务器。

任务实施

DNS 服务器默认不允许其他 DNS 服务器复制自身的 DNS 记录，因此本任务需要先在北京总公司 DNS 服务器和广州子公司 DNS 服务器上授权香港办事处 DNS 服务器复制 DNS 记录。

1. 在北京总公司 DNS 服务器上授权香港办事处辅助 DNS 服务器复制 DNS 记录

（1）在北京总公司的【DNS 管理器】窗口中，右击【Jan16.cn】选项，在弹出的快捷菜单中选择【属性】命令，结果如图 7-46 所示。

（2）在弹出的【Jan16.cn 属性】对话框中，选择【区域传送】选项卡，勾选【允许区域传送】复选框，并选中【到所有服务器】单选按钮，如图 7-47 所示，然后单击【确定】按钮，完成设置。

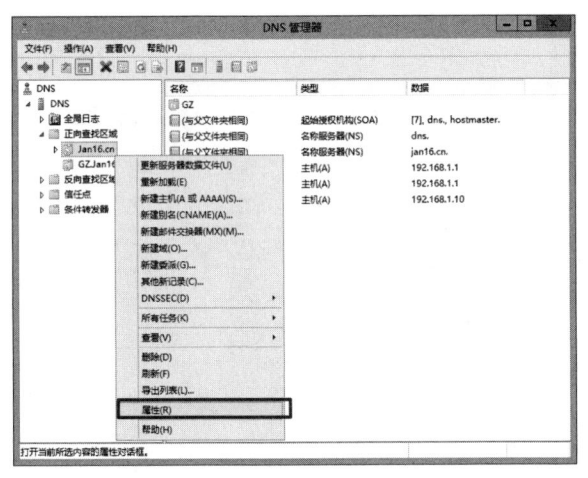

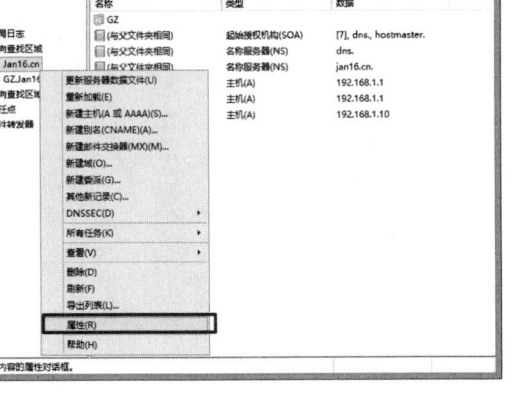

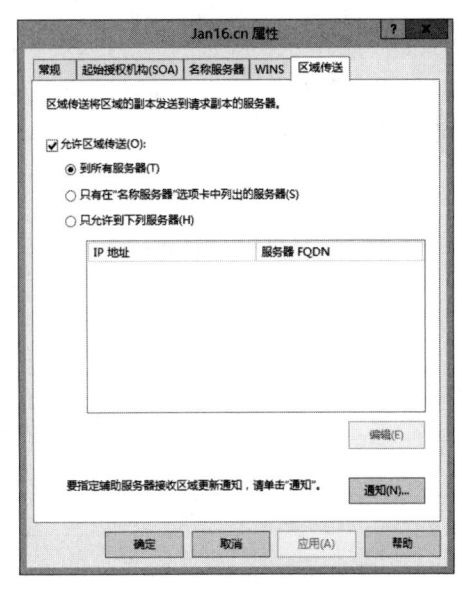

图 7-46　选择【属性】命令　　　　　图 7-47　允许区域数据复制到所有 DNS 服务器上

2. 在香港办事处辅助 DNS 服务器上创建北京总公司的辅助 DNS 服务器

（1）在香港办事处辅助 DNS 服务器上安装 DNS 服务器角色和功能。在【DNS 管理器】窗口左侧的控制台树中，右击【DNS】服务器，在弹出的快捷菜单中选择【新建区域】命令。在打开的如图 7-48 所示的【区域类型】对话框中，选中【辅助区域】单选按钮，然后单击【下一步】按钮。

(2) 在打开的【区域名称】对话框中，输入辅助区域的名称，如图 7-49 所示。此时，辅助区域的名称要和被复制的主要区域的名称相同。

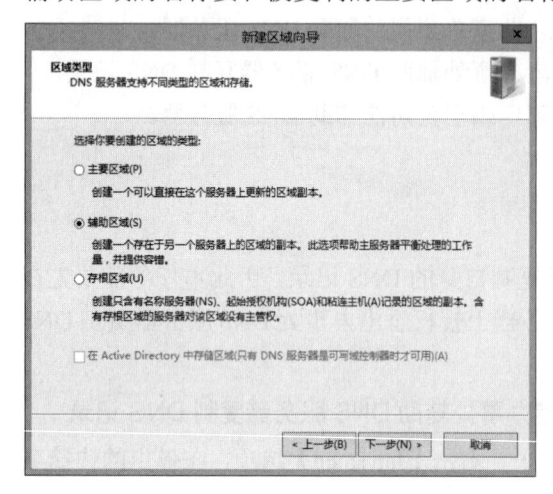

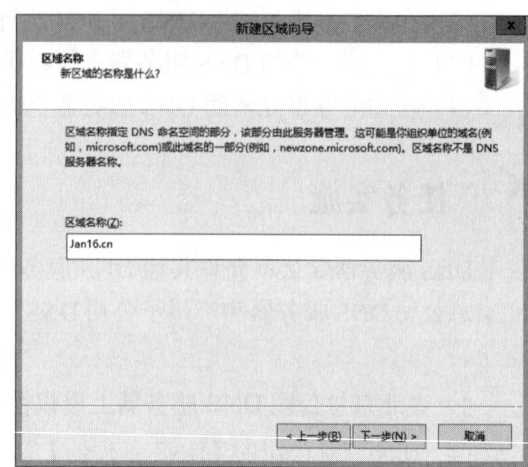

图 7-48　【区域类型】对话框　　　　　　图 7-49　【区域名称】对话框

(3) 在【主 DNS 服务器】对话框中，填写主 DNS 服务器的 IP 地址【192.168.1.1】，结果如图 7-50 所示。

(4) 系统自动完成检测后，单击【完成】按钮，完成辅助 DNS 服务器的创建。

(5) 返回香港办事处辅助 DNS 服务器，查看辅助区域 DNS 记录，结果如图 7-51 所示，辅助区域成功复制了主要区域的数据。

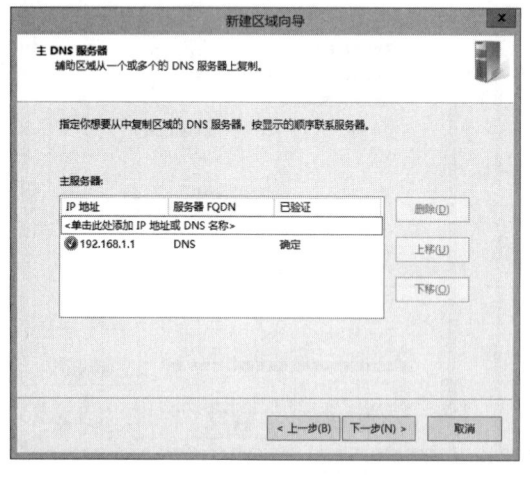

图 7-50　辅助区域创建之主 DNS 服务器的 IP 地址　　　　图 7-51　辅助区域 DNS 记录

3. 在广州子公司 DNS 服务器上授权香港办事处辅助 DNS 服务器复制 DNS 记录

(1) 在广州子公司的【DNS 管理器】窗口中，右击【GZ.Jan16.cn】选项，然后在弹出的快捷菜单中选择【属性】命令，如图 7-52 所示。

(2) 同总公司的配置类似，但为提高 DNS 服务器数据的安全性，这里可以在如图 7-53

所示的对话框中选中【只允许到下列服务器】单选按钮，然后输入香港办事处辅助 DNS 服务器的 IP 地址，完成广州子公司 DNS 服务器的设置。

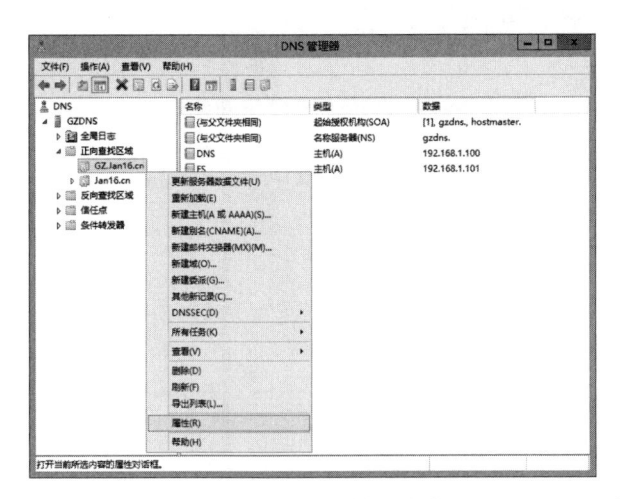

图 7-52　选择【属性】命令　　　　图 7-53　允许区域数据复制到指定 DNS 服务器上

4. 在香港办事处辅助 DNS 服务器上创建广州子公司的辅助 DNS 服务器

香港办事处的客户机能够解析北京总公司的域名，但当香港办事处的客户机需要解析广州子公司的域名时，香港办事处的 DNS 服务器无法马上做出解析，必须把请求发送至北京总公司，再由北京总公司的 DNS 服务器向广州子公司发送请求，广州子公司响应请求后，发送给北京总公司，北京总公司再发送给香港办事处，如此一来，如果链路带宽比较小，则可能一个 DNS 请求需要等待很长时间，为了解决这个问题，香港办事处需配置一个广州子公司的辅助 DNS 服务器，这样可以减少广州子域的域名解析时间，具体配置如下。

（1）在【DNS 管理器】窗口左侧的控制台树中，右击【DNS】服务器，在弹出的快捷菜单中选择【新建区域】命令，打开【区域类型】对话框。

（2）在打开的【区域类型】对话框中，选中【辅助区域】单选按钮，然后单击【下一步】按钮，结果如图 7-54 所示。

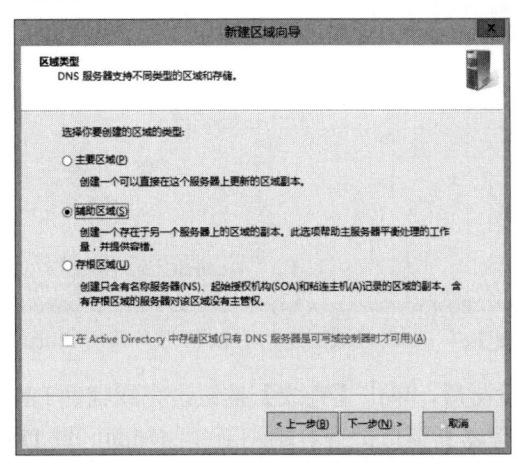

图 7-54　【区域类型】对话框

（3）在【新建区域向导】对话框中【区域名称】文本框中，输入要创建的广州辅助区域名称，结果如图 7-55 所示。

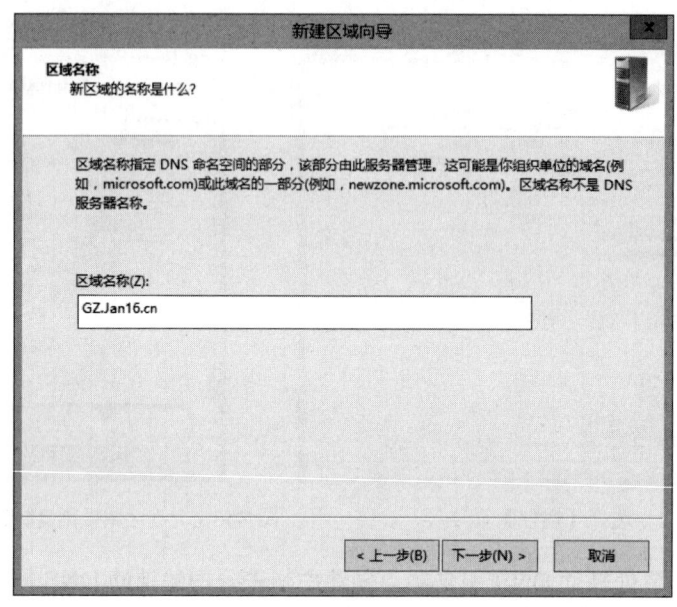

图 7-55　辅助区域名称

（4）添加创建的辅助区域 DNS 数据的复制源，即广州区域的 DNS 服务器的 IP 地址【192.168.1.100】，结果如图 7-56 所示。

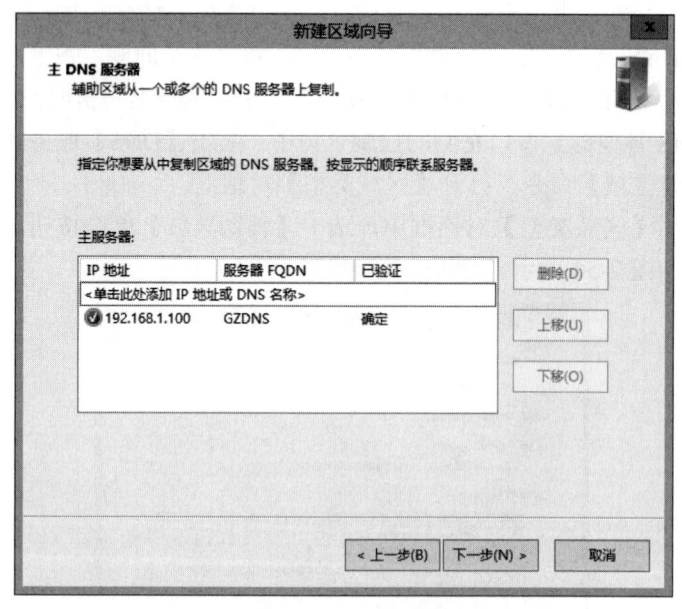

图 7-56　辅助区域创建之主 DNS 服务器的 IP 地址

（5）系统自动完成检测后，单击【完成】按钮，完成辅助 DNS 服务器的创建。
（6）打开【DNS 管理器】窗口，查看刚刚新建的辅助区域 DNS 记录，结果如图 7-57 所示。

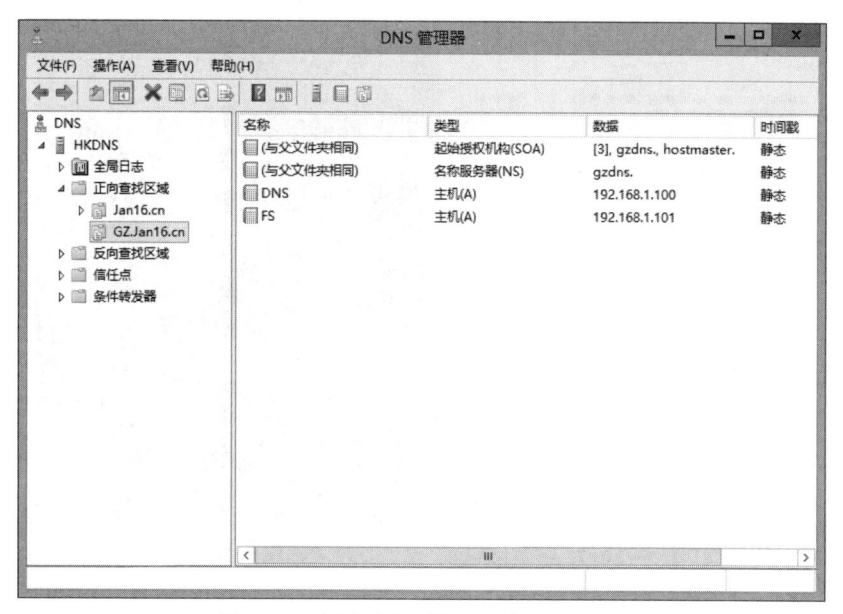

图 7-57　广州子公司辅助区域 DNS 记录

任务验证

（1）验证在香港办事处辅助 DNS 服务器上创建的北京总公司的辅助区域是否正确。将香港办事处客户端的首选 DNS 服务器指向香港办事处辅助 DNS 服务器地址，通过执行【nslookup】命令，可以解析到 Web 服务器的 IP 地址，如图 7-58 所示。

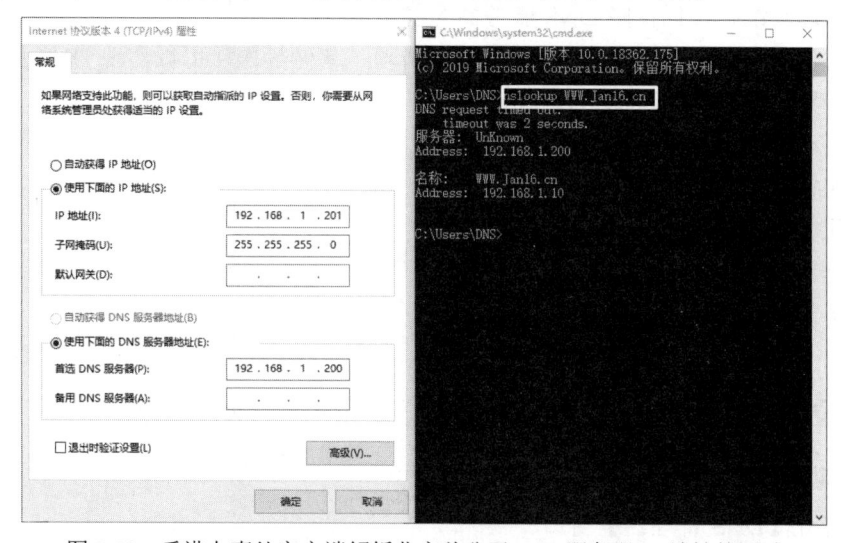

图 7-58　香港办事处客户端解析北京总公司 Web 服务器 IP 地址的测试

（2）验证在香港办事处辅助 DNS 服务器上创建的广州子公司的辅助区域是否正确。将香港办事处客户端的首选 DNS 服务器指向香港办事处辅助 DNS 服务器地址，通过执行【nslookup】命令，可以解析到文件服务器的 IP 地址，如图 7-59 所示。

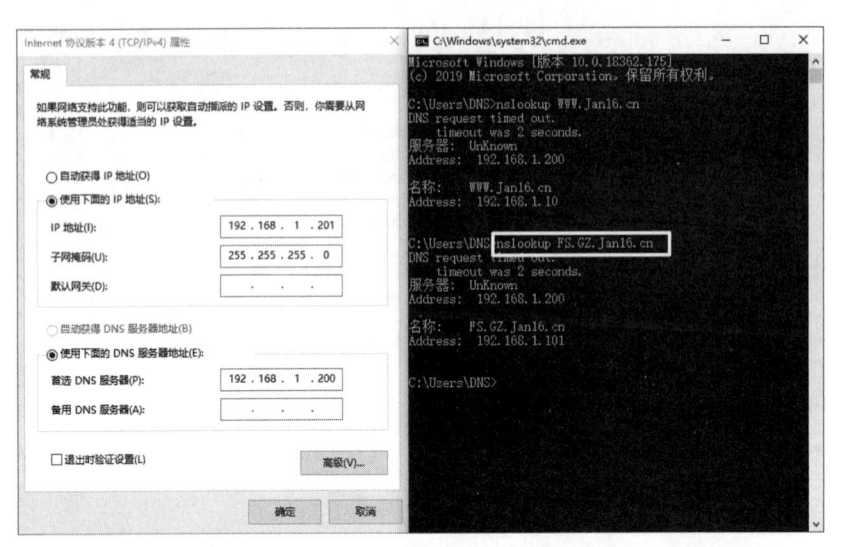

图 7-59　香港办事处客户端解析广州子公司文件服务器 IP 地址的测试

任务 7-4　DNS 服务器的管理

任务规划

公司员工在使用 DNS 服务器一段时间后，有效提高了公司计算机和服务器的访问效率，并将 DNS 服务作为基础服务纳入日程管理。公司希望管理员能定期对 DNS 服务器进行有效的管理与维护，以保障 DNS 服务器的稳定运行。

通过对 DNS 服务器实施递归管理、地址清理、备份等操作可以实现 DNS 服务器的高效运行，常见的工作任务有以下几个方面。

（1）启动和停止 DNS 服务器。
（2）配置 DNS 服务器的工作 IP 地址。
（3）配置 DNS 服务器的老化时间。
（4）配置 DNS 服务器的递归查询功能。
（5）备份与还原 DNS 服务。

任务实施

1. 启动或停止 DNS 服务器

（1）打开【DNS 管理器】窗口。
（2）在控制台树中，右击【DNS】服务器。
（3）在弹出的快捷菜单中，选择【所有任务】子菜单，在弹出的如图 7-60 所示的命令中，管理员可根据业务需要进行选择。

- 启动：启动服务。
- 停止：停止服务。

- 暂停：暂停服务。
- 重新启动：重新启动服务。

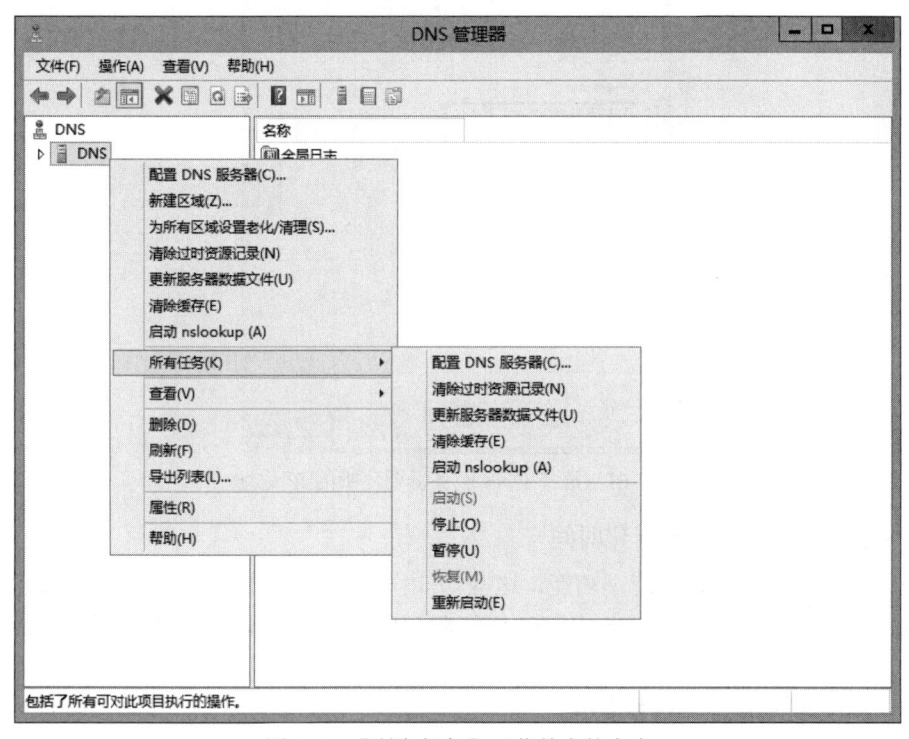

图 7-60 【所有任务】子菜单中的命令

2. 配置 DNS 服务器的工作 IP 地址

如果 DNS 服务器本身拥有多个 IP 地址，那么它可以工作在多个 IP 地址。考虑到以下原因，通常 DNS 服务器都会指定其工作 IP 地址。

（1）为方便客户机配置 TCP/IP 协议的 DNS 服务器地址，这里仅提供一个固定的 DNS 服务器工作 IP 地址作为客户机的 DNS 服务器地址。

（2）考虑到安全问题，DNS 服务器通常仅对外开放其中一个 IP 地址来提供服务。

设置 DNS 服务器的工作 IP 地址可通过在 DNS 服务器中限制 DNS 服务器只侦听选定的 IP 地址来实现，具体操作过程如下。

（1）打开【DNS 管理器】窗口。

（2）在控制台树中，右击【DNS】服务器。

（3）在弹出的快捷菜单中，选择【属性】命令，打开【DNS 属性】对话框。

（4）在【接口】选项卡中，选中【只在下列 IP 地址】单选按钮。

（5）在【IP 地址】列表框中，选择 DNS 服务器要侦听的 IP 地址，结果如图 7-61 所示。

注意：如果 DNS 服务器本身拥有多个 IP 地址，在【IP 地址】列表框中就会存在多个 IP 地址的复选框，在本例中，该 DNS 服务器的 IP 地址有 fe80::f4d6:682f:da72:81a8（IPv6）和 192.168.1.1（IPv4）。

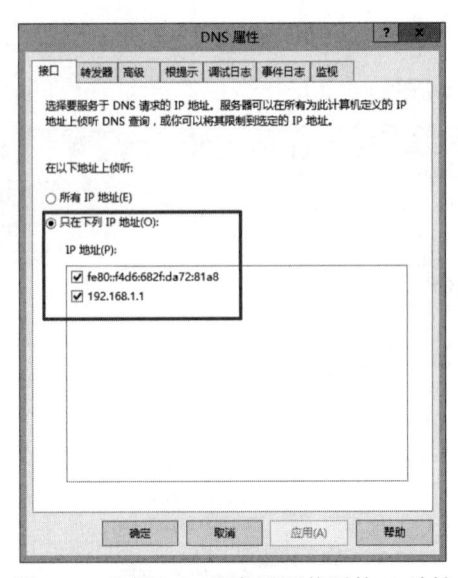

图 7-61　选择 DNS 服务器要侦听的 IP 地址

3．配置 DNS 服务器的老化时间

DNS 服务器支持老化和清理功能。这些功能作为一种机制，用于清理和删除区域数据中的过时资源记录。管理员可以使用此功能配置特定区域的老化和清理属性，操作步骤如下。

（1）打开【DNS 管理器】窗口。

（2）右击控制台树中的【DNS】服务器，在弹出的快捷菜单中选择【为所有区域设置老化/清理】命令。

（3）在弹出的【服务器老化/清理属性】对话框中勾选【清除过时资源记录】复选框。

（4）管理员可以根据业务实际需要修改无刷新间隔时间和刷新间隔时间，单击【确定】按钮完成配置，结果如图 7-62 所示。

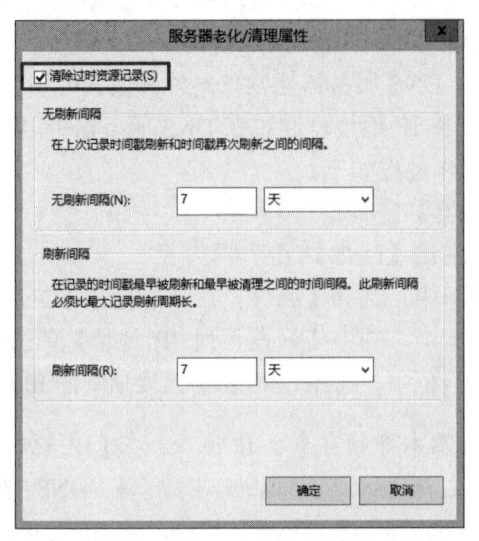

图 7-62　配置 DNS 服务器的老化时间

4．配置 DNS 服务器的递归查询功能

递归查询是指 DNS 服务器在收到一个本地数据库不存在的域名解析请求时，会让转发器指向的 DNS 服务器代为查询该域名，待获得域名解析结果后再将该解析结果转发给请求客户端。在此操作过程中，DNS 客户端并不知道 DNS 服务器执行了递归查询操作。

在默认情况下，DNS 服务器都启用了递归查询功能。如果 DNS 服务器收到大量本地不能解析的域名请求，就会相应执行大量的递归查询操作，这会占用服务器大量的资源。基于此原理，网络攻击者可以使用递归查询功能实现【拒绝 DNS 服务器服务】攻击。

因此，如果网络中的 DNS 服务器拒绝执行递归查询操作，则管理员应在该服务器上禁用递归查询功能，具体的操作步骤如下。

（1）打开【DNS 管理器】窗口。

（2）在控制台树中，右击【DNS】服务器，在弹出的快捷菜单中选择【属性】命令，打开【DNS 属性】对话框。

（3）选择【高级】选项卡，在【服务器选项】列表框中，勾选【禁用递归(也禁用转发器)】复选框，结果如图 7-63 所示，然后单击【确定】按钮。

图 7-63　DNS 服务器禁用递归查询功能

5．备份与还原 DNS 服务

（1）备份 DNS 服务。Windows Server 的 DNS 数据库文件存放在注册表和本地的文件型数据库中，系统管理员想要备份 DNS 服务，需要将这些文件导出并备份到指定位置。备份 DNS 服务的步骤如下。

① 停止 DNS 服务。

② 在【运行】对话框中输入【regedit】，打开【注册表编辑器】窗口，按以下路径找到【DNS】目录：HKEY_LOCAL_MACHINE\SYSTEM\CurrentControlSet\Services\DNS。

③ 在【DNS】目录的右键快捷菜单中选择【导出】命令，将【DNS】目录的注册表信息导出，并重命名为【dns-1.reg】。

④ 在【运行】对话框中输入【regedit】，打开【注册表编辑器】窗口，按以下路径找到【DNS Server】(DNS 服务)目录：HKEY_LOCAL_MACHINE\SOFTWARE\Microsoft\Windows

NT\CurrentVersion\DNS Server。

⑤ 在【DNS Server】目录的右键快捷菜单中选择【导出】命令，将【DNS Server】目录的注册表信息导出，并重命名为【dns-2.reg】。

⑥ 打开【%systemroot%\System32\dns】目录，把其中所有的*.dns（不区分大小写）文件复制出来，并和 dns-1.reg 及 dns-2.reg 保存在一起，结果如图 7-64 所示。

图 7-64　DNS 服务器的备份文件

⑦ 重新启动 DNS 服务，并将 DNS 服务器的备份文件复制到指定位置，完成 DNS 服务的备份。

注意：DNS 服务的数据变化较少，系统管理员一般只需在注册或删除 DNS 记录时更新一次备份文件即可。

（2）还原 DNS 服务。当 DNS 服务器发生故障时，管理员可以通过 DNS 服务器的备份文件重建 DNS 记录。DNS 服务器的备份文件可以用于原 DNS 服务器或者一台重新安装的 DNS 服务器中。重新安装的 DNS 服务器的 IP 地址要沿用原 DNS 服务器的 IP 地址。

还原 DNS 服务的步骤如下。

① 停用 DNS 服务。

② 用 DNS 服务器的备份文件中的*.dns 文件替换系统【%systemroot%\System32\dns】目录中的文件。

③ 分别双击运行 dns-1.reg 和 dns-2.reg，将 DNS 注册表数据导入注册表中。

④ 重新启动 DNS 服务，完成 DNS 服务的还原，结果如图 7-65 所示。

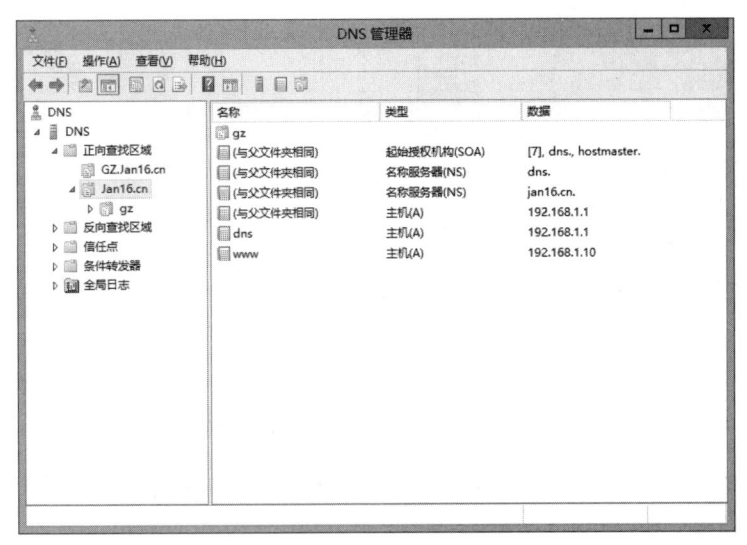

图 7-65　DNS 服务还原成功后的【DNS 管理器】窗口

练习与实践

一、理论题

1. DNS 服务的端口号为（　　）。
   A．23　　　　　　B．25　　　　　　C．53　　　　　　D．21
2. 将计算机的 IP 地址解析为域名的过程称为（　　）。
   A．正向解析　　　B．反向解析　　　C．向上解析　　　D．向下解析
3. 根据 DNS 服务器对 DNS 客户端的不同响应方式，域名解析可分为（　　）两种类型。
   A．递归查询和迭代查询　　　　　　B．递归查询和重叠查询
   C．迭代查询和重叠查询　　　　　　D．正向查询和反向查询
4. 使用以下（　　）命令可以清除 DNS 服务器的缓存。
   A．ipconfig /flushdns　　　　　　B．ipconfig /release
   C．ipconfig /renew　　　　　　　D．ipconfig /all
5. 在客户端向 DNS 服务器发出解析请求时，DNS 服务器会向客户端返回两种结果：查询到的结果或查询失败。如果当前 DNS 服务器无法解析名称，它不会告知客户端，而是自行向其他 DNS 服务器查询并完成解析，这个过程被称为（　）。
   A．递归查询　　　B．迭代查询　　　C．正向查询　　　D．反向查询

二、项目实训题

1. 项目背景

Jan16 公司需要部署信息中心、生产部和业务部的域名系统。根据公司的网络规划，划分了三个网段，网络地址分别为 172.20.0.0/24、172.21.0.0/24 和 172.22.0.0/24。Jan16 公司的网络拓扑结构如图 7-66 所示。

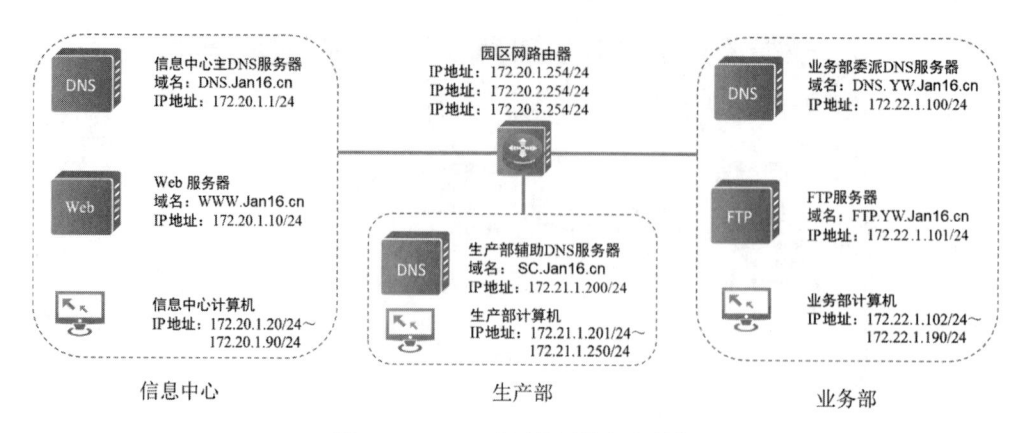

图 7-66　Jan16 公司的网络拓扑结构

公司根据业务需要，在园区的各个部门部署了相应的服务器，要求管理员按照以下要求完成实施与调试工作。

（1）信息中心部署了公司的主 DNS 服务器和 Web 服务器，服务器的域名、IP 地址和计算机名称的映射关系如表 7-5 所示。

表 7-5　信息中心服务器的域名、IP 地址和计算机名称的映射关系

服务器角色	计算机名称	IP 地址	域　　名	位　　置
主 DNS 服务器	DNS	172.20.1.1/24	DNS.Jan16.cn	信息中心
Web 服务器	WEB	172.20.1.10/24	WWW.Jan16.cn	信息中心

（2）业务部部署了公司的委派 DNS 服务器和 FTP 服务器，服务器的域名、IP 地址和计算机名称的映射关系如表 7-6 所示。

表 7-6　业务部服务器的域名、IP 地址和计算机名称的映射关系

服务器角色	计算机名称	IP 地址	域　　名	位　　置
委派 DNS 服务器	YWDNS	172.22.1.100/24	DNS.YW.Jan16.cn	业务部
FTP 服务器	FTP	172.22.1.101/24	FTP.YW.Jan16.cn	业务部

（3）生产部部署了公司的辅助 DNS 服务器，服务器的域名、IP 地址和计算机名称的映射关系如表 7-7 所示。

表 7-7　生产部服务器的域名、IP 地址和计算机名称的映射关系

服务器角色	计算机名称	IP 地址	域　　名	位　　置
辅助 DNS 服务器	SCDNS	172.21.1.200/24	SC.Jan16.cn	生产部

（4）为保证 DNS 服务器的数据安全，需设置仅允许公司内部 DNS 服务器间复制数据。

2．项目要求

根据上述任务要求，配置各台服务器的 IP 地址，并测试全网的连通性，配置完毕后，完成以下任务。

（1）在信息中心的客户端截取如下测试结果。

① 在命令提示符窗口中执行【ipconfig/all】命令的结果的截图。

② 在命令提示符窗口中执行【ping SC.Jan16.cn】命令的结果的截图。

③ 主 DNS 服务器上的【DNS 服务器】窗口的【正向查找区域】的管理界面。

④ 主 DNS 服务器上的【DNS 服务器】窗口的【正向查找区域】的【Jan16.cn 属性】对话框中【区域传送】选项卡的配置界面。

（2）在生产部的客户端截取如下测试结果。

① 在命令提示符窗口中执行【ipconfig/all】命令的结果的截图。

② 在命令提示符窗口中执行【ping FTP.YW.Jan16.cn】命令的结果的截图。

③ 辅助 DNS 服务器上的【DNS 服务器】窗口的【正向查找区域】的管理界面。

（3）在业务部的客户端截取如下测试结果。

① 在命令提示符窗口中执行【ipconfig/all】命令的结果的截图。

② 在命令提示符窗口中执行【ping WWW.Jan16.cn】命令的结果的截图。

③ 委派 DNS 服务器上的【DNS 服务器】窗口的【正向查找区域】的管理界面。

④ 委派 DNS 服务器上的【DNS 服务器】窗口的【正向查找区域】的【YW.Jan16.cn 属性】对话框中【区域传送】选项卡的配置界面。

项目 8

部署公司的 DHCP 服务

/ 项目学习目标 /

（1）了解 DHCP 的概念、应用场景和部署 DHCP 的优势。
（2）掌握 DHCP 的工作过程与应用。
（3）掌握 DHCP 中继代理服务的原理与应用。
（4）掌握企业网 DHCP 服务的部署与实施、DHCP 服务器的日常运维与管理的业务实施流程。

项目描述

Jan16 公司初步建立了企业网，并将计算机接入了企业网中。在网络管理中，管理员经常需要为内部计算机配置 IP 地址、默认网关、子网掩码等 TCP/IP 参数，由于公司计算机数量多，并且还有大量的移动计算机，公司希望能尽快部署一台 DHCP 服务器，实现企业网普通计算机 IP 地址、默认网关、子网掩码等参数的自动配置，以提高网络管理与维护效率。

公司网络拓扑结构如图 8-1 所示，DHCP 服务器和 DNS 服务器均部署在信息中心。为有序推进 DHCP 服务的部署，公司希望先在信息中心实现 DHCP 服务的部署，待稳定后再推行到其他部门，并做好 DHCP 服务的日常运维与管理工作。

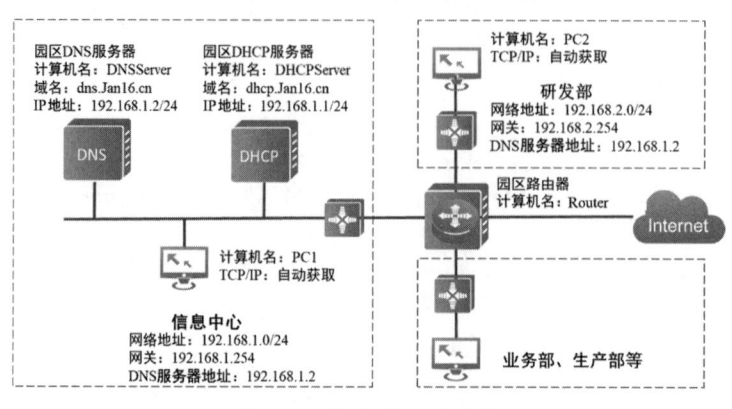

图 8-1 公司网络拓扑结构

项目分析

客户机的 IP 地址、网关、DNS 服务器地址都属于 TCP/IP 参数，DHCP（Dynamic Host Configuration Protocol，动态主机配置协议）是专门用于为 TCP/IP 网络中的主机自动分配 TCP/IP 参数的协议。通过在网络中部署 DHCP 服务，不仅可以实现客户机 TCP/IP 的自动配置，还可以对网络中的 IP 地址进行管理。

公司在部署 DHCP 服务时，通常先在一个部门进行小范围实施，成功后再扩散到整个园区，因此本项目可以通过以下操作步骤来完成。

（1）部署 DHCP 服务，实现信息中心客户端接入局域网。
（2）配置 DHCP 作用域，实现信息中心客户端访问外网。
（3）配置 DHCP 中继代理，实现所有部门客户端自动配置网络信息。
（4）维护与管理 DHCP 服务器。

相关知识

8.1 DHCP 的概念

假设 Jan16 公司共有 200 台计算机需要配置 TCP/IP 参数，如果管理员手动进行配置，且每台计算机需要花费 2 分钟，则一共需要花费 400 分钟；如果某些 TCP/IP 参数发生变化，则上述工作将会重复；在部署之后，如果有移动计算机需要接入，则管理员必须从未被使用的 IP 地址中选择并分配给这些移动计算机，但哪些 IP 地址是未被使用的呢？因此管理员还必须对 IP 地址进行管理，登记已分配 IP 地址、未分配 IP 地址、到期 IP 地址等 IP 地址信息。

这种手动配置 TCP/IP 参数的工作非常烦琐且效率低下，DHCP 协议专门用于为 TCP/IP 网络中的主机自动分配 TCP/IP 参数。DHCP 客户端在初始化网络配置信息（启动操作系统、手动接入网络）时会主动向 DHCP 服务器请求 TCP/IP 参数，DHCP 服务器收到 DHCP 客户端的请求信息后，将管理员预设的 TCP/IP 参数发送给 DHCP 客户端，DHCP 客服端从而动态、自动获得相关网络配置信息（IP 地址、子网掩码、默认网关等）。

1．DHCP 的应用场景

在实际工作中，通常在下列情况下使用 DHCP 来自动分配 TCP/IP 参数。
（1）网络中的主机数量较多，手动配置的工作量很大。
（2）当网络中的主机数量多而 IP 地址数量不足时，使用 DHCP 能够在一定程度上缓解 IP 地址不足的问题。

例如，网络中有 300 台主机，但可用的 IP 地址只有 200 个，如果采用手动配置方式，则只有 200 台主机可接入网络，其余 100 台将无法接入。在实际工作中，通常 300 台主机同时接入网络的可能性不大，因为公司实行三班倒机制，不上班的员工的主机并不需要接入网络。在这种情况下，使用 DHCP 恰好可以缓解 IP 地址数量不足的现状。

（3）一些计算机经常在不同的网络中移动，通过使用 DHCP，它们可以在任意网络中自动获得 IP 地址而无须进行任何额外的配置，从而满足了移动用户的需求。

2．部署 DHCP 的优势

（1）DHCP 用于为内网的众多客户端主机自动分配网络参数，提高了园区网络管理员的工作效率。

（2）通过部署 DHCP，ISP 可以简化管理工作，达到中央管理、统一管理的目的。

（3）可以在一定程度上缓解 IP 地址数量不足的现状。

（4）方便经常需要在不同网络间移动的计算机联网。

8.2 DHCP 客户端首次接入网络的工作过程

DHCP 自动分配网络设备参数是通过租用机制来完成的。DHCP 客户端首次接入网络时，需要通过和 DHCP 服务器交互才能获取 IP 地址租约。IP 地址租用分为发现阶段、提供阶段、选择阶段和确认阶段，如图 8-2 所示。

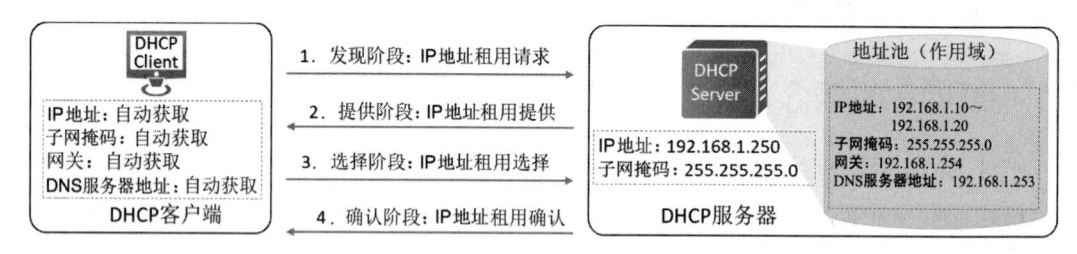

图 8-2 DHCP 的工作过程

4 个阶段对应的消息名称及作用如表 8-1 所示。

表 8-1 4 个阶段对应的消息名称及作用

消 息 名 称	作 用
发现阶段（DHCP Discover）	DHCP 客户端寻找 DHCP 服务器，请求分配 IP 地址等网络配置信息
提供阶段（DHCP Offer）	DHCP 服务器回应 DHCP 客户端请求，提供可被租用的网络配置信息
选择阶段（DHCP Request）	DHCP 客户端选择租用网络中某一台 DHCP 服务器分配的网络配置信息
确认阶段（DHCP Ack）	DHCP 服务器对 DHCP 客户端的租用选择进行确认

1．发现阶段（DHCP Discover）

当 DHCP 客户端首次接入网络并初始化网络参数时（启动操作系统、新安装网卡、插入网线、启用被禁用的网络连接），由于它没有 IP 地址，因此将向 DHCP 服务器发送 IP 地址租用请求。因为 DHCP 客户端不知道 DHCP 服务器的 IP 地址，所以它将以广播的方式发送 DHCP Discover 消息。DHCP Discover 消息包含的关键信息如表 8-2 所示。

表 8-2　DHCP Discover 消息包含的关键信息

关 键 信 息	描　　述
源 MAC 地址	客户端网卡的 MAC 地址
目的 MAC 地址	FF:FF:FF:FF:FF:FF（广播地址）
源 IP 地址	0.0.0.0
目的 IP 地址	255.255.255.255（广播地址）
源端口号	68（UDP）
目的端口号	67（UDP）
客户端硬件地址标识	客户端网卡的 MAC 地址
客户端 ID	客户端网卡的 MAC 地址
DHCP 包类型	DHCP Discover

2．提供阶段（DHCP Offer）

DHCP 服务器收到 DHCP 客户端发出的 DHCP Discover 消息后会发送一个 DHCP Offer 消息做出响应，并为 DHCP 客户端提供 IP 地址等网络配置参数。DHCP Offer 消息包含的关键信息如表 8-3 所示。

表 8-3　DHCP Offer 消息包含的关键信息

关 键 信 息	描　　述
源 MAC 地址	DHCP 服务器网卡的 MAC 地址
目的 MAC 地址	FF:FF:FF:FF:FF:FF（广播地址）
源 IP 地址	192.168.1.250
目的 IP 地址	255.255.255.255（广播地址）
源端口号	67（UDP）
目的端口号	68（UDP）
提供给客户端的 IP 地址	192.168.1.10
提供给客户端的子网掩码	255.255.255.0
提供给客户端的网关等其他网络配置参数	网关：192.168.1.254 DNS 服务器地址：192.168.1.253
提供给客户端的 IP 地址等网络配置参数的租用期	（按实际情况设置，如 6 小时）
客户端硬件地址标识	客户端网卡的 MAC 地址
服务器 ID	192.168.1.250（服务器源 IP 地址）
DHCP 包类型	DHCP Offer

3．选择阶段（DHCP Request）

DHCP 客户端收到 DHCP 服务器发送的 DHCP Offer 消息后，并不会直接将该租约配置在 TCP/IP 参数上，它必须向 DHCP 服务器发送一个 DHCP Request 包以确认租用。DHCP Request 包包含的关键信息（DHCP 服务器的 IP 地址为 192.168.1.1/24，DHCP 客户端的 IP 地址为 192.168.1.10/24）如表 8-4 所示。

表 8-4　DHCP Request 包包含的关键信息

关 键 信 息	描　　述
源 MAC 地址	DHCP 客户端网卡的 MAC 地址
目的 MAC 地址	FF:FF:FF:FF:FF:FF（广播地址）
源 IP 地址	0.0.0.0

续表

关键信息	描述
目的 IP 地址	255.255.255.255（广播地址）
源端口号	68（UDP）
目的端口号	67（UDP）
客户端硬件地址标识	客户端网卡的 MAC 地址
客户端请求的 IP 地址	192.168.1.10
服务器 ID	192.168.1.240
DHCP 包类型	DHCP Request

4．确认阶段（DHCP Ack）

DHCP 服务器收到 DHCP 客户端发送的 DHCP Request 包后，通过向 DHCP 客户端发送 DHCP Ack 消息，完成 IP 地址租约的签订，DHCP 客户端收到该数据包后即可使用 DHCP 服务器提供的 IP 地址等网络配置参数完成 TCP/IP 参数的配置。DHCP Ack 消息包含的关键信息如表 8-5 所示。

表 8-5 DHCP Ack 消息包含的关键信息

关键信息	描述
源 MAC 地址	DHCP 服务器网卡的 MAC 地址
目的 MAC 地址	FF:FF:FF:FF:FF:FF（广播地址）
源 IP 地址	192.168.1.250
目的 IP 地址	255.255.255.255（广播地址）
源端口号	67（UDP）
目的端口号	68（UDP）
提供给客户端的 IP 地址	192.168.1.10
提供给客户端的子网掩码	255.255.255.0
提供给客户端的网关等其他网络配置参数	网关：192.168.1.254 DNS 服务器地址：192.168.1.253
提供给客户端的 IP 地址等网络配置参数的租用期	按实际情况设置
客户端硬件地址标识	客户端网卡的 MAC 地址
服务器 ID	192.168.1.250
DHCP 包类型	DHCP Ack

DHCP 客户端收到 DHCP 服务器发出的 DHCP Ack 消息后，会将该消息中提供的 IP 地址和其他相关 TCP/IP 参数与自己的网卡进行绑定，此时，DHCP 客户端获得 IP 地址租约并接入网络的过程便完成了。

8.3 DHCP 客户端 IP 地址租约的更新

1．DHCP 客户端持续在线时进行 IP 地址租约更新

DHCP 客户端获得 IP 地址租约后，必须定期更新租约，否则当租约到期时，将不能使用此 IP 地址。当租用期到达租约的 50%和 87.5%时，DHCP 客户端必须发出 DHCP Request 消息，向 DHCP 服务器请求更新 IP 地址租约。

（1）当租用期到达租约的 50%时，DHCP 客户端将以单播方式直接向 DHCP 服务器发

送 DHCP Request 消息，如果 DHCP 客户端收到该 DHCP 服务器回应的 DHCP Ack 消息（单播方式），就根据 DHCP Ack 消息中所提供的新的 IP 地址租约更新 TCP/IP 参数，IP 地址租约更新完成。

（2）如果在租用期到达租约的 50%时未能成功更新 IP 地址租约，则客户端将在租用期到达租约的 87.5%时以广播方式发送 DHCP Request 消息，如果收到服务器回应的 DHCP Ack 消息，则更新 IP 地址租约，如果仍未收到服务器回应，则可以继续使用现有的 IP 地址。

（3）如果当前 IP 地址租约到期但未完成续约，则 DHCP 客户端将以广播方式发送 DHCP Discover 消息，重新开始 4 个阶段的 IP 地址租用过程。

2．DHCP 客户端重新启动时进行 IP 地址租约更新

DHCP 客户端重新启动后，如果 IP 地址租约已经到期，则 DHCP 客户端将重新开始 4 个阶段的 IP 地址租用过程。

如果 IP 地址租约未到期，则 DHCP 客户端通过广播方式发送 DHCP Request 消息，DHCP 服务器查看该客户端的 IP 地址是否已经租用给其他客户端，如果未租用给其他客户端，则发送 DHCP Ack 消息，客户端完成续约；如果已经租用给其他客户端，则该客户端必须重新开始 4 个阶段的 IP 地址租用过程。

8.4　DHCP 客户端租用 IP 地址失败后的自动配置

DHCP 客户端在发出 IP 地址租用请求的 DHCP Discover 包后，将花费 1 秒等待 DHCP 服务器的回应，如果 1 秒后没有收到服务器的回应，它会将这个广播包重新广播 4 次（以 2、4、8 和 16 秒为间隔，加上 1~1000 毫秒随机长度的时间）。4 次广播之后，如果仍然不能收到服务器的回应，则将从 169.254.0.0/16 网段内随机选择一个 IP 地址作为自己的 TCP/IP 参数。

> **注意：**（1）以 169.254 开头的 IP 地址（自动私有 IP 地址）是 DHCP 客户端申请 IP 地址失败后由自己随机生成的 IP 地址，当 DHCP 服务不可用时，DHCP 客户端之间仍然可以利用该地址通过 TCP/IP 协议实现相互通信。以 169.254 开头的网段地址是私有 IP 地址网段，以它开头的 IP 地址数据包不能、也不可能在 Internet 上出现。
>
> （2）DHCP 客户端究竟是怎么确定某个以 169.254 开头的 IP 地址未被占用的呢？它利用 ARP 广播来确定自己所挑选的 IP 地址是否已经被网络上的其他设备使用，如果发现该 IP 地址已经被使用，那么客户端会再随机生成另一个以 169.254 开头的 IP 地址重新进行测试，直到成功获取。
>
> （3）如果客户端是 Windows XP 以上的版本，并且在网卡中设置了【备用配置】网络参数，则自动获取 IP 地址失败后，将采用【备用配置】的网络参数作为 TCP/IP 参数，而不是获取以 169.254 开头的 IP 地址。

8.5 DHCP 中继代理服务

在大型园区网络中会存在多个物理网络，也就对应着存在多个逻辑网段（子网），那么园区内的计算机是如何实现 IP 地址租用的呢？

从 DHCP 的工作过程可以知道，DHCP 客户端实际上是通过发送广播消息与 DHCP 服务器进行通信的，DHCP 客户端获取 IP 地址的 4 个阶段都依赖于广播消息的双向传播，而广播消息是不能跨越子网的，难道 DHCP 服务器就只能为网卡直连的广播网络服务吗？如果 DHCP 客户端和 DHCP 服务器在不同的子网内，那么客户端还可以向服务器申请 IP 地址吗？

DHCP 客户端基于局域网广播方式寻找 DHCP 服务器以便租用 IP 地址，路由器具有隔离局域网广播的功能，因此在默认情况下，DHCP 服务只能为自己所在网段提供 IP 地址租用服务。要让一个多局域网的网络通过 DHCP 服务实现 IP 地址自动分配，有两种方法。

方法 1：在每个局域网中都部署一台 DHCP 服务器。

方法 2：路由器可以和 DHCP 服务器通信，如果路由器可以代为转发客户端的 DHCP 请求包，网络中只需要部署一台 DHCP 服务器就可以为多个子网提供 IP 地址租用服务。

对于方法 1，公司将需要额外部署多台 DHCP 服务器；对于方法 2，公司可以利用现有的基础架构实现相同的功能，显然更为合适。

DHCP 中继代理实际上是一种软件技术，安装了 DHCP 中继代理的计算机被称为 DHCP 中继代理服务器，它承担不同子网间 DHCP 客户端和 DHCP 服务器的通信任务。中继代理负责转发不同子网间客户端和服务器之间的 DHCP/BOOTP 消息。简言之，中继代理就是 DHCP 客户端与 DHCP 服务器通信的中介：中继代理收到 DHCP 客户端的广播消息后，将请求消息以单播的方式转发给 DHCP 服务器，同时接收 DHCP 服务器的单播回应消息，并以广播的方式转发给 DHCP 客户端。

DHCP 中继代理使得 DHCP 服务器与 DHCP 客户端的通信可以突破直连网段的限制，达到跨子网通信的目的。除安装 DHCP 中继代理的计算机外，大部分路由器都支持 DHCP 中继代理功能，可以代为转发 DHCP 请求包（方法 2），因此通过 DHCP 中继代理服务可以实现在公司内仅部署一台 DHCP 服务器从而为多个局域网提供 IP 地址租用服务。

任务 8-1 部署 DHCP 服务，实现信息中心客户端接入局域网

任务规划

信息中心拥有 20 台计算机，网络管理员希望通过配置 DHCP 服务器使客户端自动获取 IP 地址，实现计算机间的相互通信。信息中心的网络地址为 192.168.1.0/24，可分配给客户端的 IP 地址范围为 192.168.1.10～192.168.1.200，信息中心网络拓扑结构如图 8-3 所示。

学习视频 17

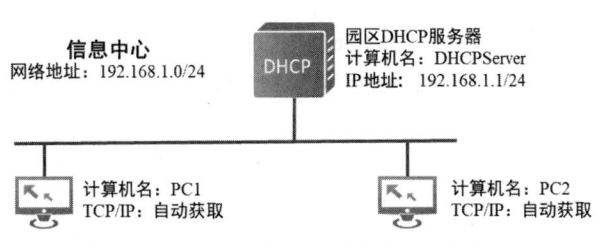

图 8-3　信息中心网络拓扑结构（局域网）

本任务将在一台 Windows Server 2012 R2 服务器上安装 DHCP 服务器角色和功能，让该服务器成为 DHCP 服务器，并通过配置 DHCP 服务器和 DHCP 客户端实现信息中心 DHCP 服务的部署，具体可通过以下几个操作步骤完成。

（1）为 DHCP 服务器配置静态 IP 地址。

（2）在服务器上安装 DHCP 服务器角色和功能。

（3）为信息中心创建并启用 DHCP 作用域。

任务实施

1．为 DHCP 服务器配置静态 IP 地址

DHCP 服务作为网络基础服务之一，它要求使用固定的 IP 地址，因此，管理员需要按照网络拓扑结构为 DHCP 服务器配置静态 IP 地址。

打开 DHCP 服务器的【本地连接】对话框，单击【属性】按钮，在弹出的【Ethernet0 属性】对话框中勾选【Internet 协议版本 4(TCP/IPv4)】复选框，并单击【属性】按钮，然后在弹出的【Internet 协议版本 4(TCP/IPv4)属性】对话框中输入 IP 地址和子网掩码，如图 8-4 所示。

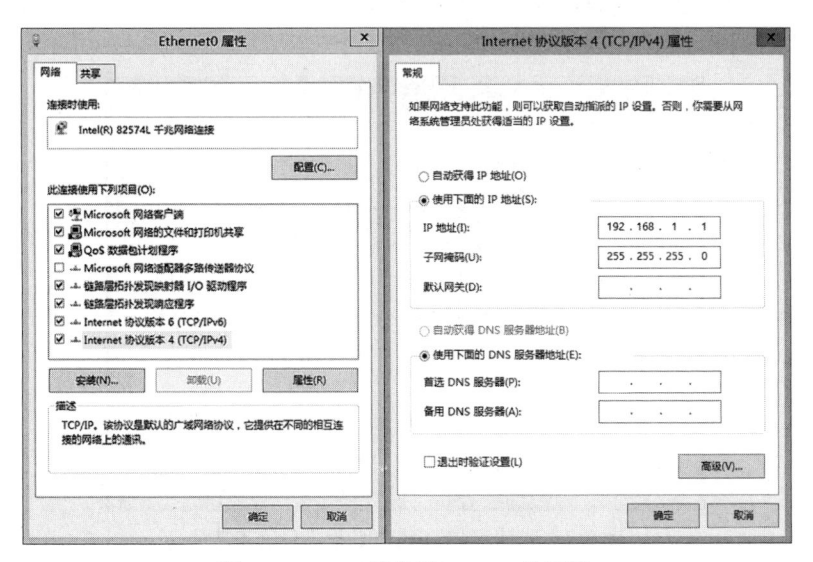

图 8-4　DHCP 服务器 TCP/IP 的配置

2．在服务器上安装 DHCP 服务器角色和功能

（1）在【服务器管理器】窗口中，单击【添加角色和功能】链接，进入【添加角色和功能向导】窗口。

（2）单击【下一步】按钮，打开【安装类型】窗口，保持默认设置，并单击【下一步】按钮，打开如图 8-5 所示的【选择目标服务器】窗口，选择【192.168.1.1】服务器，并单击【下一步】按钮。

（3）在如图 8-6 所示的【选择服务器角色】窗口中，勾选【DHCP 服务器】复选框，在弹出的【添加 DHCP 服务器所需的功能】对话框中单击【添加功能】按钮，然后返回【选择服务器角色】窗口。

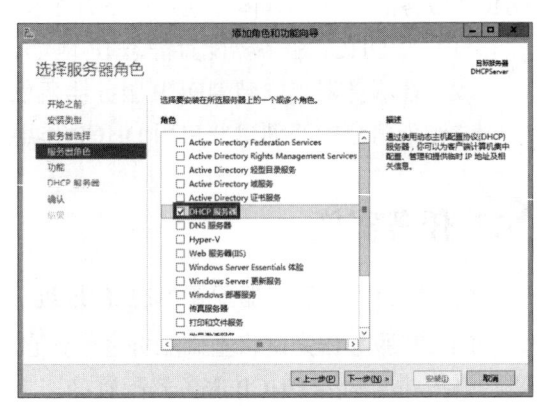

图 8-5　【选择目标服务器】窗口　　　　图 8-6　【选择服务器角色】窗口

（4）单击【下一步】按钮，进入【功能】窗口，由于功能在刚刚弹出的对话框中已经自动添加了，因此这里保持默认设置即可，单击【下一步】按钮，进入【确认安装所选内容】窗口，确认无误后单击【安装】按钮，等待一段时间后即可完成 DHCP 服务器角色和功能的安装，如图 8-7 所示。

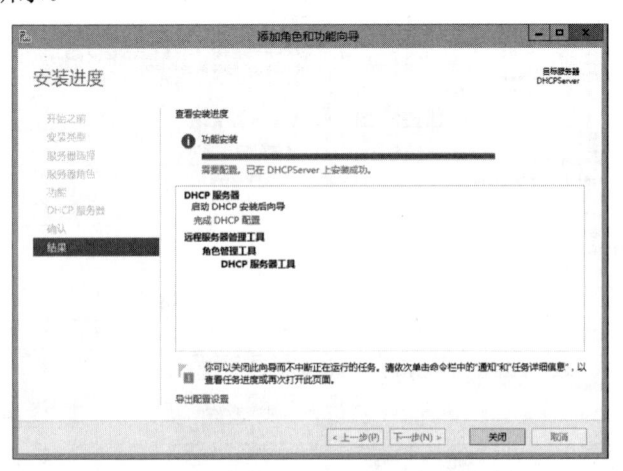

图 8-7　成功安装 DHCP 服务器角色和功能

3．为信息中心创建并启用 DHCP 作用域

（1）了解 DHCP 作用域。DHCP 作用域是本地逻辑子网中可使用的 IP 地址的集合，如

192.168.1.2/24～192.168.1.253/24。DHCP 服务器只能将作用域中定义的 IP 地址分配给 DHCP 客户端，因此，管理员必须创建作用域才能让 DHCP 服务器为 DHCP 客户端分配 IP 地址，也就是说，必须创建并启用 DHCP 作用域，DHCP 服务才能开始工作。

在局域网环境中，DHCP 作用域就是自己所在子网的 IP 地址集合，如本任务所要求的 IP 地址范围 192.168.1.10～192.168.1.200。本网段的客户机将通过自动获取 IP 地址的方式来租用该作用域中的一个 IP 地址并配置在本地连接上，从而使 DHCP 客户端拥有一个合法的 IP 地址并和内外网进行通信。

DHCP 作用域的相关属性如下。

- 作用域名称：在创建作用域时指定的作用域标识，在本项目中，可以使用"部门+网络地址"作为作用域名称。
- IP 地址的范围：在作用域中，可用于为客户机分配的 IP 地址范围。
- 子网掩码：指定 IP 地址的网络地址。
- 租用期：客户端租用 IP 地址的时长。
- 作用域选项：除 IP 地址、子网掩码及租用期以外的网络配置参数，如默认网关、DNS 服务器地址等。
- 保留：为一些主机分配固定的 IP 地址，使得这些主机租用的 IP 地址始终不变。

（2）配置 DHCP 作用域。在本任务中，信息中心可分配的 IP 地址范围为 192.168.1.10～192.168.1.200，配置 DHCP 作用域的步骤如下。

① 在【服务器管理器】窗口的【工具】下拉菜单中选择【DHCP】命令，打开【DHCP】窗口。

② 展开左侧的【DHCP】控制台树，右击【IPv4】选项，在弹出的快捷菜单中选择【新建作用域】命令，结果如图 8-8 所示。

③ 在打开的【新建作用域向导】界面中单击【下一步】按钮，打开如图 8-9 所示的【作用域名称】界面，在【名称】文本框中输入【192.168.1.0/24】，在【描述】文本框中输入【信息中心】，然后单击【下一步】按钮。

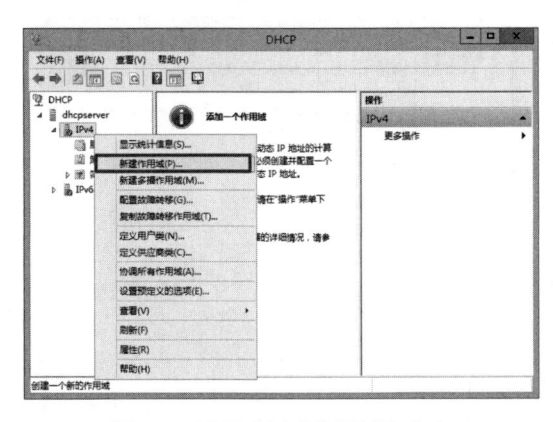

图 8-8　选择【新建作用域】命令　　　　　图 8-9　【作用域名称】界面

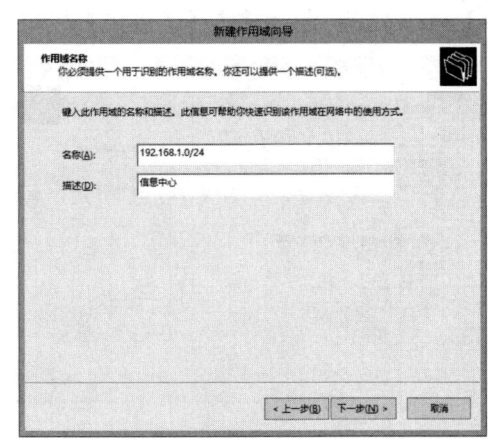

④ 在如图 8-10 所示的【IP 地址范围】界面中设置可以用于分配的 IP 地址范围，输入【起始 IP 地址】、【结束 IP 地址】、【长度】和【子网掩码】，然后单击【下一步】按钮。

⑤ 在如图 8-11 所示的【添加排除和延迟】界面中，根据项目要求，排除相应的地址段，本项目仅允许分配 192.168.1.10～192.168.1.200 地址段，因此需要将 192.168.1.1～192.168.1.9 和 192.168.1.201～192.168.1.254 两个地址段排除，然后单击【下一步】按钮。

延迟是指服务器发送 DHCP Offer 消息传输的时间值，单位为毫秒，默认为 0。

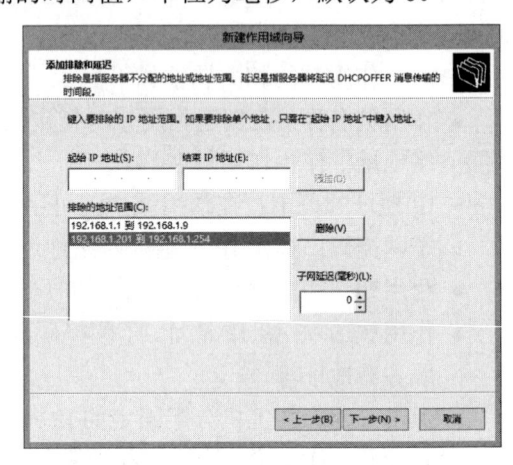

图 8-10　【IP 地址范围】界面　　　　　　图 8-11　【添加排除和延迟】界面

⑥ 在【租用期限】界面中，可以根据实际应用场景配置租用期。

例如，本章开头提及的使用 200 个 IP 地址为 300 台计算机服务时，宜配置较短的租用期，如 1 分钟，这样第一批员工下班后，只需要等待 1 分钟，第二批员工就可以重复使用第一批员工计算机的 IP 地址了。

本项目将使用近 200 个 IP 地址为 20 台计算机服务，由于 IP 地址数量充足，因此可以配置较长的租用期，这里将采用默认的 8 天，如图 8-12 所示，然后单击【下一步】按钮。

⑦ 在如图 8-13 所示的【配置 DHCP 选项】界面中，选中【否，我想稍后配置这些选项】单选按钮，然后单击【下一步】按钮，完成作用域的配置。

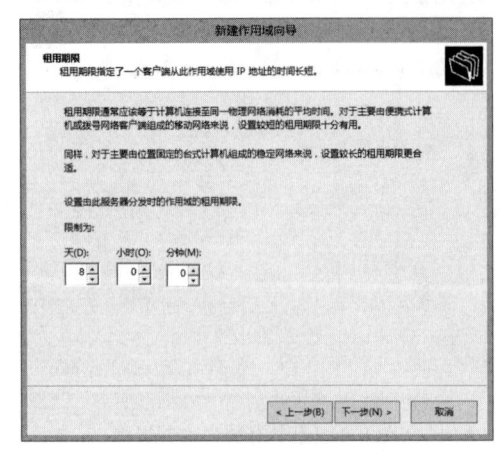

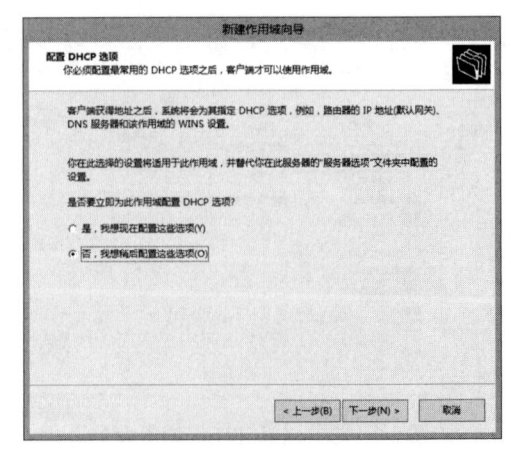

图 8-12　配置租用期限　　　　　　图 8-13　【配置 DHCP 选项】界面

⑧ 回到【DHCP】窗口，可以看到刚刚创建的作用域，此时该作用域并未开始工作，它的图标中有一个向下的红色箭头，标识该作用域处于未激活状态，如图 8-14 所示。

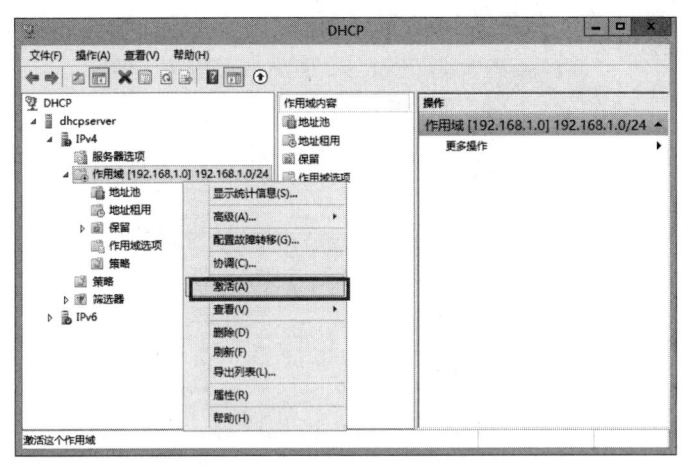

图 8-14　作用域处于未激活状态

⑨ 右击【作用域[192.168.1.0]192.168.1.0/24】，在弹出的快捷菜单中，选择【激活】命令，完成 DHCP 作用域的激活，此时该作用域的红色箭头消失了，表示该作用域的 DHCP 服务开始工作，客户端可以向服务器租用该作用域下的 IP 地址了。

任务验证

1. 验证 DHCP 服务是否成功安装

（1）查看 DHCP 数据文件。如果 DHCP 服务安装成功，则在计算机的【%systemroot%\System32】目录下会自动创建一个【dhcp】文件夹，其中包含 DHCP 区域数据库、DHCP 日志等本地相关文件，如图 8-15 所示。

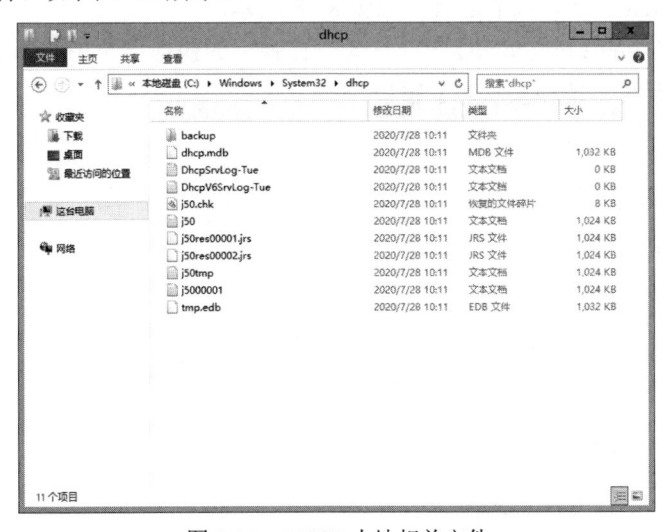

图 8-15　DHCP 本地相关文件

（2）查看 DHCP 服务。DHCP 服务器成功安装后，会自动启动 DHCP 服务。在【服务器管理器】窗口中的【工具】下拉菜单中选择【服务】命令，在打开的【服务】窗口中可以看到已经启动的 DHCP 服务，如图 8-16 所示。

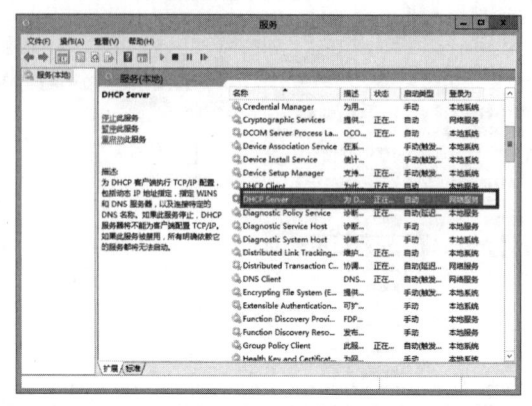

图 8-16 在【服务】窗口中查看 DHCP 服务

打开命令提示符窗口，执行【net start】命令，将列出当前已启动的所有服务，在其中可以看到已启动的 DHCP 服务，如图 8-17 所示。

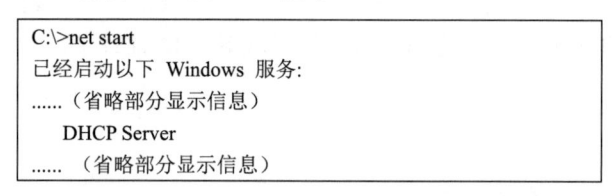

```
C:\>net start
已经启动以下 Windows 服务：
......（省略部分显示信息）
    DHCP Server
......（省略部分显示信息）
```

图 8-17 使用【net start】命令查看 DHCP 服务

2. 配置 DHCP 客户端并验证 IP 地址租用是否成功

（1）将信息中心客户端接入 DHCP 服务器所在的网络，并将客户端的 TCP/IP 配置为自动获取，完成 DHCP 客户端的配置，如图 8-18 所示。

（2）右击客户端的【Ethernet0】网卡图标，在弹出的快捷菜单中选择【状态】命令，如图 8-19 所示，打开【本地连接状态】窗口。

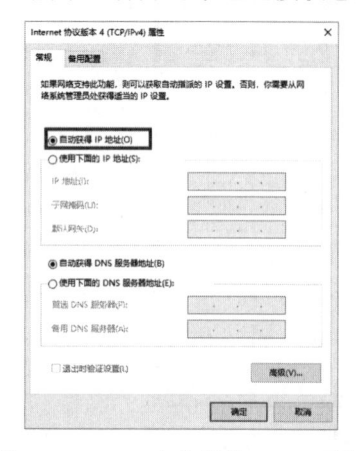

图 8-18 DHCP 客户端的 TCP/IP 配置   图 8-19 选择【状态】命令

（3）单击【本地连接状态】窗口中的【详细信息】按钮，打开【网络连接详细信息】对话框，如图 8-20 所示，从该对话框中可以看到客户端自动配置的 IP 地址、子网掩码、租约、DHCP 服务器等信息。结果显示该客户端成功从服务器租用了 IP 地址。

图 8-20 【网络连接详细信息】对话框

（4）通过客户端命令验证 IP 地址租用是否成功。在客户端打开命令提示符窗口，执行【ipconfig/all】命令，可以看到客户端自动配置的 IP 地址、子网掩码、租约、DHCP 服务器等信息，如图 8-21 所示。

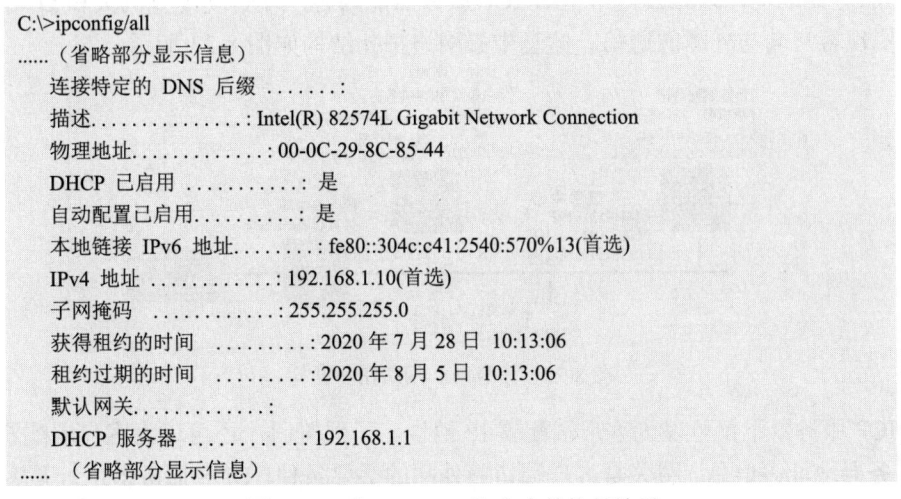

```
C:\>ipconfig/all
......（省略部分显示信息）
   连接特定的 DNS 后缀 . . . . . . . :
   描述. . . . . . . . . . . . . . . : Intel(R) 82574L Gigabit Network Connection
   物理地址. . . . . . . . . . . . . : 00-0C-29-8C-85-44
   DHCP 已启用 . . . . . . . . . . . : 是
   自动配置已启用. . . . . . . . . . : 是
   本地链接 IPv6 地址. . . . . . . . : fe80::304c:c41:2540:570%13(首选)
   IPv4 地址 . . . . . . . . . . . . : 192.168.1.10(首选)
   子网掩码  . . . . . . . . . . . . : 255.255.255.0
   获得租约的时间  . . . . . . . . . : 2020 年 7 月 28 日 10:13:06
   租约过期的时间  . . . . . . . . . : 2020 年 8 月 5 日 10:13:06
   默认网关. . . . . . . . . . . . . :
   DHCP 服务器 . . . . . . . . . . . : 192.168.1.1
......（省略部分显示信息）
```

图 8-21 【ipconfig/all】命令的执行结果

（5）通过【DHCP】窗口验证 IP 地址租用是否成功。选择【DHCP】窗口的【作用域[192.168.1.0]192.168.1.0/24】中的【地址租用】选项，在中间窗格中可以查看已租用给客户端的 IP 地址，如图 8-22 所示。

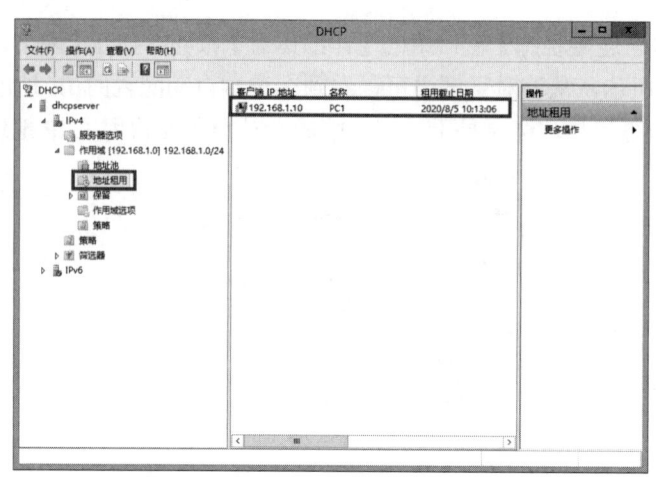

图 8-22 DHCP 服务器地址租用结果

任务 8-2 配置 DHCP 作用域，实现信息中心客户端访问外网

任务规划

任务 8-1 实现了客户端 IP 地址的自动配置，解决了客户端和服务器的相互通信问题，但是客户端还不能访问外网。经检测，客户端无法访问外网的原因为未配置网关和 DNS 服务器地址，因此公司希望 DHCP 服务器能为客户端自动配置网关和 DNS 服务器地址，实现客户端与外网的通信。信息中心网络拓扑结构如图 8-23 所示。

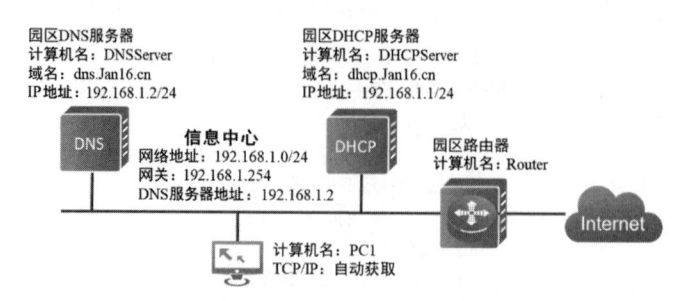

图 8-23 信息中心网络拓扑结构

DHCP 服务器不仅可以为客户端配置 IP 地址、子网掩码，还可以为客户端配置网关、DNS 服务器地址等信息。网关是客户端访问外网的必要条件，DNS 服务器地址是客户端解析网络域名的必要条件，因此只有配置了网关和 DNS 服务器地址才能解决客户端与外网通信的问题。关于网关和 DNS 服务器地址的自动配置，读者需要先了解作用域选项和服务器选项的概念。

1. 作用域选项和服务器选项的功能

作用域选项和服务器选项用于为 DHCP 客户端配置 TCP/IP 的网关、DNS 服务器地址等其他网络参数。在 DHCP 作用域的配置中，只有配置了作用域选项或服务器选项，客户端才能自动配置网关和 DNS 服务器地址，作用域选项和服务器选项的位置如图 8-24 所示。

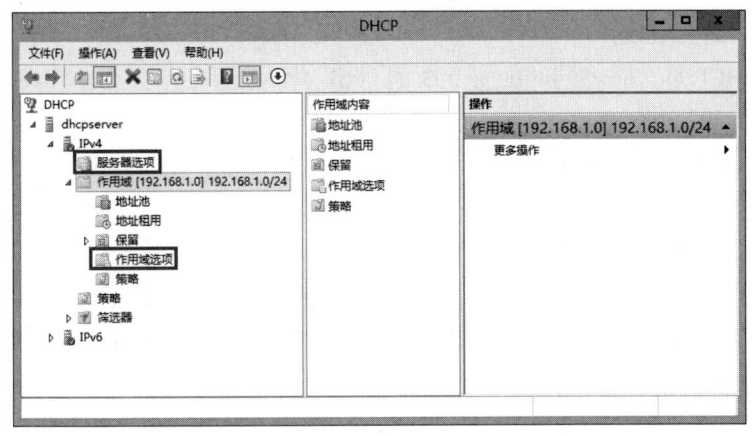

图 8-24 作用域选项和服务器选项的位置

【作用域选项】和【服务器选项】对话框完全相同，如图 8-25 所示。

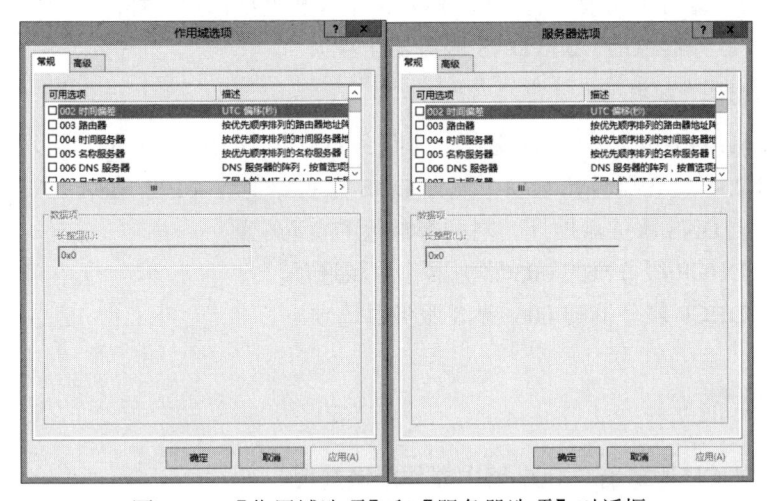

图 8-25 【作用域选项】和【服务器选项】对话框

2．服务器选项和作用域选项的工作范围与冲突机制

从图 8-25 中可以看出，作用域选项和服务器选项的配置选项是完全一样的，它们都用于为客户端配置 DNS 服务器地址、网关等网络参数。如果作用域选项和服务器选项相同项目的配置不同时，那么客户端加载的配置是作用域选项优先还是服务器选项优先呢？在实际业务中，这两个选项是如何协同工作的呢？

（1）作用域选项的工作范围：作用域选项工作在其隶属的作用域中，一个作用域仅服务于一个局域网。

（2）服务器选项的工作范围：服务器选项工作在整个 DHCP 服务器范围内。DHCP 服务器根据业务需求，可以部署多个作用域。

（3）作用域选项和服务器选项的冲突问题：DHCP 客户机在工作时，先加载服务器选项，然后加载自己作用域的作用域选项。

> 例1：作用域选项仅定义了003路由器（192.168.1.254），服务器选项仅定义了006 DNS服务器（192.168.0.1）。
>
> 结果：DHCP客户机将同时配置003和006，最终配置的网关为192.168.1.254，DNS服务器地址为192.168.0.1。
>
> 结论1：如果作用域选项和服务器选项没有冲突，那么DHCP客户机都会加载。
>
> 例2：作用域选项定义了003路由器（192.168.1.254），服务器选项也定义了003路由器（192.168.0.254）。
>
> 结果：DHCP客户机将仅配置作用域选项，最终配置的网关为192.168.1.254。
>
> 结论2：如果作用域选项和服务器选项冲突，那么基于就近原则，DHCP客户机将仅加载作用域选项（作用域选项优先）。

（4）在应用中合理部署作用域选项和服务器选项：在实际应用中，每个网段的网关（003路由器子项）都不一样，这条记录都应由作用域选项来配置。一个园区网络通常只部署一台DNS服务器，即每个网段的客户机的DNS服务器地址都是一样的，因此通常在服务器选项部署DNS服务器地址（006 DNS服务器子项）。

3．实施规划

根据公司网络拓扑结构和以上分析，本任务可以在192.168.1.0的作用域选项中配置网关（192.168.1.254），在服务器选项中配置DNS服务器地址（192.168.1.2），并通过以下步骤来实现客户机DNS服务器地址、网关等参数的自动配置。

（1）配置DHCP服务器的003路由器作用域选项。

（2）配置DHCP服务器的006 DNS服务器选项。

任务实施

1．配置DHCP服务器的003路由器作用域选项

（1）打开【DHCP】窗口，并展开【作用域[192.168.1.0] DHCP Server】选项，右击【作用域选项】，在弹出的快捷菜单中选择【配置属性】命令，进入【作用域选项】对话框。

（2）在【作用域选项】对话框的【常规】选项卡中勾选【003路由器】复选框，在【IP地址】文本框中输入该局域网的网关【192.168.1.254】，单击【添加】按钮，完成网关的配置，最后单击【确定】按钮，完成作用域选项的配置，如图8-26所示。

2．配置DHCP服务器的006 DNS服务器选项

（1）打开【DHCP】窗口，右击【服务器选项】，在弹出的快捷菜单中选择【配置属性】命令，进入【服务器选项】对话框。

（2）在【服务器选项】对话框的【常规】选项卡中勾选【006 DNS服务器】复选框，在【IP地址】文本框中输入该园区网的DNS服务器地址【192.168.1.2】，单击【添加】按钮，完成DNS服务器地址的配置，最后单击【确定】按钮，完成服务器选项的配置，如

图 8-27 所示。

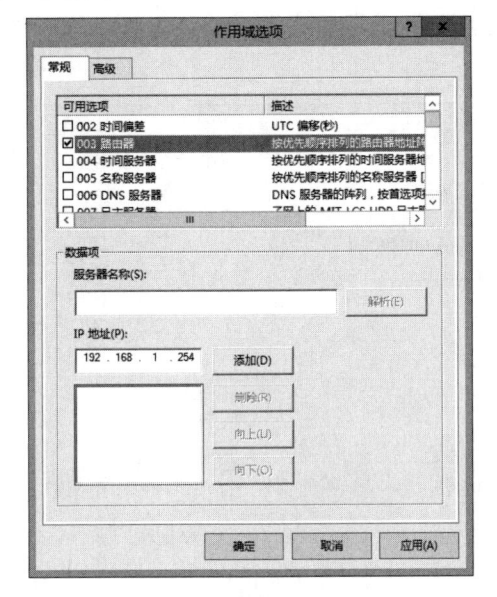

图 8-26　配置作用域选项　　　　　　　图 8-27　配置服务器选项

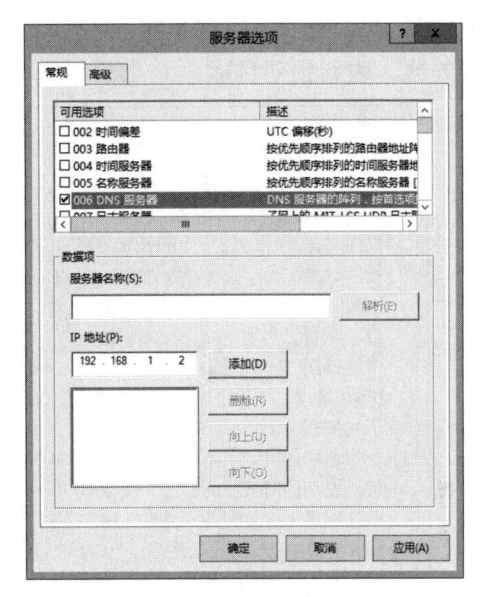

任务验证

1. 在【DHCP】窗口中查看【作用域[192.168.1.0] DHCP Server】的作用域选项

在如图 8-28 所示的窗口中可以看到 003 和 006 两个值，表示该作用域的客户机可以正常获取这两个选项的配置。在该窗口中还可以看到两个图标：🗎和🗎。🗎是本地作用域选项配置的结果，🗎则是服务器选项配置的结果。

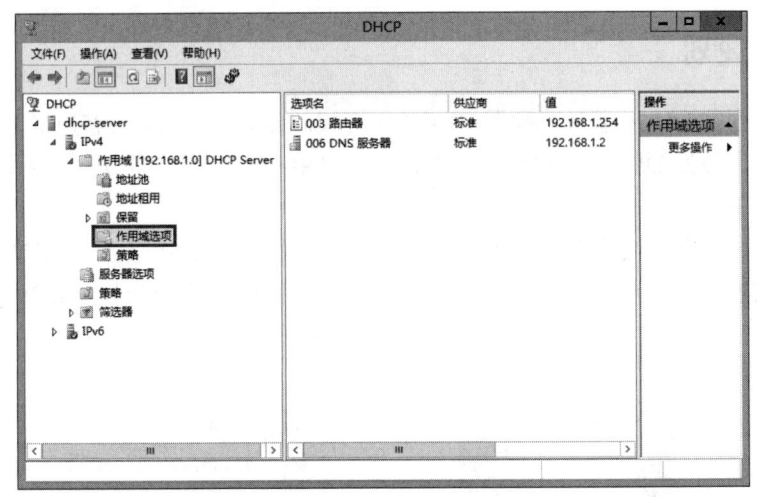

图 8-28　在【DHCP】窗口中查看【作用域[192.168.1.0] DHCP Server】的作用域选项

2. 在客户机上验证服务器选项和作用域选项的结果

在客户机 PC1 的命令提示符窗口中执行【ipconfig/renew】命令，更新 IP 地址租约，并刷新 DHCP 配置。操作成功后，可以利用【ipconfig/all】命令查看本地连接的网络配置，结果如图 8-29 所示，从图 8-29 中可以看出，该客户机正常加载了 003 路由器和 006 DNS 服务器，达到预期目标。

```
C:\>ipconfig/all
......(省略部分显示信息)
以太网适配器 本地连接:
        连接特定的 DNS 后缀 . . . . . . . :
        描述. . . . . . . . . . . . . . . : Intel(R) 82574L Gigabit Network Connection
        物理地址. . . . . . . . . . . . . : 00-0C-29-8C-85-44
        DHCP 已启用 . . . . . . . . . . . : 是
        自动配置已启用. . . . . . . . . . : 是
        本地链接 IPv6 地址. . . . . . . . : fe80::304c:c41:2540:570%13(首选)
        IPv4 地址 . . . . . . . . . . . . : 192.168.1.10(首选)
        子网掩码  . . . . . . . . . . . . : 255.255.255.0
        获得租约的时间  . . . . . . . . . : 2020 年 7 月 28 日 11:05:53
        租约过期的时间  . . . . . . . . . : 2020 年 8 月 5 日 11:05:58
        默认网关. . . . . . . . . . . . . : 192.168.1.254
        DHCP 服务器 . . . . . . . . . . . : 192.168.1.1
        DHCPv6 IAID . . . . . . . . . . . : 100666409
        DHCPv6 客户端 DUID . . . . . . . : 00-01-00-01-26-83-73-34-00-0C-29-8C-85-44
        DNS 服务器 . . . . . . . . . . . : 192.168.1.2
        TCPIP 上的 NetBIOS  . . . . . . . : 已启用
```

图 8-29 DHCP 客户端执行【ipconfig/all】命令的结果

任务 8-3 配置 DHCP 中继代理，实现所有部门客户端自动配置网络信息

任务规划

前面通过部署 DHCP 服务和配置 DHCP 作用域，实现了信息中心客户机 IP 地址的自动配置，并且 DHCP 客户端能正常访问信息中心和外网，提高了信息中心 IP 地址的分配与管理效率。

为此，公司要求网络管理员尽快为公司其他部门部署 DHCP 服务，实现全公司 IP 地址的自动分配与管理。第一批部署的部门是研发部，其网络拓扑结构如图 8-30 所示。

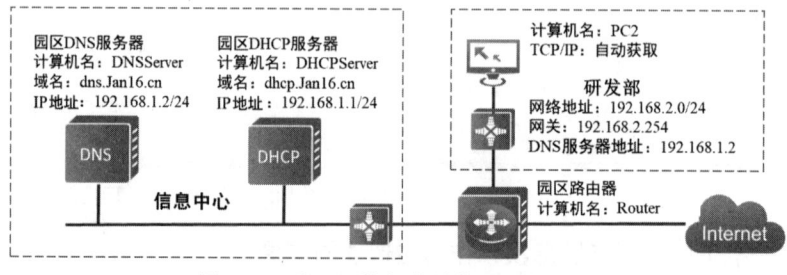

图 8-30 公司网络拓扑结构（研发部）

DHCP 客户端在工作时是通过广播方式与 DHCP 服务器进行通信的，如果 DHCP 客户端和 DHCP 服务器不在同一个网段，则管理员必须在路由器上部署 DHCP 中继代理服务，以实现 DHCP 客户端通过 DHCP 中继代理服务自动获取 IP 地址。

因此，本任务需要在 DHCP 服务器上部署研发部匹配的作用域，并在路由器上配置 DHCP 中继代理服务来实现研发部客户机的 DHCP 服务部署，具体操作步骤如下。

（1）在 DHCP 服务器上为研发部客户机配置 DHCP 作用域。

（2）在路由器上配置 DHCP 中继代理服务。

任务实施

1. 在 DHCP 服务器上为研发部配置 DHCP 作用域

参考任务 8-1 和任务 8-2，根据研发部网络拓扑结构，在 DHCP 服务器上为研发部新建一个作用域，即 192.168.2.0（其中 003 作用域选项的 IP 地址为 192.168.2.254），结果如图 8-31 所示。

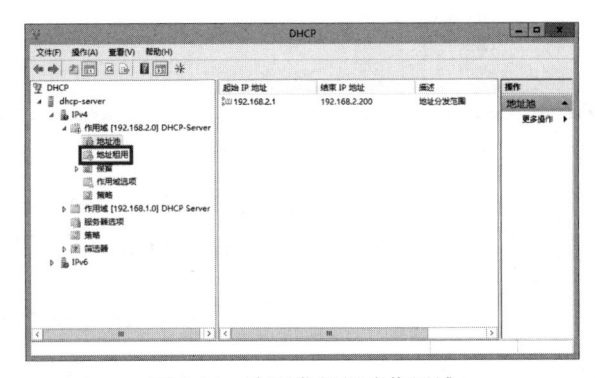

图 8-31　为研发部新建作用域

2. 在路由器上配置 DHCP 中继代理服务

（1）查看路由器接口状态。打开路由器的【路由和远程访问】窗口，选择【IPv4】节点下的【常规】选项，在如图 8-32 所示的右侧窗格中，可以看到路由器的两个接口分别连接了信息中心网络和研发部网络，IP 地址分别为 192.168.1.254 和 192.168.2.254。

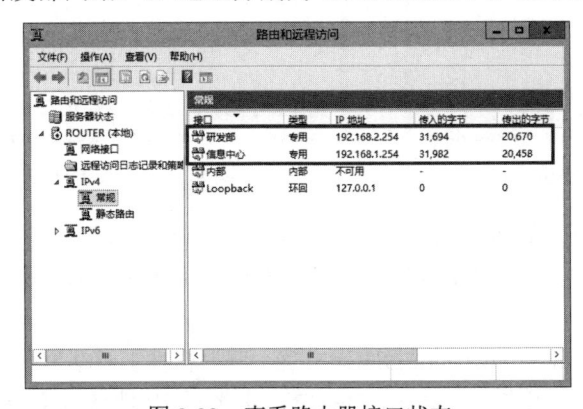

图 8-32　查看路由器接口状态

备注：局域网的路由配置可参考项目 6。

（2）在路由器上添加 DHCP 中继代理服务。

① 右击【常规】选项，在弹出的快捷菜单中选择【新增路由协议】命令，如图 8-33 所示。

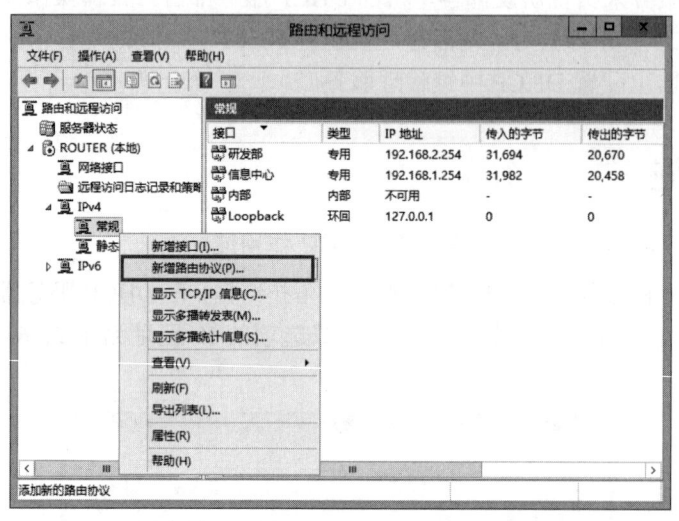

图 8-33　选择【新增路由协议】命令

② 在打开的【新路由协议】对话框中，选择【DHCP Relay Agent】选项，如图 8-34 所示，然后单击【确定】按钮，完成 DHCP 中继代理服务的添加，结果如图 8-35 所示。

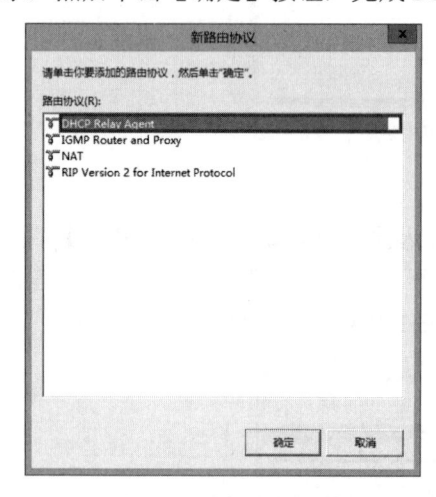

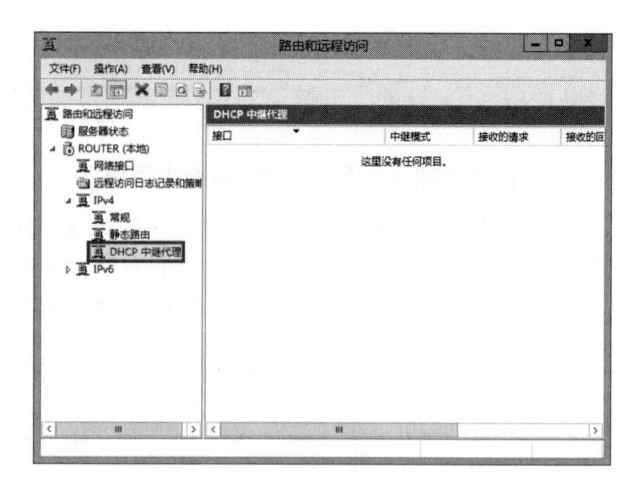

图 8-34　选择路由协议　　　　　　图 8-35　添加 DHCP 中继代理服务

（3）指定 DHCP 中继代理的目标 DHCP 服务器的 IP 地址。

① 右击【DHCP 中继代理】选项，在弹出的快捷菜单中选择【属性】命令，如图 8-36 所示。

② 在打开的如图 8-37 所示的【DHCP 中继代理 属性】对话框中，输入 DHCP 服务器的 IP 地址，根据研发部网络拓扑结构，DHCP 服务器的 IP 地址为【192.168.1.1】，单击【添

加】按钮，然后单击【确定】按钮，完成 DHCP 中继代理的目标 DHCP 服务器 IP 地址的配置。

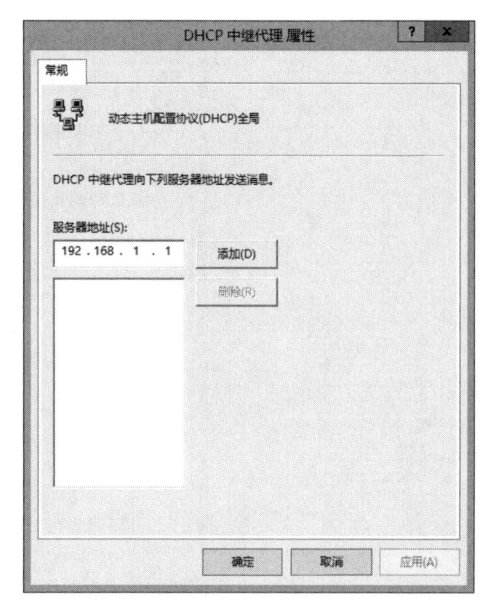

图 8-36　选择【属性】命令

图 8-37　【DHCP 中继代理 属性】对话框

（4）配置研发部的 DHCP 中继代理接口。

① 右击【DHCP 中继代理】选项，在弹出的快捷菜单中选择【新增接口】命令，如图 8-38 所示。

② 在打开的【DHCP Relay Agent 的新接口】对话框中，选择和研发部相连接的网络接口【研发部】，如图 8-39 所示，然后单击【确定】按钮。

图 8-38　选择【新增接口】命令

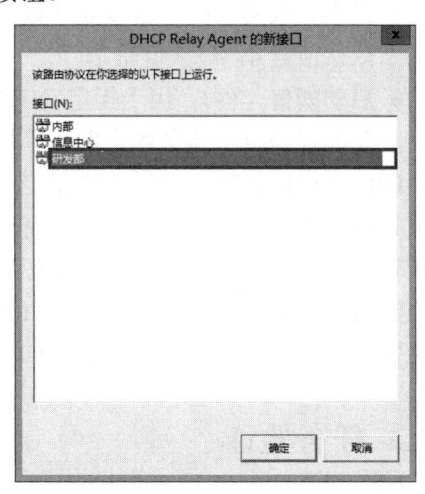

图 8-39　添加研发部的 DHCP 中继代理接口

③ 在打开的如图 8-40 所示的【DHCP 中继属性-研发部 属性】对话框中，管理员可以启用 DHCP 中继代理服务并配置相应参数，完成研发部 DHCP 中继代理接口参数的配置。

图 8-40 显示的默认配置即可满足本任务要求，单击【确定】按钮，完成研发部 DHCP 中继代理接口参数的配置。

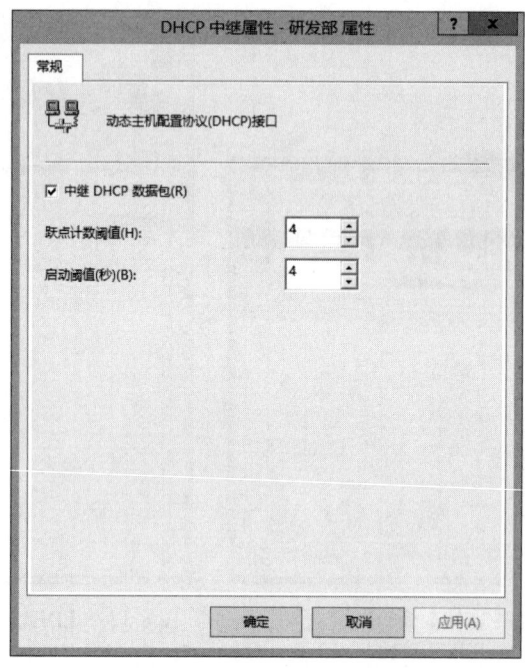

图 8-40 【DHCP 中继属性-研发部属性】对话框

【DHCP 中继属性-研发部 属性】对话框中 3 个选项的含义如下。
- 中继 DHCP 数据包：如果勾选该复选框，则表示在此接口上启用 DHCP 中继代理服务，路由器会将在该接口上收到的 DHCP 数据包转发到指定的 DHCP 服务器。
- 跃点计数阈值：中继 DHCP 数据包从路由器到 DHCP 服务器可经过的路由器数量，默认值是 4，最大值是 16。
- 启动阈值（秒）：用于指定 DHCP 中继代理将 DHCP 客户端发出的 DHCP 消息转发到远程 DHCP 服务器之前，等待 DHCP 服务器响应的时间。

DHCP 中继代理在收到 DHCP 客户端发出的 DHCP 消息后，将会尝试等待本子网的 DHCP 服务器对 DHCP 客户端做出响应（因为 DHCP 中继代理不知道本子网中是否存在 DHCP 服务器）。如果在启动阈值所配置的时间内没有收到 DHCP 服务器对 DHCP 客户端的响应消息，DHCP 中继代理则会将 DHCP 消息转发给远程的 DHCP 服务器。建议不要将【启动阈值】的值设置得过大，否则 DHCP 客户端将等待较长时间才能获得 IP 地址。

任务验证

1. 配置 DHCP 客户端并验证 IP 地址是否自动配置

（1）配置 DHCP 客户端：将研发部客户机 PC2 的 TCP/IP 配置为自动获取，结果如图 8-41 所示。

图 8-41　DHCP 客户端的 TCP/IP 参数配置

（2）查看客户机的 IP 地址。

① 在 PC2 的【本地连接】中，右击【Ethernet0】网卡图标，在弹出的快捷菜单中选择【状态】命令，如图 8-42 所示，打开【本地连接状态】窗口。

图 8-42　选择【状态】命令

② 单击【本地连接状态】窗口中的【详细信息】按钮，打开【网络连接详细信息】对话框，如图 8-43 所示，从该对话框中可以看到 PC2 自动获取的 IP 地址、子网掩码、租约、DHCP 服务器等信息。

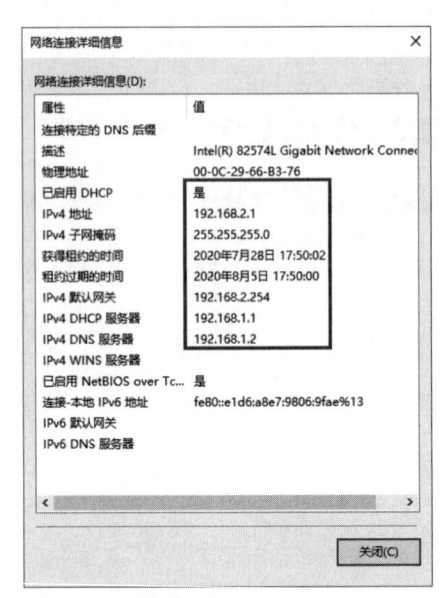

图 8-43 【网络连接详细信息】对话框

2. 查看路由器的 DHCP 中继代理状态

打开路由器的【路由和远程访问】窗口，选择【DHCP 中继代理】选项，在右侧窗格中可以看到路由器转发了 2 次 DHCP 数据包，结果如图 8-44 所示。

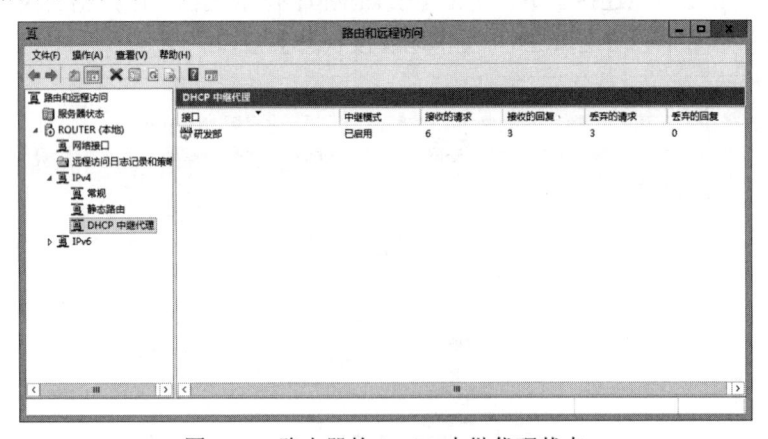

图 8-44 路由器的 DHCP 中继代理状态

从图 8-44 中还可以看出，路由器收到了 6 个请求，丢弃了 3 个请求，通常在 DHCP 配置中，因启用了中继代理服务，但还没有指定 DHCP 中继代理目标 DHCP 服务器或者目标 DHCP 服务器不可达，又或者目标 DHCP 服务器配置不正确都会导致 DHCP 中继不成功。

任务 8-4 维护与管理 DHCP 服务器

任务规划

公司的 DHCP 服务器运行了一段时间后，员工反映现在计算机接入网络非常简单、快捷，体验很好。DHCP 服务已经成为公司基础网络架构的重要服务之一，因此公司希望信息中心能对 DHCP 服务器进行日常维护与管理，务必保障该服务器的可用性。

一般通过两种途径来提高 DHCP 服务器的可用性。

（1）在日常网络运维中对 DHCP 服务器进行监视，查看 DHCP 服务器是否可以正常工作。

（2）对 DHCP 服务器数据定期进行备份，一旦该服务器出现故障，就尽快通过备份数据还原。

因此，DHCP 服务器日常维护和管理的常见任务如下。

（1）DHCP 服务器的备份：网络在运行过程中往往会因各种因素导致系统瘫痪和服务失败。借助备份 DHCP 数据库技术，就可以在系统恢复后迅速通过还原数据库的方法恢复数据，重新提供网络服务，并降低重新配置 DHCP 服务器的难度。

（2）DHCP 服务器的还原：使用 DHCP 服务器的备份数据进行故障还原。

（3）查看 DHCP 服务器的日志文件：通过配置 DHCP 服务器可以将 DHCP 服务器的服务活动写入日志中，网络管理员可以通过系统日志查看 DHCP 服务器的工作状态，如果服务器出现问题，则可以通过日志查看故障原因并采用对应办法快速解决。

任务实施

1．DHCP 服务器的备份

打开【DHCP】窗口，右击【dhcp-server】选项，在弹出的快捷菜单中选择【备份】命令，如图 8-45 所示，弹出【浏览文件夹】对话框，在该对话框中选择 DHCP 服务器数据的备份文件的存放目录，如图 8-46 所示。

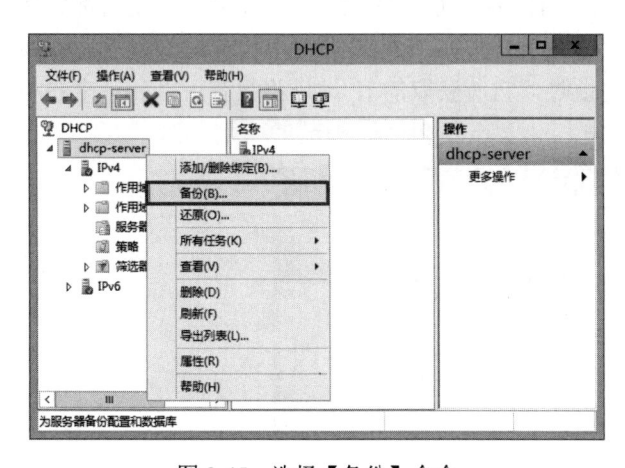

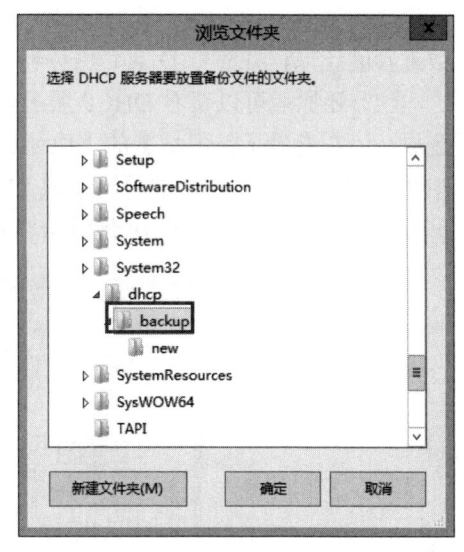

图 8-45　选择【备份】命令　　　　图 8-46　选择 DHCP 服务器数据的备份文件的存放目录

在 DHCP 服务器数据的备份文件的存放目录的选择上，系统默认选择【%systemroot%/

System32/dhcp/backup】目录，但是如果服务器崩溃并且数据在短时间内无法还原，DHCP服务器就无法在短时间内通过备份数据进行还原，因此建议将备份文件存储在文件服务器的共享文件夹中或在多台计算机上进行备份。

2．DHCP 服务器的还原

（1）为模拟 DHCP 服务器出现故障的情况，可以先将之前所做的所有配置都删除。

（2）打开【DHCP】窗口，右击【dhcp-server】选项，在弹出的快捷菜单中选择【还原】命令，如图 8-47 所示，弹出【浏览文件夹】对话框，在该对话框中选择 DHCP 服务器数据的还原文件的存放目录，如图 8-48 所示。

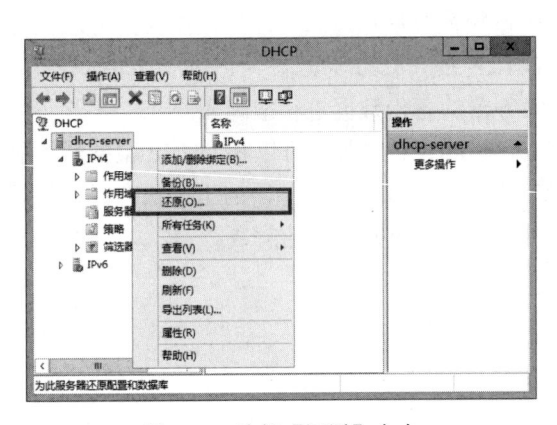

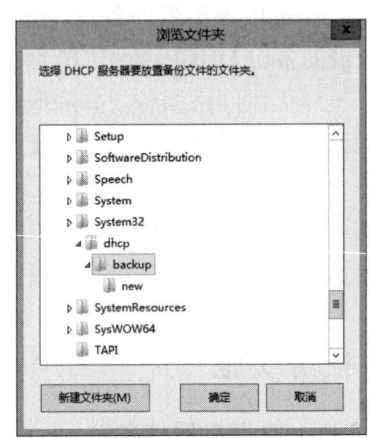

图 8-47　选择【还原】命令　　　　　　图 8-48　选择 DHCP 服务器数据的还原
　　　　　　　　　　　　　　　　　　　　　　　　　文件的存放目录

（3）选择好服务器数据的还原文件的存放目录后，单击【确定】按钮。这时将出现【为了使改动生效，必须停止和重新启动服务器。要这样做吗？】提示，单击【是】按钮，开始数据库的还原，并完成 DHCP 服务器的还原。

（4）还原后可以查看 DHCP 服务器的所有配置，确认 DHCP 服务器的配置是否都成功还原，但在查看【作用域】的【地址租用】时，原先所有客户端租用的租约都没有了，如图 8-49 所示。此时客户端再次获取 IP 地址时，它所获取的 IP 地址将很有可能和原来的不一致，服务器将重新分配 IP 地址给客户端。

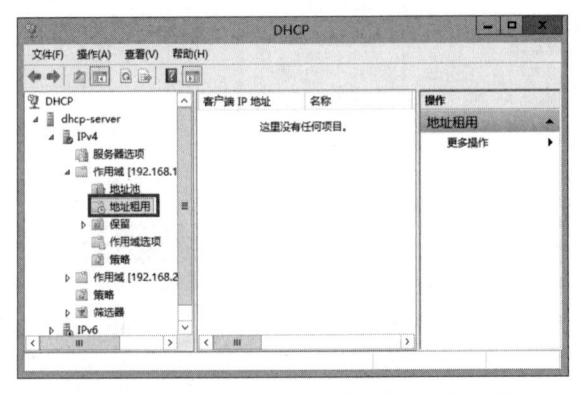

图 8-49　查看 DHCP 作用域的地址租用结果

3. 查看 DHCP 服务器的日志文件

日志文件默认存放在【%systemroot%\System32\dhcp\DhcpSrvLog-*.log】目录中。如果要更改，在【DHCP】窗口左侧的控制台树中展开【服务器选项】节点，右击【IPv4】选项，在弹出的快捷菜单中选择【属性】命令，打开【IPv4 属性】对话框，然后选择【高级】选项卡，单击【浏览】按钮可修改存放位置，如图 8-50 所示。

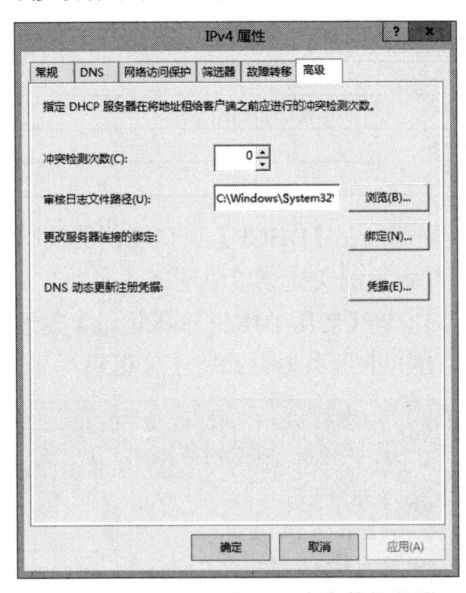

图 8-50 DHCP 服务器日志文件的设置

DHCP 服务器命名日志文件的方式是通过检查服务器上的当前日期和时间确定的。例如，如果 DHCP 服务器启动时的日期和时间为【星期二，2019 年 6 月 30 日，15：01:00 P.M】，则将服务器日志文件命名为【DhcpSrvLog-Tue】。要查看日志内容，可打开相应的日志文件。

DHCP 服务器日志是用英文逗号分隔的文本文件，每个日志项单独出现在一行中。以下是日志项中的字段：ID、日期、时间、描述、IP 地址、主机名、MAC 地址。

表 8-6 详细说明了每个字段的作用。

表 8-6 DHCP 服务器日志项中的字段及其作用

字　　段	作　　用
ID	DHCP 服务器事件 ID 代码
日期	DHCP 服务器上记录此项的日期
时间	DHCP 服务器上记录此项的时间
描述	关于这个 DHCP 服务器事件的说明
IP 地址	DHCP 客户端的 IP 地址
主机名	DHCP 客户端的主机名
MAC 地址	客户端的网络适配器使用的 MAC 地址

DHCP 服务器日志文件使用保留的事件 ID 代码来提供有关服务器事件类型或所记录活动的信息。表 8-7 详细地描述了常见事件 ID 代码及其含义。

表 8-7　DHCP 服务器日志文件中常见事件 ID 代码及其含义

事件 ID 代码	含　义
00	已启动日志
01	已停止日志
02	由于磁盘空间不足，日志被暂停
10	已将一个新的 IP 地址租给一个客户端
11	一个客户端已续订了一个租约
12	一个客户端已释放了一个租约
13	一个 IP 地址已在网络上被占用
14	不能满足租用请求，因为作用域的地址池已用尽
15	一个租约已被拒绝
16	一个租约已被删除

如果要启用日志功能，则可以在【DHCP】窗口左侧的控制台树中展开【服务器选项】节点，右击【IPv4】选项，在弹出的快捷菜单中选择【属性】命令，打开【IPv4 属性】对话框，选择【常规】选项卡，勾选【启用 DHCP 审核记录】复选框（默认为选中状态），如图 8-51 所示。设置完成后，DHCP 服务器开始将工作记录写入文件中。

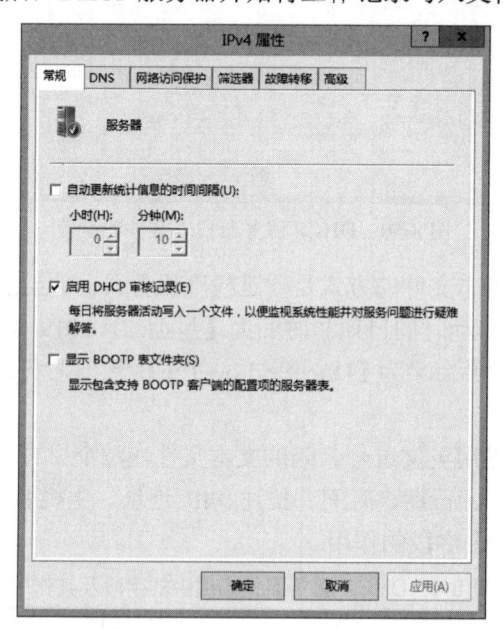

图 8-51　启用 DHCP 日志功能

任务验证

【DHCP】窗口左侧的控制台树中提供了特定的图标来动态表示控制台对象的状态，图标类型可以直观地反映 DHCP 服务器的工作状态。因此，在日常运维中，读者可以通过如表 8-8 所示的 DHCP 服务器图标类型直观地感知服务器的工作状态。

表 8-8 DHCP 服务器图标的类型及描述

图标	描述
	表示控制台正试图连接到服务器
	表明 DHCP 失去了与服务器的连接
	已添加到控制台树中的 DHCP 服务器
	已连接并在控制台树中处于活动状态的 DHCP 服务器
	DHCP 服务器已连接，但当前用户没有管理该服务器的权限
	DHCP 服务器警告。服务器作用域的可用地址已被租用了 90% 或更多，并且正在被使用。这表明服务器可租用给客户端的地址几乎被用完
	DHCP 服务器警报。服务器作用域中已没有可用的地址，因为所有可分配使用的地址（100%）当前都已被租用。这表明网络中的 DHCP 服务器出现故障，无法为客户端提供 IP 地址或为客户端服务
	作用域是活动的
	作用域是非活动的
	作用域警告：服务器作用域的 90%或更多的 IP 地址正在被使用
	作用域警报：所有 IP 地址都已被 DHCP 服务器分配并且都正在被使用，客户端无法从 DHCP 服务器中获得 IP 地址

练习与实践

一、理论题

1．DHCP 服务器分配给客户端的默认租用期是（　　）天。

　　A．8　　　　　　　B．7　　　　　　　C．6　　　　　　　D．5

2．DHCP 服务器可以通过以下（　　）命令重新获取 TCP/IP 配置信息。

　　A．ipconfig　　　　　　　　　　　　B．ipconfig/all

　　C．ipconfig/renew　　　　　　　　　D．ipconfig/release

3．DHCP 服务器可以通过以下（　　）命令释放 TCP/IP 配置信息。

　　A．ipconfig　　　　　　　　　　　　B．ipconfig/all

　　C．ipconfig/renew　　　　　　　　　D．ipconfig/release

4．如果 Windows DHCP 客户端无法获得 IP 地址，将自动从保留地址段（　　）中选择一个作为自己的地址。

　　A．172.16.0.0/24　　　　　　　　　B．10.0.0.0/8

　　C．192.168.1.0/24　　　　　　　　　D．169.254.115.0/24

5．DHCP 服务器和 DHCP 客户端通过 DHCP 协议进行交互时，它们的端口号分别是（　　）。

　　A．67 和 68　　　　B．23 和 80　　　　C．25 和 21　　　　D．443 和 80

二、项目实训题

1. 项目背景

Jan16 公司内部原有的办公计算机全部使用静态 IP 地址实现相互通信，公司规模不断扩大，现需要通过部署 DHCP 服务器实现销售部、行政部和财务部的所有主机动态获取 TCP/IP 配置信息，实现全网互联。根据公司的网络规划，划分 VLAN1、VLAN2 和 VLAN3 三个网段，网络地址分别为 172.20.0.0/24、172.21.0.0/24 和 172.22.0.0/24。公司采用 Windows Server 2012 R2 服务器作为各部门相互通信的路由器，要求读者根据所给网络拓扑结构配置好网络环境。Jan16 公司的网络拓扑结构如图 8-52 所示。

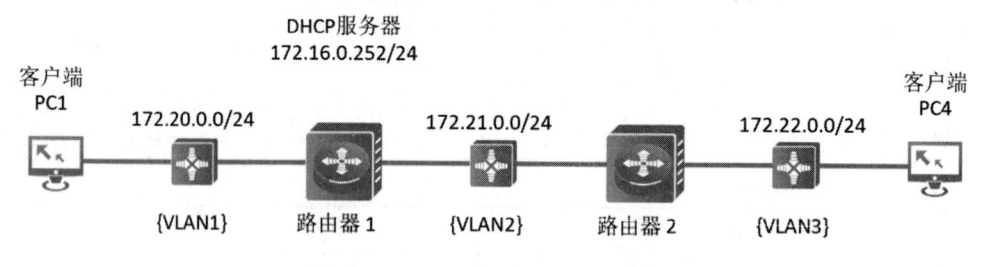

图 8-52　Jan16 公司的网络拓扑结构

2. 项目要求

（1）根据 Jan16 公司的网络拓扑结构，分析网络需求，配置各计算机，实现全网互联。

（2）配置 DHCP 服务器，实现 PC1 自动获取 IP 地址并能与 PC4 进行通信。

（3）结果验证：项目中所有的计算机都使用【ipconfig/all】命令来显示 TCP/IP 配置信息。

项目 9

部署公司的 FTP 服务

/ 项目学习目标 /

（1）掌握 FTP 服务的工作原理。
（2）了解 FTP 的典型消息。
（3）掌握匿名 FTP 与实名 FTP 的概念与应用。
（4）掌握 FTP 多站点和虚拟目录技术的概念与应用。
（5）掌握 FTP 访问权限与 NTFS 权限的协同应用。
（6）掌握 IIS 和 Serv-U 主流 FTP 服务的部署与应用。
（7）掌握企业网 FTP 服务部署的业务实施流程。

项目描述

Jan16 公司信息中心的文件共享服务有效地提高了信息中心网络工作的效率，基于此，公司希望能在信息中心部署公司文档中心，为各部门提供 FTP 服务，以提高公司员工的工作效率，公司网络拓扑结构如图 9-1 所示。

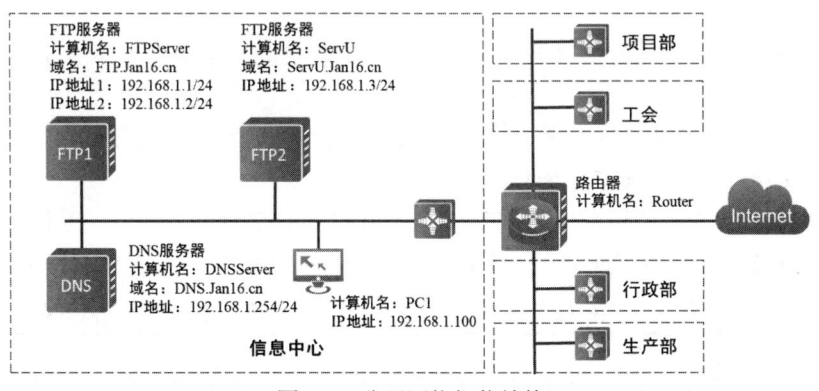

图 9-1 公司网络拓扑结构

FTP 服务部署要求如下。

（1）在 FTP1 服务器上部署 FTP 服务，创建 FTP 站点，为公司所有员工提供文件共享服务，以提高工作效率，具体要求如下。

① 在 F 盘创建【文档中心】目录，并在该目录中创建【产品技术文档】【公司品牌宣传】【常用软件工具】【公司规章制度】子目录，实现公共文档的分类管理。

② 创建公共 FTP 站点，站点根目录为【F:\文档中心】，站点仅允许员工下载文档。

③ FTP 站点的访问地址为 ftp://192.168.1.1。

（2）在 FTP1 服务器上创建部门级数据共享空间，具体要求如下。

① 在 F 盘为各部门创建【部门文档中心】目录，并在该目录中创建【行政部】【项目部】【工会】部门专属目录，并为各部门创建相应的用户服务账户。

② 创建专属 FTP 站点，站点根目录为【F:\部门文档中心】，该站点不允许用户修改根目录结构，仅允许各部门员工使用专属用户服务账户访问对应部门的专属目录，对专属目录有上传和下载的权限。

③ 为各部门设置专门访问账户，仅允许员工访问【文档中心】和部门专属目录文档。

④ FTP 站点的访问地址为 ftp://192.168.1.1:2100。

（3）公司非常注重对员工的培养，要求管理员在 FTP1 服务器上为不同岗位的学习资源创建专属 FTP 站点，具体要求如下。

① 规划设立网络工程师学习资源、网络系统集成工程师学习资源、网络销售经理学习资源 3 个专属 FTP 站点。

② 以上 3 个站点面向公司 3 种不同岗位的员工，均允许员工下载相关学习资料。

③ 3 个站点的访问地址如下。

网络工程师学习资源 FTP 站点访问地址：ftp://192.168.1.2:2000。

网络系统集成工程师学习资源 FTP 站点访问地址：ftp://192.168.1.2:3000。

网络销售经理学习资源 FTP 站点访问地址：ftp://192.168.1.2:4000。

（4）公司研发中心负责公司信息化系统的开发，目前由开发部和测试部两个小组构成。研发中心需要部署一台专属 FTP 服务器用于内部文档的共享与同步，为此，研发中心在 FTP2 服务器（利用旧设备）上部署了 Serv-U FTP Server（简称 Serv-U）软件，用于搭建部门 FTP 站点，具体要求如下。

① 在 E 盘创建【研发中心】目录，并在该目录中创建【文档共享中心】【开发部】【测试部】子目录。

② 在 Serv-U 中创建管理员账户【admin】，创建开发部专属用户服务账户【develop】，创建测试部专属用户服务账户【test】。

③ 在 Serv-U 中创建【研发中心】FTP 站点，并设置 FTP 站点的根目录为【E:\研发中心】。

④ 按表 9-1 所示，在 Serv-U 中配置用户服务账户对 FTP 站点各目录的访问权限。

表 9-1 研发中心 FTP 站点用户服务账户对 FTP 站点各目录的访问权限的配置

用户名	目录			
	E:\研发中心（根目录）	E:\研发中心\文档共享中心	E:\研发中心\开发部	E:\研发中心\测试部
develop	只读	能读/写，不能删	只读	不可见
test	只读	能读/写，不能删	不可见	只读
admin	完全控制	完全控制	完全控制	完全控制

⑤ 研发中心 FTP 站点的访问地址为 ftp://192.168.1.3。

项目分析

通过部署文件共享服务可以让局域网内的计算机访问共享目录内的文档，但是不同局域网内的计算机则无法访问该共享目录。FTP 服务与文件共享类似，用于提供文件共享访问服务，但是它提供服务的网络不再局限于局域网，用户还可以通过广域网访问共享文件。因此，在公司的服务器上创建 FTP 站点，并在 FTP 站点上部署共享目录就可以实现公司文档的共享，员工可以方便访问该站点的文档。

根据项目背景，分别在 Windows Server 2012 R2 和 Serv-U 上部署 FTP 站点，可以通过以下工作任务来完成。

（1）部署公共 FTP 站点，实现公司公共文档的分类管理，方便员工下载。

（2）部署专属 FTP 站点，实现部门级数据共享，提高数据安全性和员工工作效率。

（3）部署多个岗位学习资源专属 FTP 站点，在一台服务器上为不同岗位的学习资源创建专属 FTP 站点，方便员工学习与成长。

（4）部署基于 Serv-U 的 FTP 站点，为研发中心提供便捷的内部文档共享与同步服务。

相关知识

FTP（File Transfer Protocol，文件传输协议）定义了一个在远程计算机系统和本地计算机系统之间传输文件的标准，工作在应用层，使用 TCP 协议在不同的主机之间提供可靠的文件传输服务。由于 TCP 是一种面向连接的、可靠的传输协议，因此 FTP 协议可提供可靠的文件传输服务。FTP 协议支持断点续传功能，它可以大幅地降低 CPU 和网络带宽的开销。在 Internet 诞生初期，FTP 协议就已经被应用在文件传输服务上，而且一直作为主要的服务被广泛部署，Windows、Linux、UNIX 等各种常见的网络操作系统都能提供 FTP 服务。

9.1 FTP 的工作原理

与大多数的 Internet 服务一样，FTP 协议也是一种客户端/服务器系统。用户通过一个支持 FTP 协议的客户端程序，连接到远程主机上的 FTP 服务器程序。用户通过客户端程序向服务器程序发出命令，服务器程序执行用户所发出的命令，并将执行结果返回用户。

一个 FTP 会话通常包括 5 个软件元素的交互，表 9-2 列出了这 5 个软件元素，图 9-2 描述了 FTP 协议的工作模型。

表 9-2　FTP 会话的 5 个软件元素

软 件 元 素	说　　明
用户接口（UI）	提供了一个使用客户端协议解释器的用户接口
客户端协议解释器（CPI）	向远程服务器协议机发送命令并且驱动客户端数据传输过程
服务端协议解释器（SPI）	响应客户协议机发出的命令并驱动服务端数据传输过程
客户端数据传输协议（CDTP）	负责完成和服务端数据传输过程及客户端本地文件系统的通信
服务端数据传输协议（SDTP）	负责完成和客户端数据传输过程及服务端文件系统的通信

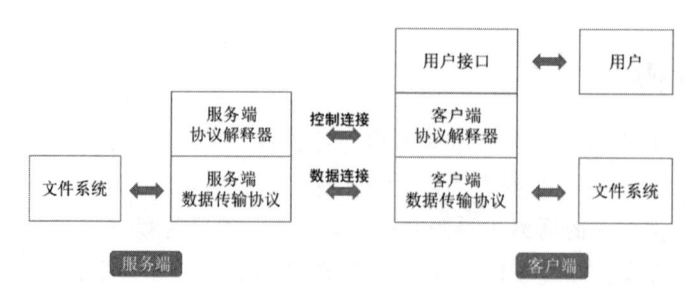

图 9-2 FTP 协议的工作模型

大多数的 TCP 协议使用单个的连接，用户向服务器的一个固定接口发起连接，然后使用这个连接进行通信。但是，FTP 协议有所不同，FTP 协议在运作时要使用两个 TCP 连接。

在 TCP 会话中，存在两个独立的 TCP 连接，一个是由 CPI 和 SPI 使用的，被称为控制连接；另一个是由 CDTP 和 SDTP 使用的，被称为数据连接。FTP 独特的双接口连接结构的优点在于，两个连接可以选择各自合适的服务质量。例如，为控制连接提供更小的延迟时间，为数据连接提供更大的数据吞吐量。

控制连接是在执行 FTP 命令时由客户端发起请求与 FTP 服务器建立的连接。控制连接并不传输数据，只用来传输控制数据传输的 FTP 命令集及其响应。因此，控制连接只需要很小的网络宽带。

在通常情况下，FTP 服务器通过监听端口 21 来等待控制连接建立请求。一旦客户端和服务器建立连接，控制连接就会始终保持连接状态，而数据连接端口 20 仅在传输数据时开启。在客户端请求获取 FTP 文件目录、上传文件和下载文件时，客户端和服务器将建立一条数据连接，这里数据连接是全双工的，允许同时进行双向的数据传输，并且客户端的端口是随机产生的，多次建立连接的客户端端口是不同的，一旦传输结束，就马上释放这条数据连接。FTP 客户端和 FTP 服务器请求连接、建立连接、数据传输、数据传输完成、断开连接的过程如图 9-3 所示，其中客户端端口 1088 和 1089 是在客户端随机产生的。

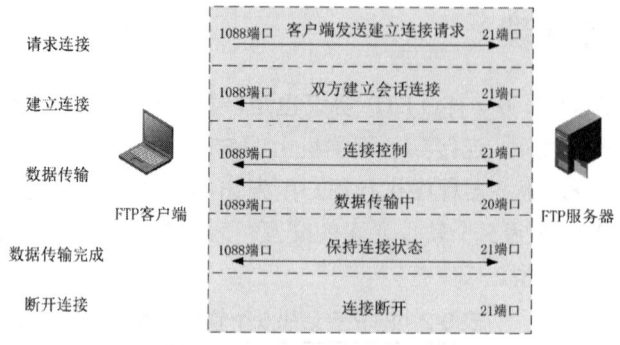

图 9-3 FTP 协议的工作过程

9.2 FTP 的典型消息

FTP 客户程序在与 FTP 服务器进行通信时，经常会看到一些由 FTP 服务器发送的消息，这些消息是 FTP 协议定义的。表 9-3 列出了 FTP 协议中定义的典型消息。

表 9-3 FTP 协议中定义的典型消息

消息号	含义
120	服务在多少分钟内准备好
125	数据连接已经打开，开始传送数据
150	文件状态正确，正在打开数据连接
200	命令执行正确
202	命令未被执行，该站点不支持此命令
211	系统状态或系统帮助信息回应
212	目录状态
213	文件状态
214	帮助消息。关于如何使用本服务器或特殊的非标准命令
220	对新连接用户的服务已准备就绪
221	控制连接关闭
225	数据连接打开，无数据传输
226	正在关闭数据连接。请求的文件操作成功（如文件传送或终止）
227	进入被动模式
230	用户已登录。如果不需要可以退出
250	请求的文件操作完成
331	用户名正确，需要输入密码
332	需要登录的账户
350	请求的文件操作需要更多的信息
421	服务不可用，控制连接关闭。例如，同时连接的用户过多（已达到同时连接的用户数量限制）或连接超时导致服务不可用
425	打开数据连接失败
426	连接关闭，传送中止
450	请求的文件操作未被执行
451	请求的操作中止。发生本地错误
452	请求的操作未被执行。系统存储空间不足。文件不可用
500	语法错误，命令不可识别。命令行过长
501	因参数错误导致的语法错误
502	命令未被执行
503	命令顺序错误
504	参数错误，命令未被执行
530	账户或密码错误，未能登录
532	存储文件需要账户信息
550	请求的操作未被执行，文件不可用（例如，文件未找到或无访问权限）
551	请求的操作被中止，页面类型未知
552	请求的文件操作被中止，超出当前目录的存储范围
553	请求的操作未被执行，文件名不合法

9.3 常用 FTP 服务器和客户端程序

目前市面上有众多的 FTP 服务器和客户端程序，表 9-4 列出了基于 Windows 和 Linux 两种平台的常用的 FTP 服务器和客户端程序。

表 9-4 基于 Windows 和 Linux 两种平台的常用的 FTP 服务器和客户端程序

程　序	基于 Windows 平台		基于 Linux 平台	
	名　称	连 接 模 式	名　称	连 接 模 式
FTP 服务器程序	IIS	主动、被动	vsftpd	主动、被动
	Serv-U	主动、被动	proftpd	主动、被动
	Xlight FTP Server	主动、被动	Wu-ftpd	主动、被动
FTP 客户端程序	命令行工具：FTP	默认为主动	命令行工具：lftp	默认为主动
	图形化工具：CuteFTP、LeapFTP	主动、被动	图形化工具：gFTP、Iglooftp	主动、被动
	Web 浏览器	主动、被动	Mozilla 浏览器	主动、被动

9.4 匿名 FTP 与实名 FTP

1．匿名 FTP

用户在使用 FTP 时必须先登录到 FTP 服务器，在远程主机上获取相应的用户权限以后，才可进行文件的下载或上传操作。也就是说，如果要同某一台计算机进行文件传输，就必须获取该台计算机的相关使用授权。换言之，除非有登录计算机的账户和密码，否则无法进行文件传输。

但是，这种配置管理方法违背了 Internet 的开放性，Internet 上的 FTP 服务器主机有很多，不可能要求每个用户在每一台 FTP 服务器上都拥有各自的账户。因此，匿名 FTP 就应运而生了。

匿名 FTP 是这样一种机制：用户可通过匿名账户连接到远程主机上，并从中下载文件，而无须成为 FTP 服务器的注册用户。此时，系统管理员会创建一个特殊的用户账户，名为【anonymous】，Internet 上的任何人在任何地方都可使用该匿名账户下载 FTP 服务器上的资源。

2．实名 FTP

相对于匿名 FTP，一些 FTP 服务仅允许特定用户访问，为一个部门、组织或个人提供网络共享服务，这种 FTP 服务被称为实名 FTP。

用户访问实名 FTP 时需要输入账户和密码，FTP 管理员需要在 FTP 服务器上注册相应的账户。

9.5 FTP 的访问权限

与文件共享权限类似，FTP 提供文件传输服务时，提供两种文件操作权限：上传和下载。

上传是指允许用户将本地文件复制到 FTP 服务器上，同时，还允许用户删除、新建、修改 FTP 服务器上的文件。而下载是指仅允许用户将 FTP 服务器上的文件复制到本地。

如果 FTP 站点建立在 NTFS 磁盘上，用户访问 FTP 站点还将受到文件对应的 NTFS 权限的约束。

9.6　FTP 的访问方式

FTP 的访问地址由【ftp://IP 地址或域名:端口号】组成，FTP 允许用户通过 IP 地址或域名访问，FTP 的默认端口号为 21，如果 FTP 服务器使用的是默认端口号，则用户在输入访问地址时可以将其省略；如果 FTP 服务器使用了自定义端口号，则不能省略。

9.7　在一台服务器上部署多个 FTP 站点

FTP 地址的三个要素是协议、IP 地址和端口号，如果公司需要在一台 FTP 服务器上部署多个 FTP 站点，则管理员可以通过 IP 地址或端口号来创建多个互不冲突的 FTP 站点。

（1）通过 IP 地址在一台服务器上创建多个 FTP 站点。

如果 FTP 服务器拥有多个 IP 地址，那么在 FTP 站点创建过程中可以让每个 FTP 站点绑定（指定）不同的 IP 地址，这样，FTP 客户端访问不同的 IP 地址就可以进入不同的 FTP 站点。

（2）通过端口号在一台服务器上创建多个 FTP 站点。

如果 FTP 服务器只有 1 个 IP 地址，那么在 FTP 站点创建过程中可以让每个 FTP 站点绑定（指定）不同的端口号（为避免同系统保留端口号冲突，用户自定义的端口号必须大于 1024），这样，FTP 客户端访问不同的端口号就可以进入不同的 FTP 站点。

9.8　通过虚拟目录让 FTP 站点链接不同的磁盘资源

在一般情况下，FTP 站点只能部署在一个物理路径（磁盘）上，如果用户想通过 FTP 站点访问其他磁盘的数据，则可以通过 FTP 的虚拟目录来实现。虚拟目录的结构如图 9-4 所示。

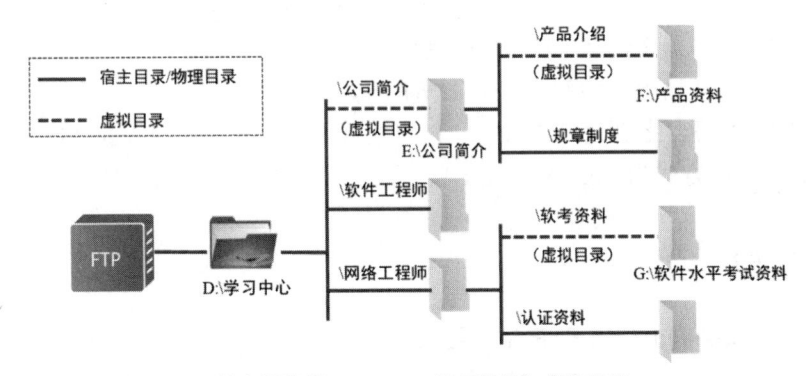

图 9-4　FTP 虚拟目录的结构

在图 9-4 中，【E:\公司简介】目录通过虚拟目录【\公司简介】在逻辑上链接到了【D:\学习中心】目录下。虚拟目录还支持嵌套，由此，虚拟目录可以在 FTP 站点内将不同磁盘的资源在逻辑上链接起来，从而为用户提供数据服务。

注意：（1）虚拟目录的名称（也称别名）可以不同于原目录的名称，例如，【软考资料】就是一个虚拟目录别名，它的物理目录名称为【软件水平考试资料】。

（2）虚拟目录的名称不能被显性地显示在用户的物理目录列表中，要访问虚拟目录，用户必须知道虚拟目录的别名，并输入完整的 URL。因此，管理员可以在 FTP 的根目录中，用目录注释方式列出虚拟目录相关资料，以方便用户访问。

任务 9-1 公司公共 FTP 站点的部署

任务规划

学习视频 20

在 FTP1 服务器上创建一个公共 FTP 站点，并在站点根目录【F:\文档中心】中分别创建【产品技术文档】【公司品牌宣传】【常用软件工具】【公司规章制度】子目录，实现公共文档的分类管理，方便员工下载文档，网络拓扑结构如图 9-5 所示。

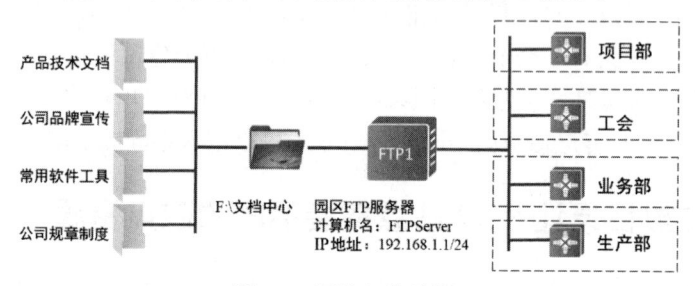

图 9-5 网络拓扑结构

Windows Server 2012 R2 提供了 FTP 服务器角色和功能，本任务可以在 FTP1 服务器上安装 FTP 服务器角色和功能，并通过以下步骤实现公司公共 FTP 站点的部署。

（1）在 FTP1 服务器上创建 FTP 站点目录。

（2）在 FTP1 服务器上安装 FTP 服务器角色和功能。

（3）在 FTP1 服务器上创建 FTP 站点。站点根目录为【F:\文档中心】，站点权限为仅允许下载，站点的访问方式为 ftp://192.168.1.1。

任务实施

1. 在 FTP1 服务器上创建 FTP 站点目录

在 FTP 服务器的 F 盘创建【文档中心】目录，并在【文档中心】目录中创建【产品技术文档】【公司品牌宣传】【常用软件工具】【公司规章制度】子目录，结果如图 9-6 所示。

2. 在 FTP1 服务器上安装 FTP 服务器角色和功能

（1）单击【服务器管理器】窗口中的【添加角色和功能】链接，在【安装类型】窗口中选择【基于角色或基于功能的安装】选项，然后单击【下一步】按钮。

（2）在【服务器选择】窗口中选择服务器本身，单击【下一步】按钮。

（3）在【选择服务器角色】窗口中，勾选【Web 服务器(IIS)】复选框，结果如图 9-7 所示，然后单击【下一步】按钮。

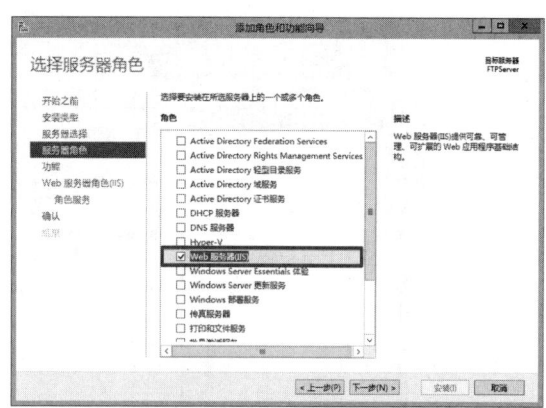

图 9-6 【F:\文档中心】目录

图 9-7 勾选【Web 服务器(IIS)】复选框

> 备注：IIS 服务包含了 Web 服务和 FTP 服务，在 Windows Server 2012 R2 中，要安装 FTP 服务，必须先安装 IIS 服务，因此在选择服务器角色时，要选择【Web 服务器(IIS)】角色。

在【功能】窗口中，按默认配置，直接单击【下一步】按钮。

（4）在【Web 服务器(IIS)】窗口中，按默认配置，直接单击【下一步】按钮。

（5）在【选择角色服务】窗口中，勾选【FTP 服务】和【FTP 扩展】两个复选框，结果如图 9-8 所示，然后单击【下一步】按钮。

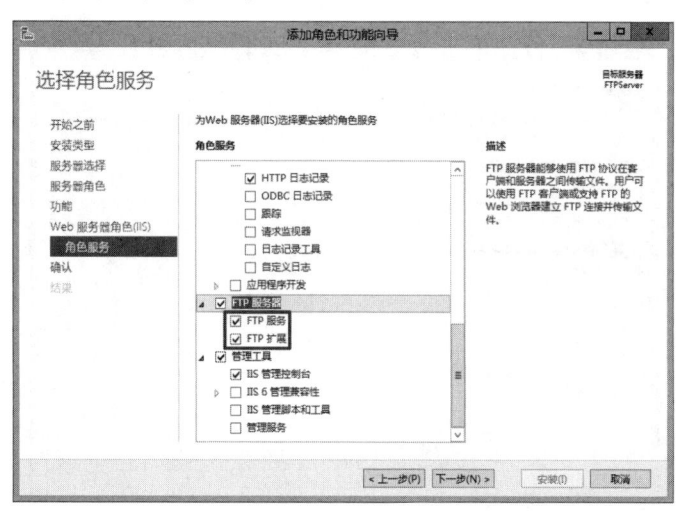

图 9-8 勾选【FTP 服务】和【FTP 扩展】两个复选框

（6）在【确认安装所选内容】窗口中，单击【安装】按钮，安装完成后单击【关闭】按钮，完成 FTP 服务器角色与功能的安装。

3．在 FTP1 服务器上创建 FTP 站点

（1）打开【服务器管理器】窗口，在【工具】下拉菜单中选择【Internet 信息服务(IIS)

管理器】命令，打开【Internet Information Services (IIS)管理器】窗口，如图9-9所示，展开窗口左侧的【网站】节点，单击右侧【操作】窗格中的【添加FTP站点】链接。

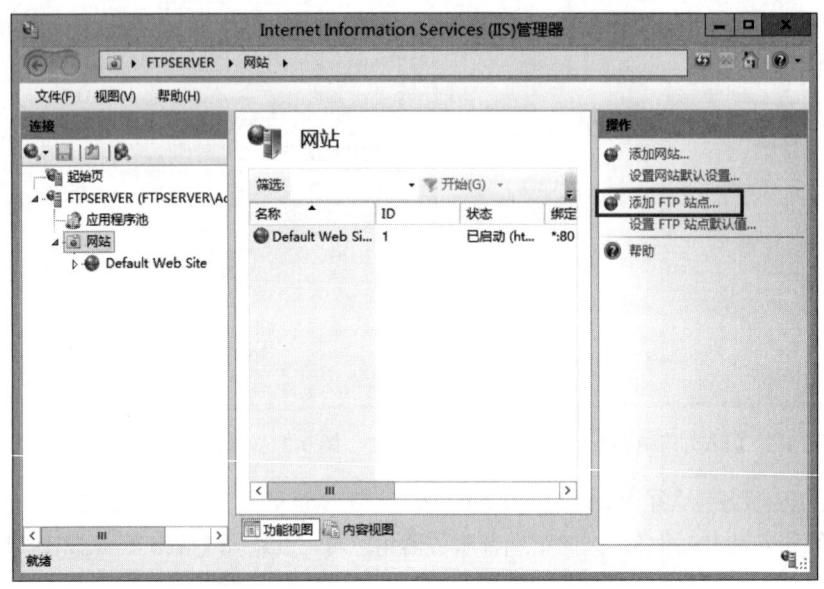

图9-9 【Internet Information Services (IIS)管理器】窗口

（2）在如图9-10所示的【站点信息】对话框的【FTP站点名称】文本框中输入【文档中心】，单击【物理路径】文本框右侧的按钮，在打开的界面中选择【F:\文档中心】目录，然后单击【下一步】按钮。

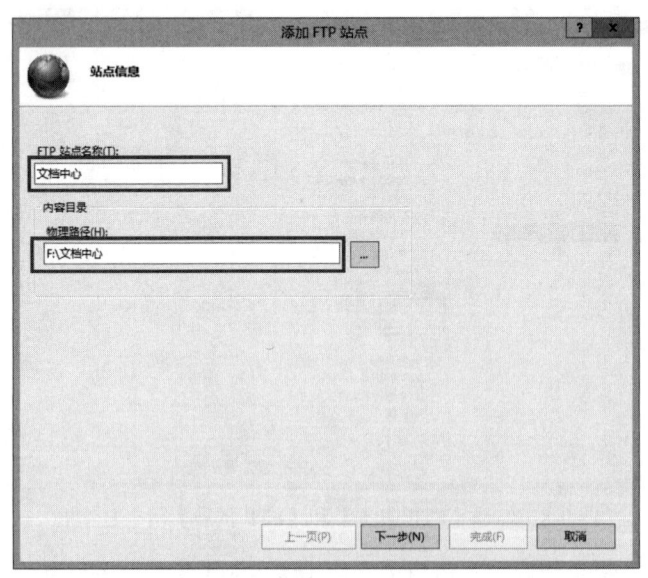

图9-10 【站点信息】对话框

（3）在如图9-11所示的【绑定和SSL设置】对话框的【IP地址】下拉列表中选择IP地址为【192.168.1.1】，并选中【无SSL】单选按钮，其他选项使用默认配置，然后单击【下一步】按钮。

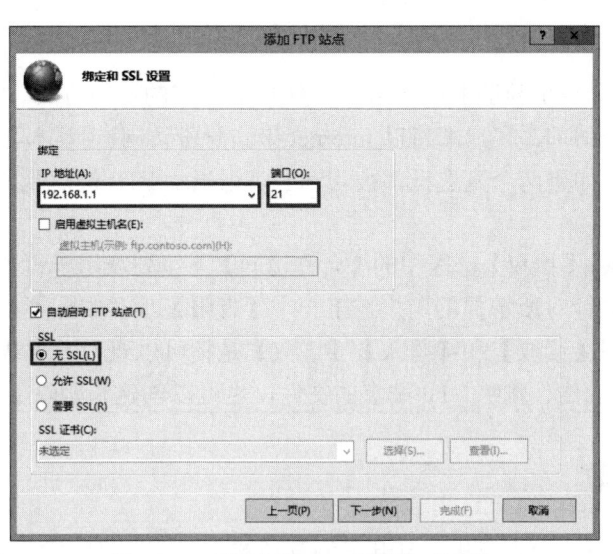

图 9-11 【绑定和 SSL 设置】对话框

> 备注：
> ①SSL（Secure Sockets Layer）是为网络通信提供安全及数据完整性的一种安全协议，允许用户通过安全方式（如数字证书）访问 FTP 站点。如果采用 SSL 方式，则管理员需要预先配置安全证书。
> ②在【IP 地址】下拉列表中，管理员可以选择服务器的 IP 地址，如果不选择，则表示允许客户端使用任意的服务器 IP 地址来访问 FTP 站点；如果选择其中一个 IP 地址，则表示仅允许客户端使用该 IP 地址来访问 FTP 站点。

（4）在如图 9-12 所示的【身份验证和授权信息】对话框的【身份验证】选区中，勾选【匿名】和【基本】复选框，在【授权】选区的【允许访问】下拉列表中选择【所有用户】选项，并勾选【读取】复选框，然后单击【完成】按钮，完成 FTP 站点的创建。

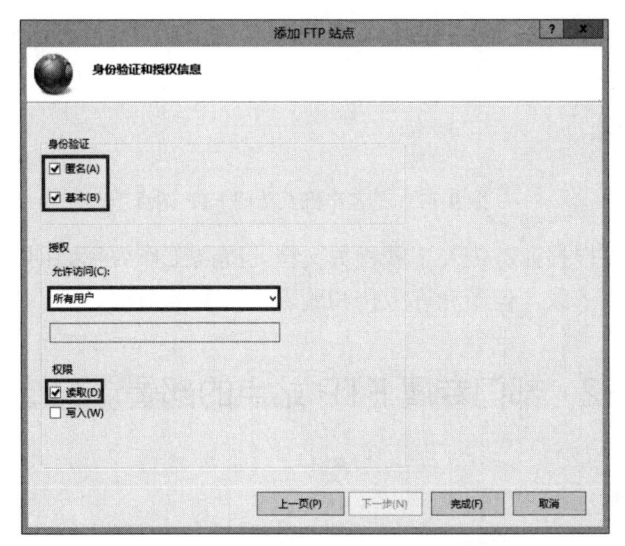

图 9-12 【身份验证和授权信息】对话框

> 备注：
> ①身份验证：【身份验证】选区用于设置FTP站点的访问方式。【匿名】是指该FTP站点允许匿名账户访问，客户端将以Internet来宾身份访问；【基本】是指该FTP站点采用实名访问方式。如果两个复选框都被勾选了，则表示FTP站点既允许匿名访问，也允许实名访问。
> ②授权与权限：【授权】选区中的【允许访问】下拉列表用于设置允许访问该站点的用户或用户组，并针对所选择的用户在下一个【权限】项目中配置权限。用户对站点有两种访问权限，即【读取】和【写入】，【读取】是指可以查看、下载FTP站点的文件；【写入】是指可以上传、删除FTP站点的文件，也可以创建和删除子目录。

任务验证

在公司内部任何一台客户机上打开资源管理器，在地址栏中输入【192.168.1.1】，即可打开刚刚创建的FTP站点，并且可以看到站点内的4个子目录，如图9-13所示。

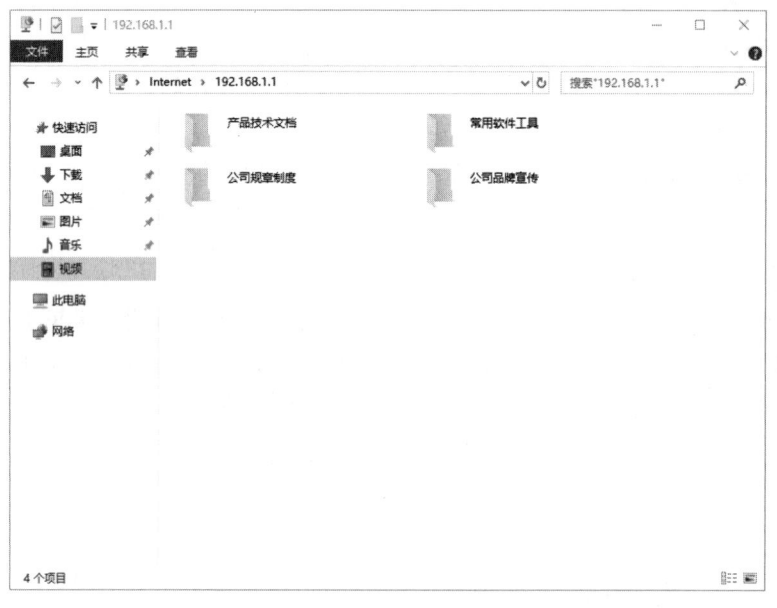

图9-13　在客户机上访问FTP站点

用户登录后可以根据业务需要下载相关文档，提高工作效率。同时，管理员可以进一步测试【用户仅可以下载，但不允许上传和删除文件】的情况。

任务9-2　部门专属FTP站点的部署

学习视频21

任务规划

通过任务9-1，公司创建了公共FTP站点，为员工下载公司公用文件提供了便利，并提高了员工的工作效率。各部门也相继提出了创建部门级数据共享空间的需求，具体内容如下。

（1）在 F 盘为各部门创建【部门文档中心】目录，并在该目录中创建【行政部】【项目部】【工会】部门专属目录。

（2）为各部门创建相应的用户服务账户。

（3）创建专属 FTP 站点，站点根目录为【F:\部门文档中心】，站点权限如下。

- 不允许用户修改站点根目录结构。
- 各部门用户服务账户仅允许访问对应部门的专属目录，对专属目录有上传和下载权限。

（4）FTP 站点的访问地址为 ftp://192.168.1.1:2100。

在项目 5 中，我们了解到文件共享权限受文件共享权限和 NTFS 权限的双重约束，在部署时，管理员可以采用"文件共享权限最大化，NTFS 权限最小化"原则。Windows Server 的 FTP 站点如果部署在 NTFS 磁盘中，则其访问权限同样受 FTP 站点权限和 NTFS 权限的双重约束，在部署时，需采用"FTP 站点权限最大化，NTFS 权限最小化"原则。

本任务在部署部门的专属 FTP 站点时，可以先创建一个具有上传和下载权限的站点，然后在发布目录和其子目录中配置 NTFS 权限，为用户服务账户设置相匹配的权限。在用户服务账户的设计中，可以根据组织架构的特征，完成用户服务账户的创建。因此，应根据与 FTP 服务相关的公司组织架构来规划相应的用户服务账户与 FTP 站点架构，结果如图 9-14 所示。

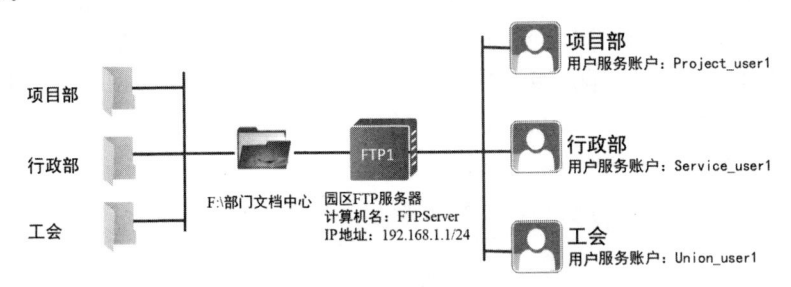

图 9-14 用户服务账户与部门专属 FTP 站点架构

综上所述，本任务可通过以下操作步骤来实现。

（1）创建 FTP 站点物理目录和各部门的用户服务账户。

（2）创建部门文档中心 FTP 站点。

（3）设置 FTP 站点的根目录和子目录的 NTFS 权限。

任务实施

1. 创建 FTP 站点物理目录和各部门的用户服务账户

（1）创建 FTP 站点物理目录。

在 FTP 服务器的 F 盘创建【部门文档中心】目录，并在【部门文档中心】目录中创建【项目部】【行政部】【工会】子目录，结果如图 9-15 所示。

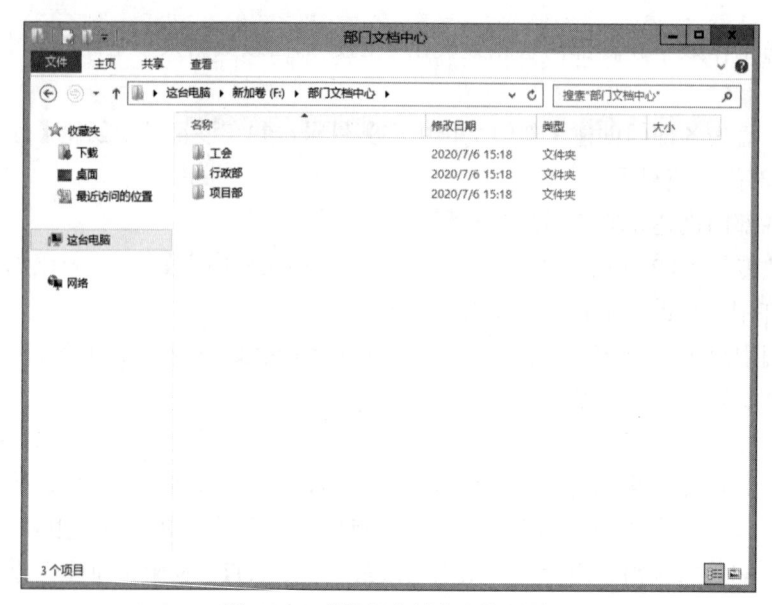

图 9-15 【部门文档中心】目录

（2）创建各部门的用户服务账户。

① 在【服务器管理器】窗口的【工具】下拉菜单中选择【计算机管理】命令，打开【计算机管理】窗口。在【计算机管理】窗口中展开【本地用户和组】节点，右击【用户】选项，在弹出的快捷菜单中选择【新用户】命令，打开如图 9-16 所示的【新用户】对话框。在【用户名】文本框中输入【Project_user1】，在【密码】和【确认密码】文本框中输入【Jan16@Studio】（默认要求输入复杂性密码），勾选【用户不能更改密码】和【密码永不过期】复选框（通常用户服务账户仅用于特定场景，密码由管理员进行管理），然后单击【创建】按钮，完成项目部用户服务账户和密码的创建。

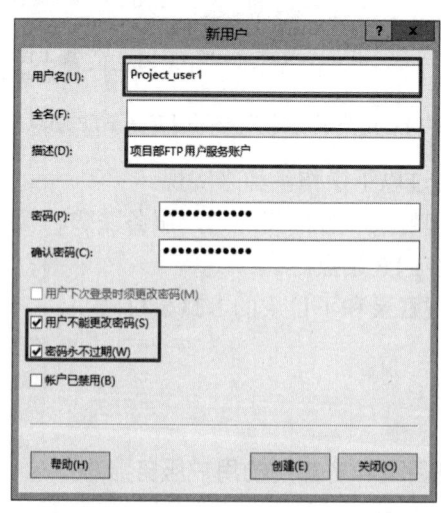

图 9-16 【新用户】对话框

② 按照同样的方法创建行政部和工会员工的用户服务账户，分别为 Service_user1 和 Union_user1，结果如图 9-17 所示。

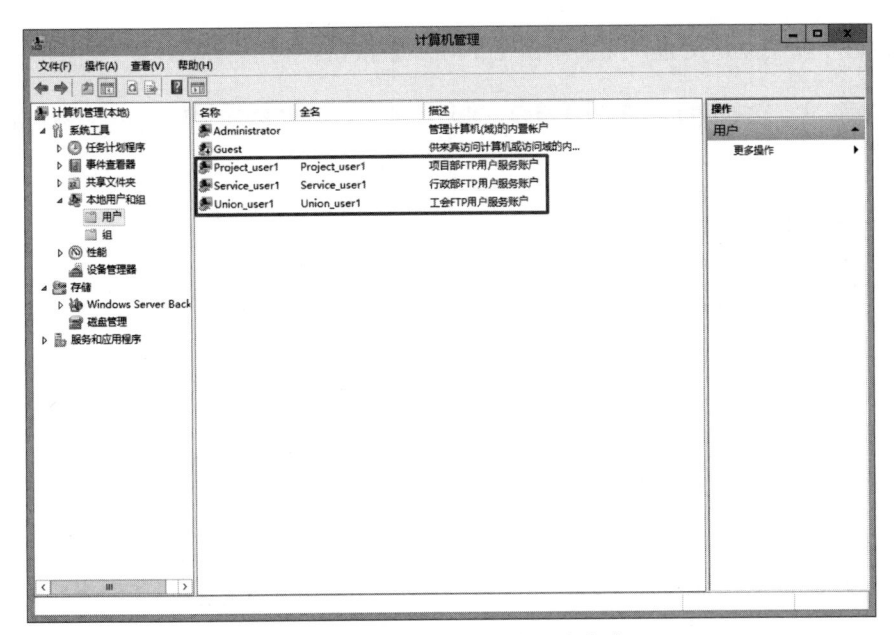

图 9-17　各部门用户服务账户信息

2. 创建部门文档中心 FTP 站点

（1）打开【服务器管理器】窗口，在【工具】下拉菜单中选择【Internet Information Services (IIS)管理器】命令，打开如图 9-18 所示的【Internet Information Services (IIS)管理器】窗口，展开窗口左侧的【网站】节点，单击右侧【操作】窗格中的【添加 FTP 站点】链接。

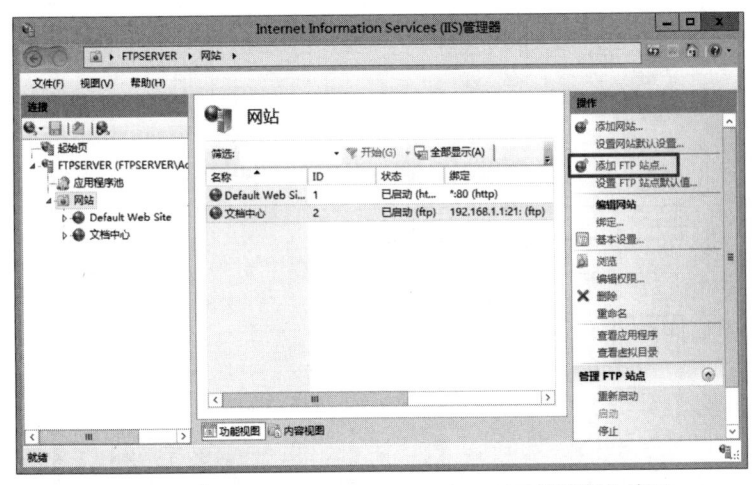

图 9-18　【Internet Information Services (IIS)管理器】窗口

（2）打开如图 9-19 所示的【站点信息】对话框，在【FTP 站点名称】文本框中输入【部门文档中心】，单击【物理路径】文本框右侧的按钮，在打开的界面中选择【F:\部门文档中心】目录，然后单击【下一步】按钮。

（3）打开如图 9-20 所示的【绑定和 SSL 设置】对话框，在【IP 地址】下拉列表中选择 IP 地址为【192.168.1.1】，在【端口】文本框中输入端口【2100】，选中【无 SSL】单选按钮，其他选项使用默认配置，然后单击【下一步】按钮。

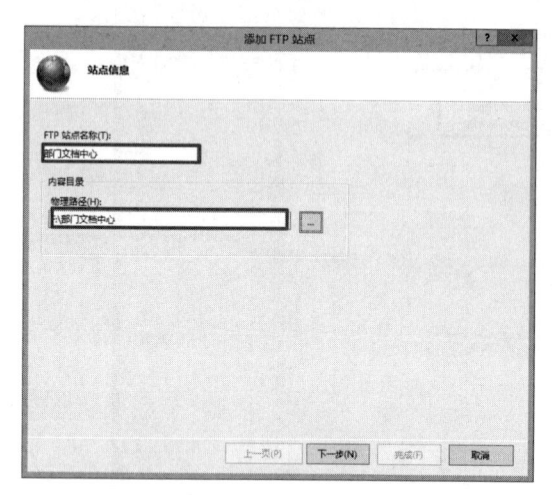

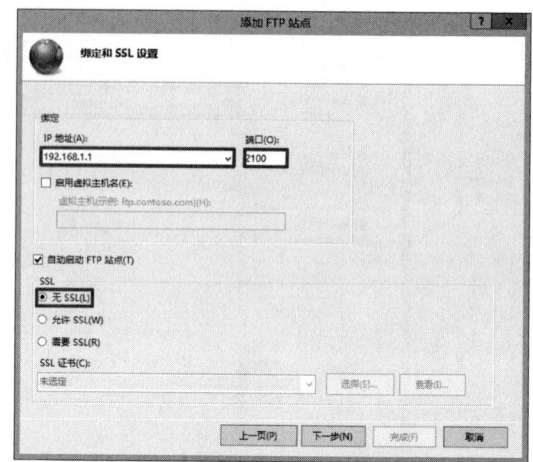

图 9-19 【站点信息】对话框

图 9-20 【绑定和 SSL 设置】对话框

（4）在如图 9-21 所示的【身份验证和授权信息】对话框的【身份验证】选区中，勾选【基本】复选框，在【授权】选区的【允许访问】下拉列表中选择【所有用户】选项，在权限设置中，根据"文件共享权限最大化，NTFS 权限最小化"原则，勾选【读取】和【写入】复选框，然后单击【完成】按钮，完成部门文档中心 FTP 站点的创建。

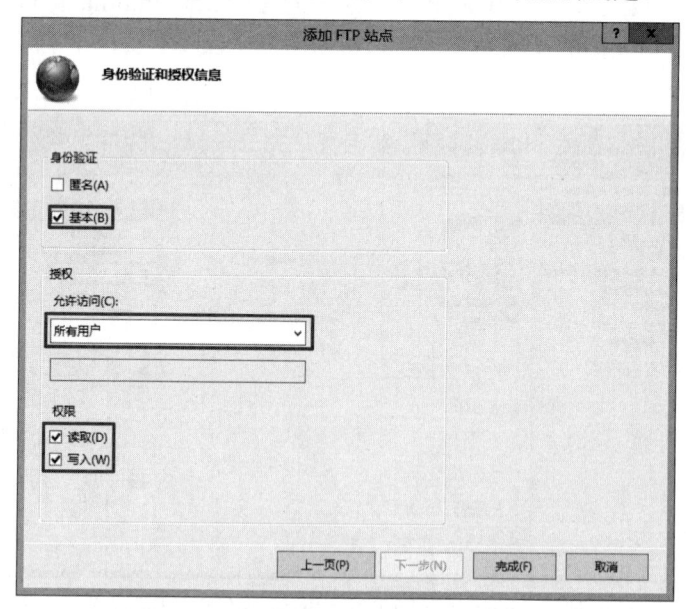

图 9-21 【身份验证和授权信息】对话框

3. 设置 FTP 站点根目录和子目录的 NTFS 权限

（1）设置 FTP 站点根目录的 NTFS 权限。

① 打开【部门文档中心 属性】对话框，选择【安全】选项卡，如图 9-22 所示。

图 9-22 【部门文档中心 属性】对话框的【安全】选项卡

② 单击【高级】按钮，进入如图 9-23 所示的【部门文档中心的高级安全设置】窗口，单击【禁用继承】按钮，在弹出的【阻止继承】对话框中选择【从此对象中删除所有已继承的权限。】选项。

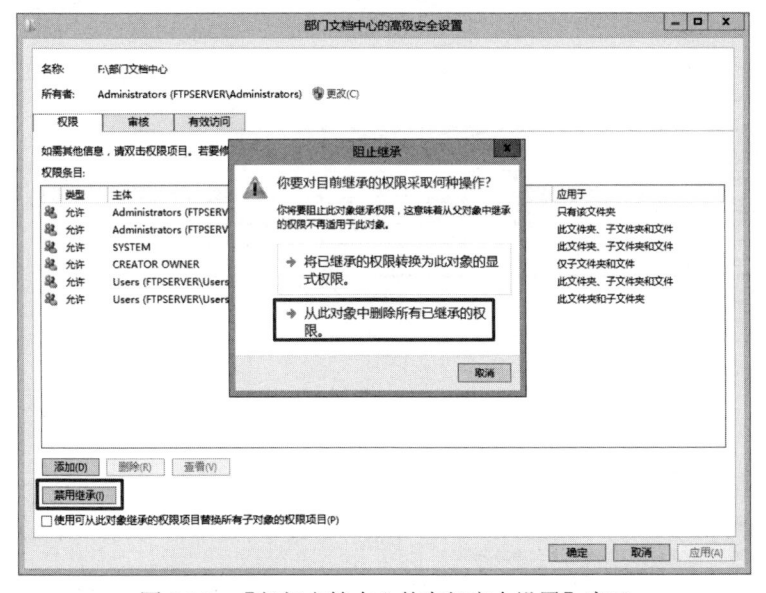

图 9-23 【部门文档中心的高级安全设置】窗口

③ 单击【添加】按钮，在弹出的如图 9-24 所示的【部门文档中心的权限项目】窗口中，选择前面创建的【Project_user1】用户服务账户，并在【基本权限】列表框中选择如图 9-24 所示的 3 个权限（这 3 个权限仅允许用户读取和列出文件夹内容，不允许修改，满

足了任务需求中"不允许用户修改站点根目录结构"的需求),然后单击【确定】按钮,完成项目部 FTP 站点根目录的 NTFS 权限的设置。

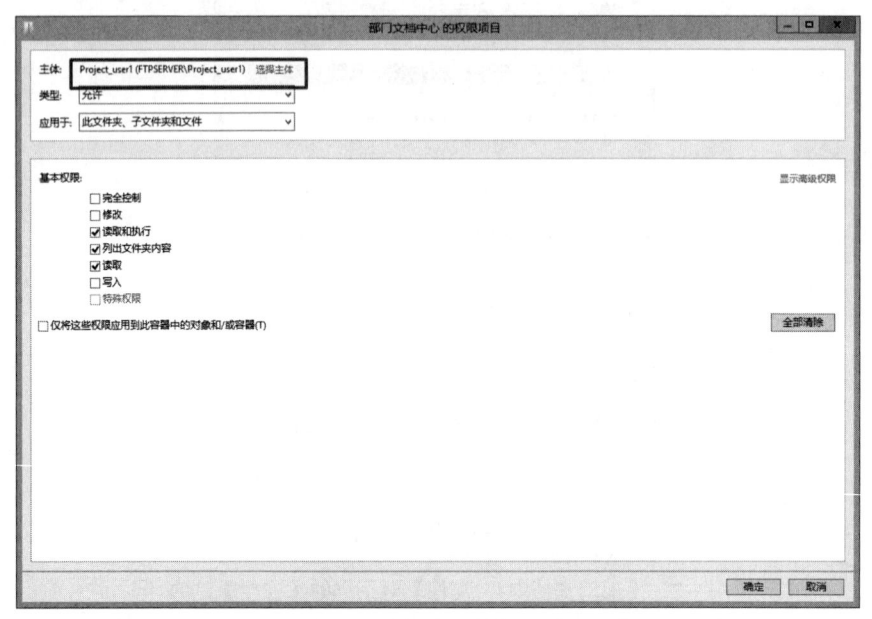

图 9-24 【部门文档中心的权限项目】窗口

④ 继续设置另外两个部门的 FTP 站点根目录的 NTFS 权限,结果如图 9-25 所示。

图 9-25 FTP 站点根目录的 NTFS 权限的设置结果

⑤ 单击【确定】按钮,完成 FTP 站点根目录 NTFS 权限的设置,完成后的 NTFS 权限如图 9-26 所示。

图 9-26　完成 FTP 站点根目录 NTFS 权限的设置

（2）设置 FTP 站点各部门对应子目录的 NTFS 权限。

根据任务要求，各部门员工的用户服务账户仅允许访问对应部门的专属目录，对专属目录有上传和下载权限。因此，在子目录的 NTFS 权限设置中，需要参照根目录 NTFS 权限设置的步骤。

① 取消【F:\部门文档中心\项目部】目录的 NTFS 继承功能，并添加项目部 FTP 站点用户服务账户【Project_user1】的 NTFS 权限，结果如图 9-27 所示，不赋予【完全控制】和【删除】权限。

> 备注：【删除】权限是指不允许用户服务账户删除【F:\部门文档中心\项目部】目录本身。如果选中该权限，则该用户服务账户可以删除该目录，不能满足任务需求中"不允许用户修改站点根目录结构"的需求。

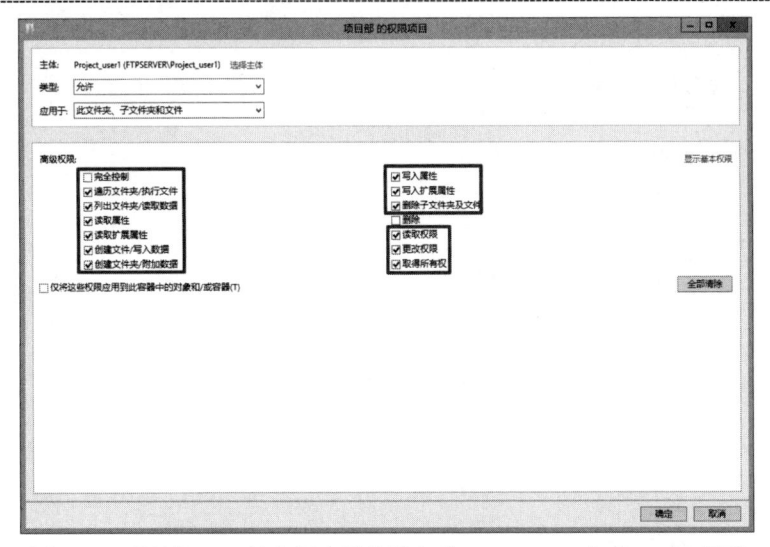

图 9-27　项目部 FTP 站点用户服务账户【Project_user1】的 NTFS 权限

② 按照相同步骤，完成工会和行政部对应子目录的 NTFS 权限的设置，结果如图 9-28 和图 9-29 所示。

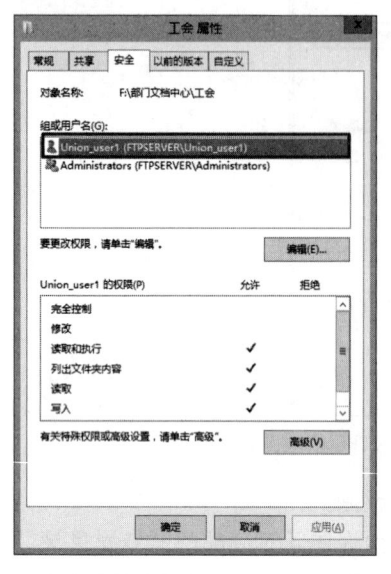

图 9-28　完成工会对应子目录的 NTFS 权限的设置　　图 9-29　完成行政部对应子目录的 NTFS 权限的设置

任务验证

（1）使用项目部 FTP 站点用户服务账户登录 FTP 站点，并尝试新建一个文件夹，结果如图 9-30 所示。从图 9-30 中可以看出，该用户服务账户可以看到三个部门的目录，但是无法在该目录中新建文件夹和修改该根目录中的内容，满足了"不允许用户修改站点根目录结构"的需求。

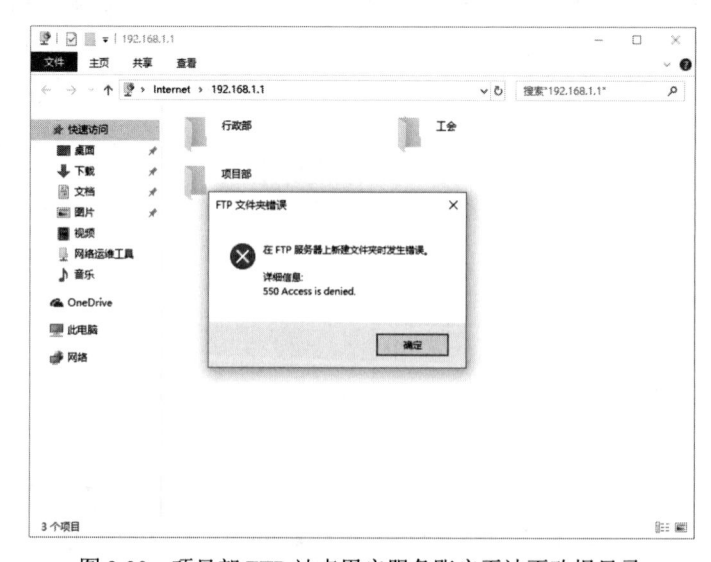

图 9-30　项目部 FTP 站点用户服务账户无法更改根目录

（2）继续访问，结果为不允许其访问【工会】和【行政部】两个子目录，访问【行政部】子目录的结果如图 9-31 所示，满足了"各部门用户服务账户仅允许访问对应部门的专属目录"的需求。

图 9-31　项目部 FTP 站点用户服务账户对行政部专属目录没有访问权限

（3）继续访问【项目部】子目录，结果如图 9-32 所示，该用户服务账户对该目录下的文件和文件夹具有完全控制权限，满足了"各部门用户服务账户对部门专属目录有上传和下载权限"的需求。

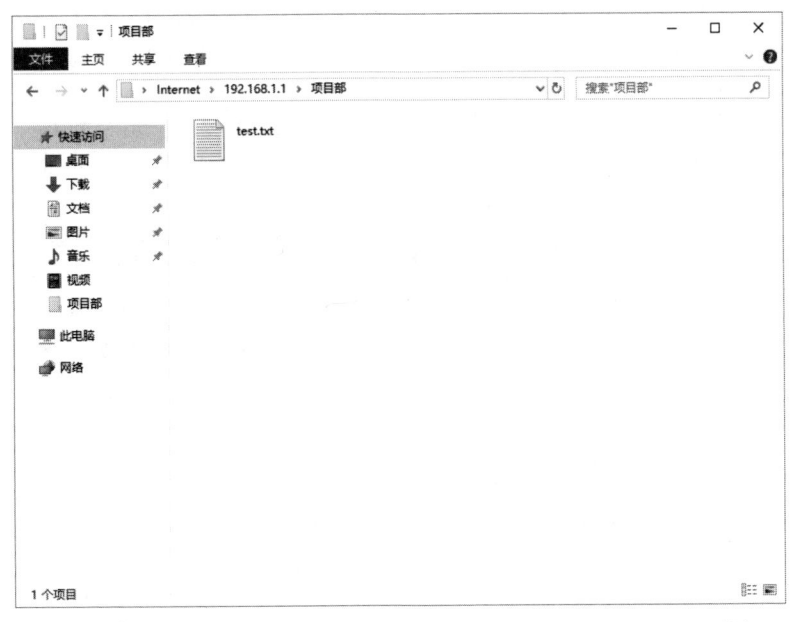

图 9-32　项目部 FTP 站点用户服务账户对项目部专属目录有上传和下载权限

任务 9-3 多个岗位学习资源专属 FTP 站点的部署

任务规划

公司非常注重对员工的培养,要求在 FTP1 服务器上为不同岗位的学习资源创建专属 FTP 站点,具体要求如下。

设立网络工程师学习资源、网络系统集成工程师学习资源、网络销售经理学习资源 3 个专属 FTP 站点,并允许所有员工下载学习。

通过任务 9-1 和任务 9-2,我们在 FTP1 服务器上部署了两个 FTP 站点,在实际应用中,公司为充分利用服务器资源,常常会在一台服务器上部署多个 FTP 站点,既可以满足内部需求,还可以提高资源的利用率。表 9-5 将任务 9-1 和任务 9-2 的 FTP 站点访问方式进行了对比,它们采用了不同的服务端口来区分各自的站点。

表 9-5 任务 9-1 和任务 9-2 的 FTP 站点访问方式的对比

FTP 站点名称	FTP 站点访问地址		
	协议头	IP 地址	端口
公司公共 FTP 站点	ftp://	192.168.1.1	21
部门专属 FTP 站点	ftp://	192.168.1.1	2100

由此,我们可以了解到,FTP 站点的访问地址由 3 个要素构成,即协议头、IP 地址和端口,只要 IP 地址和端口有一个不同,它们就是不同的 FTP 站点,因此用户可以基于这 2 个要素来构建多个 FTP 站点,例如:

- 在一台服务器上绑定多个 IP 地址,通过设置不同的 IP 地址来创建多个站点;
- 通过自定义端口来创建多个站点。

因此,根据本任务背景,网络管理员可以使用 FTP1 服务器的另一个 IP 地址来部署公司 3 个岗位学习资源的专属 FTP 站点,FTP 站点结构示意如图 9-33 所示。

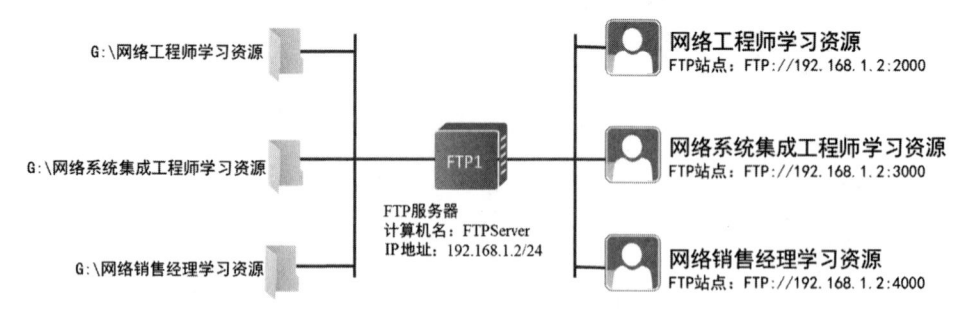

图 9-33 岗位学习资源专属 FTP 站点结构示意

各岗位学习资源专属 FTP 站点规划如下。

(1)设立网络工程师学习资源专属 FTP 站点,站点信息如下。

- 站点名称:网络工程师学习资源。

- 根目录：G:\网络工程师学习资源。
- 站点用户服务账户：所有用户。
- 站点访问权限：仅允许下载。
- FTP 站点访问地址：ftp://192.168.1.2:2000。

（2）设立网络系统集成工程师学习资源专属 FTP 站点，站点信息如下。
- 站点名称：网络系统集成工程师学习资源。
- 根目录：G:\网络系统集成工程师学习资源。
- 站点用户服务账户：所有用户。
- 站点访问权限：仅允许下载。
- FTP 站点访问地址：ftp://192.168.1.2:3000。

（3）设立网络销售经理学习资源专属 FTP 站点，站点信息如下。
- 站点名称：网络销售经理学习资源。
- 根目录：G:\网络销售经理学习资源。
- 站点用户服务账户：所有用户。
- 站点访问权限：仅允许下载。
- FTP 站点访问地址：ftp://192.168.1.2:4000。

综上所述，本任务可通过以下操作步骤来实现。

（1）在服务器上绑定多个 IP 地址，为创建多站点做准备。
（2）创建岗位学习资源 FTP 站点目录和岗位学习资源专属 FTP 站点账户。
（3）创建网络工程师学习资源专属 FTP 站点。
（4）创建网络系统集成工程师和网络销售经理学习资源专属 FTP 站点。

任务实施

1．在服务器上绑定多个 IP 地址，为创建多站点做准备

（1）打开【网络和共享中心】窗口，单击【以太网卡】链接，在弹出的对话框中单击【属性】按钮，然后双击【Internet 协议版本 4(TCP/IPv4)】选项，打开如图 9-34 所示的【Internet 协议版本 4(TCP/IPv4)属性】对话框，单击【高级】按钮。

（2）在打开的如图 9-35 所示的【高级 TCP/IP 设置】对话框中选择【IP 设置】选项卡，单击【添加】按钮，在弹出的【TCP/IP 地址】对话框中，设置 IP 地址为【192.168.1.2】，子网掩码为【255.255.255.0】，然后单击【添加】按钮，最后单击【确定】按钮，完成第二个 IP 地址的添加。

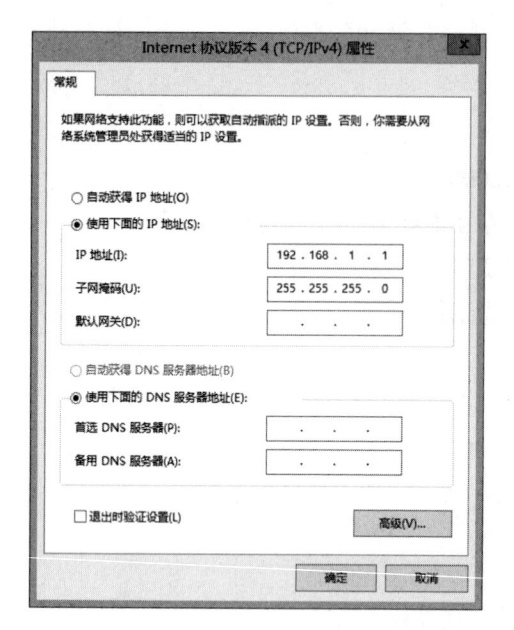

图 9-34　【Internet 协议版本 4(TCP/IPv4)属性】对话框　　图 9-35　【高级 TCP/IP 设置】对话框

（3）打开如图 9-36 所示的【网络连接详细信息】对话框，查看 TCP/IP 配置信息，可以看到成功添加了第二个 IP 地址。

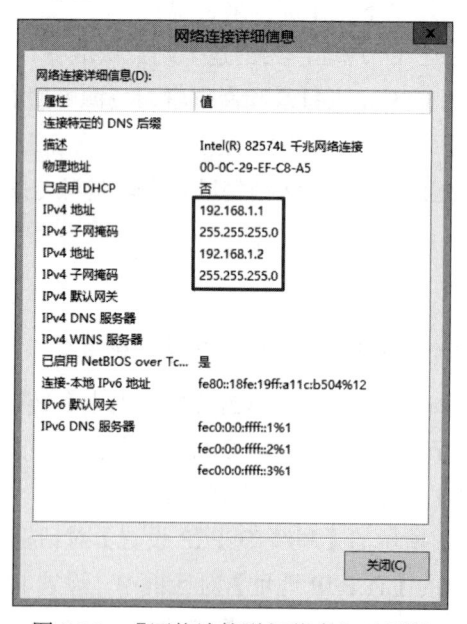

图 9-36　【网络连接详细信息】对话框

2. 创建岗位学习资源 FTP 站点目录和岗位学习资源专属 FTP 站点账户

（1）创建岗位学习资源 FTP 站点目录。

在 G 盘创建 3 个岗位学习资源 FTP 站点目录，分别为【网络工程师学习资源】、【网络系统集成工程师学习资源】和【网络销售经理学习资源】，如图 9-37 所示。

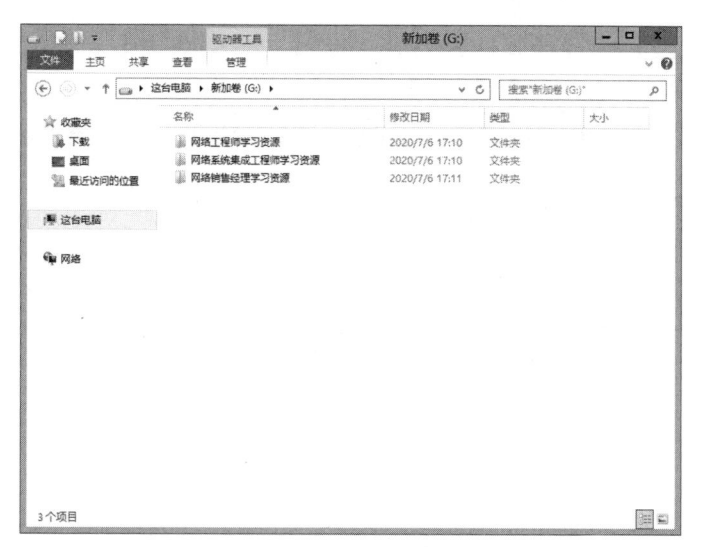

图 9-37　创建岗位学习资源 FTP 站点目录

（2）创建岗位学习资源专属 FTP 站点账户。

为方便公司员工访问内部学习资源 FTP 站点，需要创建一个专属账户，在本任务中，创建了用户名为 public，密码为 P123abc 的专属账户，结果如图 9-38 所示。

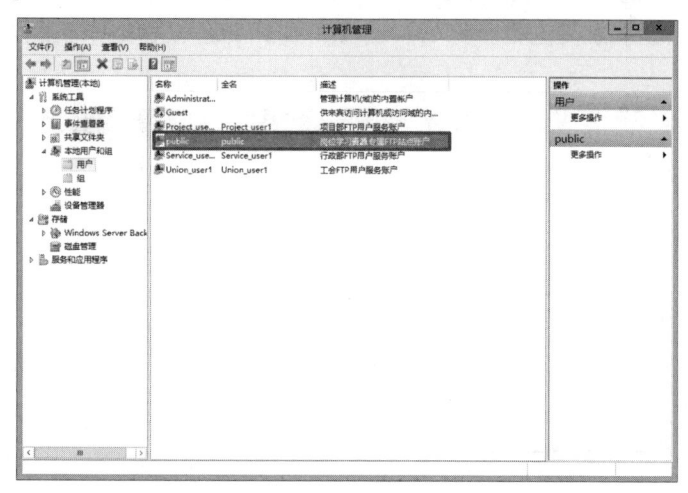

图 9-38　创建岗位学习资源专属 FTP 站点账户

3．创建网络工程师学习资源专属 FTP 站点

（1）打开【服务器管理器】窗口，在【工具】下拉菜单中选择【Internet Information Services (IIS)管理器】命令，打开【Internet Information Services (IIS)管理器】窗口，展开窗口左侧的【网站】节点，单击右侧【操作】窗格中的【添加 FTP 站点】链接。在如图 9-39 所示的【站点信息】对话框的【FTP 站点名称】文本框中输入【网络工程师学习资源】，单击【物理路径】文本框右侧的按钮，在打开的界面中选择【G:\网络工程师学习资源】目录，然后单击【下一步】按钮。

（2）在如图 9-40 所示的【绑定和 SSL 设置】对话框的【IP 地址】下拉列表中选择 IP

地址为【192.168.1.2】,在【端口】文本框中输入【2000】,选中【无 SSL】单选按钮,其他选项使用默认配置,然后单击【下一步】按钮。

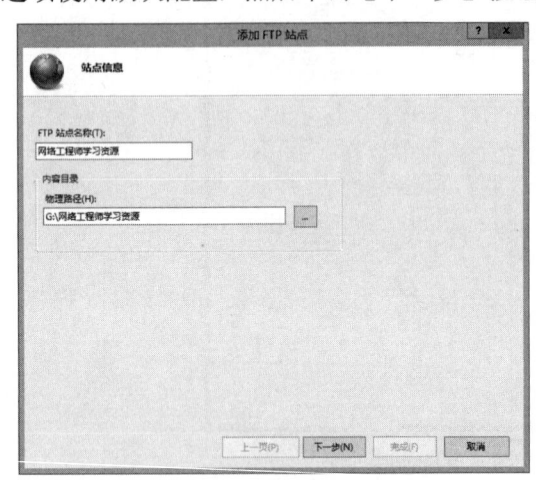

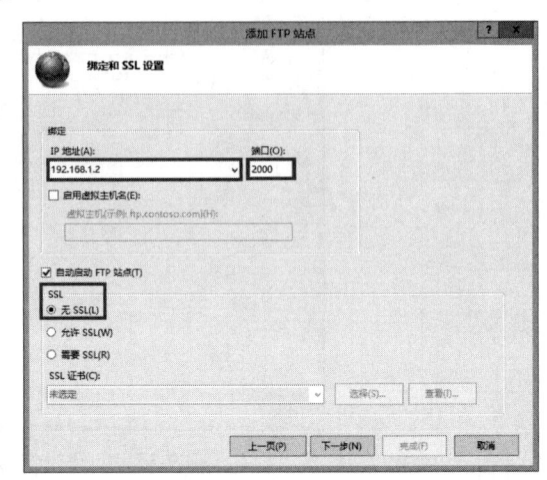

图 9-39 【站点信息】对话框　　　　　图 9-40 【绑定和 SSL 设置】对话框

(3)在如图 9-41 所示的【身份验证和授权信息】对话框的【身份验证】选区中,勾选【基本】复选框;在【授权】选区的【允许访问】下拉列表中选择【所有用户】选项,在权限项目中,勾选【读取】复选框,然后单击【完成】按钮,完成网络工程师学习资源专属 FTP 站点的创建。

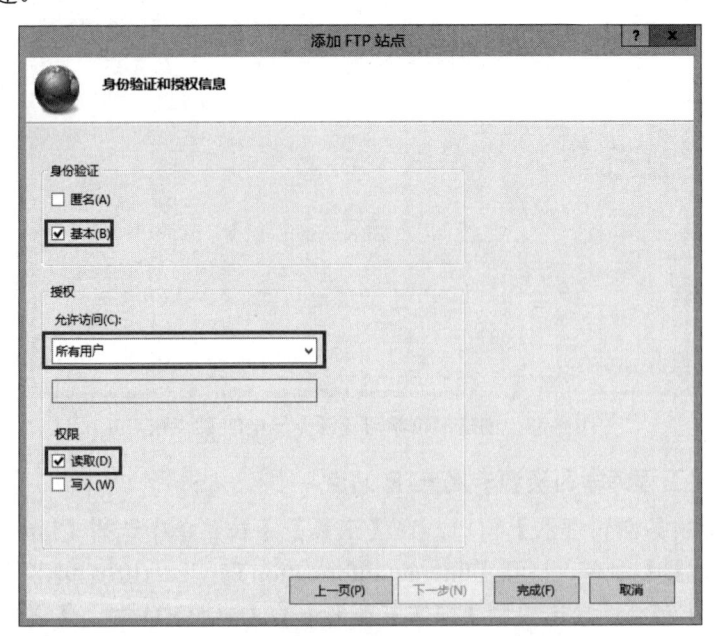

图 9-41 【身份验证和授权信息】对话框

4.创建网络系统集成工程师和网络销售经理学习资源专属 FTP 站点

参考上述步骤,完成网络系统集成工程师和网络销售经理学习资源专属 FTP 站点的创建,结果如图 9-42 所示。

项目 9 部署公司的 FTP 服务

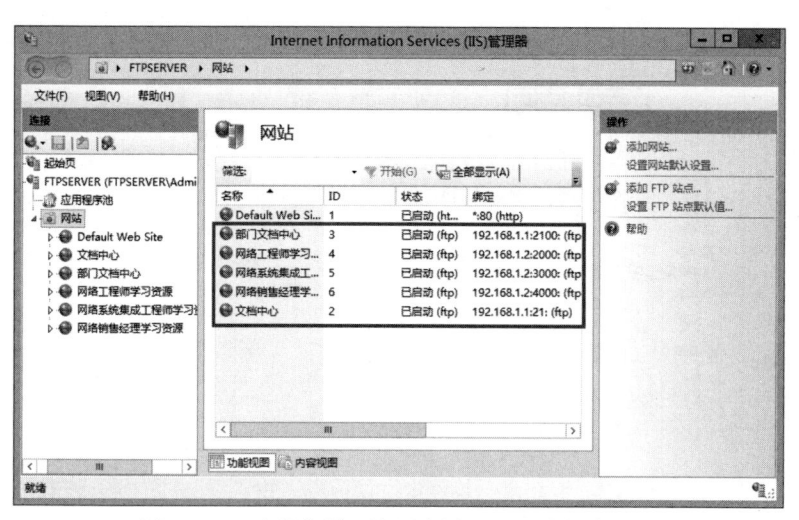

图 9-42 3 个岗位学习资源专属 FTP 站点创建完成

任务验证

（1）测试网络工程师学习资源专属 FTP 站点：在企业网内部计算机的 FTP 客户端中输入网络工程师学习资源专属 FTP 站点的 URL【ftp://192.168.1.2:2000/】，然后分别输入岗位学习资源专属 FTP 站点的账户【public】和密码【P123abc】，测试结果如图 9-43 所示。

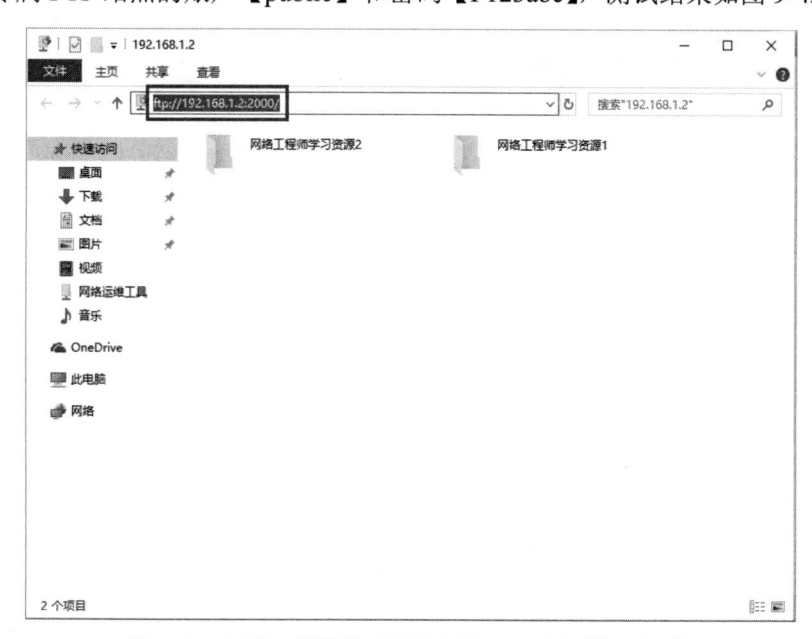

图 9-43 网络工程师学习资源专属 FTP 站点的测试结果

（2）测试网络系统集成工程师学习资源专属 FTP 站点：在企业网内部计算机的 FTP 客户端中输入网络系统集成工程师学习资源专属 FTP 站点的 URL【ftp://192.168.1.2:3000/】，然后分别输入岗位学习资源专属 FTP 站点的账户【public】和密码【P123abc】，测试结果如图 9-44 所示。

197

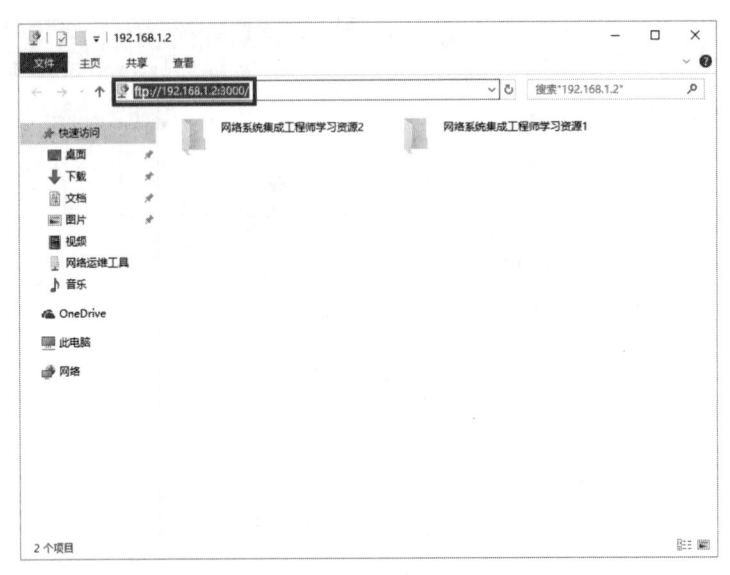

图 9-44　网络系统集成工程师学习资源专属 FTP 站点的测试结果

（3）测试网络销售经理学习资源专属 FTP 站点：在企业网内部计算机的 FTP 客户端中输入网络销售经理学习资源专属 FTP 站点的 URL【ftp://192.168.1.2:4000/】，然后分别输入岗位学习资源专属 FTP 站点的账户【public】和密码【P123abc】，测试结果如图 9-45 所示。

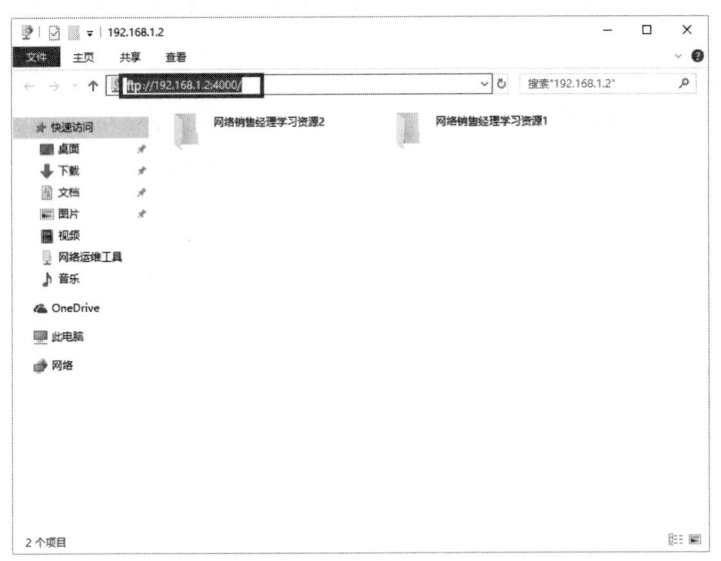

图 9-45　网络销售经理学习资源专属 FTP 站点的测试结果

任务 9-4　基于 Serv-U 的 FTP 站点的部署

任务规划

研发中心负责公司信息化系统的开发，目前由开发部和测试部两个小组构成。

学习视频 23

研发中心需要部署一台专属 FTP 服务器用于内部文档的共享与同步。为此，研发中心在 FTP2 服务器上部署了 Serv-U FTP Server 软件来搭建部门 FTP 站点，具体要求如下。

（1）在 E 盘创建【研发中心】目录，并在该目录中创建【文档共享中心】【开发部】【测试部】子目录。

（2）在 Serv-U 中创建管理员账户【admin】，创建开发部专属用户服务账户【develop】，创建测试部专属用户服务账户【test】。

（3）在 Serv-U 中创建【研发中心】FTP 站点，并设置 FTP 站点的根目录为【E:\研发中心】。

（4）按表 9-6 所示，在 Serv-U 中配置用户服务账户对 FTP 站点各目录的访问权限。

表 9-6 研发中心 FTP 站点用户服务账户对 FTP 站点各目录的访问权限的配置

用户名	目录			
	E:\研发中心（根目录）	E:\研发中心\文档共享中心	E:\研发中心\开发部	E:\研发中心\测试部
develop	只读	能读/写，不能删	只读	不可见
test	只读	能读/写，不能删	不可见	只读
admin	完全控制	完全控制	完全控制	完全控制

Serv-U FTP Server 作为业界广泛使用的 FTP 服务端软件，可以部署在 Windows 全系列操作系统上，特别是可以部署在 Windows 7、Windows 10 等桌面操作系统上。它提供了用户管理、用户访问权限管理、用户磁盘空间使用大小控制、访问控制列表、断点续传、多 FTP 站点部署等功能。因此，Serv-U 可以让公司以较少的投资在普通计算机上部署专业的 FTP 服务。它是 FTP 服务器市场上占有率较高的一款软件。

在 Serv-U 的用户管理方面，其不依赖于 Windows 用户和 NTFS 权限，它采用了自己内置的用户与磁盘访问管理机制，在部署和使用方面变得更容易。本项目是 Serv-U 的一个典型 FTP 站点部署应用，根据任务背景，本任务需要在 FTP2 服务器上安装 Serv-U 服务端软件，并通过以下步骤完成公司研发中心 FTP 站点的部署。

（1）创建研发中心根目录和子目录。
（2）安装 Serv-U 并创建 FTP 域。
（3）为研发中心创建专属用户服务账户。
（4）为用户服务账户配置 FTP 站点目录的访问权限。

任务实施

1. 创建研发中心根目录和子目录

在 E 盘创建【研发中心】目录，并在【研发中心】目录中创建【文档共享中心】【开发部】【测试部】子目录，结果如图 9-46 所示。

图 9-46　【E:\研发中心】目录

2. 安装 Serv-U 并创建 FTP 域

（1）本任务使用的 Serv-U 版本是 15.0.1，按软件向导提示完成软件的安装。

（2）第一次打开 Serv-U 时会给出定义新域的提示，单击【是】按钮，如图 9-47 所示。

（3）在【域向导】对话框中，步骤 1 是填写域名，如图 9-48 所示，单击【下一步】按钮。

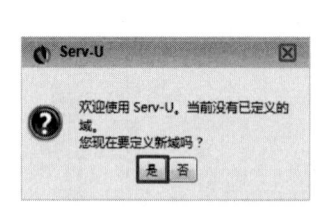

图 9-47　定义新域提示　　　　图 9-48　填写域名

（4）在【域向导】对话框中，步骤 2 是选择协议及其相应的端口，按默认设置即可，如图 9-49 所示，直接单击【下一步】按钮。

（5）在【域向导】对话框中，步骤 3 是选择 IP 地址，【所有可用的 IPv4 地址】表示使用所有可用的 IP 地址，如图 9-50 所示，单击【下一步】按钮。

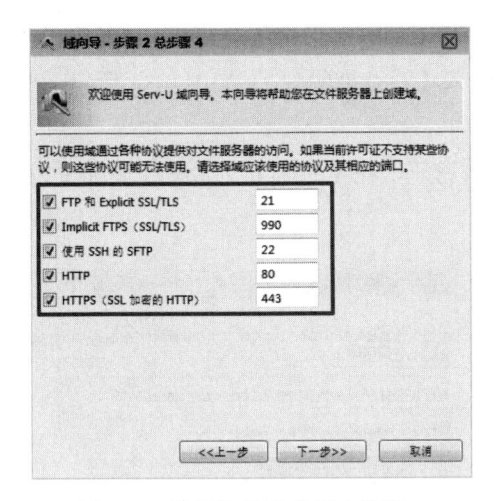

图 9-49 选择协议及其相应的端口 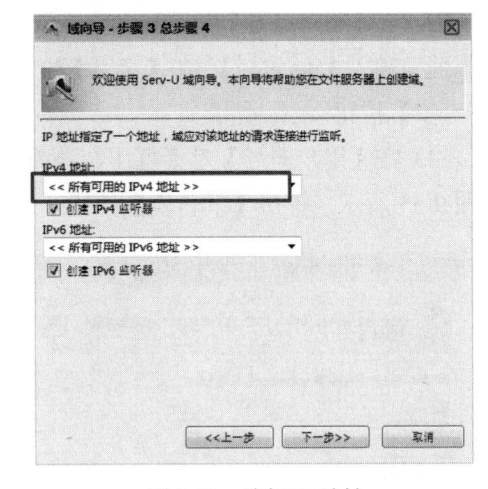　　　　　　图 9-50 选择 IP 地址

（6）在【域向导】对话框中，步骤 4 是选择密码加密模式，选中【使用服务器设置（加密：单向加密）】单选按钮，如图 9-51 所示，单击【完成】按钮，完成 FTP 域的创建。

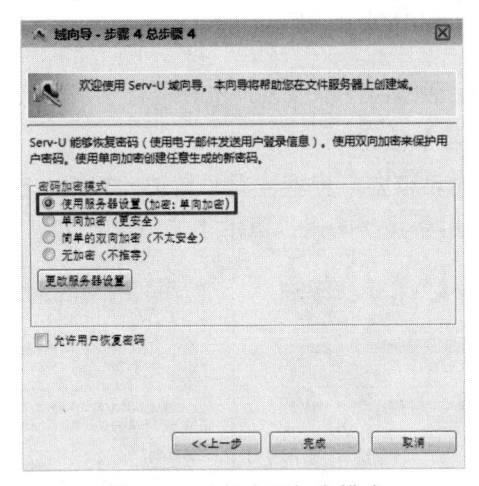

图 9-51 选择密码加密模式

3．为研发中心创建专属用户服务账户

（1）FTP 域创建完成后，Serv-U 会给出【域中暂无用户，您现在要为该域创建用户账户吗？】提示，如图 9-52 所示，单击【是】按钮，弹出如图 9-53 所示的【您要使用向导创建用户吗？】提示，单击【是】按钮。

图 9-52 是否为域创建用户账户的提示 　　　　图 9-53 是否使用向导创建用户的提示

（2）在【用户向导】对话框中，步骤1是创建开发部专属用户服务账户，在【登录 ID】文本框中输入【develop】，在【全名】文本框中输入【开发部账户】，如图9-54所示，单击【下一步】按钮。

（3）在【用户向导】对话框中，步骤2是设置密码，在【密码】文本框中输入【123】，如图9-55所示，单击【下一步】按钮。

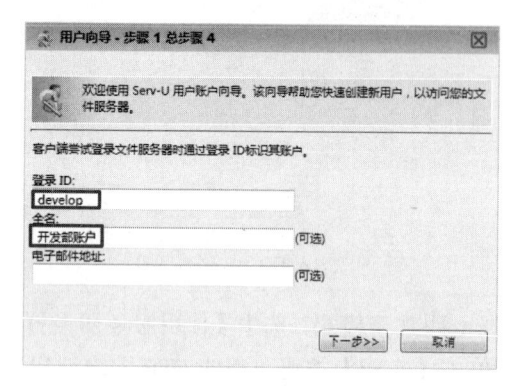

图 9-54　创建开发部专属用户服务账户　　　　　图 9-55　设置密码

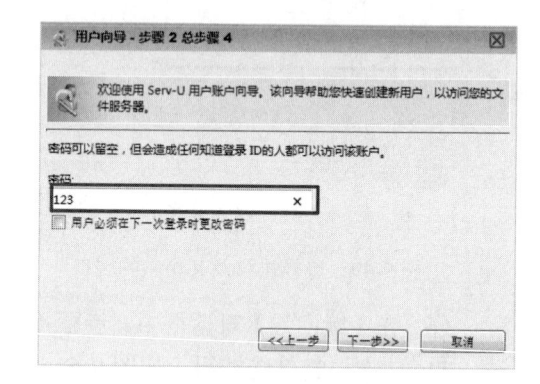

（4）在【用户向导】对话框中，步骤3是选择根目录，选择【/E:/研发中心】目录，如图9-56所示，单击【下一步】按钮。

（5）在【用户向导】对话框中，步骤4是设置访问权限，在【访问权限】下拉列表中选择【只读访问】选项，如图9-57所示，单击【下一步】按钮。

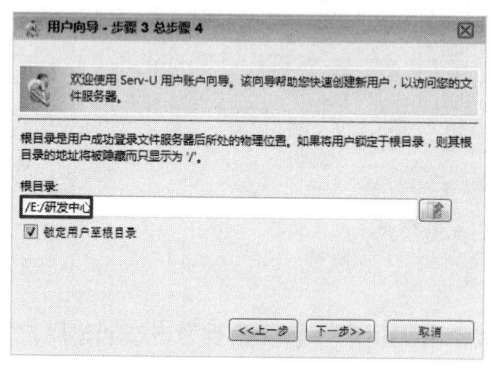

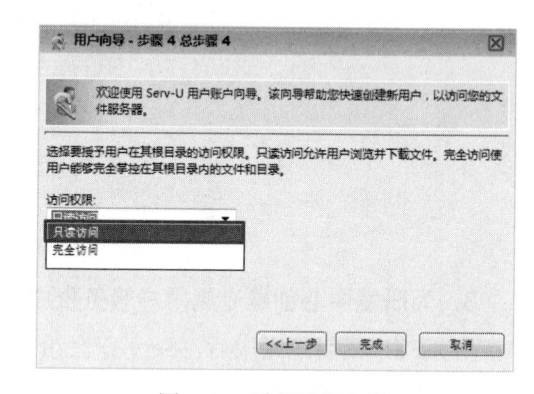

图 9-56　选择根目录　　　　　图 9-57　设置访问权限

（6）按同样的方法创建测试部专属用户服务账户【test】，密码为【456】。

（7）按同样的方法创建管理员账户【admin】，密码为【123456】，其中访问权限选择【完全访问】。最终创建结果如图9-58所示。

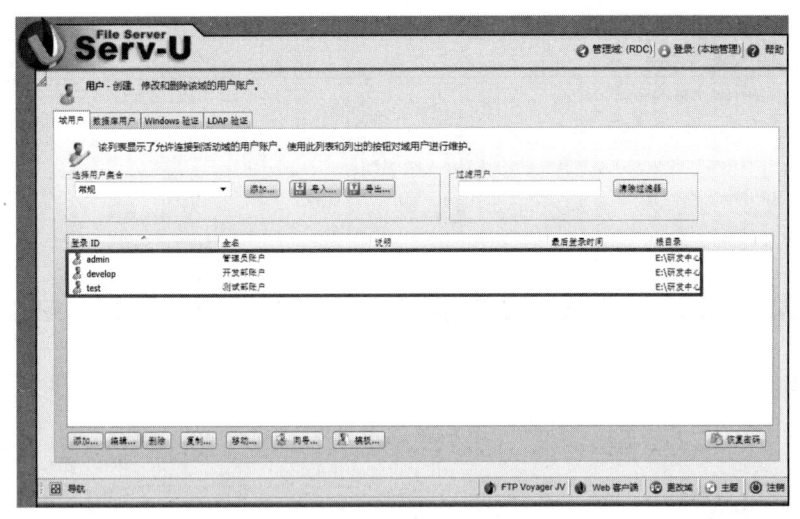

图 9-58　最终创建结果

4．为用户服务账户配置 FTP 站点目录的访问权限

（1）打开如图 9-59 所示的【Serv-U 管理控制台-主页】窗口，在【管理域 RDC】中，选择【用户】选项。

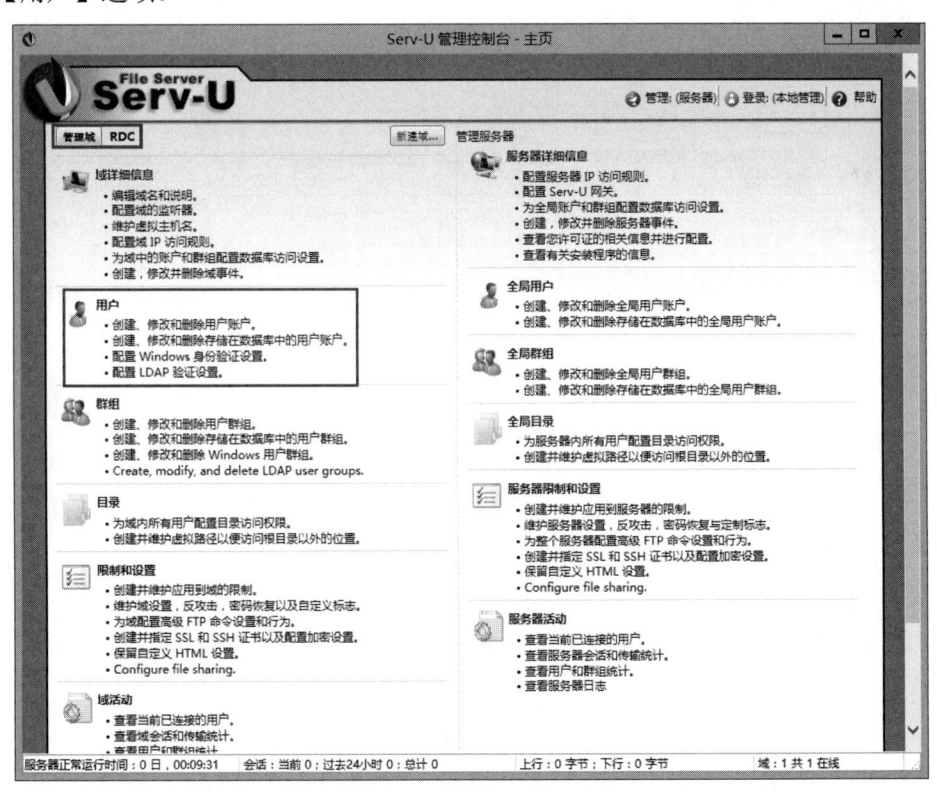

图 9-59　【Serv-U 管理控制台-主页】窗口

（2）在打开的窗口中选择【域用户】选项卡，然后选择【develop】登录 ID，并单击【编辑】按钮，如图 9-60 所示。

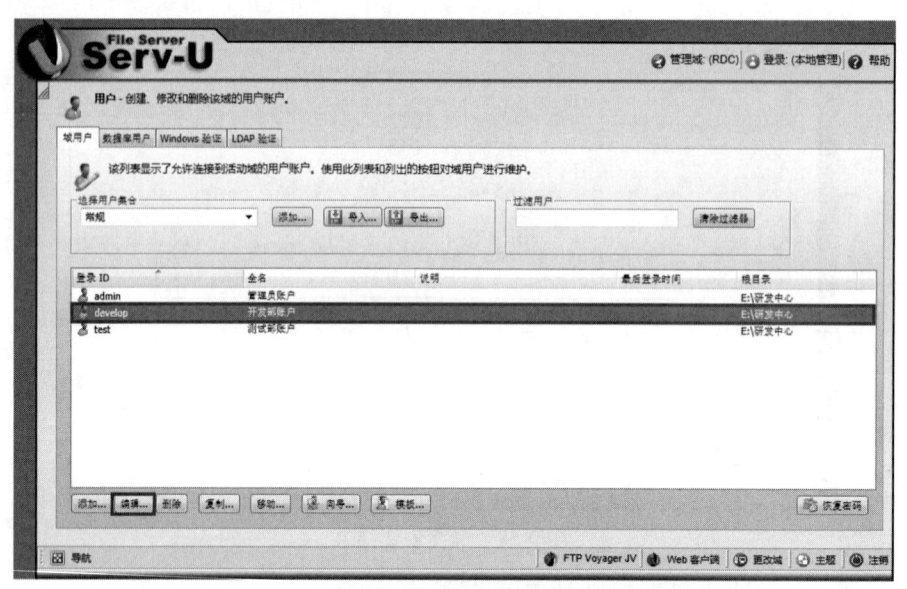

图 9-60 【域用户】选项卡

（3）在【用户属性-开发部账户(develop)】对话框中，选择【目录访问】选项卡，再单击【添加】按钮，如图 9-61 所示。

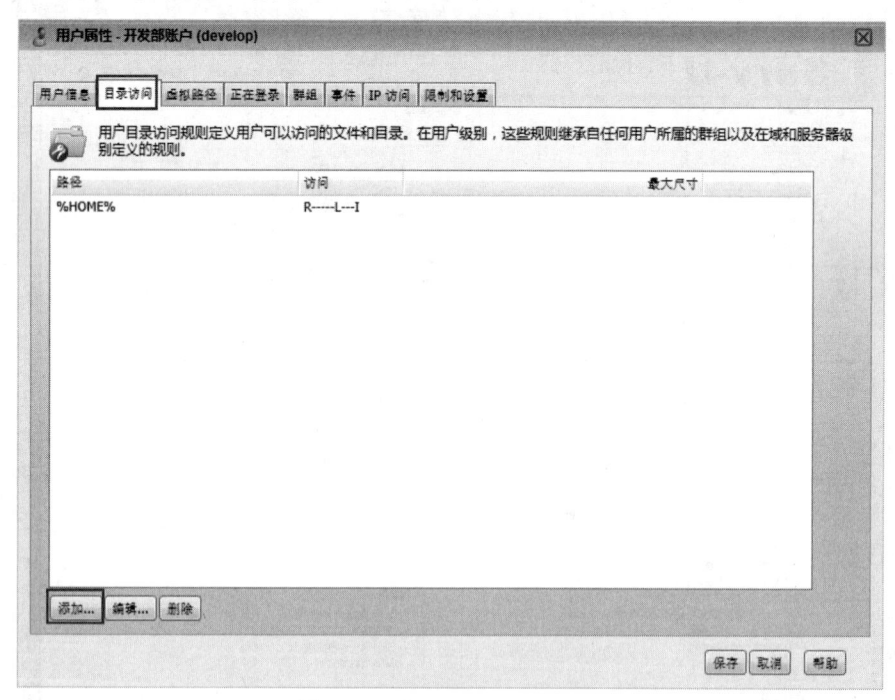

图 9-61 【目录访问】选项卡

（4）单击【目录访问规则】对话框中【路径】文本框右侧的按钮，选择【/E:/研发中心/开发部】目录，再单击【只读】按钮，如图 9-62 所示，最后单击【保存】按钮，保存设置。

（5）按同样的方法添加【develop】账户对文档共享中心的目录访问规则，如图 9-63 所示，再单击【保存】按钮，保存设置。

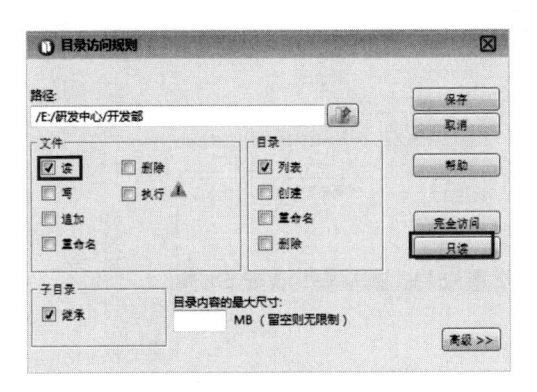

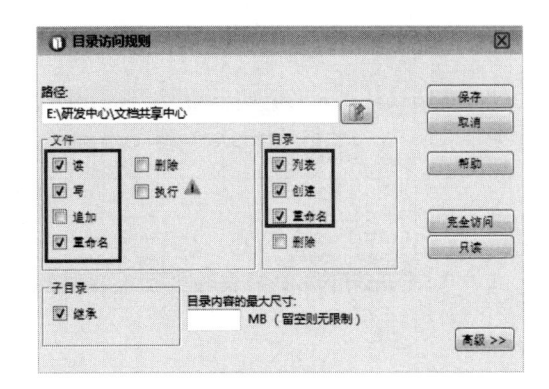

图 9-62 【develop】账户对开发部的目录
访问规则

图 9-63 【develop】账户对文档共享中心的目录
访问规则

（6）按同样的方法添加【develop】账户对测试部的目录访问规则，如图 9-64 所示，再单击【保存】按钮，保存设置。

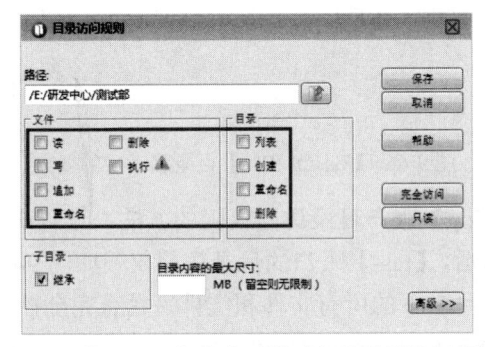

图 9-64 【develop】账户对测试部的目录访问规则

（7）返回【用户属性-开发部账户(develop)】对话框，在【目录访问】选项卡中选择【%HOME%】目录，再单击 按钮，把【%HOME%】目录移到最下面，如图 9-65 和图 9-66 所示，这个步骤一定要设置，否则前面的设置都无法生效，最后单击【保存】按钮。

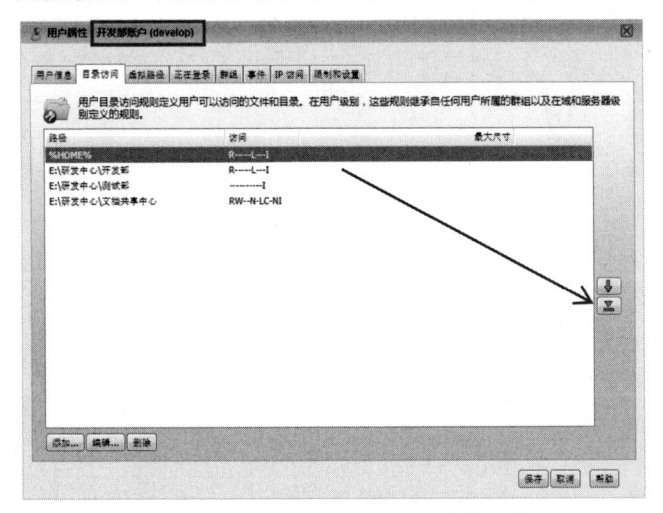

图 9-65 【%HOME%】目录移动前的效果

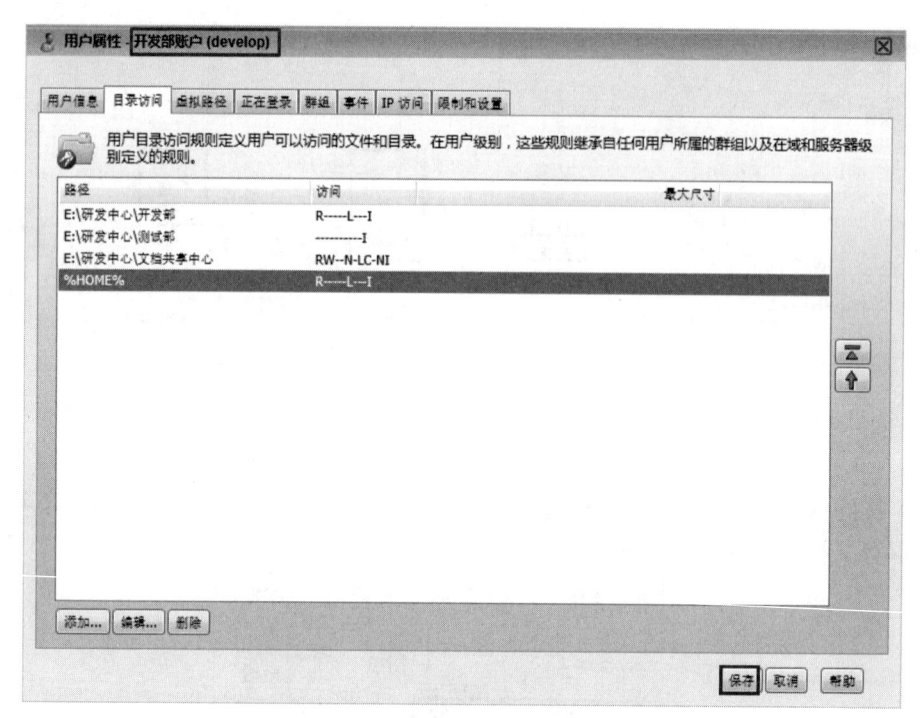

图 9-66 【%HOME%】目录移动后的效果

（8）参考设置【develop】账户目录访问权限的方法，设置【test】和【admin】账户的目录访问权限，设置完成后，【test】账户的目录访问权限如图 9-67 所示。【admin】账户为系统管理员，对研发中心目录下的所有文件和文件夹具有完全控制权限，如图 9-68 所示。

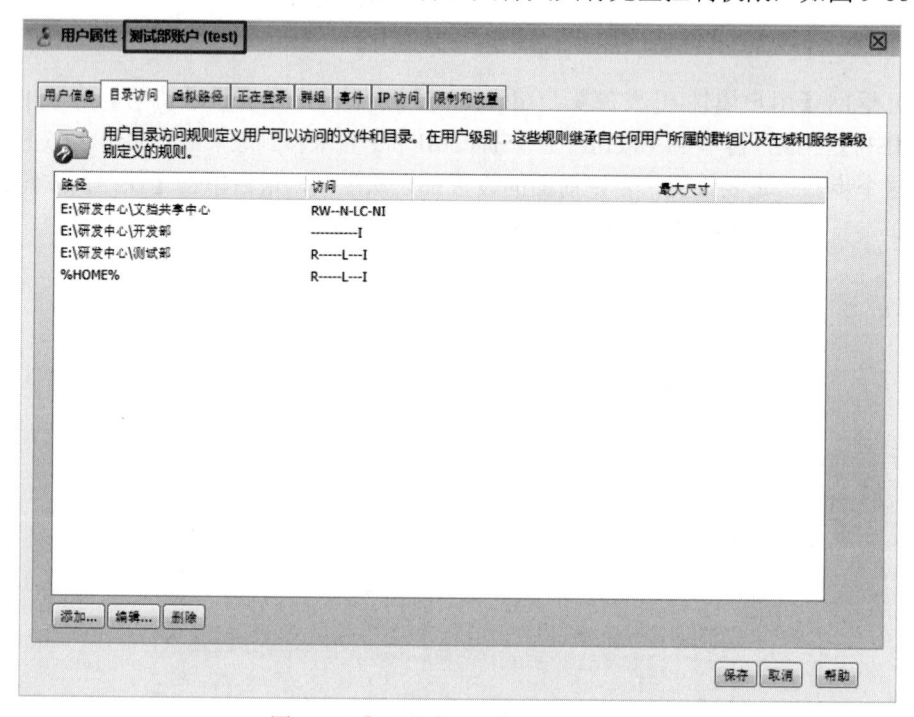

图 9-67 【test】账户的目录访问权限

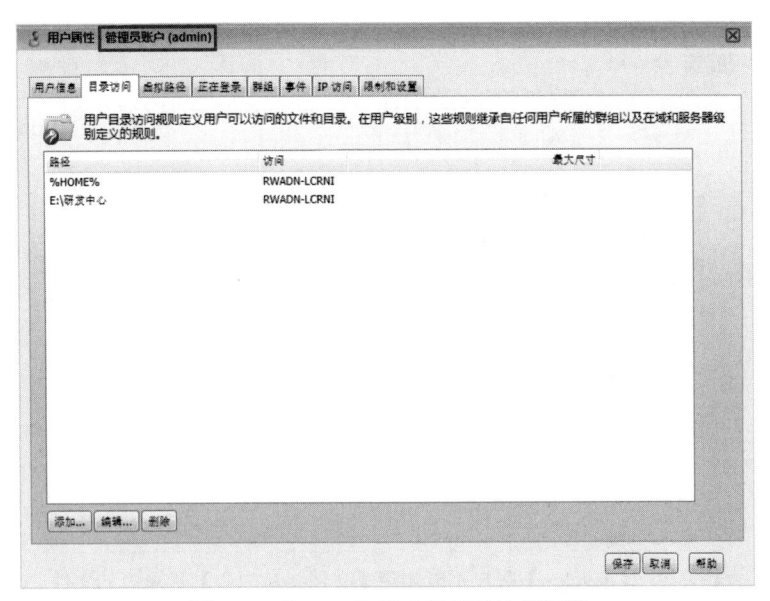

图 9-68 【admin】账户的目录访问权限

（9）重启 Serv-U 服务器，使配置的参数生效。

任务验证

在公司内部任何一台客户机上用 FTP 客户端软件 FlashFXP 登录 FTP 服务器，先测试【develop】账户的权限，使用【develop】账户分别访问【开发部】【测试部】【文档共享中心】目录，结果如图 9-69 和图 9-70 所示，说明【develop】账户权限配置正确。可以按同样的方法测试【test】和【admin】账户的访问权限，【admin】账户的测试结果如图 9-71 所示。

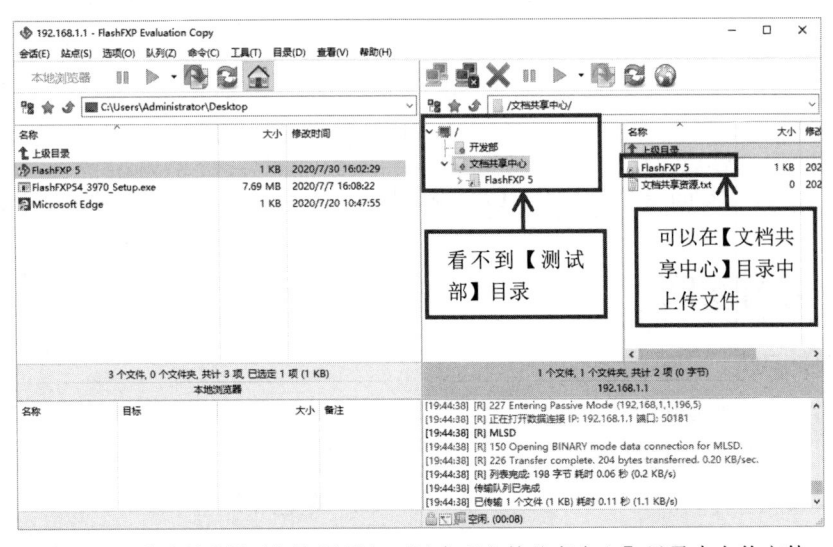

图 9-69　看不到【测试部】目录但可以在【文件共享中心】目录中上传文件

图 9-70 【develop】账户不能删除【文档共享中心】目录内的文件

图 9-71 【admin】账户可以在【开发部】目录内新建文件夹【admin 用户测试】

练习与实践

一、理论习题

1. FTP 的主要功能是（　　）。
   A．传送网上所有类型的文件　　　　B．远程登录
   C．收发电子邮件　　　　　　　　　D．浏览网页
2. FTP 的中文意思是（　　）。
   A．高级程序设计语言　　　　　　　B．域名
   C．文件传输协议　　　　　　　　　D．网址

3．以下关于 Internet 支持 FTP 的说法中，正确的是（　　）。
　　A．能进入非匿名式的 FTP，无法上传　　B．能进入非匿名式的 FTP，可以上传
　　C．只能进入匿名式的 FTP，无法上传　　D．只能进入匿名式的 FTP，可以上传
4．将文件从 FTP 服务器传输到客户机的过程称为（　　）。
　　A．upload　　　　B．download　　　　C．upgrade　　　　D．update
5．FTP 服务使用的端口号是（　　）。
　　A．21　　　　　　B．23　　　　　　　C．25　　　　　　　D．22

二、项目实训题

1．项目背景

某大学计算机学院为了方便文件的集中管理，学院负责人安排网络管理员安装并配置一台 FTP 服务器，主要用于教学文件的归档、常用软件的共享、学生作业的管理等。计算机学院的网络拓扑结构如图 9-72 所示。

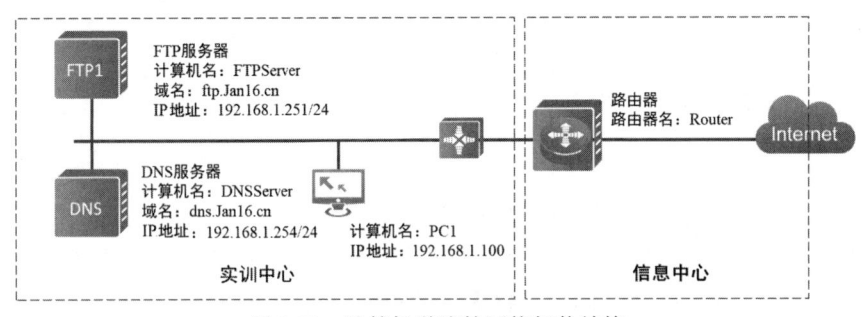

图 9-72　计算机学院的网络拓扑结构

（1）FTP 服务器配置和管理的要求如下。
- 站点根目录为【D:\ftp】。
- 在【D:\ftp】目录下创建【教师资料区】【教务员资料区】【辅导员资料区】【学院领导资料区】【资料共享中心】子目录，供实训中心各部门使用。
- 为每个部门的人员创建对应的 FTP 账户和密码，FTP 账户对应的目录权限如表 9-7 所示。

表 9-7　FTP 账户对应的目录权限

用户	教师A教学资料区	学生作业区	教务员资料区	辅导员资料区	学院领导资料区	资料共享中心
Teacher_A（教师）	完全控制	完全控制	无权限	无权限	无权限	读
Student_A（学生）	无权限	写	无权限	无权限	无权限	读
Secretary（教务员）	读	读	完全控制	无权限	无权限	读
Assistant（辅导员）	无权限	无权限	无权限	完全控制	无权限	读
Soft_center（机房管理员）	无权限	无权限	无权限	无权限	无权限	完全控制
Download（资料共享中心下载账户）	无权限	无权限	无权限	无权限	无权限	读
President（院长）	完全控制	完全控制	完全控制	完全控制	完全控制	完全控制

209

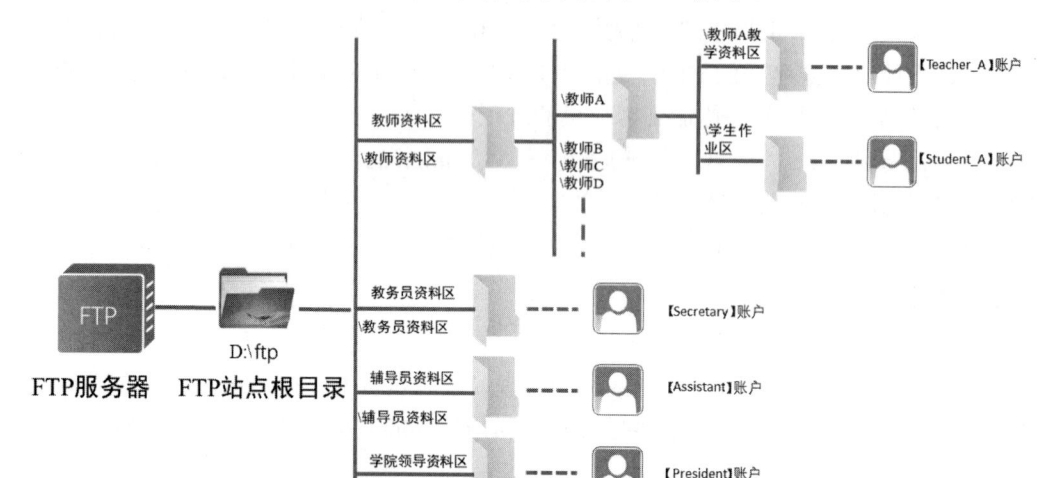

（2）各部门所创建的目录和账户的对应关系如图 9-73 所示。

图 9-73　各部门所创建的目录和账户的对应关系

（3）各部门所创建的目录和账户的相关说明如下。
- 教师资料区：计算机学院所有教师的教学资料和学生作业存放在【教师资料区】目录中，为所有教师在【教师资料区】目录中创建对应教师姓名的子目录，例如，A 教师的目录名称为【教师 A】，在【教师 A】目录中再创建两个子目录，一个子目录名称为【教师 A 教学资料区】，用于存放该教师的教学文件；另一个子目录名称为【学生作业区】，用于存放学生的作业。为每一位教师分配【Teacher_A】和【Student_A】两个账户，密码分别为【123】和【456】。【Teacher_A】账户对【教师 A】目录下的所有文件具有完全控制权限，而【Student_A】账户可以在该教师的【学生作业区】目录中上传作业，即具有写入权限，除此之外，没有其他任何权限。教师 B、教师 C 等其他教师的 FTP 账户和文件的管理，与教师 A 的方法一样。
- 教务员资料区：用于保存学院的常规教学文件、规章制度、通知等资料。为教务员创建一个 FTP 账户【Secretary】，密码为【789】。
- 辅导员资料区：用于保存学院的学生工作的常规文件、规章制度、通知等资料。为辅导员创建一个 FTP 账户【Assistant】，密码为【159】。
- 学院领导资料区：用于保存学院领导的相关文件等。为学院领导创建一个 FTP 账户【President】，密码为【123456】。
- 资料共享中心：主要用于保存常用的软件、公用资料，供全院师生下载。为机房管理员创建一个资料共享中心的 FTP 账户【Soft_center】，密码为【123456】，该账户对资料共享中心具有完全控制权限；为学院创建一个资料共享中心的公用 FTP 账户【Download】，密码为【Download】，该账户供全院师生下载共享资料使用。

2．项目要求

（1）在客户端 PC 浏览器中输入【ftp://192.168.1.251】，使用【Teacher_A】账户和密码登录 FTP 服务器，测试相关的权限，并截取结果。

（2）在客户端 PC 浏览器中输入【ftp://192.168.1.251】，使用【Student_A】账户和密码登录 FTP 服务器，测试相关的权限，并截取结果。

（3）在客户端 PC 浏览器中输入【ftp://192.168.1.251】，使用【Secretary】账户和密码登录 FTP 服务器，测试相关的权限，并截取结果。

（4）在客户端 PC 浏览器中输入【ftp://192.168.1.251】，使用【Assistant】账户和密码登录 FTP 服务器，测试相关的权限，并截取结果。

（5）在客户端 PC 浏览器中输入【ftp://192.168.1.251】，使用【President】账户和密码登录 FTP 服务器，测试相关的权限，并截取结果。

（6）在客户端 PC 浏览器中输入【ftp://192.168.1.251】，使用【Soft_center】账户和密码登录 FTP 服务器，测试相关的权限，并截取结果。

（7）在客户端 PC 浏览器中输入【ftp://192.168.1.251】，使用【Download】账户和密码登录 FTP 服务器，测试相关的权限，并截取结果。

项目 10

部署公司的 Web 服务

项目学习目标

（1）了解 IIS、Web、URL 的概念与相关知识。
（2）掌握 Web 服务的工作原理与应用。
（3）了解静态网站，以及 ASP、ASP.NET 动态网站的发布与应用。
（4）掌握基于端口号、域名、IP 地址等多种技术实现多站点发布的概念与应用。
（5）掌握通过 FTP 服务实现 Web 站点远程更新的概念与应用。
（6）掌握企业网主流 Web 服务部署的业务实施流程。

项目描述

Jan16 公司的服务系统有门户网站、人事管理系统、项目管理系统，之前，这些系统全部由原系统开发商托管，随着公司规模的扩大和业务发展，考虑到以上业务系统的访问效率和数据安全，公司决定成立信息中心，负责将原系统开发商托管的门户网站、人事管理系统、项目管理系统部署到公司内网。公司要求信息中心管理员尽快将这些业务系统部署在新购置的一台安装了 Windows Server 2012 R2 的服务器上，具体要求如下。

（1）公司门户网站为一个静态网站，访问地址为 192.168.1.1 或 www.Jan16.cn。
（2）公司人事管理系统为一个 ASP 动态网站，访问地址为 192.168.1.1:8080。
（3）公司项目管理系统为一个 ASP.NET 动态网站，访问地址为 pmp.Jan16.cn。
（4）公司门户网站通过 FTP 服务进行远程更新。

公司网络拓扑结构和 Web 站点要求如图 10-1 所示。

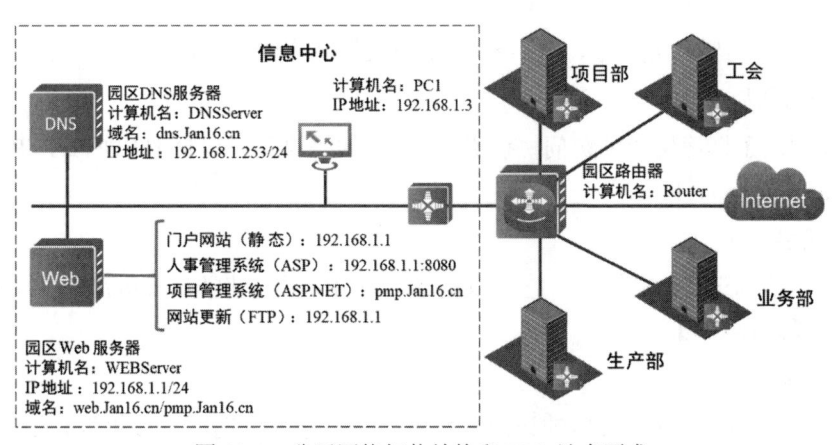

图 10-1　公司网络拓扑结构和 Web 站点要求

项目分析

通过在 Windows Server 2012 R2 上安装 IIS 服务的管理平台，可实现 HTML、ASP、ASP.NET 等常见静态或动态网站的发布与管理，同时使用 IIS 服务的 FTP 站点管理功能，可实现远程站点更新。

根据项目背景，本任务可以通过以下操作步骤来完成。

（1）部署公司的门户网站（HTML）：实现基于 IIS 的静态网站发布。
（2）部署公司的人事管理系统（ASP）：实现基于 IIS 的 ASP 站点发布。
（3）部署公司的项目管理系统（ASP.NET）：实现基于 IIS 的 ASP.NET 站点发布。
（4）通过 FTP 服务远程更新公司门户网站：快速维护网站内容。

相关知识

10.1　Web 的概念

WWW（万维网）是 World Wide Web 的简称，也被称为 Web。WWW 中的信息资源主要由 Web 文档构成，这些文档也被称为 Web 页面，是一种超文本（Hypertext）格式的信息，可以用于描述文本、图形、视频、音频等多媒体信息。

Web 上的信息是由彼此关联的文档组成的，而使其连接在一起的是超链接（Hyperlink）。这些超链接可以指向内部或其他 Web 页面，各页面彼此交织为网状结构，在 Internet 上构成一个巨大的信息网。

10.2　URL 的概念

URL（Uniform Resource Locator，统一资源定位符）也被称为网页地址，用于标识 Internet 资源的地址，其标准格式为【协议类型://主机名[:端口号]/路径/文件名】。

URL 由协议类型、主机号、端口号、路径/文件名构成，描述如下。

1．协议类型

协议类型用于标记资源的访问协议类型，常见的协议类型包括 HTTP、HTTPS、Gopher、FTP、Mailto、Telnet、File 等。

2．主机名

主机名用于标记资源的名字，它可以是域名或 IP 地址。例如，http:// Jan16.cn/index.asp 的主机名为【Jan16.cn】。

3．端口号

端口号用于标记目标服务器的访问端口号，端口号为可选项。如果没有填写端口号，则表示采用协议默认的端口号，HTTP 协议默认的端口号为 80，FTP 协议默认的端口号为 21。例如，http://www.Jan16.cn 和 http://www.Jan16.cn:80 的访问结果是一样的，因为 80 是 HTTP 协议的默认端口号。再如，http://www.Jan16.cn:8080 和 http://www.Jan16.cn 的访问结果是不同的，因为这两个地址使用的端口号不同。

4．路径/文件名

路径/文件名用于指明服务器上某资源的位置（其通常由目录/子目录/文件名组成）。

10.3 Web 服务的类型

目前，常用的动态网页语言有 ASP/ASP.NET（Active Server Pages）、JSP（Java Server Pages）和 PHP（Hypertext Preprocessor）三种。

ASP/ASP.NET 是由微软公司开发的 Web 服务端开发环境，利用它可以产生和执行动态的、可互动的、高性能的 Web 服务应用程序。

JSP 是 Sun 公司推出的动态网页语言。它可以在 ServerLet 和 JavaBean 的支持下，创建完成功能强大的 Web 站点程序。

PHP 是一种开源的服务端脚本语言。它借用了大量的 C、Java 和 Perl 等语言的语法，并耦合自己的特性，使 Web 开发者能够快速地写出动态页面。

Windows Server 2012 R2 的站点服务支持静态网站、ASP 网站、ASP.NET 网站的发布，而 PHP 和 JSP 的发布则需安装 PHP 和 JSP 的服务安装包。通常 PHP 和 JSP 站点都在 Linux 上发布。

10.4 IIS 简介

Windows Server 2012 R2 中的 IIS（Internet Information Services，互联网信息服务）是一款基于 Windows 的互联网服务软件。用户利用 IIS 可以在互联网上发布属于自己的 Web 服务，其中包括 Web、FTP、NNTP 和 SMTP 等服务，分别用于承载网站浏览、文件传输、新闻服务和电子邮件发送等应用。IIS 还支持服务器集群和动态页面扩展（如 ASP、

ASP.NET）等功能。

IIS 8.0 已内置在 Windows Server 2012 R2 中，开发者利用 IIS 8.0 可以在本地系统上搭建测试服务器，进行网络服务器的调试与开发测试，例如，部署 Web 服务和搭建文件下载服务。相比之前的版本，IIS 8.0 提供了如下一些新特性。

- 集中式证书：为服务器提供一个 SSL 证书存储区，并且简化对 SSL 绑定的管理。
- 动态 IP 地址限制：可以让管理员配置 IIS 以阻止访问超过指定请求数的 IP 地址。
- FTP 登录尝试限制：限制在指定时间范围内尝试登录 FTP 账户失败的次数。
- WebSocket 支持：支持部署和调试 WebSocket 接口应用程序。
- NUMA 感应的可伸缩性：提供对 NUMA 硬件的支持，最大支持 128 个 CPU 核心。
- IIS CPU 节流：通过多用户管理部署中的一个应用程序池，限制 CPU、内存和带宽的消耗。

任务 10-1　部署公司的门户网站（HTML）

任务规划

学习视频 24

公司门户网站采用静态网页设计技术，信息中心管理员小锐已经收到该网站的所有数据，公司要求他在 Windows Server 2012 R2 服务器上部署静态网站，根据前期规划，公司门户网站的访问地址为 http://192.168.1.1 或 www.Jan16.cn。在服务器上部署静态网站，可通过以下操作步骤完成。

（1）安装 Web 服务器角色和功能。

（2）通过 IIS 发布静态网站。

任务实施

1．安装 Web 服务器角色和功能

（1）在【服务器管理器】窗口的【管理】下拉菜单中选择【添加角色与功能】命令。

（2）在弹出的【添加角色和功能向导】窗口中，按默认设置，连续单击【下一步】按钮，直到进入如图 10-2 所示的【选择服务器角色】窗口，勾选【Web 服务器(IIS)】复选框，然后单击【下一步】按钮。

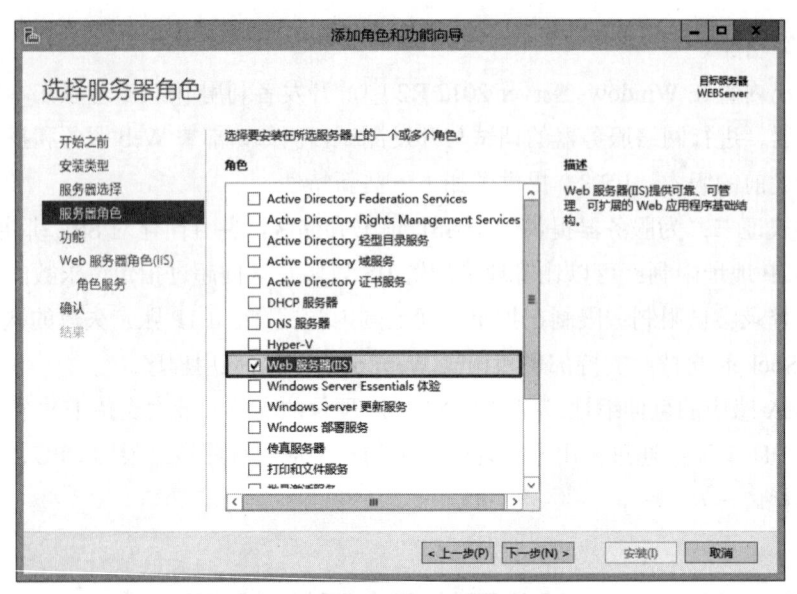

图 10-2 【选择服务器角色】窗口

（3）按默认设置，连续单击【下一步】按钮，直到进入如图 10-3 所示的【选择角色服务】窗口，勾选【常见 HTTP 功能】等复选框，然后单击【下一步】按钮。

图 10-3 【选择角色服务】窗口

（4）在【确认安装所选内容】窗口中，单击【安装】按钮，安装完成后单击【关闭】按钮，完成 Web 服务器角色与功能的安装。

2. 通过 IIS 发布静态网站

（1）将网站内容复制到 Web 服务器，在本任务中将网站放置在【D:\Jan16 公司门户网站】目录中。网站的文件用一个新建的文件来代替，网站首页的文件名为 index.html。【D:\Jan16 公司门户网站】目录及 index.html 文件的内容如图 10-4 所示。

图10-4 【D:\Jan16公司门户网站】目录及 index.html 文件的内容

（2）在【服务器管理器】窗口的【工具】下拉菜单中选择【Internet Information Services (IIS)管理器】命令，打开如图 10-5 所示的【Internet Information Services (IIS)管理器】窗口。

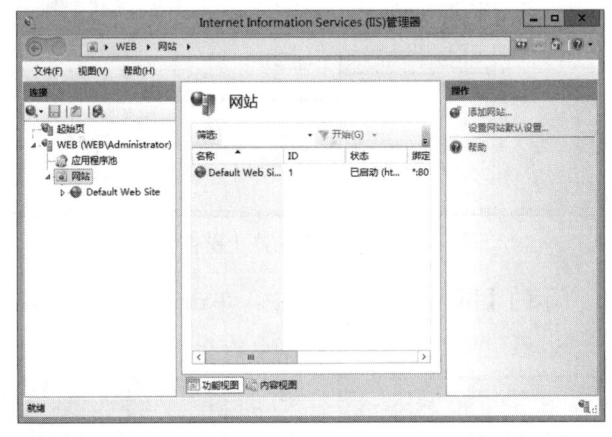

图10-5 【Internet Information Services (IIS)管理器】窗口

在安装完 Web 服务器角色与功能后，IIS 会默认加载一个【Default Web Site】站点，该站点用于测试 IIS 能否正常工作，此时用户打开这台 Web 服务器的浏览器，并输入【http://localhost/】，如果 IIS 能正常工作，则可以打开如图 10-6 所示的网页。

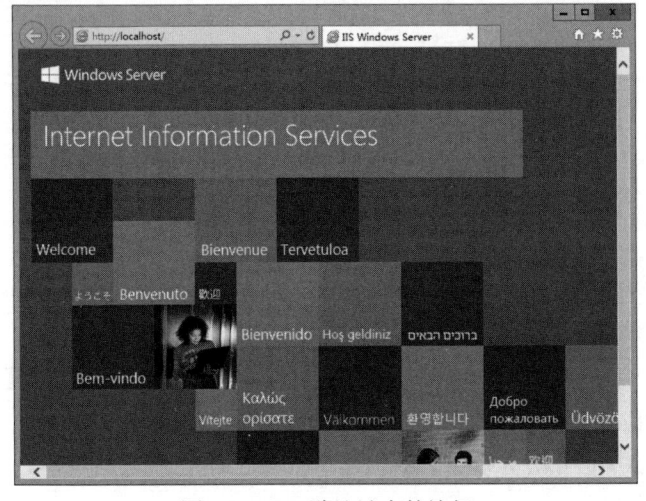

图10-6 IIS 默认站点的访问

（3）由于该默认站点使用了 80 端口号，因此管理员需要先停止它来释放 80 端口号。右击【Default Web Site】站点，在弹出的快捷菜单中选择【管理网站】子菜单下的【停止】命令，即可停止该站点，如图 10-7 所示。

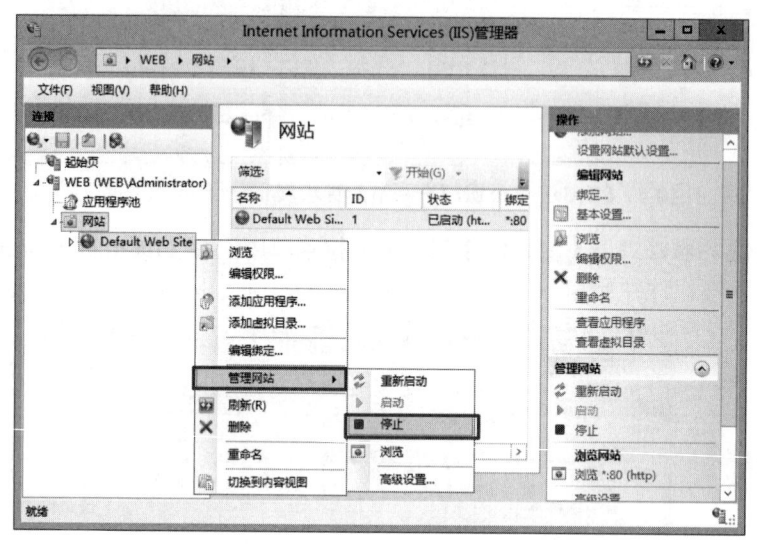

图 10-7　默认站点的停止操作界面

（4）在如图 10-8 所示的【网站】管理界面中，单击右侧的【添加网站】链接，即可创建新网站。

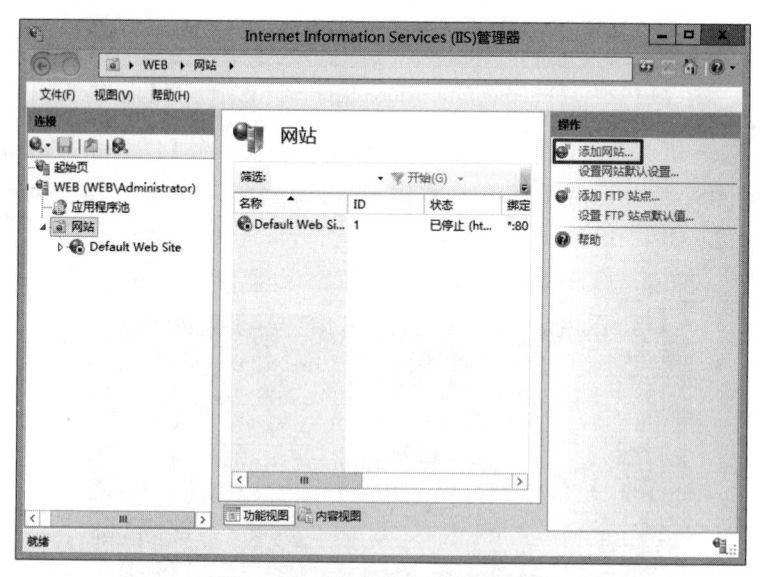

图 10-8　单击【添加网站】链接

（5）在【添加网站】对话框中，输入如图 10-9 所示的【网站名称】【物理路径】【IP 地址】【端口】选项相关信息，其他选项保持默认设置。单击【确定】按钮（单击该按钮时会弹出【80 端口已经绑定给默认站点】的提示，如果已删除默认站点，则无此提示）完成网站的创建。

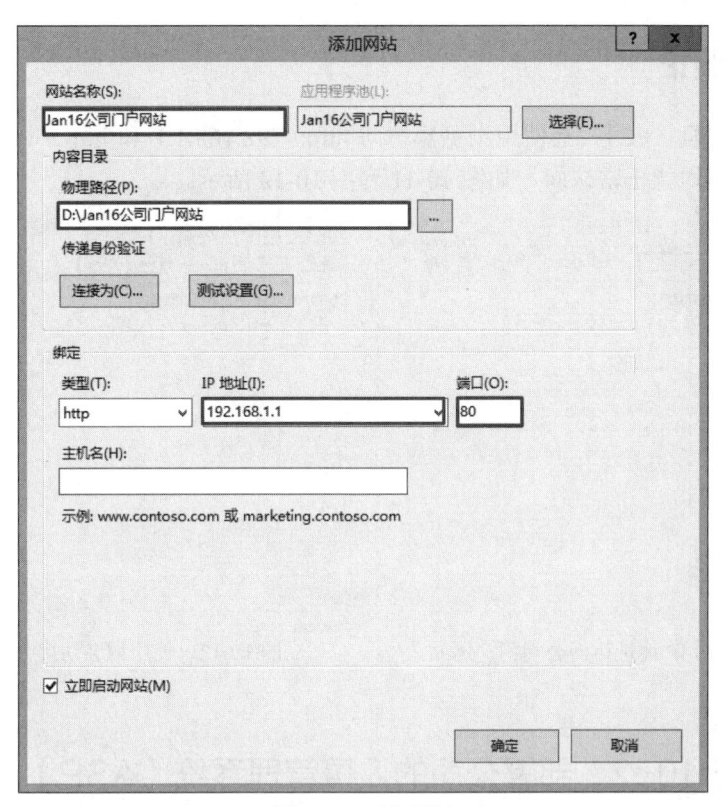

图 10-9　添加网站

（6）管理员前期已在 DNS 服务器上注册了 www.Jan16.cn 域名，经测试，公司所有计算机都能解析该域名，测试结果如图 10-10 所示。

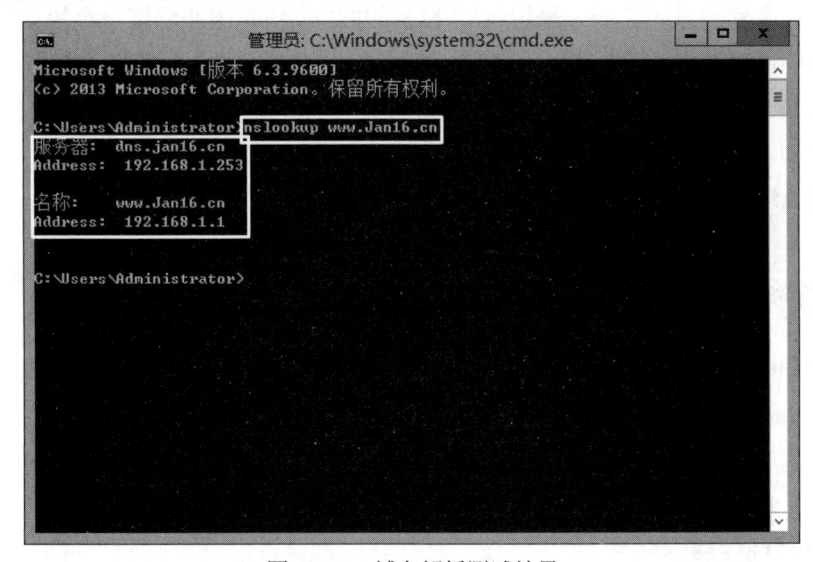

图 10-10　域名解析测试结果

任务验证

在公司客户机（PC1）上使用浏览器访问 http://192.168.1.1 和 http://www.Jan16.cn，结果显示公司网站均能正常访问，如图 10-11 和图 10-12 所示。

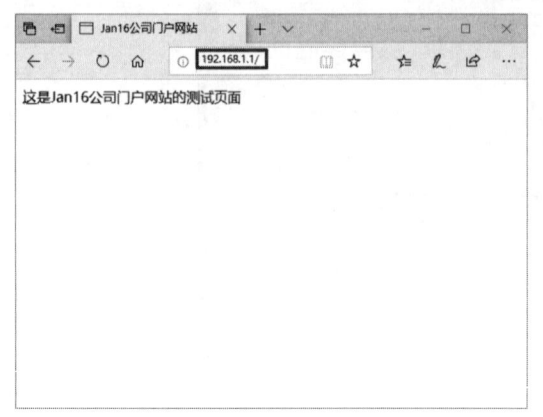

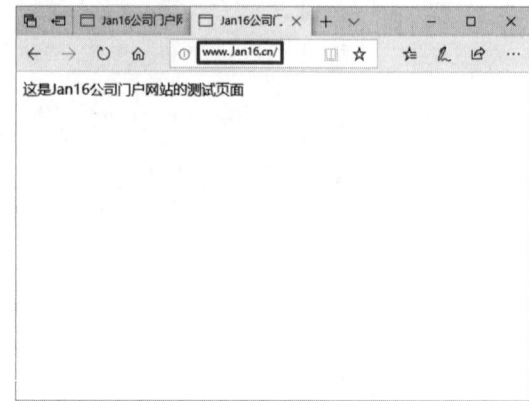

图 10-11　使用 IP 地址访问公司门户网站

图 10-12　使用域名访问公司门户网站

任务 10-2　部署公司的人事管理系统（ASP）

任务规划

公司的人事管理系统是一个采用 ASP 技术的网站，信息中心管理员小锐已经收到该网站的所有数据，公司要求他在 Windows Server 2012 R2 服务器上部署 ASP 网站，访问地址为 http://192.168.1.1:8080。在服务器上部署 ASP 网站，可通过以下操作步骤完成。

（1）添加 IIS 的 Web 服务对 ASP 网站支持的相关功能。
（2）将 ASP 网站文件复制到 Web 服务器，并通过 IIS 发布 ASP 站点。

学习视频 25

任务实施

1. 添加 IIS 的 Web 服务对 ASP 网站支持的相关功能

在 Windows Server 2012 R2 中打开【添加角色和功能向导】窗口，在【选择服务器角色】窗口中，展开【Web 服务器(IIS)】选项，并在【Web 服务器】选项中，勾选【应用程序开发】复选框，然后勾选【ASP】等复选框，结果如图 10-13 所示，单击【下一步】按钮，完成 ASP 功能的安装。

项目 10　部署公司的 Web 服务

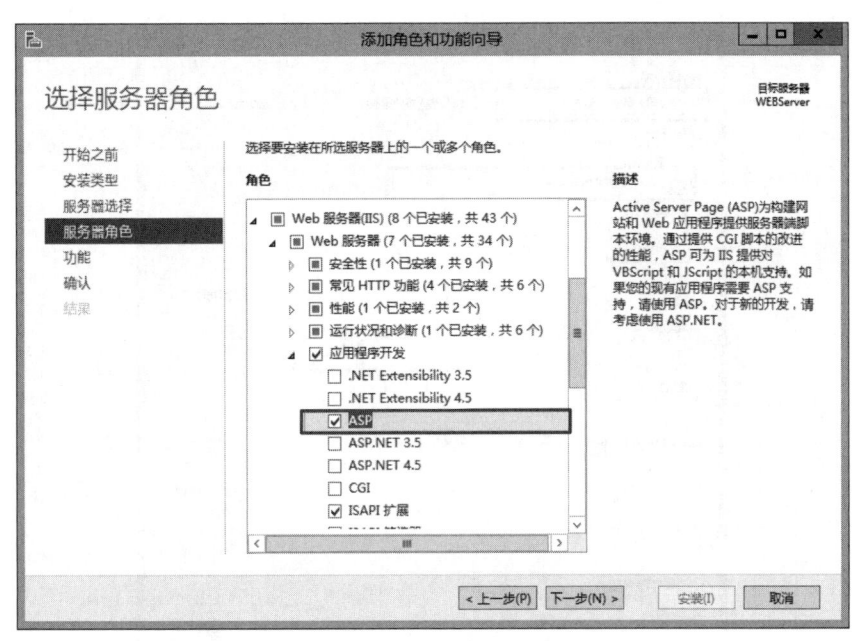

图 10-13　安装 ASP 功能

2. 将 ASP 网站文件复制到 Web 服务器，并通过 IIS 发布 ASP 站点

（1）将 ASP 网站文件复制到 Web 服务器的站点目录中。在本任务中将 ASP 网站文件放置在 Web 服务器的【D:\Jan16 公司人事管理系统】目录中。网站的文件用一个新建的文件来代替，网站首页的文件名为 index.asp。【D:\Jan16 公司人事管理系统】目录和 index.asp 文件的内容如图 10-14 所示。

图 10-14　【D:\Jan16 公司人事管理系统】目录和 index.asp 文件的内容

（2）在如图 10-15 所示的【添加网站】对话框中，输入【网站名称】【物理路径】【IP 地址】【端口】选项相关信息，其他选项保持默认设置，单击【确定】按钮，完成 ASP 网站的创建。

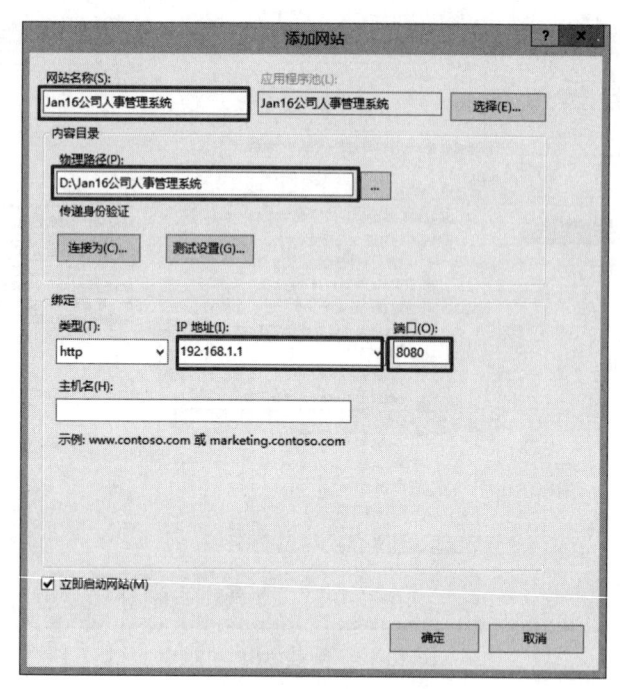

图 10-15 【添加网站】对话框

（3）在【Internet Information Services(IIS)管理器】窗口左侧选择【Jan16 公司人事管理系统】站点，在右侧的【IIS 区域】窗格中，单击【默认文档】链接进入【默认文档】管理界面。单击右侧【操作】窗格中的【添加】链接，在弹出的【添加默认文档】对话框中输入【index.asp】，单击【确定】按钮，完成 ASP 站点的配置，过程如图 10-16 和图 10-17 所示。

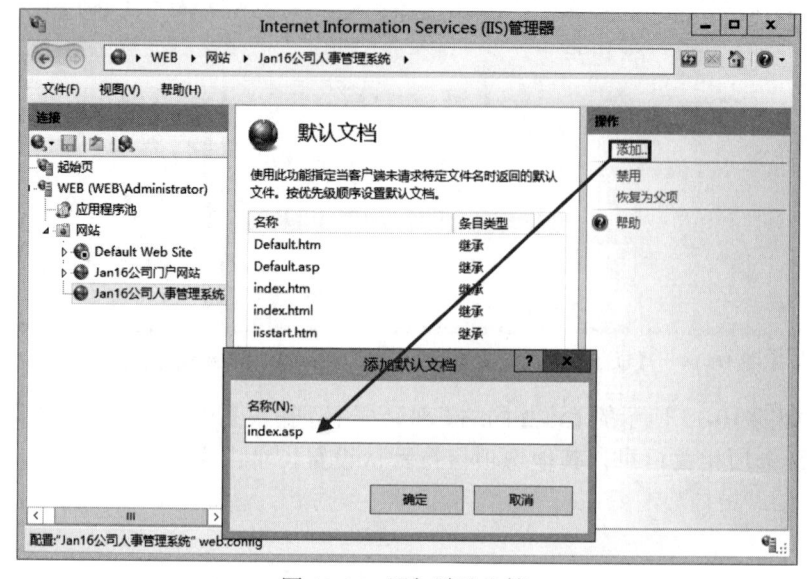

图 10-16 添加默认文档

图 10-17　查看默认文档

任务验证

在公司内部客户机（PC1）上使用浏览器访问 http://192.168.1.1:8080，结果如图 10-18 所示，客户机成功访问公司的人事管理系统。

图 10-18　测试客户机能否访问 ASP 网站

任务 10-3　部署公司的项目管理系统（ASP.NET）

任务规划

公司的项目管理系统是一个采用 ASP.NET 技术的网站，信息中心管理员小锐已经收到该网站的所有数据，公司要求他在 Windows Server 2012 R2 服务器上部署 ASP.NET 网站，根据前期规划，公司项目管理系统的访问地址为 http://pmp.Jan16.cn。

学习视频 26

Windows Server 2012 R2 的 IIS 支持 ASP.NET 站点的发布，但是需要安装 ASP.NET 功能组件，因此本任务需要通过以下几个操作步骤来完成。

（1）添加 IIS 的 Web 服务对 ASP.NET 网站支持的相关功能。

（2）将 ASP.NET 网站文件复制到 Web 服务器，并通过 IIS 发布 ASP.NET 站点。

任务实施

1. 添加 IIS 的 Web 服务对 ASP.NET 网站支持的相关功能

在 Windows Server 2012 R2 中打开【添加角色和功能向导】窗口,在【选择服务器角色】窗口中,展开【Web 服务器(IIS)】选项,在【Web 服务器】选项中,勾选【应用程序开发】复选框,然后勾选【ASP.NET 4.5】等复选框,结果如图 10-19 所示,单击【下一步】按钮,完成 ASP.NET 功能的安装。

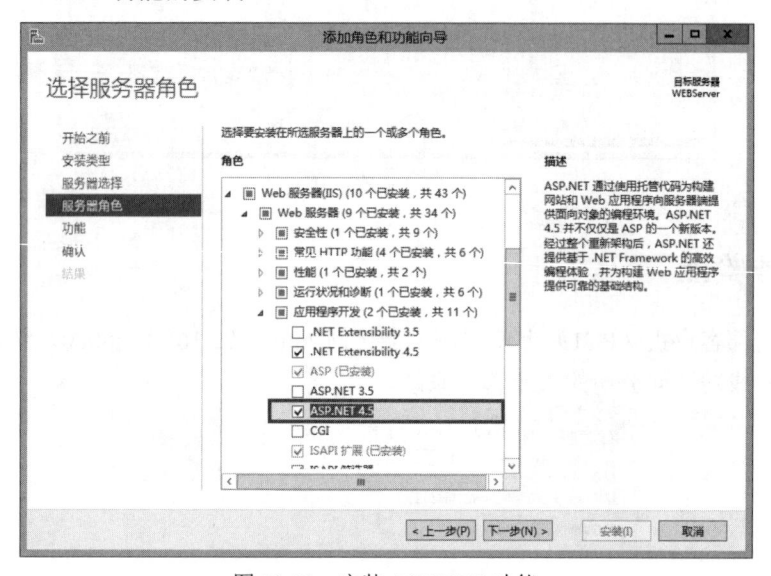

图 10-19 安装 ASP.NET 功能

2. 将 ASP.NET 网站文件复制到 Web 服务器,并通过 IIS 发布 ASP.NET 站点

(1)将 ASP.NET 网站文件复制到 Web 服务器的站点目录中。在本任务中将 ASP.NET 网站文件放置在【D:\Jan16 公司项目管理系统】目录中。网站的文件用两个新建的文件来代替。网站首页的文件名为 index.aspx。【D:\Jan16 公司项目管理系统】目录及 index.aspx 和 index.aspx.cs 文件的内容,分别如图 10-20、图 10-21 和图 10-22 所示。

图 10-20 【D:\Jan16 公司项目管理系统】目录

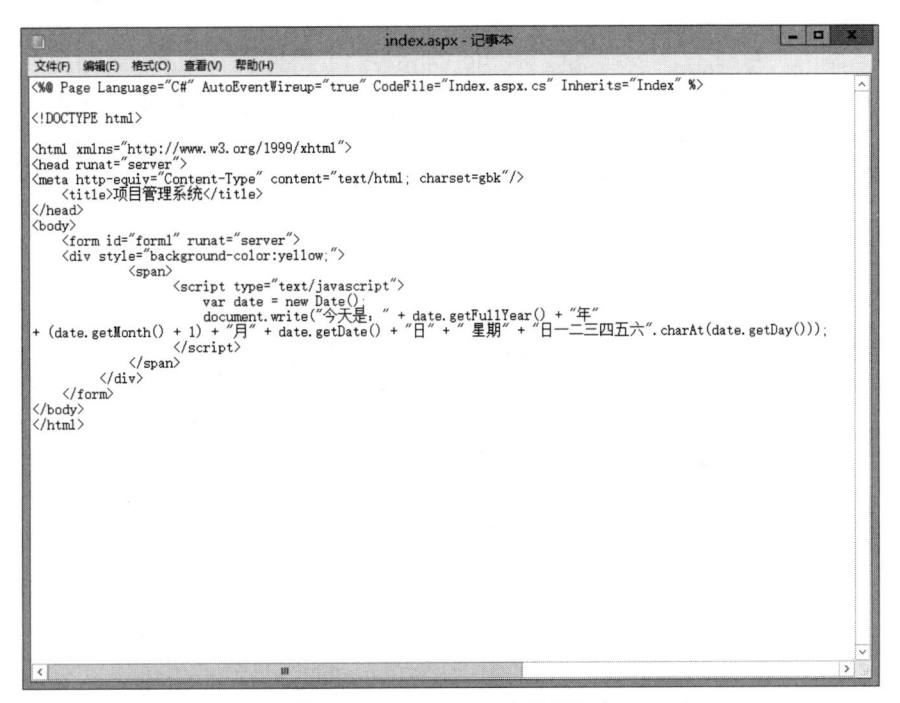

图 10-21 index.aspx 文件的内容

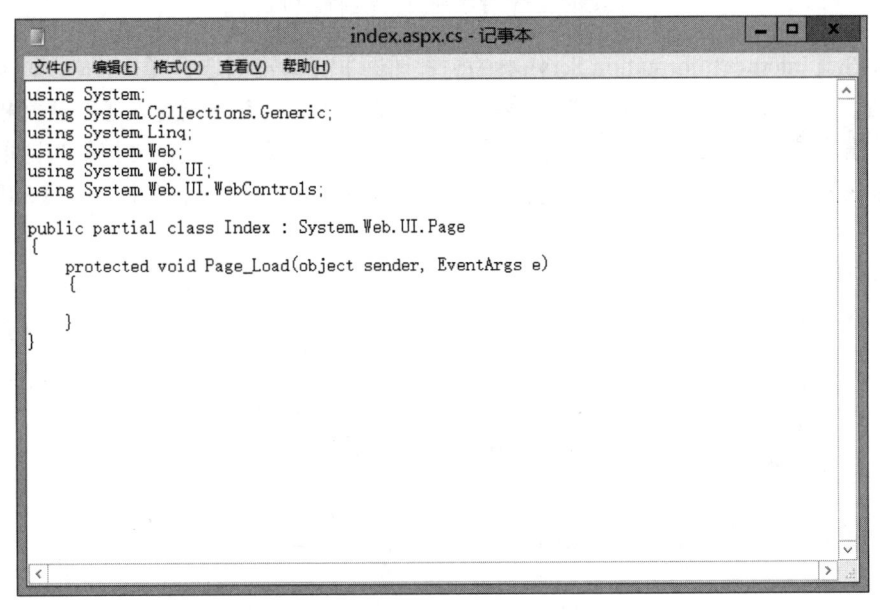

图 10-22 index.aspx.cs 文件的内容

（2）在如图 10-23 所示的【添加网站】对话框中，输入【网站名称】【物理路径】【IP 地址】【端口】【主机名】选项相关信息，其他选项保持默认设置，单击【确定】按钮，完成 ASP.NET 网站的创建。

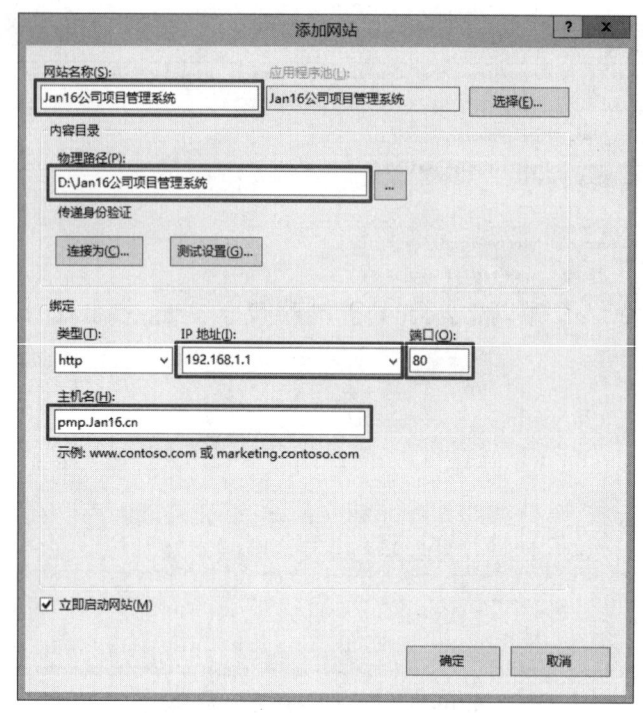

图 10-23 【添加网站】对话框

（3）在【Internet Information Services(IIS)管理器】窗口左侧选择【Jan16 公司项目管理系统】站点，在右侧的【IIS 区域】窗格中，单击【默认文档】链接进入【默认文档】管理界面。单击右侧【操作】窗格中的【添加】链接，在弹出的【添加默认文档】对话框中输入【index.aspx】，单击【确定】按钮，完成 ASP.NET 站点的配置，过程如图 10-24 和图 10-25 所示。

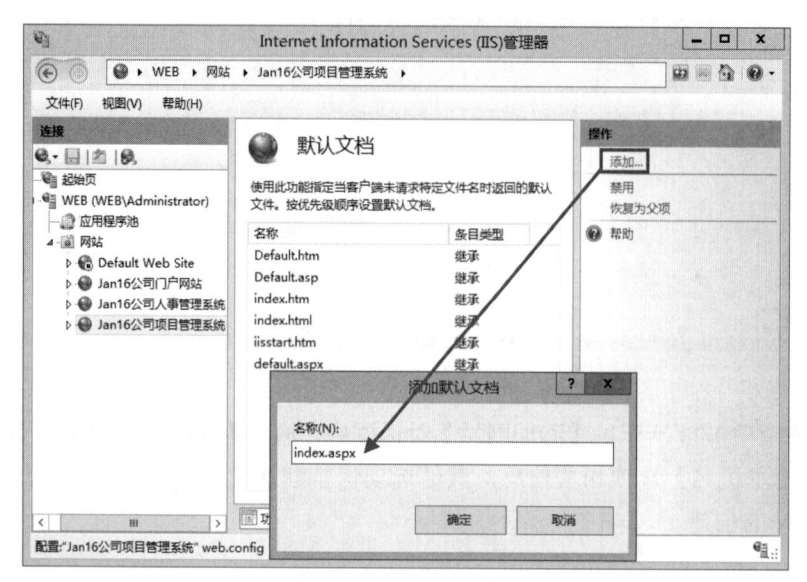

图 10-24 添加默认文档

项目 10　部署公司的 Web 服务

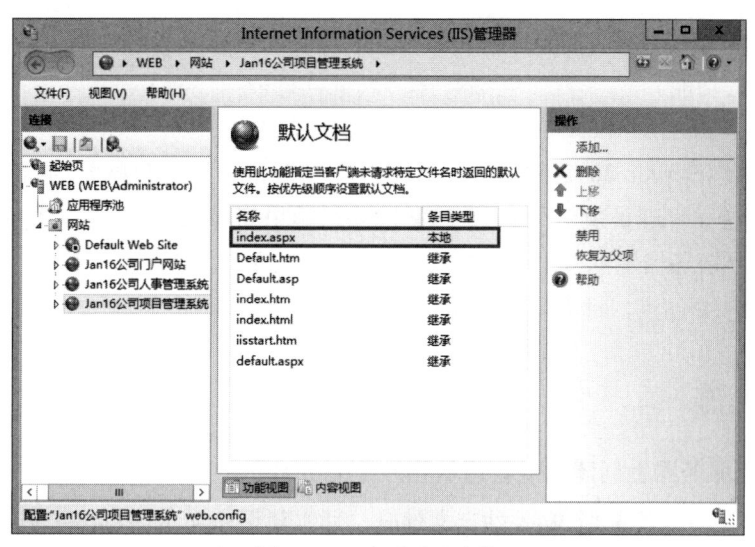

图 10-25　查看默认文档

任务验证

在公司内部客户机（PC1）上使用浏览器访问 http://pmp.Jan16.cn，页面显示结果如图 10-26 所示。

图 10-26　测试客户机能否访问 ASP.NET 网站

任务 10-4　通过 FTP 服务远程更新公司门户网站

任务规划

在服务器发布后，公司门户网站、人事管理系统、项目管理系统后续站点的

学习视频 27

更新将通过 FTP 服务进行，为此，公司要求为以上 3 个网站搭建相应的 FTP 站点，以实现远程更新网站的功能。

下面以更新公司门户网站为例，介绍具体操作步骤。

在 Windows Server 2012 R2 上安装 FTP 功能，将公司门户网站的目录设置成 FTP 站点的目录，这样管理员就可以通过 FTP 服务远程更新 Web 站点，具体操作步骤如下。

（1）在站点服务器上创建站点管理员账户【user01】。

（2）部署 FTP 站点，远程更新公司门户网站。

任务实施

1. 在站点服务器上创建站点管理员账户【user01】

通过 FTP 服务远程更新 Web 站点文件时，通常使用实名 FTP 服务。根据任务要求，需要在站点服务器上创建一个管理员账户【user01】，用作更新门户网站的用户服务账户。创建管理员账户【user01】的对话框如图 10-27 所示。

2. 部署 FTP 站点，远程更新公司门户网站

（1）打开【Internet Information Services (IIS)管理器】窗口，展开【网站】站点，在弹出的下拉列表中，右击【Jan16 公司门户网站】站点，然后在弹出的快捷菜单中选择【添加 FTP 发布】命令，如图 10-28 所示。

图 10-27　创建管理员账户【user01】的对话框　　图 10-28　选择【添加 FTP 发布】命令

（2）在如图 10-29 所示的【绑定和 SSL 设置】对话框中，输入【IP 地址】【端口】选项相关信息，再单击【下一步】按钮。

项目 10　部署公司的 Web 服务

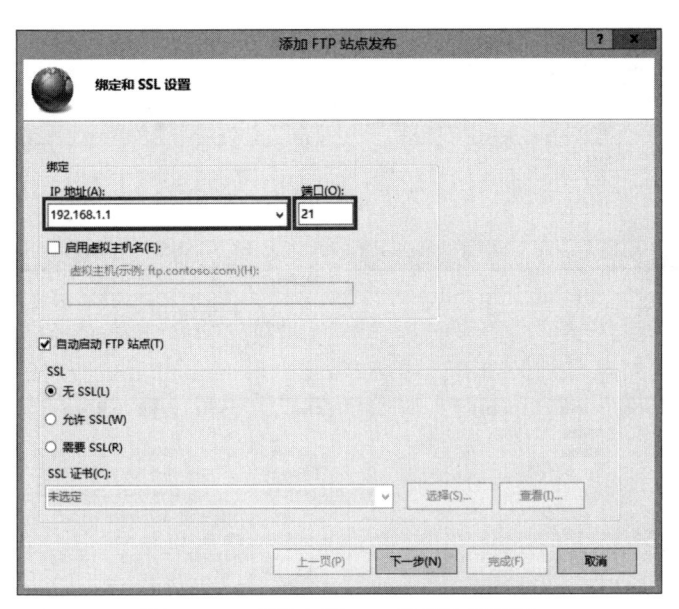

图 10-29　【绑定和 SSL 设置】对话框

（3）打开如图 10-30 所示的【身份验证和授权信息】对话框，勾选【基本】【读取】【写入】复选框，在【允许访问】下拉列表中选择【指定用户】选项，在下面的文本框中输入【user01】（该用户为已创建的网络管理员账户），单击【完成】按钮，完成 FTP 站点的部署。

图 10-30　【身份验证和授权信息】对话框

任务验证

在公司内部任何一台客户机上使用【user01】账户登录 FTP 服务器，结果如图 10-31 所示，经测试该账户可以上传和删除网站文件，实现网站的更新。

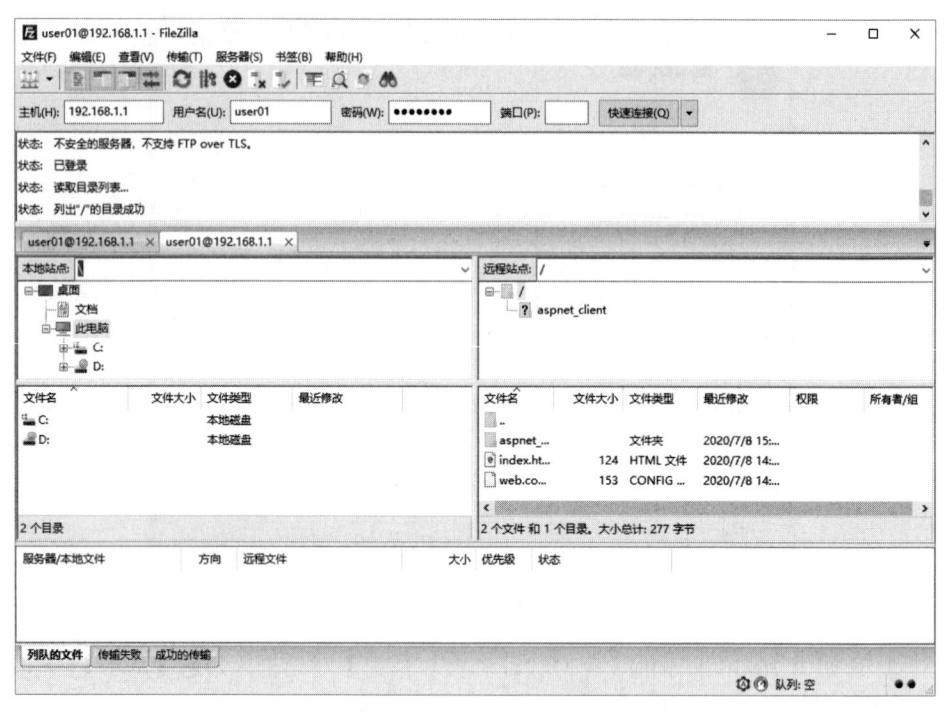

图 10-31　通过 FTP 客户端更新 Web 站点目录文件

练习与实践

一、理论习题

1．Web 的主要功能是（　　）。
   A．传送网上所有类型的文件　　　　B．远程登录
   C．收发电子邮件　　　　　　　　　D．提供浏览网页服务
2．HTTP 的中文意思是（　　）。
   A．高级程序设计语言　　　　　　　B．域名
   C．超文本传输协议　　　　　　　　D．Internet 网址
3．当尝试通过无效凭据的客户端访问未经授权的内容时，IIS 将返回（　　）错误。
   A．401　　　　B．402　　　　C．403　　　　D．404
4．虚拟目录指的是（　　）。
   A．位于计算机物理文件系统中的目录
   B．管理员在 IIS 中指定并映射到本地或远程服务器上的物理目录的目录名称
   C．一个特定的、包含根应用的目录路径
   D．Web 服务器所在的目录
5．HTTPS 使用的端口是（　　）。
   A．21　　　　B．23　　　　C．25　　　　D．443

二、项目实训题

1．项目背景

Jan16 公司需要部署信息中心的门户网站、生产部的业务应用系统和业务部的内部办公系统。根据公司的网络规划，划分 VLAN1、VLAN2 和 VLAN3 三个网段，网络地址分别为 172.20.0.0/24、172.21.0.0/24 和 172.22.0.0/24。

公司采用 Windows Server 2012 R2 服务器作为各部门相互连接的路由器，公司的 DNS 服务部署在业务部服务器上，Jan16 公司的网络拓扑结构如图 10-32 所示。

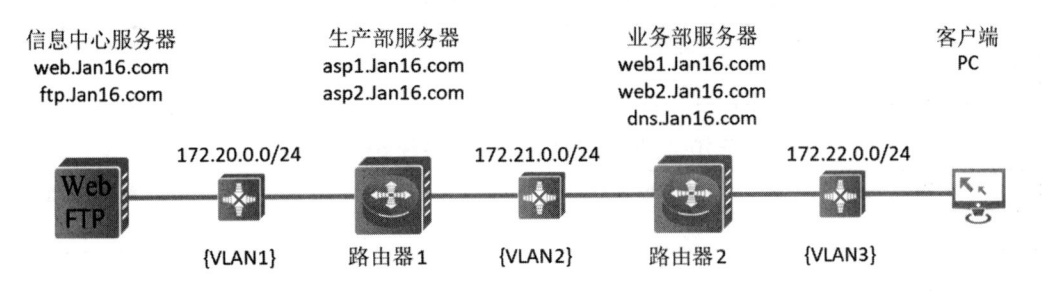

图 10-32　Jan16 公司的网络拓扑结构

公司希望管理员在实现各部门相互通信的基础上完成各部门网站的部署，具体需求如下。

（1）第 1 台信息中心服务器用于发布公司门户网站（静态），该网站通过 Serv-U 服务更新。公司门户网站信息如表 10-1 所示。

表 10-1　公司门户网站信息

网 站 名 称	IP 地址/子网掩码	端 口 号	网 站 域 名
门户网站	172.20.0.1/24	80	web.Jan16.com

（2）第 2 台生产部服务器用于发布生产部的 2 个业务应用系统（ASP 架构），这 2 个业务应用系统只允许通过域名访问。生产部的业务应用系统信息如表 10-2 所示。

表 10-2　生产部的业务应用系统信息

网 站 名 称	IP 地址/子网掩码	端 口 号	网 站 域 名
业务应用系统 asp1	172.21.0.1/24	80	asp1.Jan16.com
业务应用系统 asp2	172.21.0.1/24	80	asp2.Jan16.com

（3）第 3 台业务部服务器用于发布业务部的 2 个内部办公系统（ASP.NET 架构），这 2 个内部办公系统必须通过不同的 IP 地址访问。业务部的内部办公系统信息如表 10-3 所示。

表 10-3　业务部的内部办公系统信息

网 站 名 称	IP 地址/子网掩码	端 口 号	网 站 域 名
内部办公系统 Web1	172.22.0.1/24	80	web1.Jan16.com
内部办公系统 Web2	172.22.0.2/24	80	web2.Jan16.com

2．项目要求

（1）根据项目背景，补充表 10-4～表 10-7 的 TCP/IP 相关配置信息。

表 10-4 信息中心服务器的 TCP/IP 相关配置信息规划

计 算 机 名	IP 地址/子网掩码	网 关	DNS 服务器地址

表 10-5 生产部服务器的 TCP/IP 相关配置信息规划

计 算 机 名	IP 地址/子网掩码	网 关	DNS 服务器地址

表 10-6 业务部服务器的 TCP/IP 相关配置信息规划

计 算 机 名	IP 地址/子网掩码	网 关	DNS 服务器地址

表 10-7 客户端的 TCP/IP 相关配置信息规划

计 算 机 名	IP 地址/子网掩码	网 关	DNS 服务器地址

（2）根据项目要求，实现计算机间的相互通信，并截取以下结果。
- 在客户端 PC 的命令提示符窗口中执行【ping web.Jan16.com】命令的结果。
- 在生产部服务器的命令提示符窗口中执行【Route print】命令的结果。
- 在业务部服务器的命令提示符窗口中执行【Route print】命令的结果。

（3）使用客户端 PC 的浏览器访问公司的门户网站，并截图；在客户端 PC 上创建一个门户网站 2，命名为【index.html】，内容为【班级+学号+姓名+update】，通过 FTP 服务更新门户网站页面，并截取新网页的界面。

（4）使用客户端 PC 的浏览器访问生产部的 2 个业务应用系统（ASP 架构）的首页，分别截取生产部 2 个业务应用系统的页面图片。

（5）使用客户端 PC 的浏览器访问业务部的 2 个内部办公系统（ASP.NET 架构）的首页，分别截取业务部 2 个内部办公系统的页面图片。

项目 11

部署信息中心的 NAT 服务

/ 项目学习目标 /

（1）掌握 NAT（网络地址转换）的概念与应用。
（2）掌握静态 NAT、动态 NAT、静态 NAPT、动态 NAPT 的工作过程与应用。
（3）掌握 ACL（访问控制列表）的工作过程与应用。
（4）掌握企业网出口设备 NAT 服务部署的业务实施流程。
（5）掌握企业网路由设备 ACL 功能部署的业务实施流程。

项目描述

Jan16 公司原先通过拨号接入 Internet，并使用公司的服务器为用户提供 Web 服务。随着公司业务系统和服务器数量的增加，公司向运营商租了 5 个公网 IP 地址用于满足公司的网络接入需求，并按业务需求增加了服务器，调整了网络访问策略，具体内容如下。

（1）允许公司所有部门的计算机访问外网。
（2）将部署在信息中心的公司门户网站（192.168.1.3:80）映射到外网（8.8.8.3:80）。
（3）将部署在信息中心的 FTP 服务器（192.168.1.2）映射到外网（8.8.8.5）。
（4）禁止其他部门(含信息中心)的计算机访问财务部的财务系统服务器（192.168.3.1），该服务器仅用于财务部内部通信。

公司网络拓扑结构和各网络 IP 地址情况如图 11-1 所示。

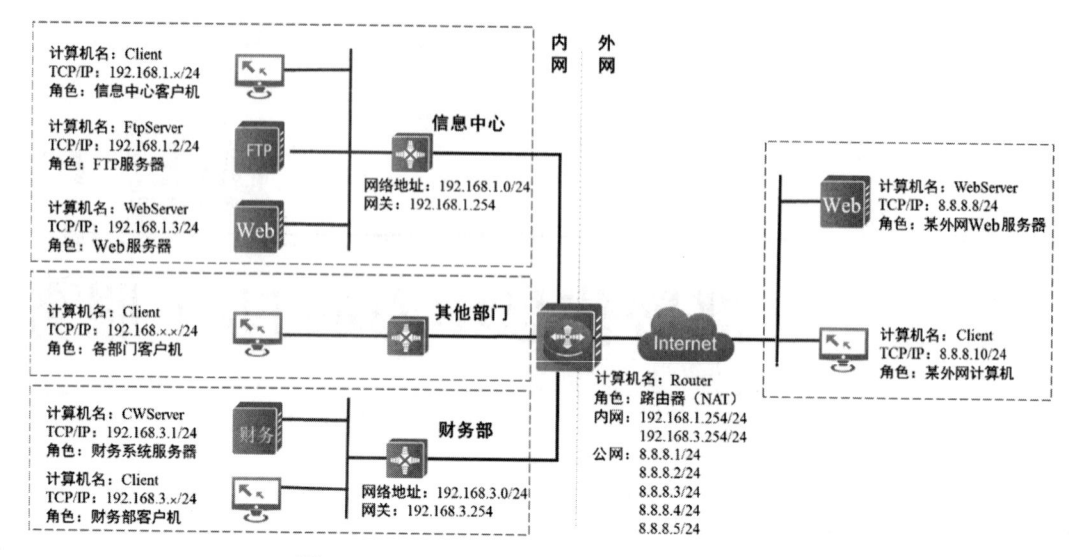

图 11-1 公司网络拓扑结构和各网络 IP 地址情况

项目分析

计算机要访问 Internet，首先需要获得一个公网 IP 地址，目前大部分计算机是通过拨号方式获得一个公网 IP 地址的。

当前，常用的公网地址为 IPv4，我国大约分配到 3.4 亿个，因 Internet 用户急剧增加，该地址目前已成为紧缺资源，为满足更多的用户接入 Internet，NAT 技术应运而生，它允许局域网（私网）共享一个或多个公网 IP 地址接入 Internet，这样既可以使普通计算机接入公网，还可以减少 IPv4 地址的使用量。

在本项目中，公司申请了 5 个固定的公网 IP 地址，管理员可以使用 NAT 的各种技术类型来实现本项目的需求，具体涉及以下工作任务。

（1）部署动态 NAPT，实现公司计算机访问外网。
（2）部署静态 NAPT，将公司门户网站发布到 Internet 上。
（3）部署静态 NAT，将 FTP 服务器发布到 Internet 上。
（4）部署 ACL，限制其他部门访问财务部的财务系统服务器。

相关知识

11.1 NAT 的概念

NAT 的英文全称是"Network Address Translation"，即"网络地址转换"，是一种把内部私有网络地址转换成合法的外部公有网络地址的技术。

当今的 Internet 使用 TCP/IP 实现了全世界计算机的互通，每一台连入 Internet 的计算机要和其他的计算机通信，都必须拥有一个唯一的、合法的 IP 地址，此 IP 地址由网络信息中心（NIC）统一管理和分配。NIC 分配的 IP 地址是公有的、合法的，这些 IP 地址具有唯一性，连入 Internet 的计算机只要拥有 NIC 分配的 IP 地址就可以和其他计算机进行通信。

但是，由于当前常用的 TCP/IP 协议版本是 IPv4，它具有天生的缺陷，即 IP 地址数量不足，难以满足目前爆炸式增长的 IP 地址需求。因此，并不是每台计算机都能申请并获得 NIC 分配的 IP 地址。一般，需要连上 Internet 的个人或家庭用户，通过因特网服务提供方（ISP）间接获得合法的公有 IP 地址（例如，用户通过 ADSL 线路拨号，从电信运营商获得临时租用的公有 IP 地址）；大型机构可能直接向 NIC 申请并使用永久的公有 IP 地址，也可能通过 ISP 间接获得永久或临时的公有 IP 地址。

无论通过哪种方式获得公有 IP 地址，实际上当前的可用 IP 地址数量依然不足。IP 地址作为有限的资源，NIC 为网络中数以亿计的计算机都分配公有 IP 地址是不可能的。同时，为了使计算机能够具有 IP 地址并在内部专用网络（内网）中通信，NIC 定义了供内部专用网络的计算机使用的专用 IP 地址。这些 IP 地址是在局部使用的（非全局的、不具有唯一性）、非公有的（私有的）IP 地址，其地址范围具体如下。

（1）A 类 IP 地址：10.0.0.0～10.255.255.255。

（2）B 类 IP 地址：172.16.0.0～172.31.255.255。

（3）C 类 IP 地址：192.168.0.0～192.168.255.255。

组织机构可根据自身园区网规模的大小以及计算机数量的多少来采用不同类型的专用地址或者它们的组合。但是，这些 IP 地址不可能出现在 Internet 上，也就是说，源地址或目的地址为专用 IP 地址的数据包不能在 Internet 上传输，这样的数据包只能在内部专用网络中传输。

如果内部专用网络的计算机要访问 Internet，则组织机构在连接 Internet 的设备上至少需要设置一个公有 IP 地址，然后采用 NAT 技术，将内部专用网络的计算机的专用 IP 地址转换为公有 IP 地址，从而让使用专用 IP 地址的计算机能够和 Internet 的计算机进行通信。如图 11-2 所示，通过 NAT 设备，将内部专用网络内的专用 IP 地址和外部公用网络的公有 IP 地址互相转换，从而使内部专用网络内使用专用 IP 地址的计算机能够和外部公用网络的计算机进行通信。

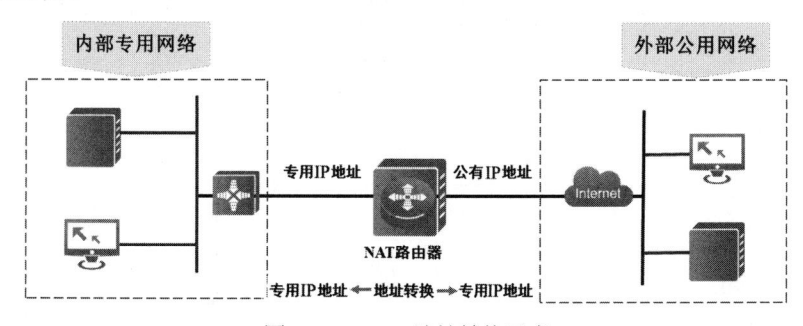

图 11-2 NAT 地址转换示意

也可以说，NAT 就是将网络地址从一个地址空间转换到另一个地址空间的一种技术。从技术原理的角度来讲，NAT 分成四种类型：静态 NAT、动态 NAT、静态 NAPT 及动态

NAPT。

1. 静态 NAT

静态 NAT 是在路由器中将内网 IP 地址固定地转换为公网 IP 地址的技术，通常应用于允许外网用户访问内网服务器的场景。

静态 NAT 的工作过程如图 11-3 所示。内部专用网络采用 192.168.1.0/24 的 C 类专用地址，并采用带有 NAT 功能的路由器和 Internet 互联，NAT 路由器左边的网卡连接内部专用网络（左边网卡的 IP 地址是 192.168.1.254/24），右边的网卡连接 Internet（右边网卡的 IP 地址是 8.8.8.1/24），而且路由器还有多个公有 IP 地址可被转换使用（8.8.8.2～8.8.8.5），Internet 上的计算机 C 的 IP 地址是 8.8.8.8/24。假设外部公用网络的计算机 C 需要和内部专用网络的计算机 A 通信，其通信过程如下。

第①步：计算机 C 发送数据包给计算机 A，数据包的源 IP 地址（Source Address，SA）为 8.8.8.8，目的 IP 地址（Destination Address，DA）为 8.8.8.3（在外网中，计算机 A 的 IP 地址为 8.8.8.3）。

第②步：数据包经过路由器时，路由器将查询本地的静态 NAT 映射表，找到映射条目后将数据包的目的 IP 地址（8.8.8.3）转换为内部专用 IP 地址（192.168.1.1），源 IP 地址保持不变。NAT 路由器上有一个公有 IP 地址池，在本次通信前，网络管理员已经在 NAT 路由器上设置了静态 NAT 地址映射关系，指定 192.168.1.1 与 8.8.8.3 映射。

第③步：转换后的数据包在内网中传输，最终被计算机 A 接收。

第④步：计算机 A 收到数据包后，将响应内容封装在目的 IP 地址为 8.8.8.8 的数据包中，然后将该数据包发送出去。

第⑤步：目的 IP 地址为 8.8.8.8 的数据包到达路由器后，路由器将对照自身的静态 NAT 映射表，找出对应关系，将源 IP 地址 192.168.1.1 转换为 8.8.8.3，然后将该数据包发送到外部公用网络中。

第⑥步：目的 IP 地址为 8.8.8.8 的数据包在外部公用网络中传送，最终到达计算机 C。计算机 C 通过数据包的源 IP 地址（8.8.8.3）只能知道此数据包是路由器发送过来的，实际上，该数据包是计算机 A 发送的。

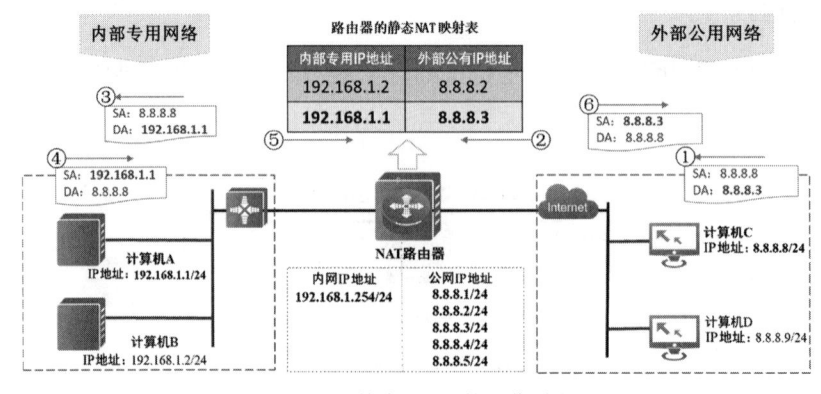

图 11-3 静态 NAT 的工作过程

静态 NAT 主要用于内部专用网络的服务器需要对外提供服务的场景，由于它采用固定的一对一的内外网 IP 地址映射关系，因此，外网的计算机通过访问外网 IP 地址就可以访问内网的服务器。

2. 动态 NAT

动态 NAT 是将一个内部 IP 地址转换为一组外部 IP 地址池中的一个 IP 地址（公有 IP 地址）的技术。动态 NAT 和静态 NAT 在地址转换上很相似，不同的是，可用的公有 IP 地址不是被某个内部专用网络的计算机永久独自占有。

动态 NAT 的工作过程如图 11-4 所示。与静态 NAT 类似，动态 NAT 的路由器上有一个公有 IP 地址池，地址池中有四个公有 IP 地址：8.8.8.2/24～8.8.8.5/24。假设内部专用网络的计算机 A 需要和外部公用网络的计算机 C 通信，其通信过程如下。

第①步：计算机 A 发送源 IP 地址为 192.168.1.1 的数据包给计算机 C。

第②步：数据包经过路由器时，路由器采用动态 NAT 技术，将数据包的源 IP 地址（192.168.1.1）转换为外部公有 IP 地址（8.8.8.2）。为什么会转换为 8.8.8.2 呢？路由器上的地址池中有多个公有 IP 地址，当需要进行地址转换时，路由器会在地址池中选择一个未被占用的地址来进行转换。这里假设四个地址都未被占用，路由器挑选了第一个未被占用的地址。如果紧接着计算机 A 要发送数据包到外部公用网络，则路由器会挑选第二个未被占用的 IP 地址（也就是 8.8.8.3）来进行转换。地址池中公有 IP 地址的数量决定了内部专用网络的计算机可以同时访问外部公用网络的计算机的数量，如果地址池中的 IP 地址都被占用，那么内部专用网络的其他计算机就不能和外部公用网络的计算机通信。当内部专用网络计算机和外部公用网络计算机的通信结束后，路由器将释放被占用的公有 IP 地址，这样，被释放的 IP 地址则又可以为其他内部专用网络计算计算机提供公网接入服务。

第③步：源 IP 地址为 8.8.8.2 的数据包在外部公用网络上转发，最终被计算机 C 接收。

第④步：计算机 C 收到源 IP 地址为 8.8.8.2 的数据包后，将响应内容封装在目的 IP 地址为 8.8.8.2 的数据包中，然后将该数据包发送出去。

第⑤步：目的 IP 地址为 8.8.8.2 的数据包最终经过路由转发，到达连接内部专用网络的路由器上，路由器对照自身的动态 NAT 映射表，找出对应关系，将目的 IP 地址为 8.8.8.2 的数据包转换为目的 IP 地址为 192.168.1.1 的数据包，然后发送到内部专用网络中。

第⑥步：目的 IP 地址为 192.168.1.1 的数据包在内部专用网络中传送，最终到达计算机 A。计算机 A 通过数据包的源 IP 地址（8.8.8.8）可知道此数据包是外部公用网络上的计算机 C 发送过来的。

动态 NAT 的内外网映射关系为临时关系，因此，它主要用于内网计算机临时对外提供服务的场景。考虑到公司申请的公有 IP 地址的数量有限，而内网计算机数量通常远大于公有 IP 地址的数量，因此，它不适合为内网计算机提供大规模上网服务，解决这类问题需要使用动态 NAPT。

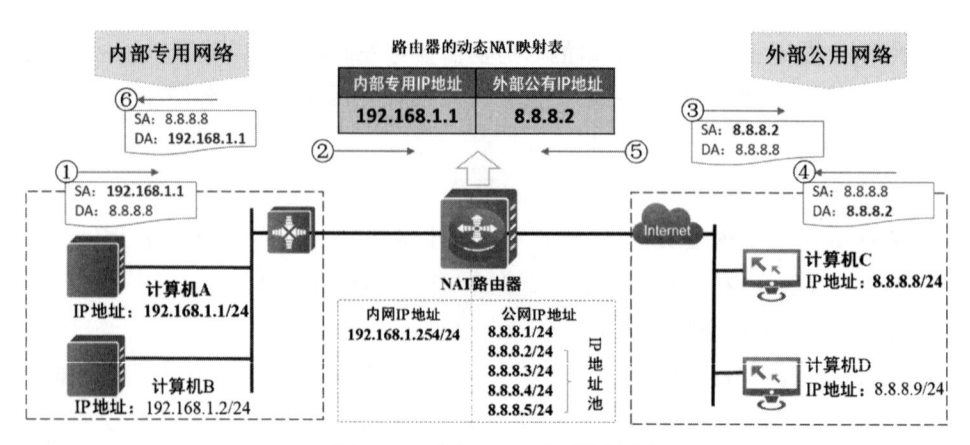

图 11-4 动态 NAT 的工作过程

3．动态 NAPT

动态 NAPT 是以 IP 地址及端口号（TCP 或 UDP 协议）为转换条件，将内部专用网络的内部专用 IP 地址及端口号转换成外部公有 IP 地址及端口号的技术。在静态 NAT 和动态 NAT 中，都是"IP 地址"到"IP 地址"的转换关系，而在动态 NAPT 中，则是"IP 地址+端口号"到"IP 地址+端口号"的转换关系。"IP 地址"到"IP 地址"的转换关系局限性很大，因为公网 IP 地址一旦被占用，内网的其他计算机就不能再使用该公网 IP 地址访问外网。"IP 地址+端口号"的转换关系则非常灵活，一个 IP 地址可以和多个端口号进行组合（自由使用的端口号有几万个：1024～65 535），所以，路由器上可用的网络地址映射关系条目数量有很多，完全可以满足大量的内网计算机访问外网的需求。

动态 NAPT 的工作过程如图 11-5 所示。假设内部专用网络的计算机 A 要访问外部公用网络的服务器 B 的 Web 站点，其通信过程如下。

第①步：计算机 A 发送数据包给服务器 B。数据包的源 IP 地址为 192.168.1.1，源端口号为 2000（2000 是为计算机 A 随机分配的端口号）；数据包的目的 IP 地址为 8.8.8.8，目的端口号为 80（Web 服务器的默认端口号为 80）。

第②步：数据包经过路由器时，路由器采用动态 NAPT 技术，以"IP 地址+端口号"的形式进行转换。数据包的源 IP 地址及源端口号将从 192.168.1.1:2000 转换为 8.8.8.1:3000（3000 是路由器随机分配的端口号），目的 IP 地址及目的端口号不变，仍然指向服务器 B 的 Web 服务。转换后的源 IP 地址为路由器在外网的接口 IP 地址，源端口号为路由器上未被使用的可分配端口号，这里假设为 3000。

第③步：转换后的数据包在外部公用网络上转发，最终被服务器 B 接收。

第④步：服务器 B 收到数据包后，将响应内容封装在目的 IP 地址为 8.8.8.1，目的端口号为 3000 的数据包中（源 IP 地址及源端口号为 8.8.8.8:80），然后将数据包发送出去。

第⑤步：响应的数据包最终经过路由转发，到达连接内部专用网络的路由器上，路由器对照动态 NAPT 映射表，找出对应关系，将目的 IP 地址及目的端口号为 8.8.8.1:3000 的数据包转换为目的 IP 地址及目的端口号为 192.168.1.1:2000 的数据包，然后发送到内部专用网络中。

第⑥步：目的 IP 地址及目的端口号为 192.168.1.1:2000 的数据包在内部专用网络中传

送，最终到达计算机 A。计算机 A 通过数据包的源 IP 地址及源端口号（8.8.8.8:80）知道此数据包是外部公用网络的服务器 B 发送过来的。

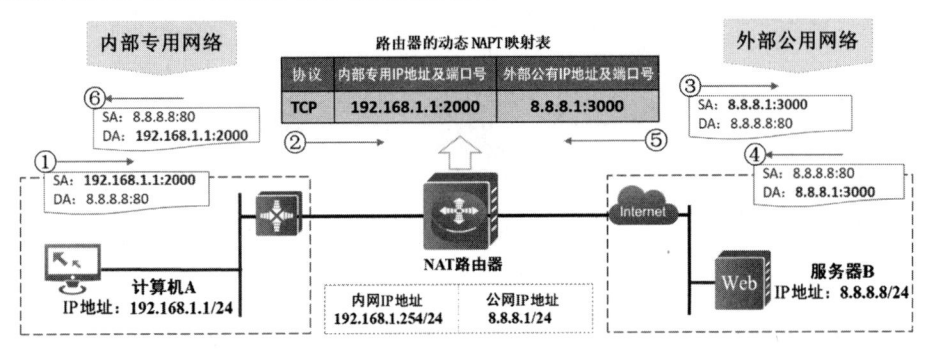

图 11-5　动态 NAPT 的工作过程

动态 NAPT 的内外网"IP 地址+端口号"映射关系是临时的，因此，它主要应用于为内网计算机提供外网访问服务的场景。典型的应用有：家庭的宽带路由器拥有动态 NAPT 功能，可以满足家庭电子设备访问 Internet 的需求；网吧的出口网关也拥有动态 NAPT 功能，可以满足网吧计算机访问 Internet 的需求。

4．静态 NAPT

静态 NAPT 是在路由器中以"IP 地址+端口号"的形式，将内网 IP 地址及端口号固定地转换为外网 IP 地址及端口号的技术，应用于允许外网用户访问内网计算机特定服务的场景。

静态 NAPT 的工作工程如图 11-6 所示。假设外部公用网络的计算机 B 需要访问内部专用网络的服务器 A 的 Web 站点，其通信过程如下。

第①步：计算机 B 发送数据包给服务器 A。数据包的源 IP 地址为 8.8.8.8，源端口号为 2000；数据包的目的 IP 地址为 8.8.8.1，目的端口号为 80（Web 服务器的默认端口号为 80）。

第②步：数据包经过路由器时，路由器查询静态 NAPT 映射表，找到对应的映射条目后，数据包的目的 IP 地址及目的端口号将从 8.8.8.1:80 转化为 192.168.1.1:80，源 IP 地址及源端口号不变。这里转换后的目的 IP 地址为内部专用网络的服务器 A 的 IP 地址，目的端口号为服务器 A 的 Web 服务的端口号。

第③步：转换后的数据包在内部专用网络上转发，最终被服务器 A 接收。

第④步：服务器 A 收到数据包后，将响应内容封装在目的 IP 地址为 8.8.8.8，目的端口号为 2000 的数据包中，然后将数据包发送出去。

第⑤步：响应数据包最终经过路由转发，到达路由器上，路由器对照静态 NAPT 映射表，找出对应关系，将源 IP 地址及源端口号为 192.168.1.1:80 的数据包转换为源 IP 地址及源端口号为 8.8.8.1:80 的数据包，然后发送到外部公用网络中。

第⑥步：目的 IP 地址及目的端口号为 8.8.8.8:2000 的数据包在外部公用网络中传送，最终到达计算机 B。计算机 B 通过数据包的源 IP 地址及源端口号（8.8.8.1:80）知道这是它访问 Web 服务的响应数据包。但是，计算机 B 并不知道 Web 服务其实是由内部专用网络的服务器 A 提供的，它只知道这个 Web 服务是由外部公用网络上的 IP 地址为 8.8.8.1 的机器提供的。

239

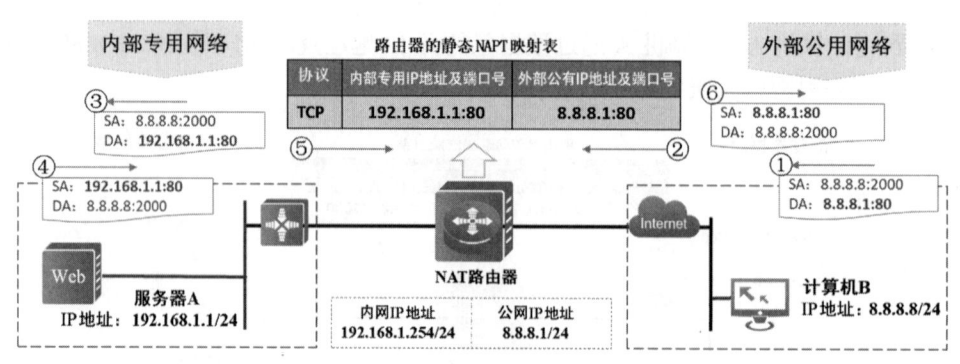

图 11-6 静态 NAPT 的工作过程

静态 NAPT 的内外网"IP 地址+端口号"映射关系是永久的，因此，它主要应用于内网服务器的指定服务（如 Web、FTP 等）向外网提供服务的场景。典型的应用有：公司将内网的门户网站映射到外网 IP 地址的 80 端口上，满足 Internet 用户访问公司门户网站的需求。

11.2 访问控制列表

路由器不仅用于实现多个局域网的互联，其在数据包的存储转发过程中还可以通过过滤特定的数据包实现网络安全访问控制、流量控制等功能。

访问控制列表可以针对数据包的源地址、目的地址、传输层协议、端口号等条件设置匹配规则。访问控制列表由若干条规则组成，也被称为接入控制列表，每个接入控制列表都声明了满足该表项的匹配条件及行为。

通过建立 ACL，可保证网络资源不被非法用户访问，还可以限制网络流量，提高网络性能，对通信流量起到控制的作用。在路由器的端口上配置 ACL 后，可以对入站端口和出站端口的数据包进行安全检测，下面通过两个案例进行说明。

案例 1：在如图 11-7 所示的网络拓扑结构中，工资管理系统服务器存储的数据属于机密性数据，公司仅允许财务主管和人事主管的计算机访问它。

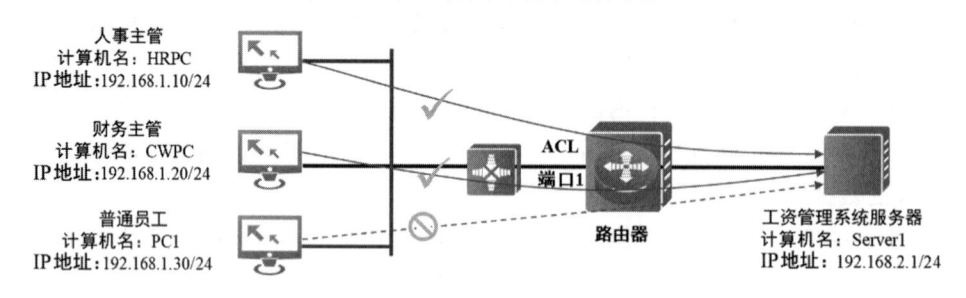

图 11-7 案例 1 网络拓扑结构

管理员可以创建一个如图 11-8 所示的针对路由器端口 1 的入站访问控制列表，路由器在端口 1 根据入站规则对所有请求访问工资管理系统服务器的数据包进行匹配，人事主管的计算机 HRPC 和财务主管的计算机 CWPC 满足图 11-8 中的两条筛选器匹配规则，根据筛选器操作规则（匹配行为）允许其访问 Server1；普通员工的计算机 PC1 因不满足匹配条件，根据筛选器操作规则将丢弃请求数据包（拒绝访问）。这里需要特别注意的是，在筛选规则中，因为源地址和目标地址都是指向一台计算机的，所以源网站掩码均采用 255.255.255.255。

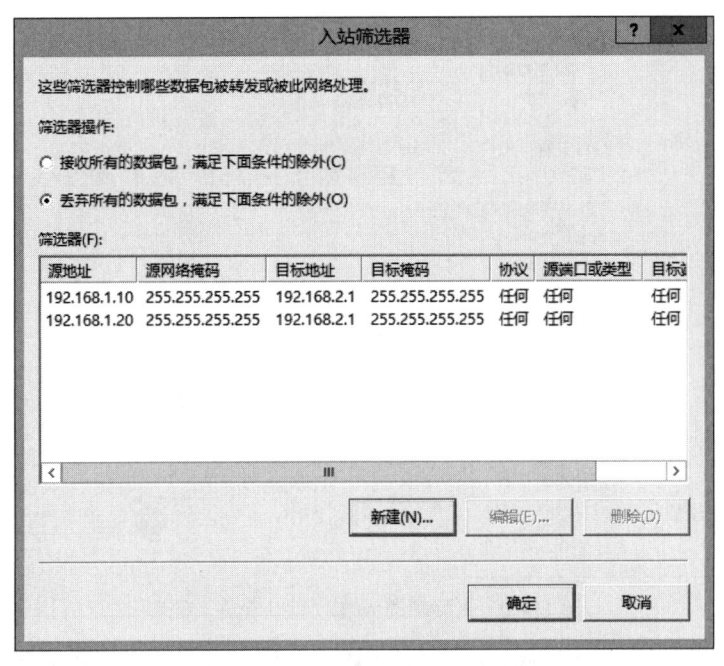

图 11-8　入站访问控制列表

案例 1 是一个将 ACL 应用到入站方向的例子，筛选器规则为【丢弃所有的数据包，满足下面条件的除外】。当设备端口收到数据包时，首先确定 ACL 是否被应用到了该端口，如果没有，则正常转发该数据包。如果有，则处理 ACL，从第一条语句开始，将条件和数据包内容进行比较，如果没有匹配，则处理列表中的下一条语句，如果匹配，则接收该数据包，如果在整个列表中都没有找到匹配的规则，则丢弃该数据包，流程如图 11-9 所示。

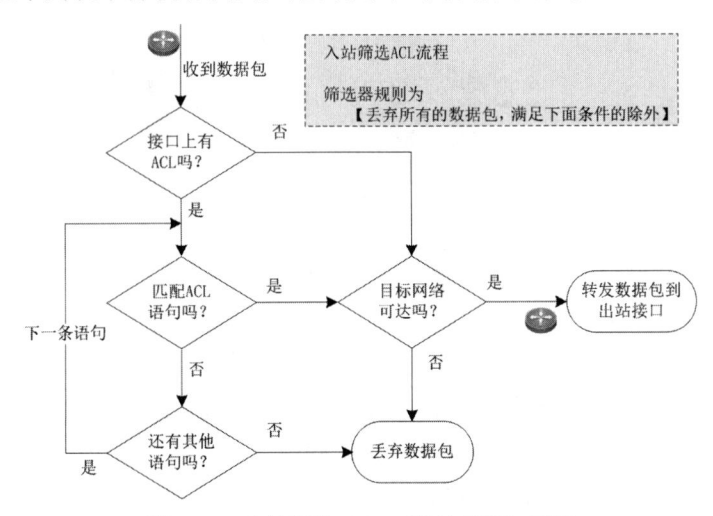

图 11-9　入站筛选 ACL（默认拒绝）流程

根据案例 1，我们可以得到入站筛选规则为【接收所有的数据包，满足下面条件的除外】的流程，如图 11-10 所示。

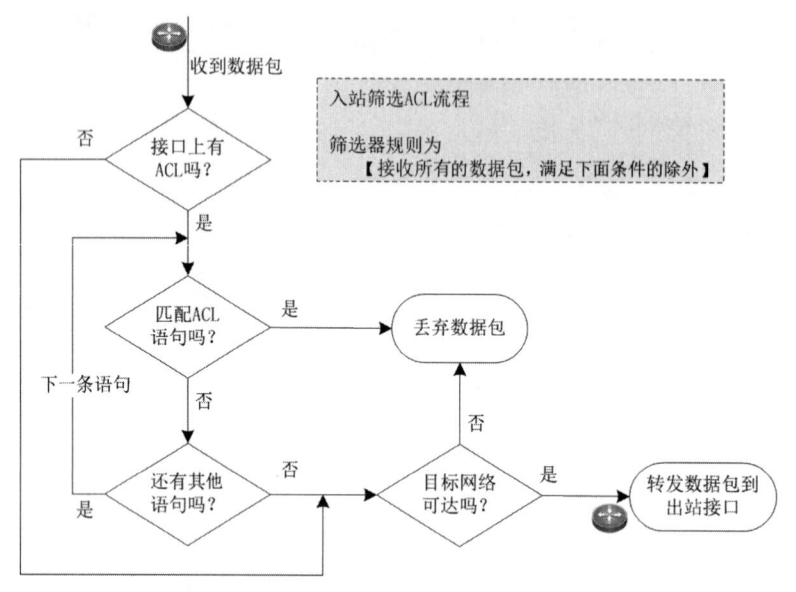

图 11-10　入站筛选 ACL（默认允许）流程

案例 2：在如图 11-11 所示的网络拓扑结构中，服务器 1 用于提供 FTP 服务和 Web 服务，其中，Web 服务用于提供公司客户关系系统（Web 服务使用默认端口发布）。

基于安全考虑，对于 Web 服务：公司不允许生产部计算机访问该客户关系系统，其他部门则不受限制。对于 FTP 服务：所有部门都可以访问。

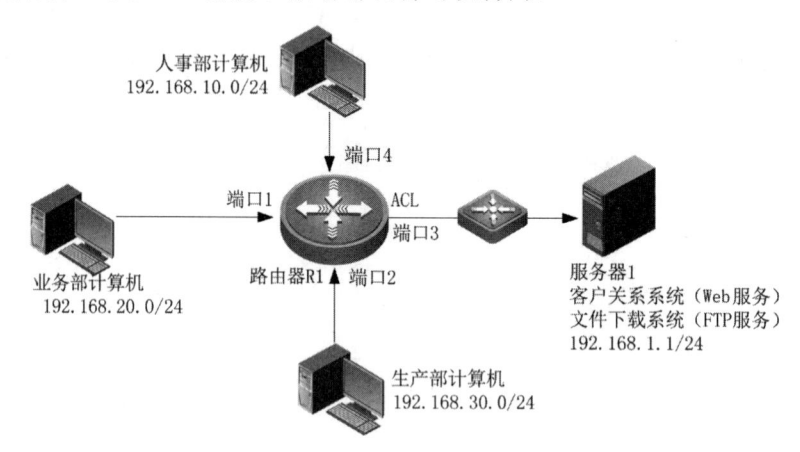

图 11-11　案例 2 网络拓扑结构

管理员可以创建一个如图 11-12 所示的针对路由器端口 3 的出站访问控制列表，这时路由器 R1 在端口 3 根据出站规则对所有请求访问服务器 1 的数据包进行匹配。

当生产部计算机访问服务器 1 的 Web 服务时，因不满足匹配规则，根据筛选器操作规则将丢弃请求数据包（拒绝访问），而当访问 FTP 服务时，因满足匹配规则，根据筛选器操作规则将允许访问；当业务部计算机和人事部计算机访问服务器 1 时，因满足匹配规则，根据筛选器操作规则将允许访问。

该案例也可以运用入站筛选规则，读者可以思考一下如何设计入站筛选 ACL 流程。

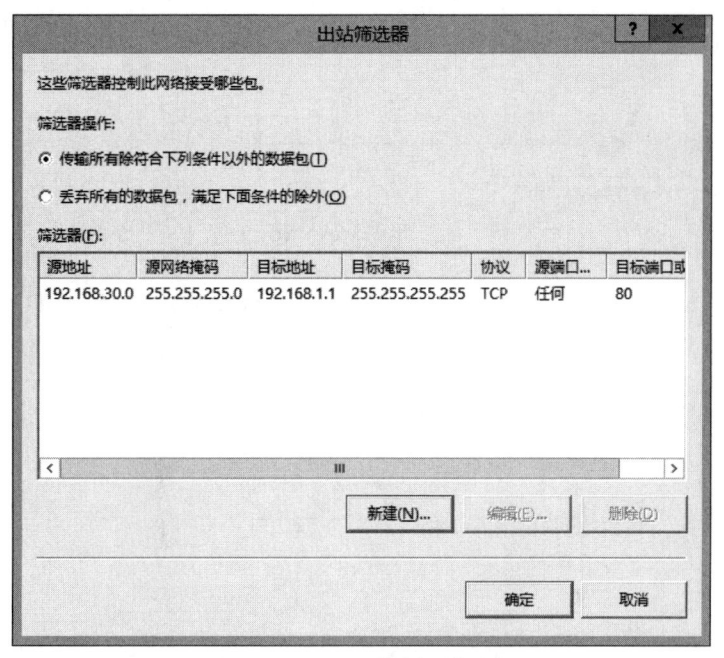

图 11-12　出站访问控制列表

案例 2 是一个将 ACL 应用到出站方向的例子，筛选器规则为【传输所有除符合下列条件以外的数据包】，流程如图 11-13 所示。

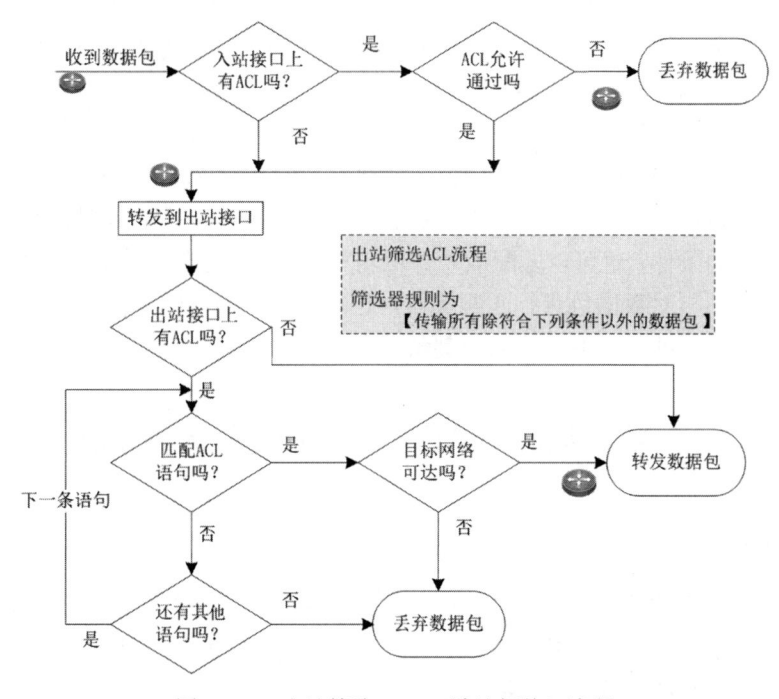

图 11-13　出站筛选 ACL（默认拒绝）流程

同理，图 11-14 所示为筛选规则为【丢弃所有的数据包，满足下面条件的除外】的流程。

图 11-14 出站筛选 ACL（默认允许）流程

通过案例 1 和案例 2 可以了解到 Windows Server 2012 R2 的访问控制列表是通过应用在物理接口上的入站筛选器和出站筛选器来实现的。无论哪种筛选器，对于每个访问控制列表，都可以建立多个访问控制条目，这些条目定义了匹配数据包所需要的条件。这些条件可以是协议号、源 IP 地址、目的 IP 地址、源端口号、目的端口号或者它们的组合。当数据包通过路由器接口时，筛选器从上至下扫描访问控制条目，只要数据包的特征符合访问控制条目中定义的条件，就可以匹配成功并应用相应操作（拒绝或允许数据包通过）。应用操作后，筛选器不再对数据包进行匹配操作，也就是说，当前的访问控制条目已经和数据包匹配，筛选器不再处理剩下的访问控制条目。

任务 11-1　部署动态 NAPT，实现公司计算机访问外网

任务规划

公司申请了 5 个固定的公网 IP 地址用于接入 Internet，为满足公司计算机接入外网，公司要求网络管理员在出口路由器上部署动态 NAPT，实现公司计算机访问外网。信息中心的网络拓扑结构如图 11-15 所示。

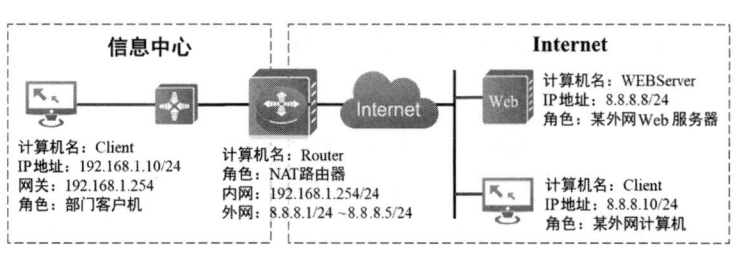

图 11-15　信息中心的网络拓扑结构

按项目实施策略，公司先在信息中心进行部署测试，通过后再部署到其他部门。路由器的动态 NAPT 可以实现内网计算机共享路由器的公网 IP 地址来访问外网，因此，网络管理员可以在路由器上安装 NAT 服务，并配置动态 NAPT 服务，就可以实现信息中心的计算机访问外网。在 Windows Server 2012 R2 上部署动态 NAPT 的主要步骤如下。

（1）安装 NAT 服务。
（2）配置动态 NAPT 服务。

任务实施

1. 安装 NAT 服务

（1）在【服务器管理器】窗口中，单击【添加角色和功能】链接，如图 11-16 所示。

图 11-16　【服务器管理器】窗口

（2）在【安装类型】窗口中，选择【基于角色或基于功能的安装】选项，单击【下一步】按钮。

（3）在【服务器选择】窗口中，保持默认配置并单击【下一步】按钮。

（4）在【选择服务器角色】窗口中，勾选【远程访问】复选框，如图 11-17 所示，并单击【下一步】按钮。

245

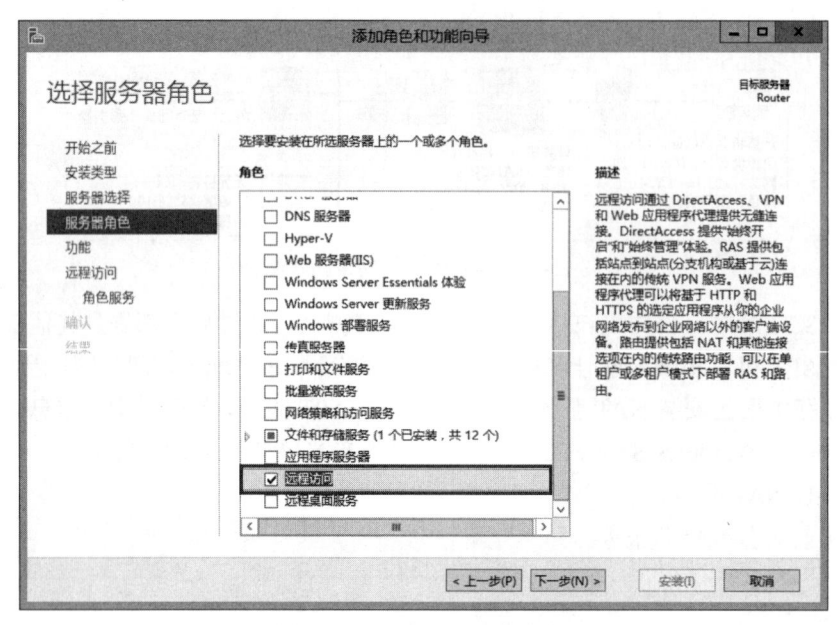

图 11-17 添加远程访问角色

（5）在【功能】窗口中，保持默认配置并单击【下一步】按钮。

（6）在【远程访问】窗口中直接单击【下一步】按钮。

（7）在【选择角色服务】窗口中，勾选【DirectAccess 和 VPN(RAS)】和【路由】复选框并在弹出的【添加角色和功能向导】对话框中，单击【添加功能】按钮，然后单击【下一步】按钮，如图 11-18 和图 11-19 所示。

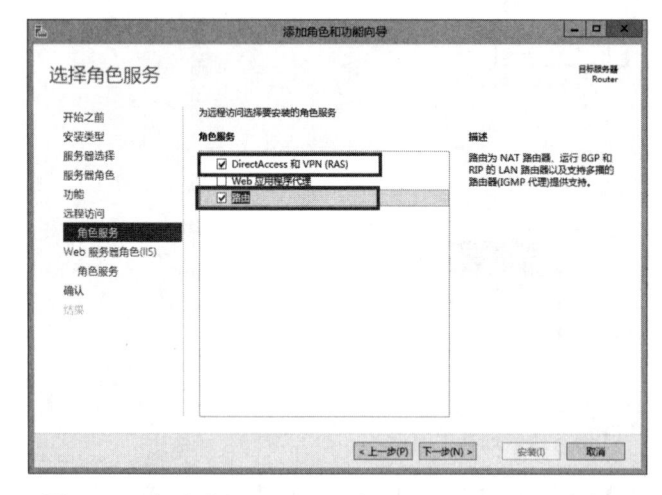

图 11-18　勾选【DirectAccess 和 VPN(RAS)】和【路由】复选框

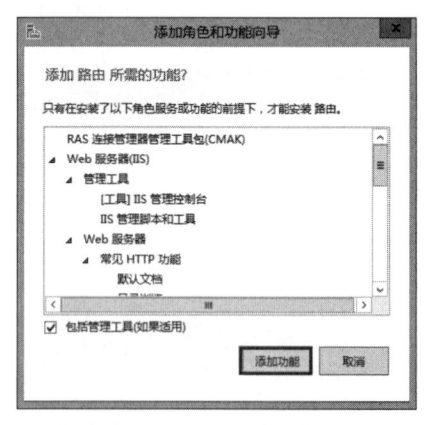

图 11-19　添加路由所需的功能

（8）在【Web 服务器角色(IIS)】窗口中单击【下一步】按钮。

（9）在【角色服务】窗口中，保持默认配置并单击【下一步】按钮。

（10）在【确认安装所选内容】窗口中单击【安装】按钮，开始安装，如图 11-20 所示。

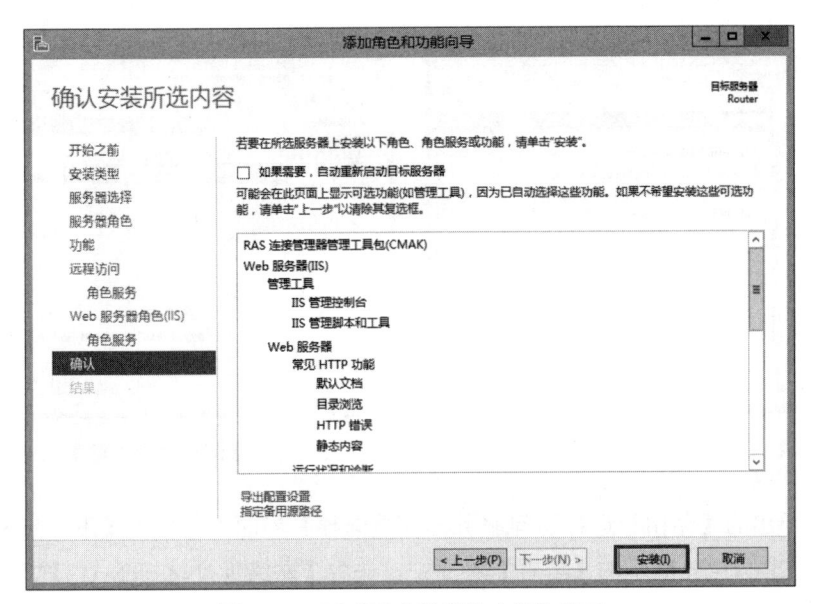

图 11-20 【确认安装所选内容】窗口

（11）安装完成后的结果如图 11-21 所示。

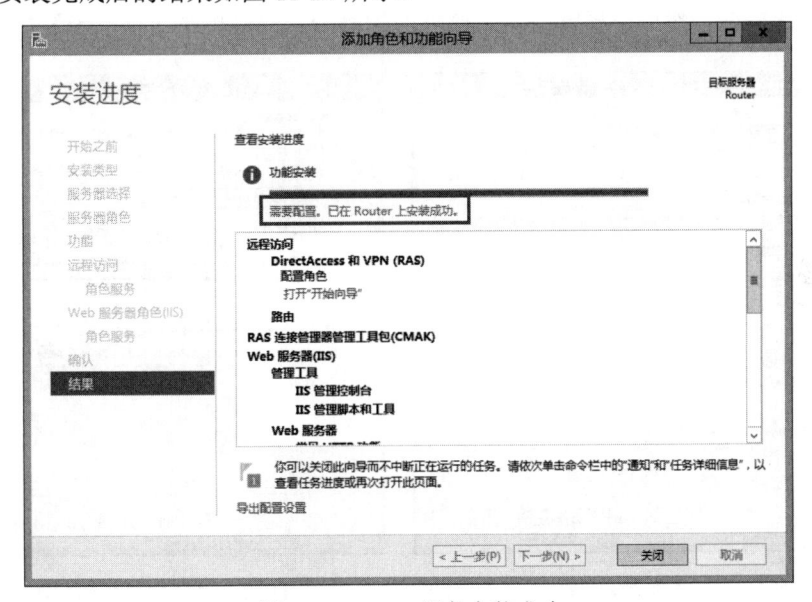

图 11-21 NAT 服务安装成功

2．配置动态 NAPT 服务

（1）打开【路由和远程访问】窗口：在【服务器管理器】窗口的【工具】下拉菜单中选择【路由和远程访问】命令，打开如图 11-22 所示的【路由和远程访问】窗口。

（2）在控制台树中，右击【ROUTER(本地)】选项，弹出如图 11-23 所示的快捷菜单，选择【配置并启用路由和远程访问】命令。

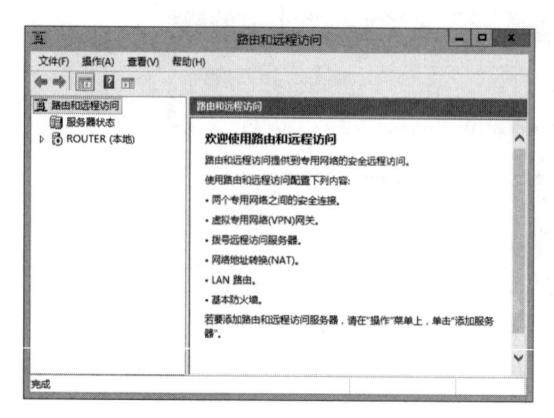

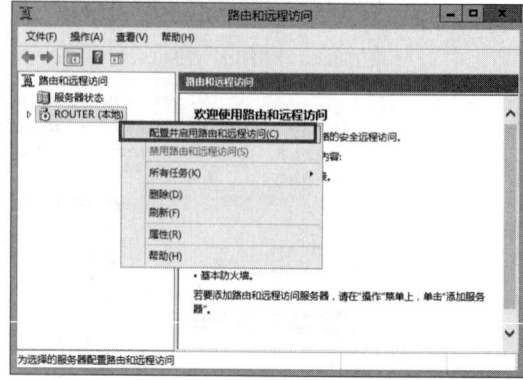

图 11-22 【路由和远程访问】窗口　　　　图 11-23 选择【配置并启用路由和远程访问】命令

（3）在弹出的【路由和远程访问服务器安装向导】界面中，单击【下一步】按钮。

（4）在如图 11-24 所示的【配置】界面中，选中【网络地址转换(NAT)】单选按钮，然后单击【下一步】按钮。

（5）在如图 11-25 所示的【NAT Internet 连接】界面中，选中【使用此公共接口连接到 Internet】单选按钮，然后选择路由器连接外网的网卡，最后单击【下一步】按钮。

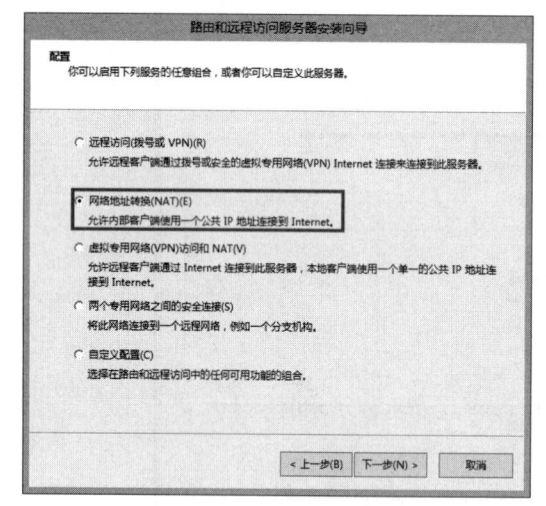

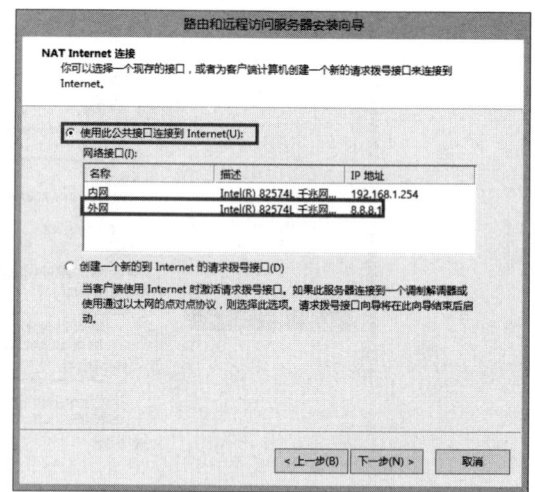

图 11-24 【配置】界面　　　　图 11-25 【NAT Internet 连接】界面

（6）在如图 11-26 所示的【名称和地址转换服务】界面中，选中【启用基本的名称和地址服务】单选按钮，然后单击【下一步】按钮。

（7）在如图 11-27 所示的【地址分配范围】窗口中，查看网络地址和网络掩码的分配范围，确认无误后，单击【下一步】按钮。

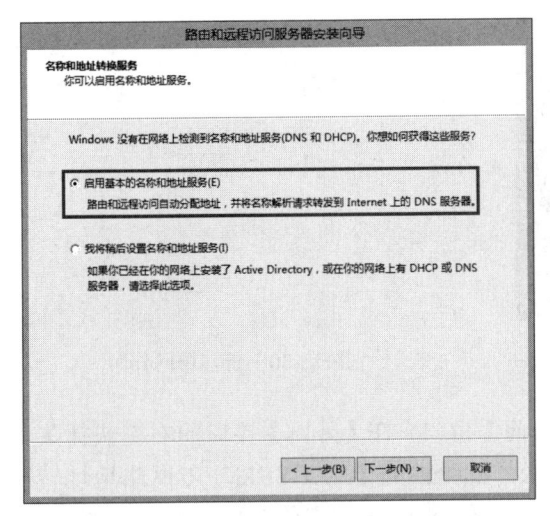

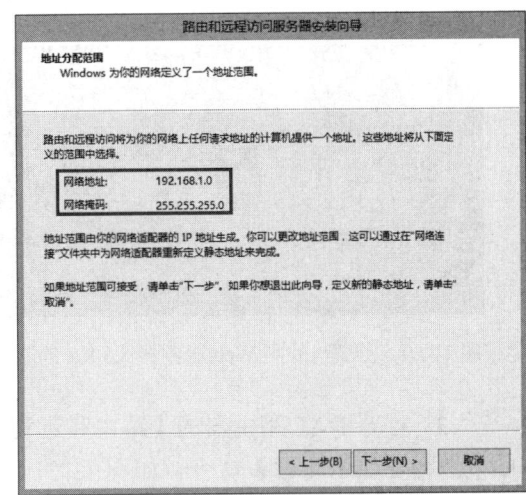

图 11-26 【名称和地址转换服务】界面　　　　图 11-27 【地址分配范围】界面

（8）确认如图 11-28 所示的【摘要】内容无误后，单击【完成】按钮，完成动态 NAPT 服务的配置。

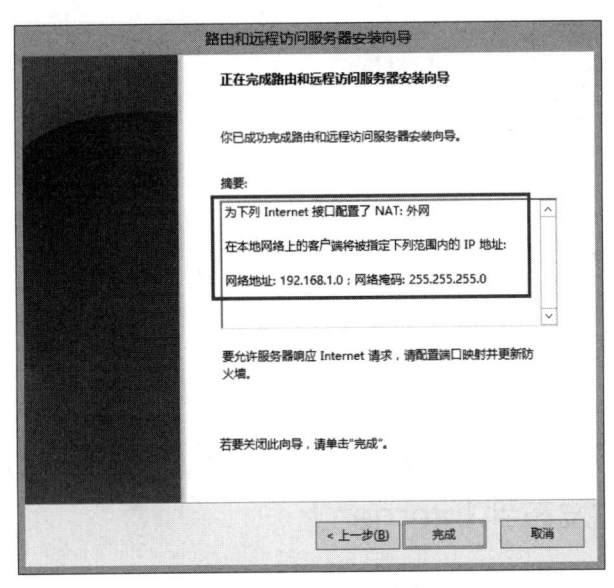

图 11-28 【摘要】内容

任务验证

（1）在公司客户端（Client）的命令提示符窗口中，执行【ping 8.8.8.8】命令，测试与外网 Web 服务器 8.8.8.8 的连通性，结果如图 11-29 所示，表明内网客户机和外网 Web 服务器可以正常通信。

（2）通过客户端的浏览器访问 Web 服务器，在浏览器上输入【http://8.8.8.8/】，结果显示内网客户机可以正常访问外网，如图 11-30 所示。

图 11-29　测试与外网 Web 服务器 8.8.8.8 的连通性

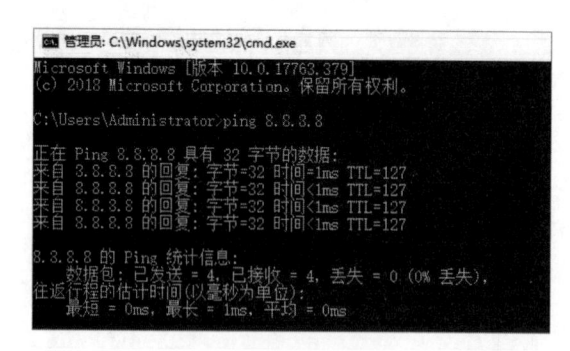

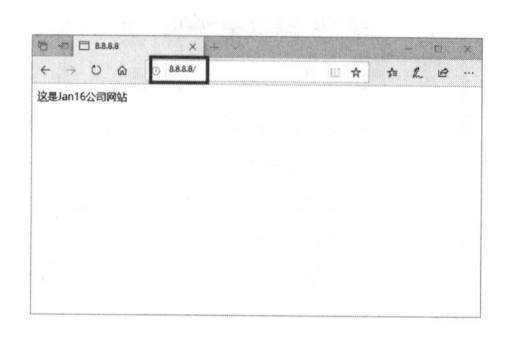

图 11-30　正常访问外网

（3）打开 NAT 路由器的【路由和远程访问】窗口，在【外网】接口的右键快捷菜单中，选择【显示映射】命令，如图 11-31 所示，在弹出的【NAT-SERVER-网络地址转换会话映射表格】对话框中可以看到内网客户机和外网 Web 站点的映射关系，如图 11-32 所示。

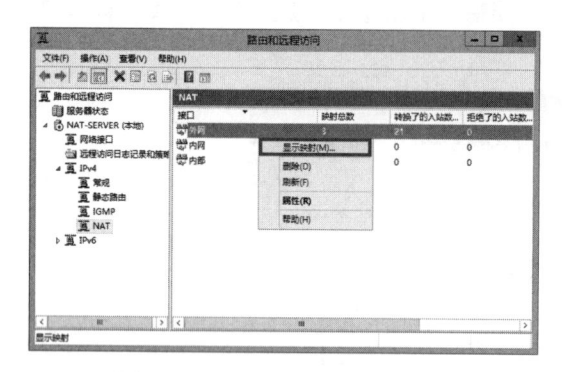

图 11-31　选择【显示映射】命令

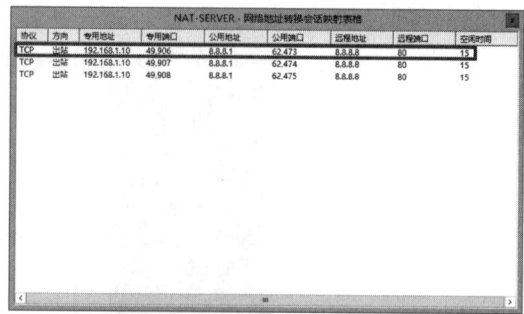

图 11-32　内网客户机和外网 Web 站点的映射关系

任务 11-2　部署静态 NAPT，将公司门户网站发布到 Internet 上

任务规划

公司在信息中心的 Web 服务器上部署了公司门户网站（http://192.168.1.3:80），为方便用户通过公司门户网站了解公司产品和办理相关业务，公司要求网络管理员在出口路由器上部署静态 NAPT，将内网 Web 服务器的网站发布到 Internet 上。信息中心的网络拓扑结构如图 11-33 所示。

学习视频 29

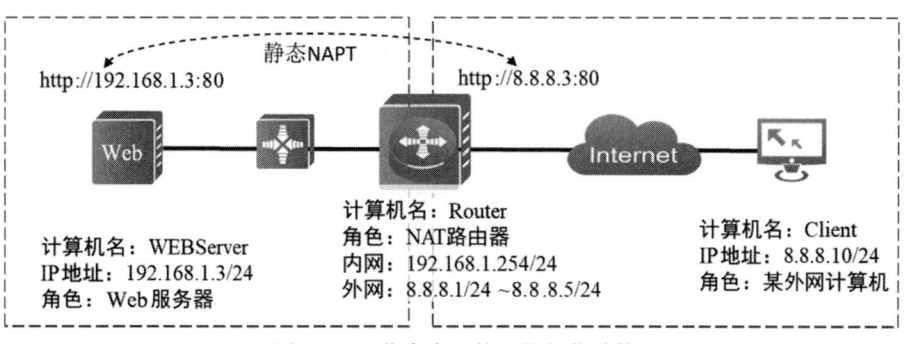

图 11-33 信息中心的网络拓扑结构

路由器的静态 NAPT 可以将内网计算机上的特定服务永久地映射到外网，这些服务通常为 FTP、Web、流媒体、电子邮件等。这样，外网计算机就可以通过访问其映射的外网地址来访问这些服务。在 Windows Server 2012 R2 上部署静态 NAPT 的主要步骤如下。

（1）配置 NAT 的 IP 地址池。
（2）配置静态 NAPT 映射。

任务实施

1. 配置 NAT 的 IP 地址池

（1）打开【路由和远程访问】窗口，选择左侧【IPv4】节点下的【NAT】选项，查看如图 11-34 所示的 NAT 管理界面。
（2）在【外网】接口的右键快捷菜单中选择【属性】命令，如图 11-35 所示。

图 11-34 NAT 管理界面　　　　　图 11-35 选择【属性】命令

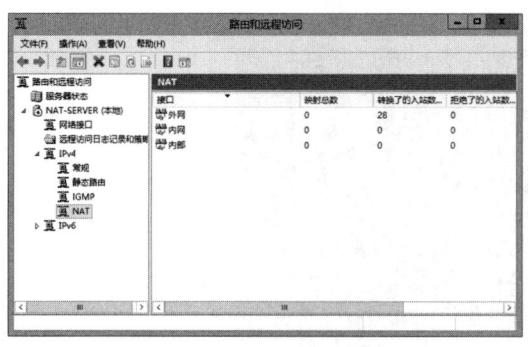

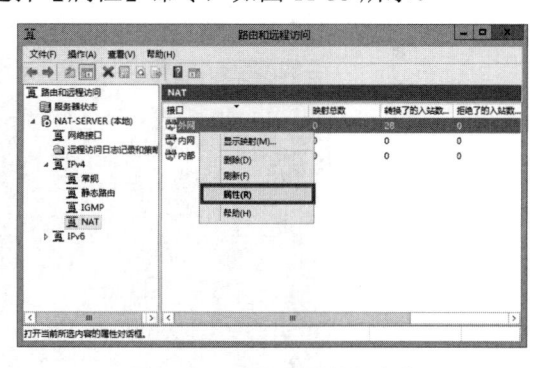

（3）在弹出的【外网 属性】对话框中选择【地址池】选项卡，如图 11-36 所示。
（4）单击【添加】按钮，在弹出的【添加地址池】对话框中，输入路由器的公网地址池 8.8.8.2/24～8.8.8.5/24，结果如图 11-37 所示。然后单击【确定】按钮，完成 IP 地址池的配置。

251

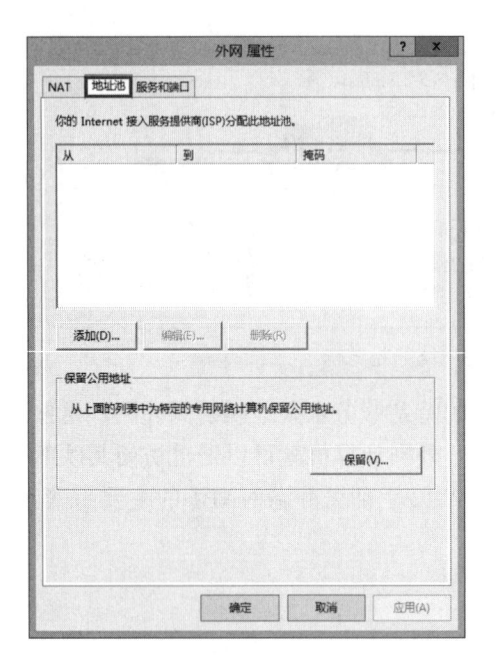

图 11-36　NAT 服务的【地址池】选项卡　　　　图 11-37　配置 IP 地址池

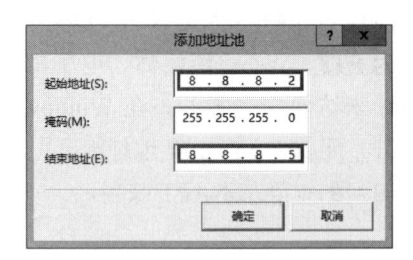

> **注意**：在添加 IP 地址池之前，要先确认 NAT 路由器的外网网络适配器是否添加了"8.8.8.2～8.8.8.5"这四个公网 IP 地址。管理员在命令提示符窗口中执行【ipconfig】命令，可以看到 NAT 路由器的外网网络适配器上新增的四个公网 IP 地址，结果如图 11-38 所示。

图 11-38　通过【ipconfig】命令查看 NAT 路由器的公网 IP 地址

2. 配置静态 NAPT 映射

（1）在如图 11-39 所示的【外网 属性】对话框中选择【服务和端口】选项卡。

（2）单击【添加】按钮，在弹出的如图 11-40 所示的【添加服务】对话框中输入服务描述、公网映射的 IP 地址及端口、内网 Web 服务器的 IP 地址及端口、协议类型信息。

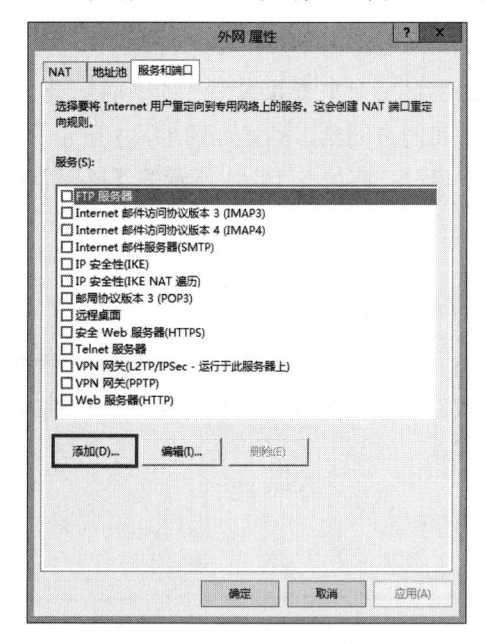

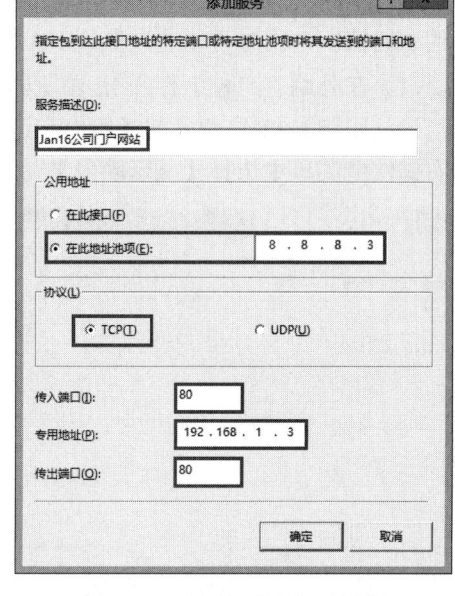

图 11-39 【外网 属性】对话框　　　　图 11-40 【添加服务】对话框

（3）单击【确定】按钮，完成静态 NAPT 映射的配置，结果如图 11-41 所示。

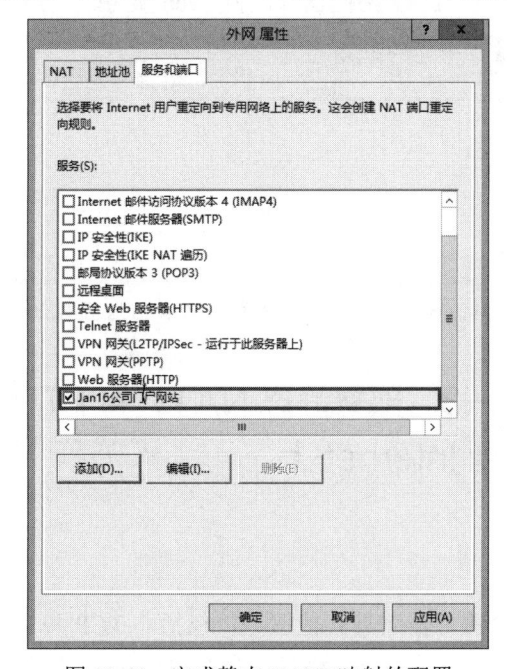

图 11-41　完成静态 NAPT 映射的配置

任务验证

在完成静态 NAPT 映射的配置之后，管理员可以通过 Internet 上的计算机测试公司网站的访问情况，同时可以通过监视 NAT 路由器的链接映射来查看 NAPT 的映射记录。

（1）在外网客户机上打开 IE 浏览器，访问公司门户网站，结果如图 11-42 所示。

（2）回到 NAT 路由器的【路由和远程访问】窗口，在如图 11-43 所示的【外网】接口的右键快捷菜单中选择【显示映射】命令。

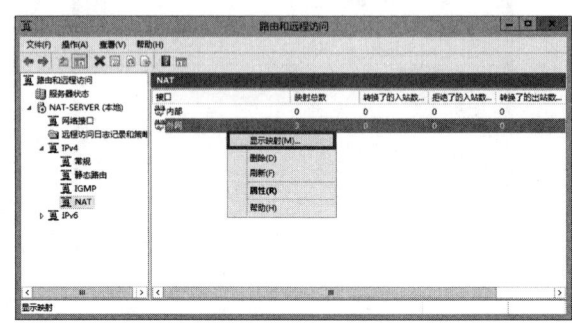

图 11-42　外网计算机访问公司门户网站　　　　图 11-43　【外网】接口的右键快捷菜单

（3）从弹出的【NAT-SERVER-网络地址转换会话映射表格】对话框中，可以看到如图 11-44 所示的公网计算机、NAT 路由器和内网 Web 服务器的地址映射结果。

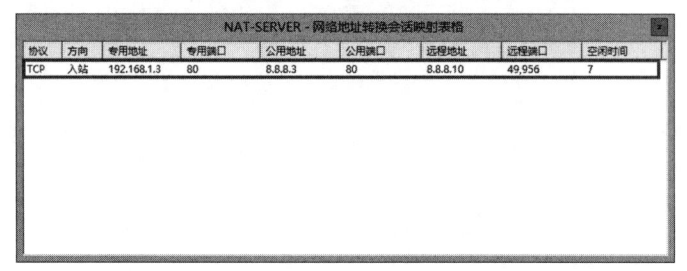

图 11-44　公网计算机、NAT 路由器和内网 Web 服务器的地址映射结果

任务 11-3　部署静态 NAT，将 FTP 服务器发布到 Internet 上

任务规划

公司信息中心的 FTP 服务器兼具其他服务，包括非 TCP 和 UDP 服务，为方便公司员工从外网访问它，公司要求网络管理员在出口路由器上部署静态 NAT，让公司员工在家中或出差时均能访问它。信息中心的网络拓扑结构如图 11-45 所示。

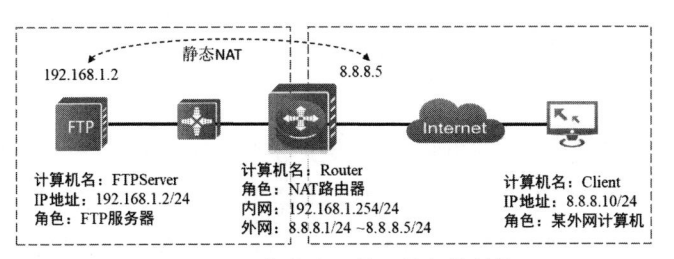

项目 11　部署信息中心的 NAT 服务

图 11-45　信息中心的网络拓扑结构

路由器的静态 NAT 可以将内网计算机永久地映射到外网。这样，外网计算机就可以通过访问其映射的外网 IP 地址来访问它。在 Windows Server 2012 R2 上部署静态 NAT 的主要步骤为：配置静态 NAT 映射。

任务实施

在任务 11-2 中，管理员已经在 NAT 路由器上部署了 IP 地址池，因此本任务可以直接配置静态 NAT 映射。

（1）打开【路由和远程访问】窗口，并选择【NAT-SERVER(本地)】→【IPv4】→【NAT】选项，然后在右侧的【NAT】接口列表中选择【外网】接口，在该接口的右键快捷菜单中选择【属性】命令，打开【外网 属性】对话框的【地址池】选项卡，结果如图 11-46 所示。

（2）单击【保留】按钮，在弹出的【地址保留】对话框中单击【添加】按钮，在弹出的如图 11-47 所示的【添加保留】对话框中输入公网（公用）IP 地址【8.8.8.5】，内网（专用网络）IP 地址【192.168.1.2】，并勾选【允许将会话传入到此地址】复选框。

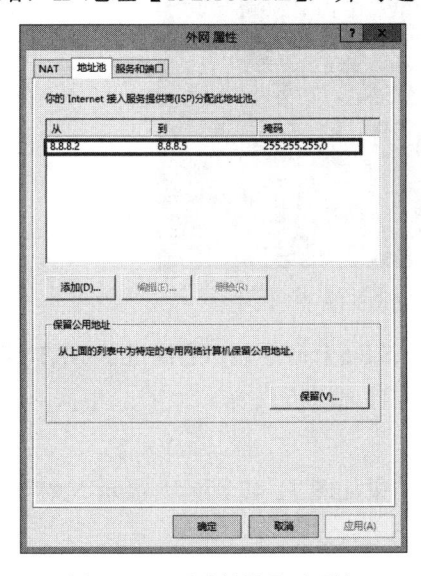

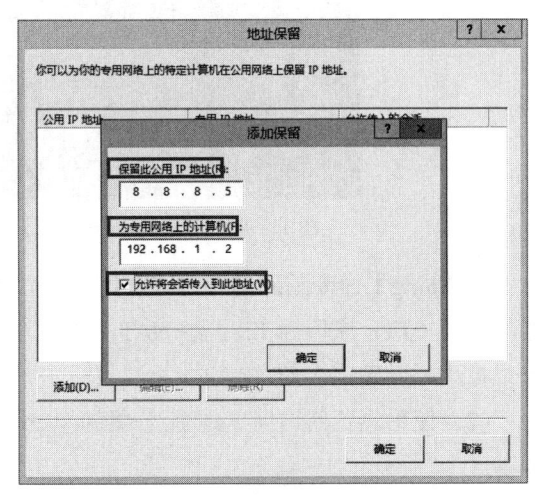

图 11-46　【地址池】选项卡　　　　　图 11-47　【添加保留】对话框

(3)连续单击【确定】按钮,返回【路由和远程访问】窗口,完成静态 NAT 映射的配置。

> **注意**:如果勾选【允许将会话传入到此地址】复选框,则表示外网计算机可以首先与内网计算机建立连接,以访问内网计算机的服务;如果未勾选,则表示外网计算机不能与内网计算机建立连接,外网计算机在没有和内网计算机建立连接的情况下,是不能访问内网计算机的服务的。

任务验证

完成静态 NAT 映射的配置后,管理员可以通过一台外网计算机测试公司 FTP 服务器的访问情况,测试方式包括访问其 FTP 站点、远程桌面登录等。访问成功后还可以在 NAT 路由器上查看地址映射表。

(1)在外网客户机上打开命令提示符窗口,分别执行【ping 8.8.8.2】和【ping 8.8.8.5】命令,结果如图 11-48 所示。

图 11-48 执行【ping 8.8.8.2】和【ping 8.8.8.5】命令的结果

从【ping】命令返回的 TTL 值可以看出,【ping 8.8.8.5】命令显示它经过了 NAT 路由器的转发(TTL 原值为 128,经 NAT 路由器转发后,TTL 值变为 126),因此,根据网络拓扑结构,可以确定 NAT 转换成功。

(2)使用浏览器访问 FTP 服务器的 Web 服务,结果如图 11-49 所示,显示 NAT 转换成功。

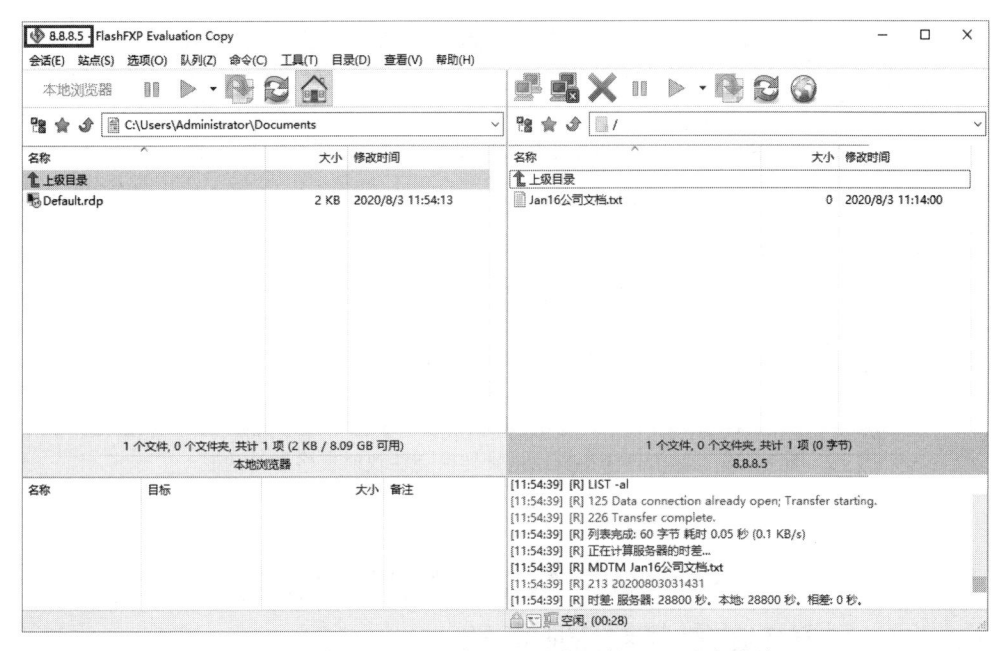

图 11-49　使用浏览器访问 FTP 服务器的 Web 服务的结果

（3）使用外网计算机通过远程桌面链接工具登录公司 FTP 服务器，如图 11-50 所示，结果证明 NAT 转换成功。

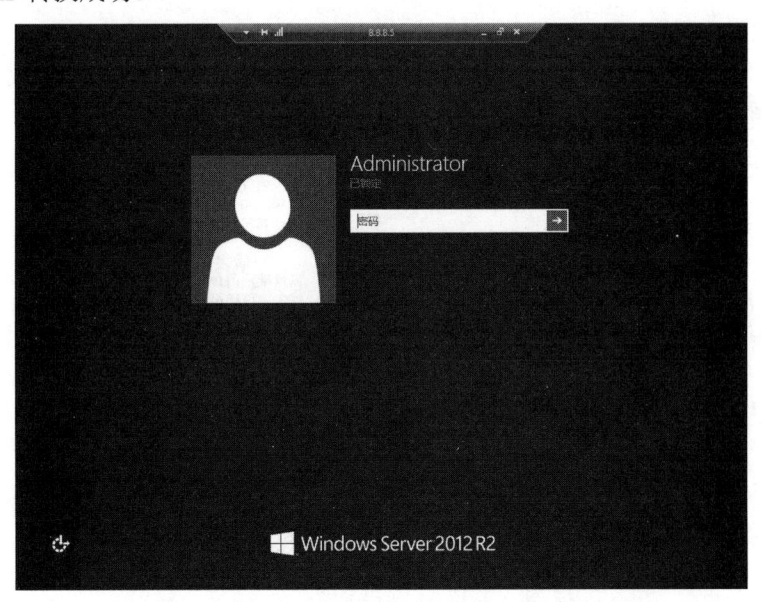

图 11-50　通过远程桌面链接工具登录公司 FTP 服务器

（4）打开 NAT 路由器，在【外网】接口的右键快捷菜单中选择【显示映射】命令，在打开的如图 11-51 所示的【ROUTER-网络地址转换会话映射表格】对话框中可以看到 Internet 客户端和内网服务器的多条映射记录。

协议	方向	专用地址	专用端口	公用地址	公用端口	远程地址	远程端口	空闲时间
UDP	入站	192.168.1.2	3,389	8.8.8.5	3,389	8.8.8.10	56,686	0
UDP	入站	192.168.1.2	3,389	8.8.8.5	3,389	8.8.8.10	56,687	12
TCP	入站	192.168.1.2	21	8.8.8.5	21	8.8.8.10	49,800	41
TCP	入站	192.168.1.2	3,389	8.8.8.5	3,389	8.8.8.10	49,803	1

图 11-51　【ROUTER-网络地址转换会话映射表格】对话框

任务 11-4　部署 ACL，限制其他部门访问财务部的财务系统服务器

任务规划

公司在财务部部署了一台专属服务器（IP 地址：192.168.3.1），该服务器仅允许财务部内部人员访问，公司要求网络管理员在财务部出口路由器上配置 ACL，限制其他部门访问该服务器。公司网络拓扑结构如图 11-52 所示。

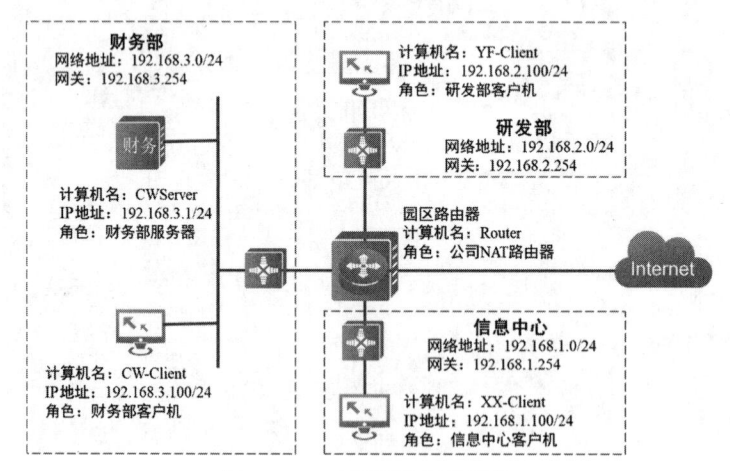

图 11-52　公司网络拓扑结构

路由器的访问控制列表可以在网络层和传输层限制各子网间的通信，在 ACL 的配置上，通常采用就近原则，即在与受限制的目标直接连接的路由接口上配置 ACL。

因此，本任务可以在 Windows Server 2012 R2 的路由和远程访问服务中对与财务部直接连接的网卡配置 ACL，限制入口方向的任何数据包访问财务部的财务系统服务器，主要步骤为：在路由器与财务部连接的路由接口上配置 ACL。

任务实施

（1）打开如图 11-53 所示的【路由和远程访问】窗口，右击【财务部】接口，在弹出的快捷菜单中选择【属性】命令。

（2）在弹出的如图 11-54 所示的【财务部 属性】对话框中，单击【出站筛选器】按钮。

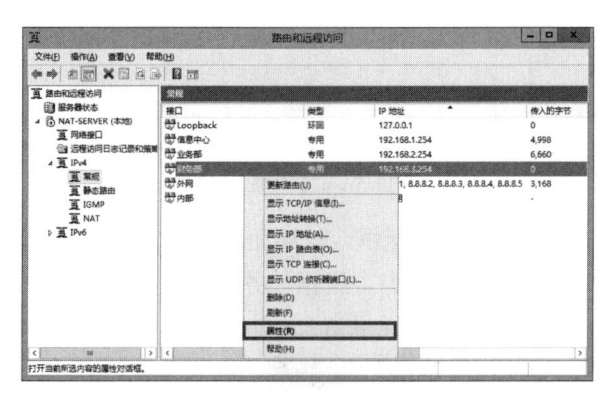

图 11-53 　【路由和远程访问】窗口 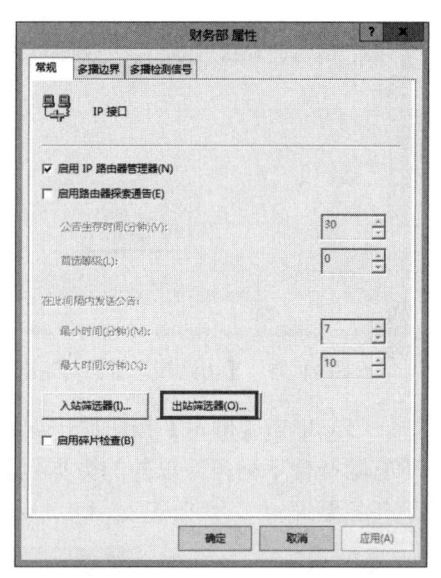　　　　图 11-54 　【财务部 属性】对话框

> 备注：管理员可以根据业务需要设置入站筛选或出站筛选，两者有不同的应用场景，举例如下。
>
> 例 1：如果要限制财务部访问其他网络，则可以设置入站筛选，限制财务部访问任何网络。
>
> 例 2：如果要限制业务部访问财务部，则可以设置出站筛选，限制业务部访问财务部。

（3）在打开的如图 11-55 所示的【出站筛选器】对话框中单击【新建】按钮。

（4）弹出【添加 IP 筛选器】对话框，根据任务背景，要求限制其他部门访问财务部的财务系统服务器（192.168.3.1），因此，在本对话框中应按图 11-56 所示的内容设置 IP 地址筛选规则。

这里，源网络未指定则表示它可以是任何网络，目标网络采用 32 位的子网掩码表示目标为具体的 IP 地址。

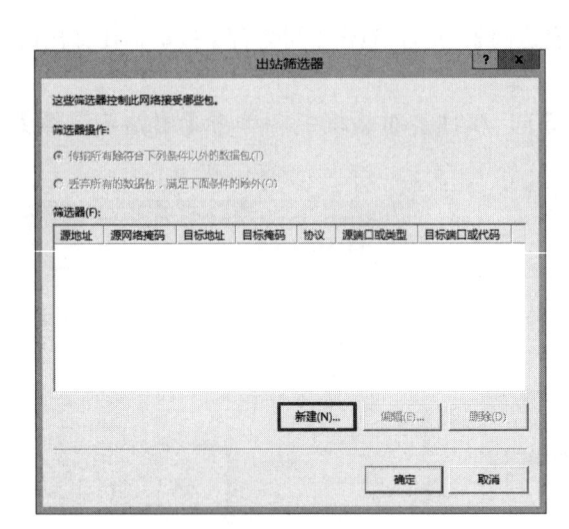

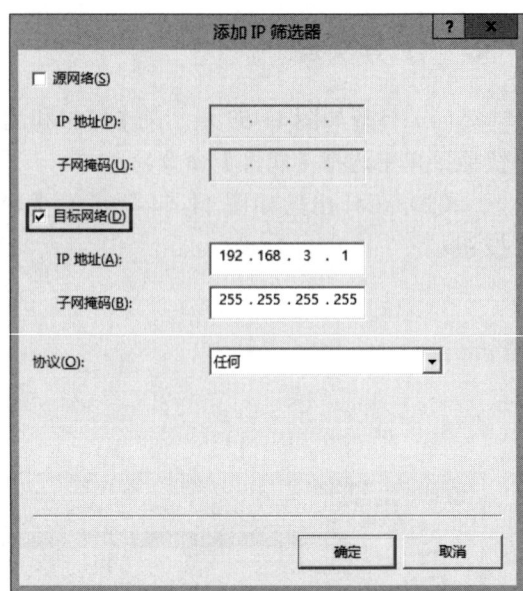

图 11-55　【出站筛选器】对话框（1）　　　图 11-56　【添加 IP 筛选器】对话框

（5）单击【确定】按钮后，返回【出站筛选器】对话框，结果如图 11-57 所示。【传输所有除符合下列条件以外的数据包】选项默认为选中状态。根据任务背景，该选项正好满足任务要求。

图 11-57　【出站筛选器】对话框（2）

（6）单击【确定】按钮，完成 ACL 的配置。

任务验证

（1）公司其他部门的客户机通过执行【ping 192.168.3.100】命令，可以访问财务部的某台客户机时，可以连通；而公司其他部门的客户机通过执行【ping 192.168.3.1】命令，无法访问财务部的财务系统服务器。说明，路由器丢弃了其他部门客户机访问财务部的财务系统服务器的数据包，结果如图 11-58 所示。

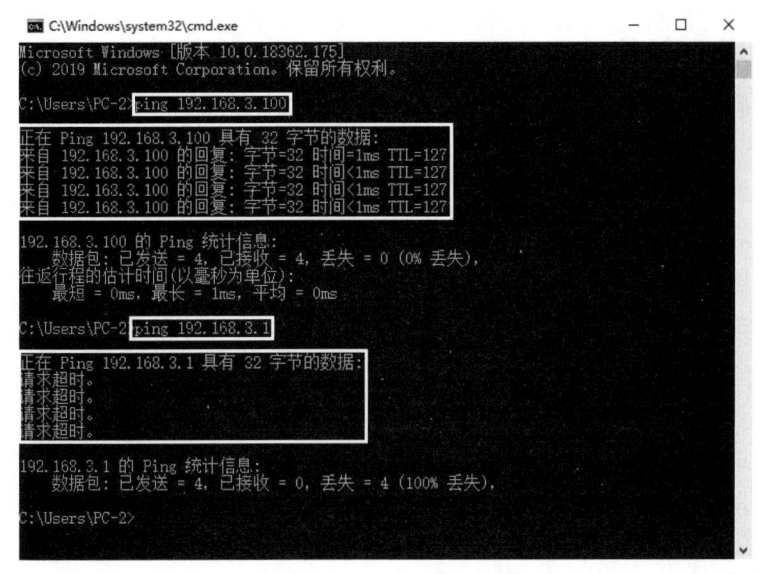

图 11-58　测试公司其他部门的客户机与财务部的客户机和财务系统服务器的连通性

（2）在路由器的【路由和远程访问】窗口中，可以看到【财务部】接口启用了【静态筛选器】选项，结果如图 11-59 所示。

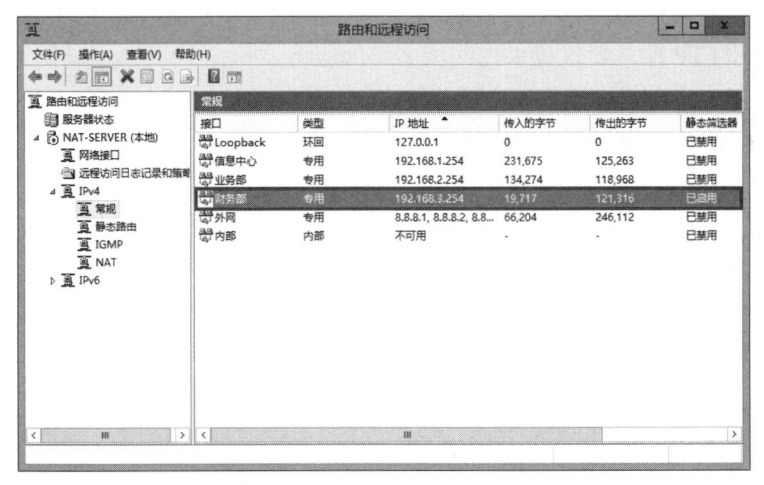

图 11-59　【财务部】接口启用了【静态筛选器】选项

练习与实践

一、理论题

1. NAT 的英文全称是"Network Address Translation"，中文意思是（　　）。
   A．网络地址转换　　　　　　　　　B．域名解析
   E．收发电子邮件　　　　　　　　　D．提供浏览网页服务

2．不能实现网络地址转换的设备是（　　）。
　　A．二层交换机　　　B．三层交换机　　　C．路由器　　　　D．防火墙
3．在下列选项中，（　　）不是 NAT 技术的分类。
　　B．静态 NAT　　　　B．动态 NAT　　　　C．NAPT　　　　 D．全面 NAT
4．在以下 IP 地址中，属于私网 IP 地址的是（　　）。
　　A．192.169.1.1　　　B．11.10.1.1　　　　C．172.31.1.1　　 D．172.32.1.1
5．NAT 技术在一定程度上解决了（　　）数量不足的问题。
　　A．私网地址　　　　B．公网地址　　　　C．TCP 端口　　　D．UDP 端口

二、项目实训题

1．项目背景

Jan16 公司由信息中心、财务部和其他部门组成。随着公司业务发展，需要对外提供网站等服务，因此信息中心管理员对原有网络重新进行了规划，并向运营商租了 6 个公网 IP 地址用于满足公司网络接入外网的需求，具体内容如下。

（1）允许公司所有部门计算机访问外网。
（2）将部署在信息中心的公司门户网站（172.20.1.1:80）映射到外网（9.9.9.1:80）。
（3）将部署在信息中心的 FTP 服务器（172.21.1.1）提供给财务部使用。
（4）禁止其他部门（含信息中心）计算机访问财务部的 FTP 服务器（172.21.1.1）。
（5）用户在内网和公网均可通过域名（www.Jan16.com）访问公司门户网站。
（6）财务部 FTP 服务器仅提供内网域名访问服务。
（7）用户在公司内部可以访问公网 DNS 服务器（ping dns114.com）。

公司的网络拓扑结构如图 11-60 所示。

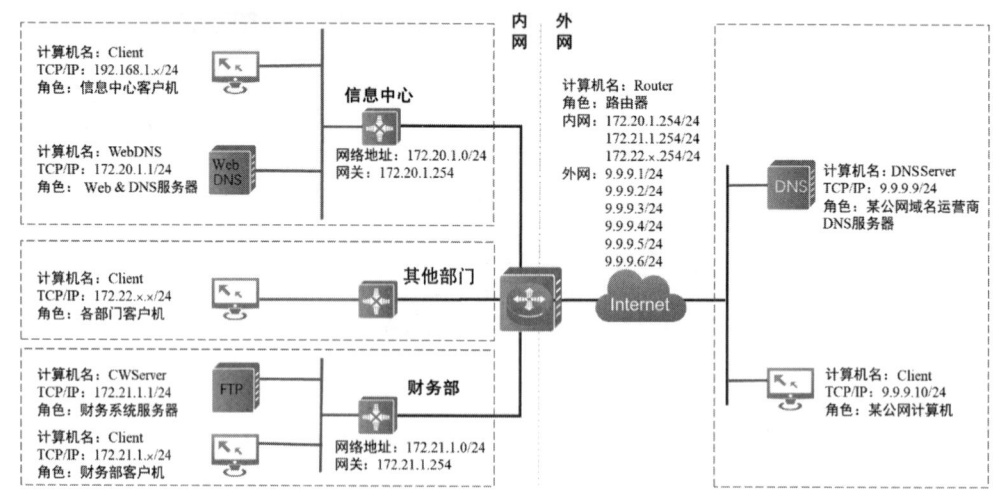

图 11-60　公司的网络拓扑结构

公司网络拓扑结构的详细信息如下。

（1）公司网络划分为三个网段，分别为 172.20.1.0/24、172.21.1.0/24 和 172.22.1.0/24，内网私有 IP 地址规划如表 11-1 所示。

表 11-1 公司内网私有 IP 地址规划

部门	内网私有 IP 地址网段
信息中心	172.20.1.0/24
财务部	172.21.1.0/24
其他部门	172.22.1.0/24

（2）为方便员工和用户访问公司资源，管理员部署了 Web、FTP 和 DNS 服务，详细信息如表 11-2 所示。

表 11-2 公司内网域名和 IP 地址信息

域 名	IP 地址	角 色	内网计算机名称
www.Jan16.com	172.20.1.1	Web 服务器	Web
FTP.Jan16.com	172.21.1.1	财务部 FTP 服务器	FTP
dns.Jan16.com	172.20.1.1	DNS 服务器	DNS

（3）某公网运营商为公司提供了公网域名和 IP 地址租用服务，公网 DNS 服务器注册的域名信息如表 11-3 所示。

表 11-3 公网 DNS 服务器注册的域名信息

域 名	IP 地址	NAT 方式	应 用
www.Jan16.com	9.9.9.1	静态 NAPT	公司网站
dns114.com	9.9.9.9	/	公网 DNS 服务器

2．项目要求

（1）根据项目背景，补充表 11-4～表 11-6 的 TCP/IP 相关配置信息。

表 11-4 WebDNS 服务器的 TCP/IP 相关配置信息规划

计算机名	IP 地址/子网掩码	网关	DNS 服务器地址

表 11-5 CWServer 服务器的 TCP/IP 相关配置信息规划

计算机名	IP 地址/子网掩码	网关	DNS 服务器地址

表 11-6 DNSServer 服务器的 TCP/IP 相关配置信息规划

计算机名	IP 地址/子网掩码	网关	DNS 服务器地址

（2）根据项目要求，为各计算机配置 IP 地址、DNS 服务器地址、路由等，实现相互通信和服务发布（备注：至少要运行四台服务器，如果实训硬件配置不足，则可以省略其他客户机）。完成后，截取以下结果。

① 在内网 WebDNS 服务器上截取【DNS 管理器】窗口中的转发器配置界面。

② 在内网 WebDNS 服务器上截取【DNS 管理器】窗口中【正向查找区域】所有区域的管理界面。

③ 在公网 DNS 服务器上截取【DNS 管理器】窗口中【正向查找区域】所有区域的管理界面。

④ 在内网 WebDNS 服务器的命令提示符窗口中运行【ping www.Jan16.com】命令的结果。

⑤ 在公网 DNS 服务器的命令提示符窗口中运行【ping www.Jan16.com】命令的结果。

⑥ 在内网 WebDNS 服务器的命令提示符窗口中运行【ping ftp.Jan16.com】命令的结果。

⑦ 在内网 WebDNS 服务器的命令提示符窗口中运行【ping dns114.com】命令的结果。

⑧ 在路由器 Router 的命令提示符窗口中运行【Route print】命令的结果。

⑨ 在路由器 Router 的【路由和远程访问】窗口中截取 NAT 配置的主要界面（至少包括地址池、映射关系、ACL 关键信息）。

项目 12

部署公司的电子邮件服务

/ 项目学习目标 /

（1）掌握 POP3 和 SMTP 服务的概念与应用。
（2）掌握电子邮件系统的工作原理与应用。
（3）掌握 WinWebMail 商用电子邮件服务产品的部署与应用。
（4）掌握企业网电子邮件服务部署的业务实施流程。

项目描述

　　Jan16 公司员工早期都是使用个人邮箱与客户沟通的，当公司员工岗位变动，客户通过原电子邮件地址同公司联系时，往往会出现沟通不畅的情况，这将降低客户体验甚至流失客户。为此，公司期望部署企业邮箱系统，统一电子邮件地址，实现岗位与企业电子邮件系统的对接，这样人事变动就不会影响客户与公司之间的沟通。电子邮件服务的网络拓扑结构如图 12-1 所示。

　　企业电子邮件系统的部署，可以通过以下两种方式实现。

　　（1）运用 Windows Server 2012 R2 服务器上的 POP3 和 SMTP 的角色和功能，实现电子邮件服务的部署。

　　（2）在服务器上安装第三方电子邮件服务软件（如 WinWebMail），实现电子邮件服务的部署。

　　部署完成后，公司要求决策部门通过体验两种电子邮件服务来进行综合对比，最终确定公司电子邮件服务产品的类型。

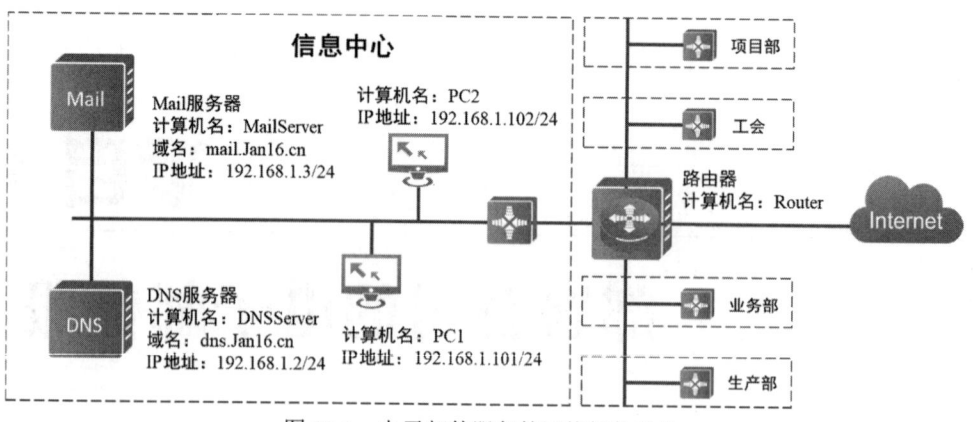

图12-1 电子邮件服务的网络拓扑结构

项目分析

实现电子邮件服务需要在服务器上安装电子邮件服务器的角色和功能，目前被广泛采用的电子邮件服务产品有 WinWebMail、Microsoft Exchange、Microsoft POP3 和 SMTP。

电子邮件需使用域名进行通信，这需要 DNS 服务的支持，因此，网络管理员可以在 Windows Server 2012 R2 服务器上安装 POP3 和 SMTP 的角色和功能，并在 DNS 服务器上注册电子邮件服务相关域名信息来搭建一个简单的电子邮件服务；也可以在 Windows Server 2012 R2 上安装第三方电子邮件服务软件（如 WinWebMail），实现电子邮件服务的部署，并在 DNS 服务器上注册电子邮件服务相关域名信息来搭建一个第三方电子邮件服务。

本项目要求部署两种电子邮件服务：第一种为 Windows Server 2012 R2 自带的电子邮件服务，第二种为第三方电子邮件服务。

Windows Server 2012 R2 自带的电子邮件服务在功能、便捷性等方面相对于专业的电子邮件服务稍显不足，为此绝大部分公司部署了专门的电子邮件服务。

本项目根据该公司电子邮件服务网络拓扑结构，通过以下两种方式实现电子邮件服务的部署。

（1）Windows Server 2012 R2 电子邮件服务的安装与配置：在 Windows Server 2012 R2 服务器上安装 POP3 和 SMTP 的角色和功能，实现电子邮件服务的部署，并在 DNS 服务器上注册电子邮件服务相关域名信息搭建电子邮件服务。

（2）WinWebMail 电子邮件服务的安装及配置：在 Windows Server 2012 R2 服务器上安装 WinWebMail 电子邮件服务软件，并在 DNS 服务器上注册电子邮件服务相关域名信息，实现第三方电子邮件服务的部署（注：WinWebMail 不是微软自带的组件，用户需要单独下载）。

相关知识

电子邮件系统是 Internet 重要的服务之一，几乎所有的 Internet 用户都有自己的电子邮件地址，利用电子邮件服务可以实现用户间的交流与沟通，甚至可以实现身份验证、电子支付等。大部分 ISP 提供了免费的电子邮件服务功能，电子邮件服务基于 POP3 和 SMTP 协议工作。

12.1 POP3 服务与 SMTP 服务

1．POP3 服务

POP3（Post Office Protocol Version 3，邮局协议版本 3）工作在应用层，主要用于支持电子邮件服务器使用电子邮件客户端远程管理服务器上的电子邮件。用户调用电子邮件客户端程序（如 Microsoft Outlook Express）连接到电子邮件服务器，它会自动下载所有未阅读的电子邮件，并将电子邮件从电子邮件服务端存储到本地计算机，以方便用户离线处理电子邮件。

2．SMTP 服务

SMTP（Simple Mail Transfer Protocol，简单邮件传送协议）工作在应用层，它基于 TCP 协议提供可靠的数据传输服务，用于将电子邮件消息从发信人的电子邮件服务器传送到收信人的电子邮件服务器。

电子邮件系统在发送电子邮件时根据收信人的地址后缀来定位目标电子邮件服务器，SMTP 服务器基于 DNS 中的邮件交换器（MX）记录来确定路由，然后通过电子邮件传输代理程序将电子邮件传送到目的地。

3．POP3 服务和 SMTP 服务的区别与联系

POP3 服务允许电子邮件客户端下载服务器上的电子邮件，但是其在客户端的操作（如移动电子邮件、标记已读等），不会反馈到服务器上，比如，用户通过客户端收取了邮箱中的 3 封电子邮件并将其移动到其他文件夹，电子邮件服务器上的这些电子邮件是不会同时被移动的。

SMTP 服务用于控制传送电子邮件的方式，是一种从源地址到目的地址传输电子邮件的规范。它用于帮助计算机在发送或中转信件时找到下一个目的地，然后通过 Internet 将其发送到目的服务器。SMTP 服务器是遵循 SMTP 协议的发送电子邮件服务器。

SMTP 服务用于在服务器之间发送和接收电子邮件，而 POP3 服务用于将电子邮件从电子邮件服务器存储到用户的计算机上。

12.2 电子邮件系统及其工作原理

1．电子邮件系统概述

电子邮件系统由 POP3 电子邮件客户端、SMTP 服务及 POP3 服务三个组件组成。电子邮件系统组件描述如表 12-1 所示。

表 12-1 电子邮件系统组件描述

组　件	描　述
POP3 电子邮件客户端	POP3 电子邮件客户端是用于读取、撰写及管理电子邮件的软件。 POP3 电子邮件客户端从电子邮件服务器检索电子邮件，并将其传送到用户的本地计算机上，然后由用户进行管理。例如，Microsoft Outlook Express 就是一种支持 POP3 协议的电子邮件客户端

续表

组件	描述
SMTP 服务	SMTP 服务是使用 SMTP 协议将电子邮件从发件人路由到收件人的电子邮件传输系统。 POP3 服务使用 SMTP 服务作为电子邮件传输系统。用户在 POP3 电子邮件客户端撰写电子邮件后,当通过 Internet 连接到电子邮件服务器时,SMTP 服务将提取电子邮件,并通过 Internet 将其传送到收件人的电子邮件服务器中
POP3 服务	POP3 服务是使用 POP3 协议将电子邮件从电子邮件服务器下载到用户本地计算机上的电子邮件检索系统。 电子邮件客户端和电子邮件服务器之间的连接是由 POP3 协议控制的

2. 电子邮件系统的工作原理

下面以如图 12-2 所示的案例为背景,具体介绍电子邮件系统的工作原理。

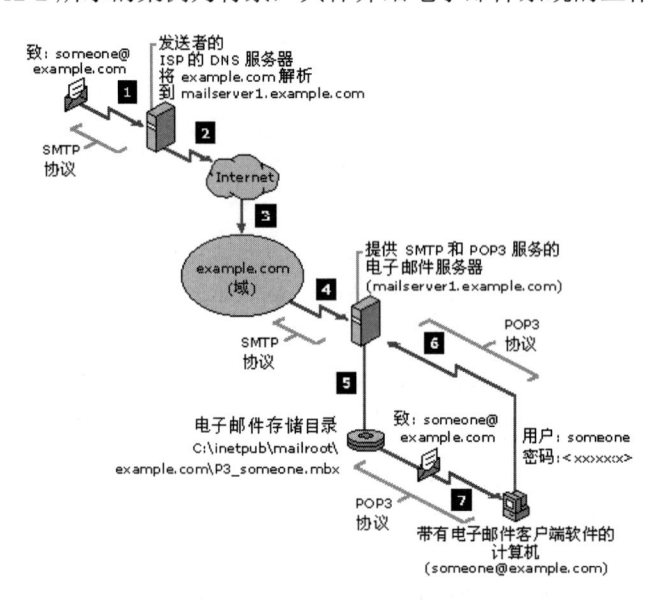

图 12-2　电子邮件系统案例

① 用户通过电子邮件客户端将电子邮件发送到 someone@example.com。

② SMTP 服务提取该电子邮件,并通过域名 example.com 获知该域的电子邮件服务器域名为 mailserver1.example.com,然后将该电子邮件发送到 Internet,目的地址为 mailserver1.example.com。

③ 将电子邮件发送给 mailserver1.example.com 电子邮件服务器,该服务器是运行 SMTP 和 POP3 服务的电子邮件服务器。

④ someone@example.com 的电子邮件由 mailserver1.example.com 电子邮件服务器接收。

⑤ mailserver1.example.com 电子邮件服务器将电子邮件转发到电子邮件存储目录,每个用户有一个专门的存储目录。

⑥ 用户 someone 连接到运行 POP3 服务的电子邮件服务器,POP3 服务会验证用户 someone 的用户名和密码身份验证凭据,然后决定接受或拒绝该连接。

⑦ 如果连接成功,用户 someone 所有的电子邮件将从电子邮件服务器下载到该用户的本地计算机上。

任务 12-1　Windows Server 2012 R2 电子邮件服务的安装与配置

任务规划

根据公司电子邮件服务的网络拓扑结构，在公司电子邮件服务器上部署 Windows Server 2012 R2 的 POP3 和 SMTP 的角色和功能，实现电子邮件服务的部署。

使用 Windows Server 2012 R2 自带的 POP3 和 SMTP 服务部署公司电子邮件服务，具体需要以下几个步骤。

（1）在电子邮件服务器上安装 POP3 和 SMTP 的角色和功能。
（2）配置电子邮件服务器并创建用户账户。
（3）在 DNS 服务器上为电子邮件服务器注册 DNS。
（4）在电子邮件服务器上注册邮箱账户【user1】和【user2】。

任务实施

1．在电子邮件服务器上安装 POP3 和 SMTP 的角色和功能

（1）打开电子邮件服务器 MailServer 的【服务器管理器】窗口，单击【添加角色和功能】链接。

（2）在弹出的【添加角色和功能向导】窗口中，按默认配置，连续单击【下一步】按钮，直到进入【选择服务器角色】窗口，选择【Web 服务器(IIS)】服务，然后单击【下一步】按钮。

（3）在【功能】窗口中，选择【SMTP 服务器】服务，然后单击【下一步】按钮。

（4）在后续向导中，按默认配置，连续单击【下一步】按钮，直到完成安装。

（5）在【服务器管理器】窗口的【工具】下拉菜单中选择【Internet Information Services (IIS) 6.0 管理器】命令，打开【Internet Information Services (IIS) 6.0 管理器】窗口。在控制台树中右击如图 12-3 所示的【[SMTP Virtual Server #1]】选项，然后在弹出的快捷菜单中选择【属性】命令。

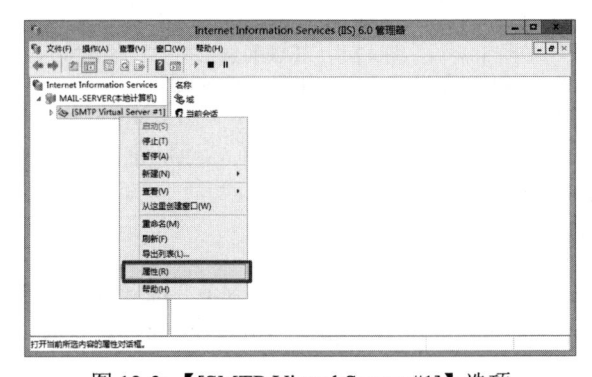

图 12-3　【[SMTP Virtual Server #1]】选项

（6）在弹出的如图 12-4 所示的【[SMTP Virtual Server #1]属性】对话框中，选择【IP 地址】下拉列表中的【192.168.1.3】选项，单击【确定】按钮，完成 SMTP 服务器的 IP 地址的绑定。

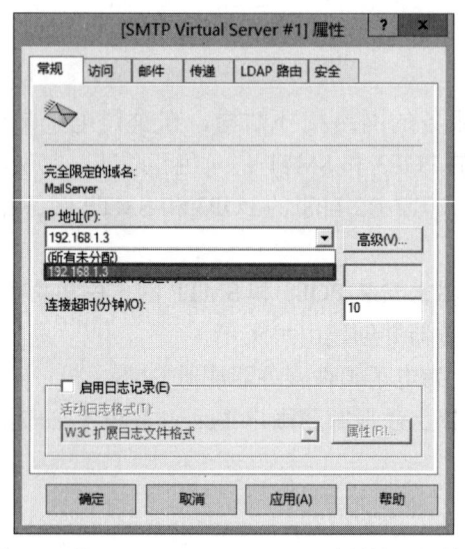

图 12-4 【[SMTP Virtual Server #1]属性】对话框

（7）右击如图 12-5 所示的【域】选项，在弹出的快捷菜单中选择【新建】子菜单下的【域】命令。

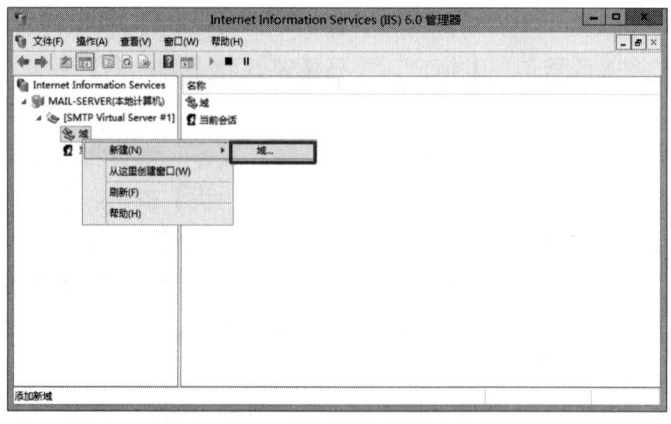

图 12-5 【域】选项

（8）在【新建 SMTP 域向导】对话框中，选择【别名】选项，然后单击【下一步】按钮，在【名称】文本框中输入电子邮件服务器的域名地址空间【Jan16.cn】，最后单击【完成】按钮，完成本地别名域的创建。

2. 配置电子邮件服务器并创建用户账户

由于 Windows Server 2012 R2 没有集成 POP3 服务，因此 POP3 服务可以选择第三方的安装包：VisendoSMTPExtender_plus_x64.msi。该安装包需到其官网上下载，并按默认设置安装完成。【Visendo SmtpExtender Plus v1.1.2.626 Demo x64】对话框如图 12-6 所示。

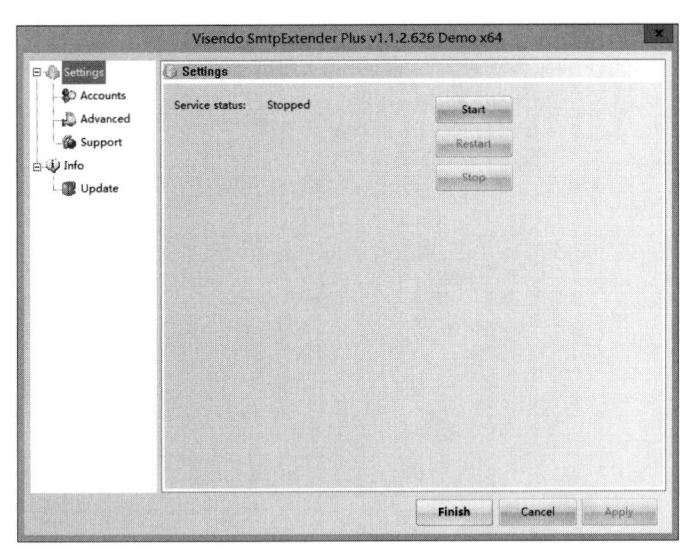

图 12-6　【Visendo SmtpExtender Plus v1.1.2.626 Demo x64】对话框

（1）选择【Accounts】选项，进入如图 12-7 所示的【Visendo SmtpExtender account wizard】对话框，选中【Single account】单选按钮，在【E-Mail address】文本框中输入【user1@Jan16.cn】，在【Password】文本框中输入【123】，单击【完成】按钮完成用户账户的创建。

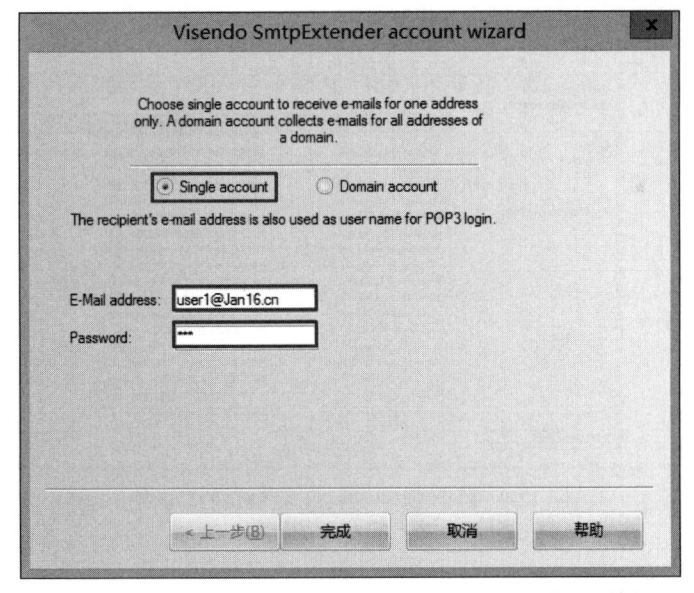

图 12-7　【Visendo SmtpExtender account wizard】对话框

（2）按照同样的方法，创建用户账户【user2@Jan16.cn】，密码设置为【456】。
（3）选择如图 12-8 所示的【Settings】选项，然后单击【Start】按钮，启动 POP3 服务，最后单击【Finish】按钮，完成设置。

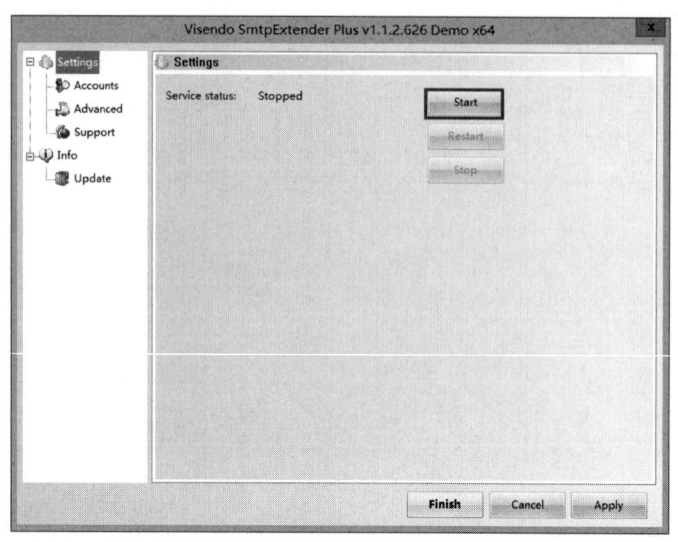

图 12-8 【Settings】选项

（4）在 Windows Server 2012 R2 的【服务器管理器】窗口的【工具】下拉菜单中选择【服务】命令，打开【服务】窗口，从中可以看到【简单邮件传输协议(SMTP)】服务和【Visendo SMTP Extender Service 2010】服务均为正在运行状态，如图 12-9 和图 12-10 所示。

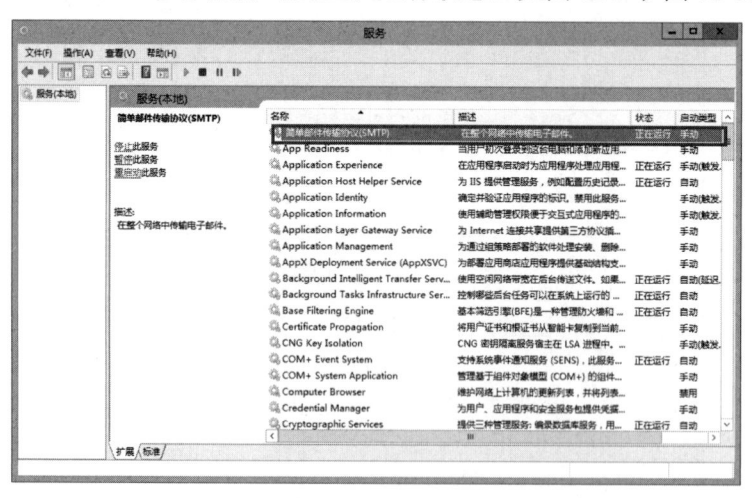

图 12-9 【简单邮件传输协议(SMTP)】服务

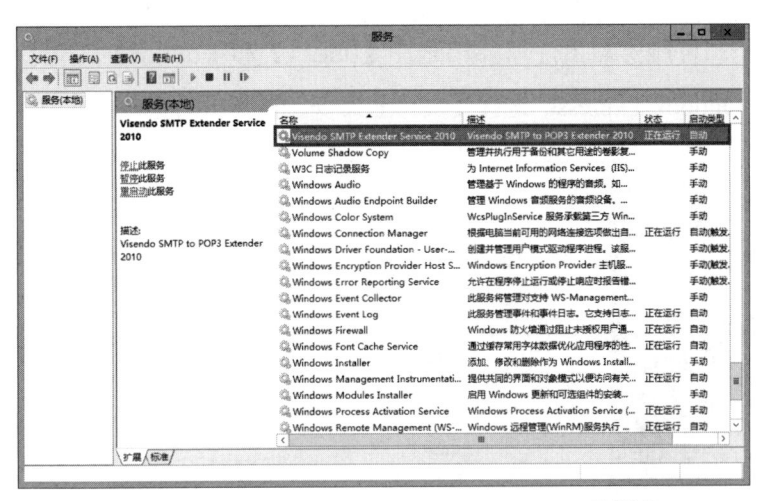

图 12-10 【Visendo SMTP Extender Service 2010】服务

3．在 DNS 服务器上为电子邮件服务器注册 DNS

说明：关于【Jan16.cn】正向查找区域的创建可参考项目 7，本项目仅演示为电子邮件服务器注册 DNS 的部分。

（1）打开 IP 地址为 192.168.1.2 的 DNS 服务器的【DNS 管理器】窗口，右击【Jan16.cn】选项，在弹出的快捷菜单中选择【新建主机(A 或 AAAA)】命令，弹出【新建主机】对话框，在【名称(如果为空则使用其父域名称)】文本框中输入【mail】，在【IP 地址】文本框中输入【192.168.1.3】，单击【添加主机】按钮，完成配置，如图 12-11 所示。

（3）需要再添加一条邮件交换器记录，右击【Jan16.cn】选项，在弹出的快捷菜单中选择【新建邮件交换器(MX)】命令，弹出【新建资源记录】对话框，在该对话框的【邮件服务器的完全限定的域名(FQDN)】文本框的右侧单击【浏览】按钮，在弹出的界面中选择【mail.Jan16.cn】选项，完成邮件交换器记录的添加，如图 12-12 所示。

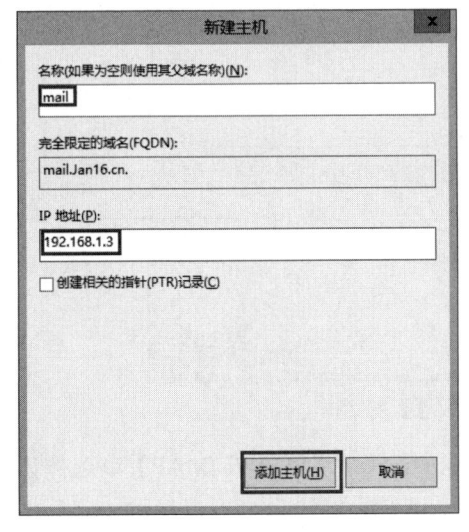

图 12-11　添加主机记录　　　　　　图 12-12　添加邮件交换器记录

4. 在电子邮件服务器上注册邮箱账户【user1】和【user2】

（1）打开 Outlook Express，选择【文件】命令，在弹出的窗口中单击【添加账户】按钮，如图 12-13 所示。

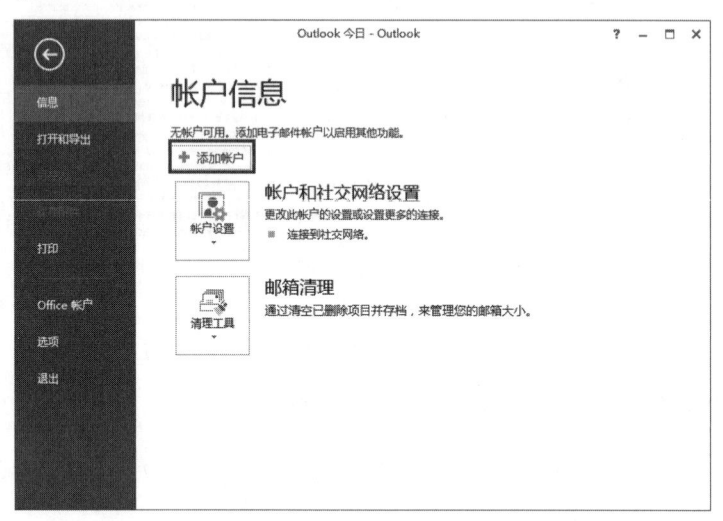

图 12-13　单击【添加账户】按钮

（2）在如图 12-14 所示的【自动账户设置】对话框中，选中【手动设置或其他服务器类型】单选按钮，然后单击【下一步】按钮。

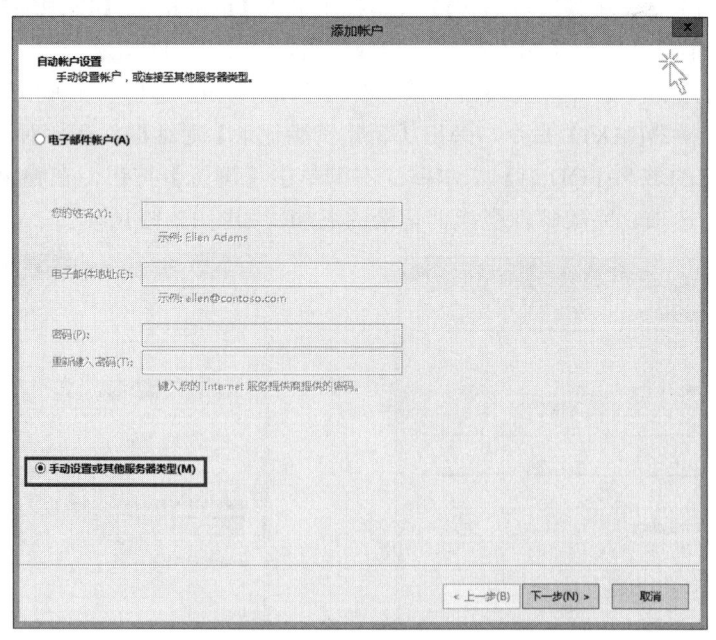

图 12-14　【自动账户设置】对话框

（3）在如图 12-15 所示的【选择服务】对话框中，选中【POP 或 IMAP】单选按钮，然后单击【下一步】按钮。

项目 12　部署公司的电子邮件服务

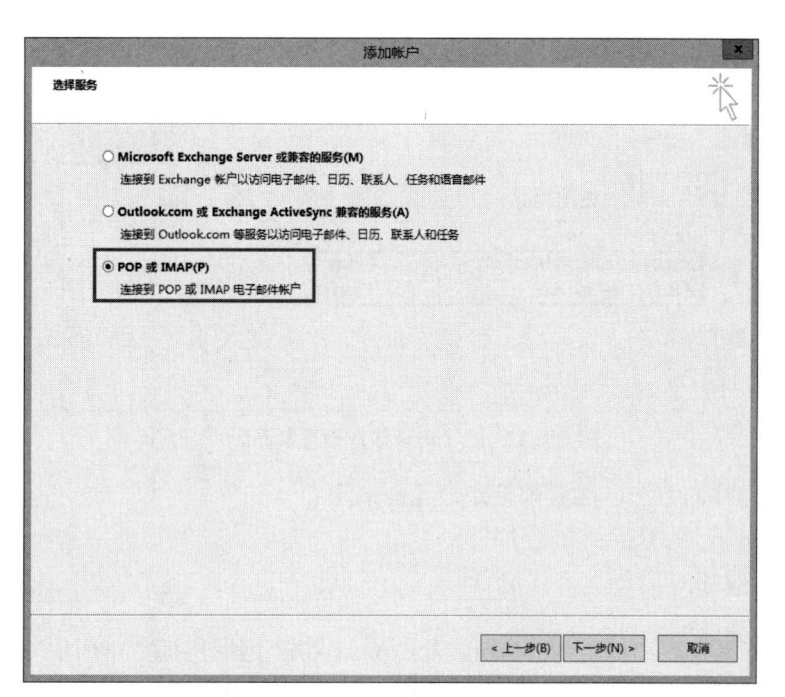

图 12-15　【选择服务】对话框

（4）在如图 12-16 所示的【POP 或 IMAP 账户设置】对话框中，填入 user1 的用户信息、服务器信息和登录信息，然后单击【下一步】按钮。

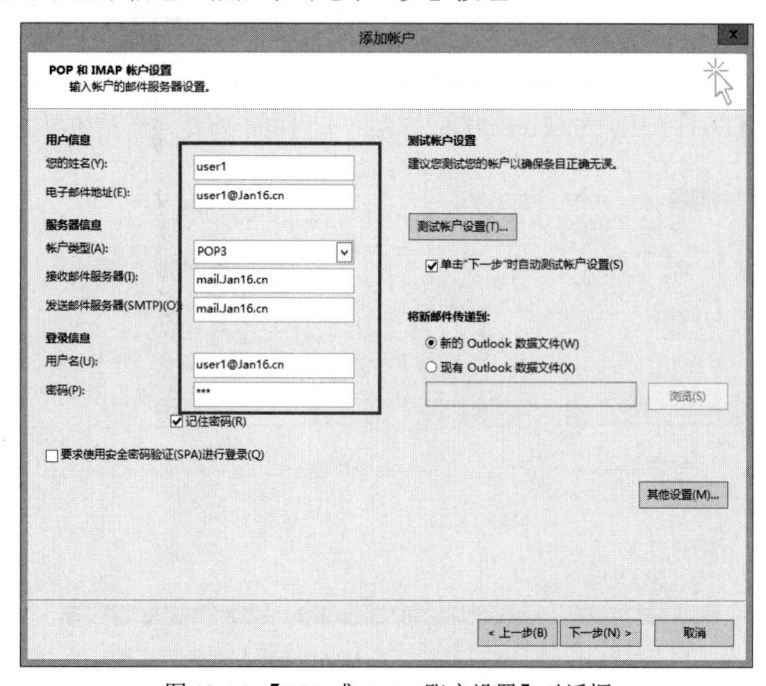

图 12-16　【POP 或 IMAP 账户设置】对话框

（5）在弹出的如图 12-17 所示的【测试账户设置】界面中，如果【状态】显示为【已完成】，则表示创建的账户没有问题，最后单击【关闭】按钮，完成设置。

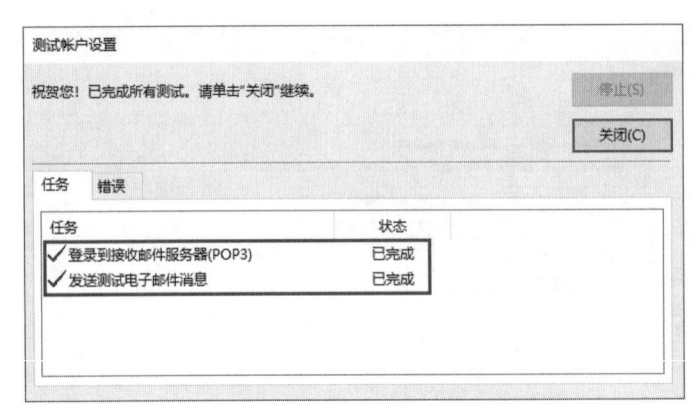

图 12-17 【测试账户设置】界面

（6）按照同样的方法，注册邮箱账户【user2】。

任务验证

（1）分别在两台客户机上打开 Outlook Express，并用刚刚创建的两个邮箱账户【user1】和【user2】配置 Outlook Express。两台客户机的 IP 地址及 DNS 服务器地址等信息如表 12-2 所示。

表 12-2　两台客户机的 IP 地址及 DNS 服务器地址等信息

设　　备	IP 地址	子 网 掩 码	DNS 服务器地址
客户机 PC1	192.168.1.101	255.255.255.0	192.168.1.2
客户机 PC2	192.168.1.102	255.255.255.0	192.168.1.2

（2）使用【user1】账户给【user2】账户发送一封电子邮件，结果如图 12-18 所示。

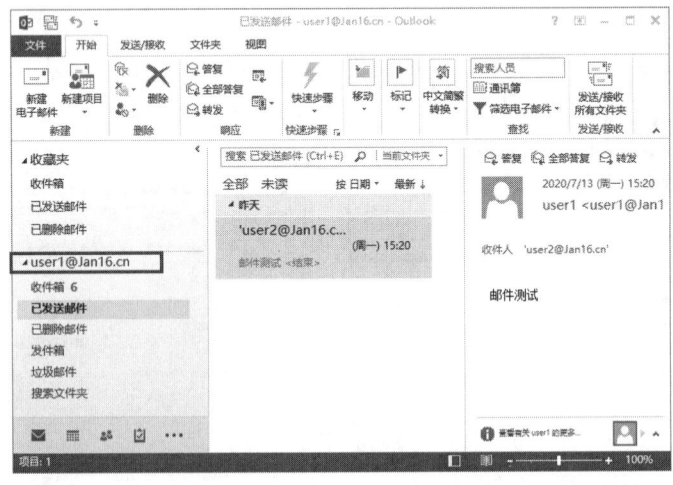

图 12-18　使用【user1】账户给【user2】账户发送电子邮件

（3）使用【user2】账户接收电子邮件，可以从如图 12-19 所示的窗口中看到【user2】账户收到了【user1】账户发送的电子邮件。由此证明邮箱账户能正常收发电子邮件，电子邮件服务配置成功。

图 12-19 【user2】账户收到【user1】账户发送的电子邮件

任务 12-2　WinWebMail 电子邮件服务的安装及配置

任务规划

根据公司电子邮件服务的网络拓扑结构，在公司电子邮件服务器上部署 WinWebMail 服务，实现电子邮件服务的部署。

学习视频 33

WinWebMail 是一款专业的电子邮件服务软件，不仅支持 SMTP 和 POP3 功能，还支持使用浏览器收发电子邮件、数字加密、中继转发、电子邮件撤回等功能。它是一个典型的商用电子邮件系统，可通过以下几个步骤完成部署。

（1）在电子邮件服务器上安装 WinWebMail。
（2）配置电子邮件服务器并创建用户账户。
（3）在电子邮件服务器上发布电子邮件服务的 Web 站点。
（4）在 DNS 服务器上为电子邮件服务器注册 DNS。

任务实施

1. 在电子邮件服务器上安装 WinWebMail

（1）首先确认 Windows Server 2012 R2 服务器没有安装 SMTP 和 POP3 服务，然后访问 http://www.winwebmail.com/，下载目前最新版本的 WinWebMail 安装包，并按照安装向导完成安装。

（2）运行 WinWebMail 安装包，在状态栏中出现一个【WinWebMail】图标，右击该图标，在弹出的快捷菜单中选择【服务】命令，如图 12-20 所示。

（3）在打开的如图 12-21 所示的【WinWebMail 服务】界面中，根据项目拓扑结构，填写对应的 DNS 的 IP 地址【192.168.1.2】，备用 DNS 的 IP 地址【8.8.8.8】，然后单击【启动 WinWebMail 服务程序】按钮，再单击【√】图标，启动【WinWebMail】服务。

图 12-20　选择【服务】命令　　　　　　图 12-21　【WinWebMail 服务】界面

（4）右击状态栏中的【WinWebMail】图标，在弹出的快捷菜单中选择【域名管理】命令。

（5）在弹出的如图 12-22 所示的【WinWebMail 域名管理】界面中，单击 □（新建）图标，然后输入【Jan16.cn】域名，单击【√】图标完成域名设置。

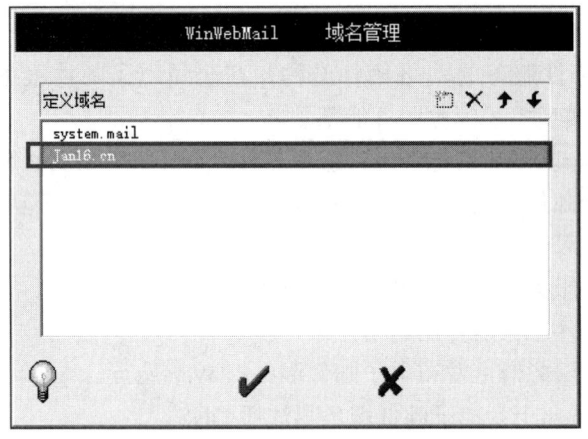

图 12-22　【WinWebMail 域名管理】界面

2．配置电子邮件服务器并创建用户账户

（1）右击状态栏中的【WinWebMail】图标，在弹出的快捷菜单中选择【系统设置】命令。

（2）在如图 12-23 所示的【WinWebMail 系统设置】界面的【用户管理】选项卡中，可以添加和删除用户账户。此处添加【user1】账户，密码为【123】，添加【user2】账户，密码为【456】，二者的域名都选择 Jan16.cn。

（3）在【WinWebMail 系统设置】界面中，选择【收发规则】选项卡，如图 12-24 所示。在这里可以设置【发信规则】和【邮件处理】选区中的选项参数。

图 12-23 【用户管理】选项卡　　　　　图 12-24 【收发规则】选项卡

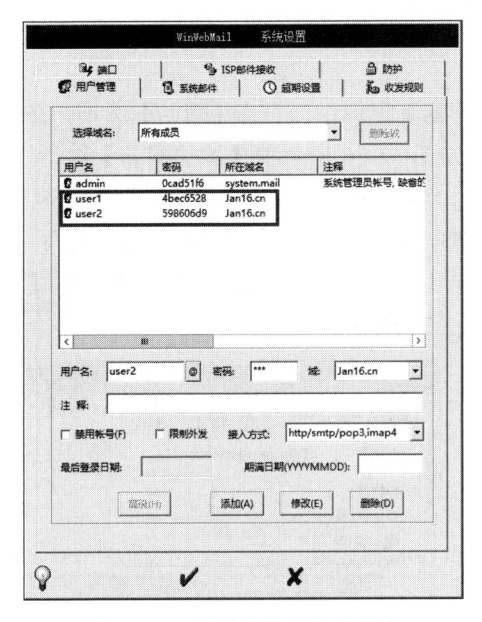

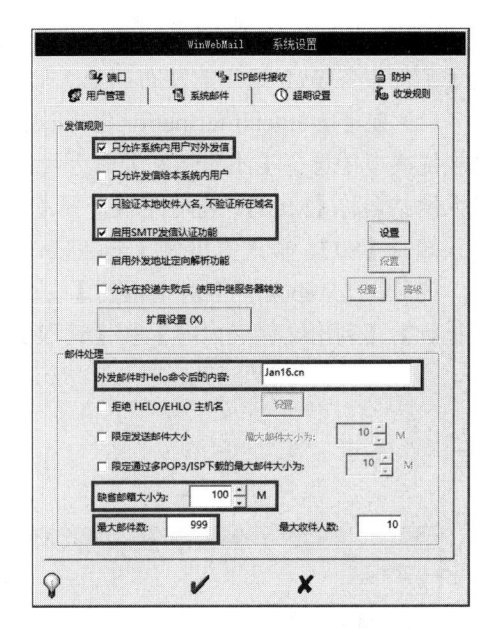

（4）在【WinWebMail 系统设置】界面中，选择【防护】选项卡，如图 12-25 所示，勾选【启用 SMTP 域名验证功能】复选框。

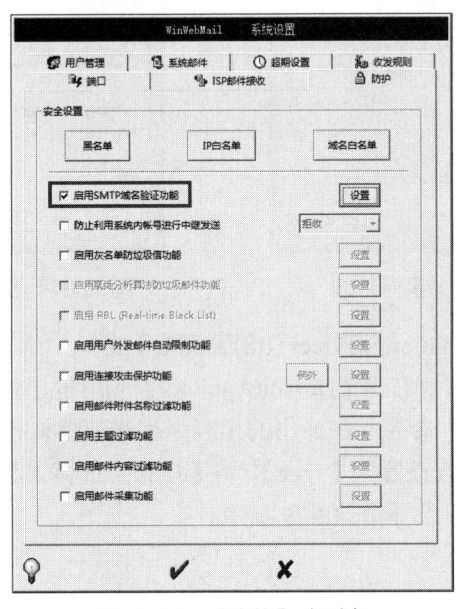

图 12-25 【防护】选项卡

（5）单击【√】图标，完成 WinWebMail 的基本安装和配置。

3．在电子邮件服务器上发布电子邮件服务的 Web 站点

在默认情况下，WinWebMail 服务器的主页安装在【E:\WinWebMail\Web】目录中。WinWebMail 电子邮件服务器采用 ASP 技术基于浏览器收发电子邮件，为此管理员需要在

Windows Server 2012 网络服务器配置与管理（第3版）（微课版）

IIS 中部署一个基于 ASP 的 Web 站点，相关操作可以参考项目 10，本任务仅演示 WinWebMail 电子邮件服务 Web 站点的发布部分。

（1）在【Internet Information Services (IIS)管理器】窗口中，右击【网站】选项，在弹出的快捷菜单中选择【添加网站】命令，在弹出的如图 12-26 所示的【添加网站】对话框中，输入网站名称【Mail】、物理路径选择【E:\WinWebMail\Web】、输入 IP 地址【192.168.1.3】、输入端口【80】、输入主机名【mail.Jan16.cn】，单击【确定】按钮，完成网站的发布。

（2）在【Web 属性】对话框的【安全】选项卡中，设置 Internet 用户访问权限为【读取和执行】、【列出文件夹内容】和【读取】，如图 12-27 所示。

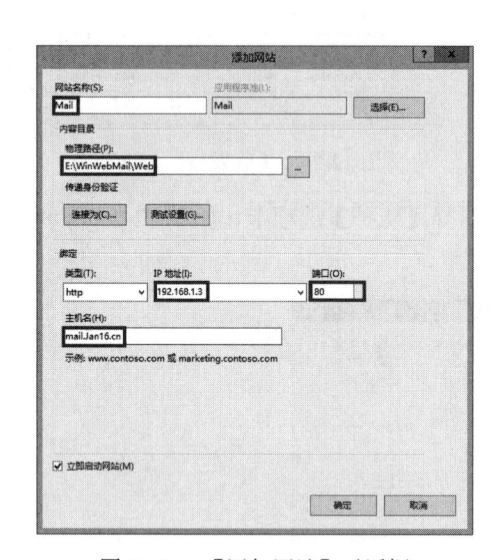

图 12-26　【添加网站】对话框　　　　图 12-27　设置 Internet 用户访问权限

（3）在【Internet Information Services (IIS)管理器】窗口中选择【应用程序池】选项，打开【应用程序池管理】窗口。右击【DefaultAppPool】应用程序池，在弹出的快捷菜单中选择【应用程序池默认设置】命令，在弹出的【应用程序池默认设置】对话框中，将【启用 32 位应用程序】选项的参数设置为【True】，将【托管管道模式】选项的参数设置为经典模式【Classic】，结果如图 12-28 和图 12-29 所示。

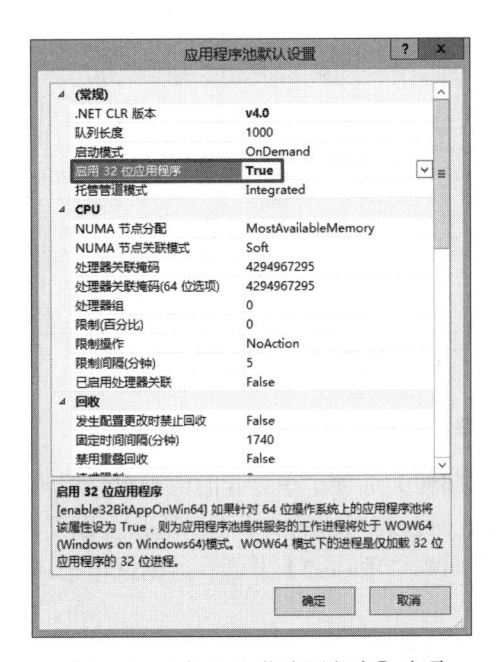

图 12-28 【启用 32 位应用程序】选项 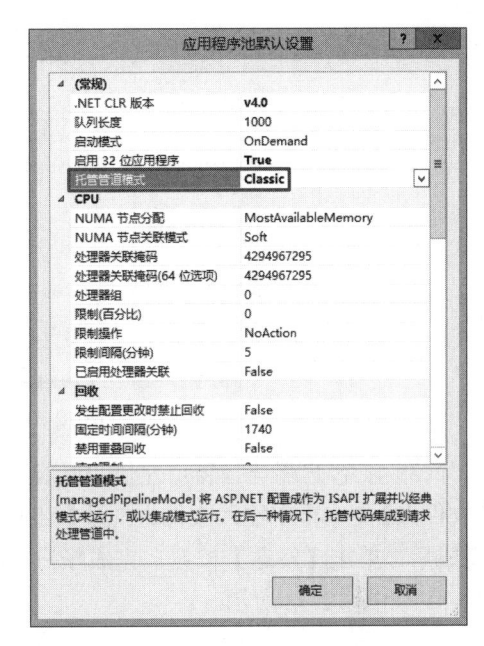　　　　图 12-29 【托管管道模式】选项

4．在 DNS 服务器上为电子邮件服务器注册 DNS

参照任务 12-1 中注册 DNS 的配置，完成电子邮件服务器的主机和邮件交换器记录的注册。

任务验证

（1）在公司任意一台客户机的浏览器中输入【http://mail.Jan16.cn】，即可进入 WinWebMail 邮件系统登录界面，如图 12-30 所示。

图 12-30　WinWebMail 邮件系统登录界面

（2）使用已创建的邮箱账户【user1】登录 WinWebMail 邮件系统后，可看到如图 12-31 所示的电子邮件管理窗口。

图 12-31　电子邮件管理窗口

（3）在客户端选择窗口左侧目录树中的【写邮件】选项，在打开的电子邮件编辑栏的【收件人】文本框中输入收件人地址【user2@Jan16.cn】，在对应的文本框中输入主题及内容。完成后，单击【发送】按钮，完成账户【user1】向账户【user2】发送一封测试电子邮件的操作，如图 12-32 所示。

图 12-32　账户【user1】向账户【user2】发送电子邮件的测试

（4）使用另一台客户机，以账户【user2】的身份登录，选择左侧目录树中的【收件箱】选项，在如图 12-33 所示的窗口中可以看到账户【user2】已收到账户【user1】发送的电子邮件。

图 12-33　账户【user2】的收件箱

（5）参考任务 12-1 的【任务验证】部分，通过 Outlook Express 电子邮件客户端验证用户的电子邮件收发操作，结果显示用户可以通过电子邮件客户端进行电子邮件收发操作。

练习与实践

一、理论习题

1．电子邮件系统的三个组件不包括（　　）。
   A．POP3 电子邮件客户端　　　　　B．POP3 服务
   C．SMTP 服务　　　　　　　　　　D．FTP 服务

2．（　　）协议用于把电子邮件消息从发信人的电子邮件服务器传送到收信人的电子邮件服务器。
   A．SMTP　　　　　　　　　　　　B．POP3
   C．DNS　　　　　　　　　　　　　D．FTP

3．SMTP 服务的端口是（　　）。
   A．20　　　　　　　　　　　　　　B．25
   C．22　　　　　　　　　　　　　　D．21

4．POP3 服务的端口是（　　）。
   A．120　　　　　　　　　　　　　B．25
   C．110　　　　　　　　　　　　　D．21

5．在下列选项中，（　　）是电子邮件服务软件。
   A．WinWebMail　　　　　　　　　B．FTP
   C．DNS　　　　　　　　　　　　　D．DHCP

二、项目实训题

1．项目背景

Jan16 公司为了在客户沟通时统一使用公司的电子邮件地址，近期采购了一套电子邮件服务软件 WinWebMail，电子邮件服务的网络拓扑结构如图 12-34 所示。

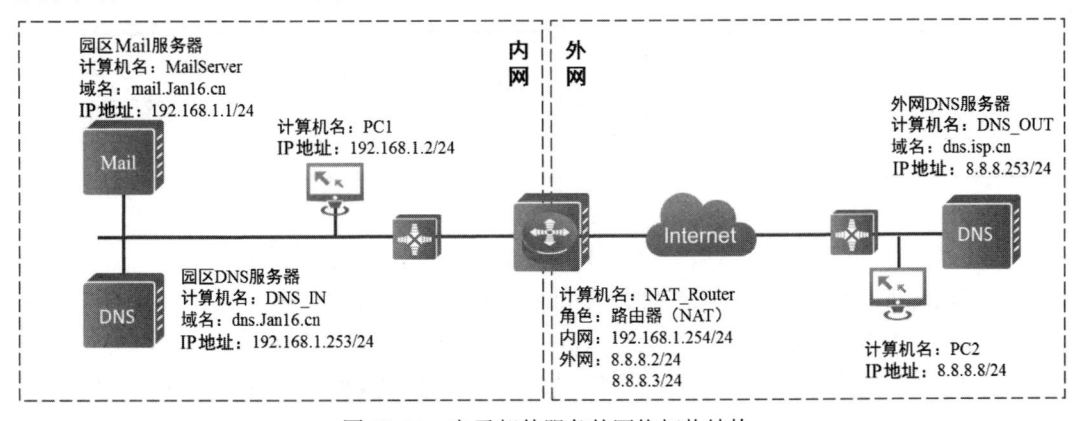

图 12-34　电子邮件服务的网络拓扑结构

公司希望网络管理员尽快完成公司电子邮件服务的部署，具体需求如下。

（1）电子邮件服务器使用 WinWebMail 部署，需满足客户通过 Outlook Express 和浏览器均可访问。

（2）公司路由器需要将电子邮件服务器映射到外网，映射信息如表 12-2 所示。

表 12-2 NAT 需求映射表

源 IP 地址:端口号	外网 IP 地址:端口号
192.168.1.1:25	8.8.8.2:25
192.168.1.1:110	8.8.8.2:110

（3）园区 DNS 服务器负责 Jan16 公司内计算机域名和外网域名的解析，网络管理员需要完成电子邮件服务器和 DNS 服务器域名的注册。

（4）外网 DNS 服务器负责外网域名的解析，在本项目中仅需要实现外网域名 dns.isp.cn 和 Jan16 公司电子邮件服务器的解析，网络管理员需要按项目需求完成相关域名的注册。

2．项目要求

（1）根据项目背景，补充表 12-3～表 12-7 的 TCP/IP 相关配置信息。

表 12-3 园区 Mail 服务器的 TCP/IP 相关配置信息规划

计 算 机 名	IP 地址/子网掩码	网 关	DNS 服务器地址

表 12-4 园区 DNS 服务器的 TCP/IP 相关配置信息规划

计 算 机 名	IP 地址/子网掩码	网 关	DNS 服务器地址

表 12-5 内网 PC1 的 TCP/IP 相关配置信息规划

计 算 机 名	IP 地址/子网掩码	网 关	DNS 服务器地址

表 12-6 外网 DNS 服务器的 TCP/IP 相关配置信息规划

计 算 机 名	IP 地址/子网掩码	网 关	DNS 服务器地址

表 12-7 外网 PC2 的 TCP/IP 相关配置信息规划

计 算 机 名	IP 地址/子网掩码	网 关	DNS 服务器地址

（2）根据项目要求，实现计算机间的相互通信，并截取以下结果。
- 在 PC1 的命令提示符窗口中运行【ping dns.isp.cn】命令的结果。
- 在 PC1 的命令提示符窗口中运行【ping mail.Jan16.cn】命令的结果。
- 在 PC2 的命令提示符窗口中运行【ping mail.Jan16.cn】命令的结果。

（3）在电子邮件服务器上创建两个用户账户【jack】和【tom】，并截取以下结果。

- 在 PC1 的 IE 浏览器中用【jack】账户登录 Jan16 的电子邮件服务器，并发送一封电子邮件给【tom】账户，电子邮件主题和内容均为【班级+学号+姓名】，截取发送成功后的界面。
- 在 PC2 中使用 Outlook Express 以【tom】账户的身份登录，收取电子邮件后，回复一封电子邮件给【jack】账户，内容为【邮件服务测试成功】。

（4）在 NAT 路由器的【外网】接口上，查看地址映射，并截取映射结果。

项目 13

部署信息中心的虚拟化服务

/ 项目学习目标 /

（1）掌握虚拟化的概念与应用。
（2）掌握 Hyper-V 虚拟化的部署与应用。
（3）掌握虚拟机快照的配置与管理。
（4）掌握公司信息中心虚拟化简单服务部署的业务实施流程。

项目描述

Jan16 公司包括项目部、工会、业务部、生产部和信息中心部门。其中，信息中心负责管理公司所有的服务器，经过多年的建设，已经部署 DNS、DHCP 服务器，公司网络拓扑结构如图 13-1 所示。

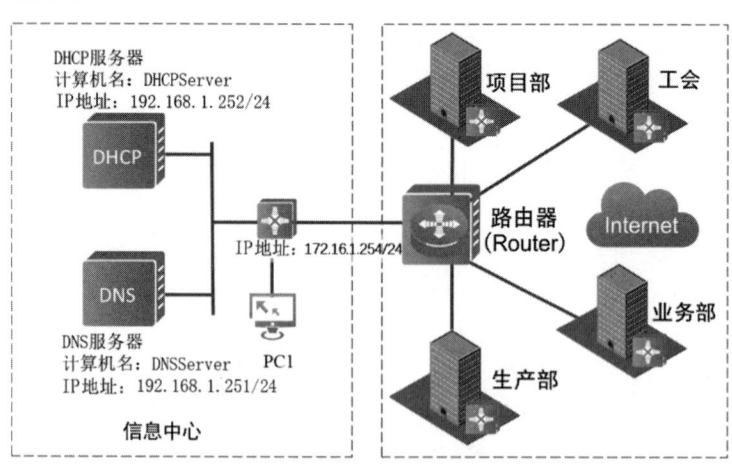

图 13-1　Jan16 公司网络拓扑结构（服务器虚拟化前）

公司的服务器已经连续运行超过 5 年，近年来，它们经常出现故障，并导致业务中断。随着服务器性能的提升和虚拟化技术的成熟，公司采购了一台安装 Windows Server 2012 R2 的高性能服务器，拟通过虚拟化的方式将这些业务系统部署到虚拟机中，以提高服务的稳定性和可靠性，改造后的网络拓扑结构如图 13-2 所示。

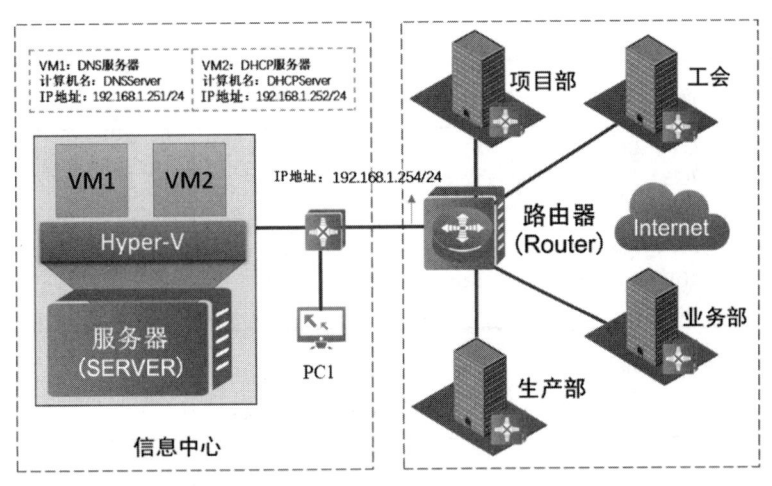

图 13-2　Jan16 公司网络拓扑结构（服务器虚拟化后）

为做好迁移准备，公司希望网络管理员尽快完成前期测试工作，要求如下。

（1）在服务器上安装 Hyper-V 的角色和功能，并按表 13-1、表 13-2 和表 13-3 所示配置服务器网络虚拟化、CPU 虚拟化和存储虚拟化。

表 13-1　网络虚拟化规划

序号	虚拟交换机名称	连接方式	用途
1	Out_vSwitch	桥接	配置虚拟交换机关联服务器物理网卡（Ethernet1），将虚拟机和物理网卡所在网络连接

表 13-2　CPU 虚拟化规划

功能	Inter VT-X 或 AMD-V	备注
是否启用	启用	Hyper-V 服务要求服务器 BIOS 启用 CPU 虚拟化

表 13-3　Hyper-V 存储虚拟化规划

序号	名称	存储位置/文件名	存储空间大小	用途
1	DNSServer	E:\Hyper-V\VM\DNSServer\	/	虚拟机 VM1 配置文件的位置
2	DHCPServer	E:\Hyper-V\VM\DHCPServer\	/	虚拟机 VM2 配置文件的位置
3	DNSServer.vhdx	E:\Hyper-V\Virtual Hard Disks\DNSServer.vhdx	100GB	VM1 虚拟硬盘文件的位置
4	DHCPServer.vhdx	E:\Hyper-V\Virtual Hard Disks\DHCPServer.vhdx	100GB	VM2 虚拟硬盘文件的位置

（2）安装与配置虚拟机，并按表 13-4 所示的要求部署 DNS 和 DHCP 服务。

表 13-4　服务器和虚拟机规划

服务器和虚拟机名称	主要硬件配置	操作系统	承载业务	网络连接方式
物理机：SERVER	CPU：2个、16核 内存：32GB 磁盘：2TB	Windows Server 2012 R2	Hyper-V	网卡 Ethernet1 连接到数据中心交换机

续表

服务器和虚拟机名称	主要硬件配置	操作系统	承载业务	网络连接方式
VM1: DNSServer	CPU：1个、2核 内存：4GB 磁盘：100GB	Windows Server 2012 R2	DNS	虚拟网卡接入虚拟交换机： Out_vSwitch
VM2: DHCPServer	CPU：1个、2核 内存：4GB 磁盘：100GB	Windows Server 2012 R2	DHCP	虚拟网卡接入虚拟交换机： Out_vSwitch

信息中心的 IP 地址规划如表 13-5 所示。

表 13-5　信息中心的 IP 地址规划

机 器 名 称	IP 地址	用　　途
SERVER	192.168.1.250/24	虚拟化服务器的 IP 地址
DNSServer	192.168.1.251/24	DNS 服务器的 IP 地址
DHCPServer	192.168.1.252/24	DHCP 服务器的 IP 地址
Router	192.168.1.254/24	出口路由的 IP 地址
PC1	192.168.1.10/24～192.168.1.100/24	客户机的 IP 地址，由 DHCP 服务器分配

（3）使用快照功能分别备份 DNS 和 DHCP 虚拟机。

项目分析

通过利用虚拟化服务，可以在一台高性能计算机上部署多台虚拟机，每台虚拟机承载一个或多个服务系统。虚拟化有利于提高计算机的利用率、减少物理计算机的数量，降低能耗，并能通过一台宿主机管理多台虚拟机，让服务器的管理变得更为便捷、高效。

如果同时部署两台 Hyper-V 服务器，则可以在两台 Hyper-V 服务器之间进行虚拟机的实时迁移，基于此，可实现虚拟机的高可用、负载均衡等功能。

根据该公司网络拓扑结构和项目需求，本项目可以通过以下步骤来完成。

（1）在服务器上安装和部署 Hyper-V 服务。

（2）在 Hyper-V 服务中分别部署 DNS 和 DHCP 虚拟机，并分别完成 DHCP 和 DNS 服务的安装与部署。

（3）在 Hyper-V 服务中，配置虚拟机的快照，当虚拟机出现故障时，可以快速还原到快照状态。

相关知识

13.1　虚拟化的概念

虚拟化技术是将一台计算机资源从另一台计算机资源中剥离的一种技术。它可以将一台计算机（宿主机）虚拟为多台逻辑计算机。在没有虚拟化技术的情况下，虽然用户可以在一台计算机上安装两个甚至多个操作系统，但是一台计算机只能同时运行一个操作系统；

而通过利用虚拟化技术，用户可以在同一台计算机上同时启动多个操作系统，在每个操作系统上可以有许多不同的应用，多个应用之间互不干扰。

以一台计算机的虚拟化为例，虚拟化系统将宿主机的 CPU、内存、网络等虚拟为资源池。虚拟化系统负责给虚拟机分配 CPU、内存、网络等资源，这些资源可以是固定的，也可以是动态的。例如，一台虚拟机在业务繁忙时，资源较为紧张，则虚拟化系统可以调度（分配）更多的资源给它，以确保业务稳定运行，反之，在其空闲时，虚拟化系统可以回收其部分资源。虚拟化技术使得宿主机可以根据虚拟机的业务状态动态分配相关资源，实现资源的最大化。

信息中心在没有引入虚拟化技术之前，服务器资源（CPU、内存、磁盘等）的利用率普遍较低，造成资源浪费，而一些计算机则经常在业务繁忙时出现性能瓶颈，导致业务效率低下。采用虚拟化技术，虚拟化系统将这些资源池化后进行统一管理，其通过资源的动态分配，让各业务系统的资源可以按需动态分配，实现了公司各虚拟机（业务系统）的稳定、可靠运行。同时，它通过提高服务器的利用率减少了服务器的数量，也降低了数据中心的能耗。

业界主要的虚拟化产品有 Hyper-V、VMware Workstation、VMware ESXi、KVM。

13.2 Hyper-V 虚拟化

Hyper-V 是 Windows Server 2012 R2 中的一个功能组件。它将服务器的网络、CPU、磁盘等资源虚拟化，按需分配给虚拟机中的 App 使用，其架构如图 13-3 所示。

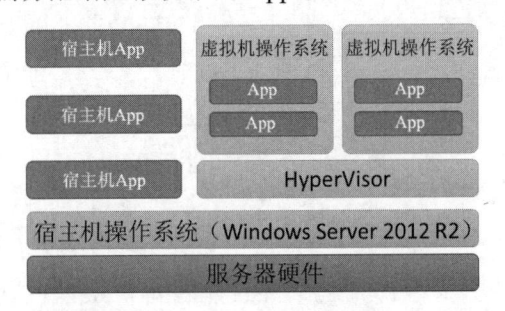

图 13-3 Windows Server 2012 R2 的 Hyper-V 虚拟化架构

Hyper-V 提供以下虚拟化功能。

（1）CPU 虚拟化：多台虚拟机共享同一个 CPU 资源，Hyper-V 会对 VM 中的敏感指令进行截获并模拟执行。

（2）内存虚拟化：多台虚拟机共享同一个物理内存，内存间相互隔离。

（3）I/O 虚拟化：多台虚拟机共享同一个物理设备，如磁盘、网卡，虚拟化一般通过时分多路技术进行复用。

任务 13-1　安装和配置 Hyper-V 服务

任务规划

Jan16 公司要求管理员在一台已安装 Windows Server 2012 R2 的服务器上部署 Hyper-V 服务，并按表 13-1 和表 13-2 所示的要求完成相关配置。

根据项目背景，需要在服务器上启用 CPU 虚拟化功能、安装 Hyper-V 的角色和功能、配置虚拟交换机 Out_vSwitch，具体涉及以下操作步骤。

（1）启用服务器的 CPU 虚拟化功能。

（2）在 Windows Server 2012 R2 上安装 Hyper-V 的角色和功能。

（3）在 Hyper-V 服务中配置虚拟交换机 Out-vSwitch。

任务实施

1. 启用服务器的 CPU 虚拟化功能

在服务器 BIOS 的高级 BIOS 功能设定中，启用如图 13-4 所示的虚拟化功能。启用该功能是 Hyper-V 虚拟化的必要条件。

图 13-4　在 BIOS 中启用虚拟化功能

2. 在 Windows Server 2012 R2 上安装 Hyper-V 的角色和功能

（1）在【服务器管理器】窗口中，单击【添加角色和功能】链接，在弹出的【添加角色和功能向导】窗口中，单击【下一步】按钮。

（2）在【安装类型】窗口中，选择【基于角色或基于功能的安装】选项，然后单击【下一步】按钮。

（3）在【服务器选择】窗口中，保持默认配置，然后单击【下一步】按钮。

（4）在如图 13-5 所示的【选择服务器角色】窗口的【角色】列表框中，勾选【Hyper-V】复选框。单击【下一步】按钮，在弹出的如图 13-6 所示的【添加 Hyper-V 所需的功能？】对话框中，单击【添加功能】按钮，然后单击【下一步】按钮。

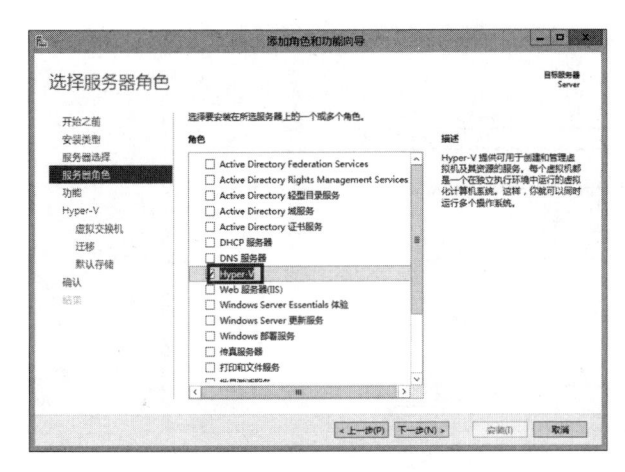

图 13-5　【选择服务器角色】窗口

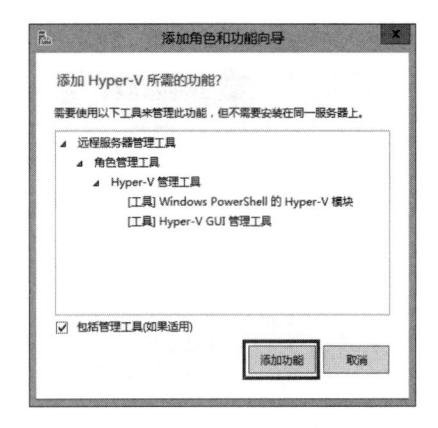

图 13-6　【添加 Hyper-V 所需的功能?】对话框

备注：在单击【添加功能】按钮之前，要先确认 CPU 虚拟化功能是否在 BIOS 中打开，如果没有打开，将弹出一个对话框，提示【无法安装 Hyper-V：处理器没有所需的虚拟化功能。】，如图 13-7 所示。

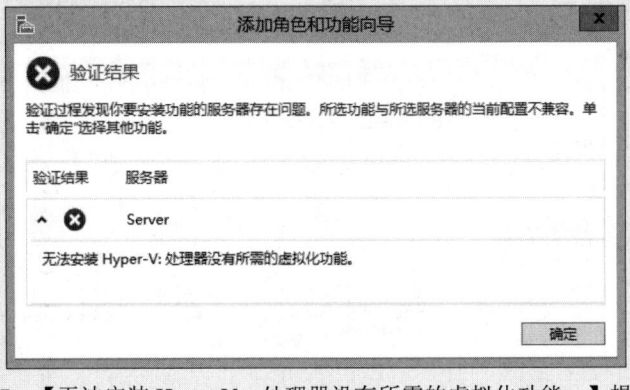

图 13-7　【无法安装 Hyper-V：处理器没有所需的虚拟化功能。】提示

（5）在【功能】窗口中，保持默认配置并单击【下一步】按钮。
（6）在【Hyper-V】窗口中，直接单击【下一步】按钮。
（7）在如图 13-8 所示的【创建虚拟交换机】窗口中，选择宿主机与 Internet 相互连接的以太网网络适配器【Ethernet1】。

图 13-8 【创建虚拟交换机】窗口

> **注意**：Hyper-V 将为管理员选择的任意一个网络适配器创建一台虚拟交换机。如果管理员选择多个物理网卡，则它会创建多台虚拟交换机。

（8）在如图 13-9 所示的【虚拟机迁移】窗口中，保持默认配置并单击【下一步】按钮。

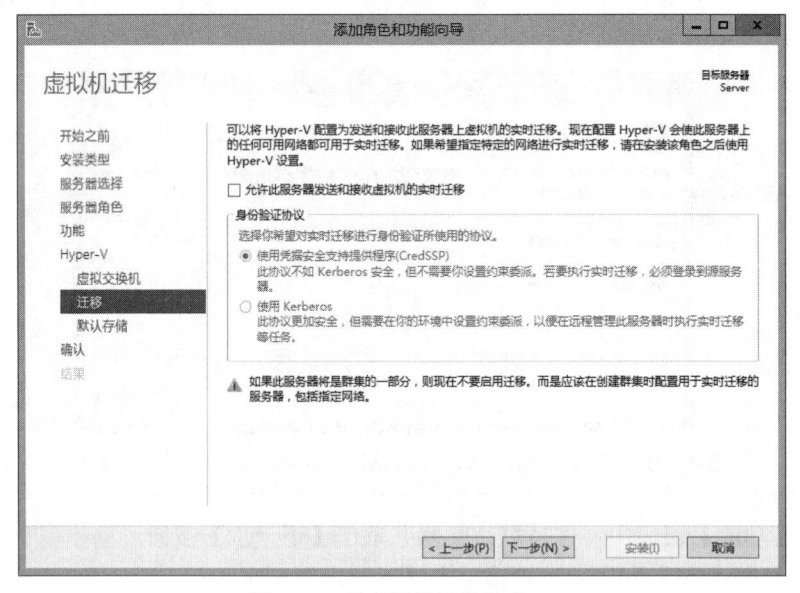

图 13-9 【虚拟机迁移】窗口

（9）在如图 13-10 所示的【默认存储】窗口中，保持默认配置并单击【下一步】按钮，根据表 13-3 更改存储位置，如图 13-11 所示。

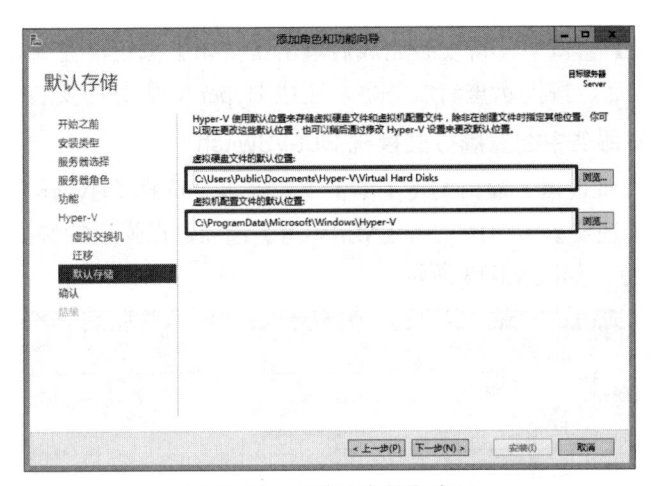

图 13-10 【默认存储】窗口

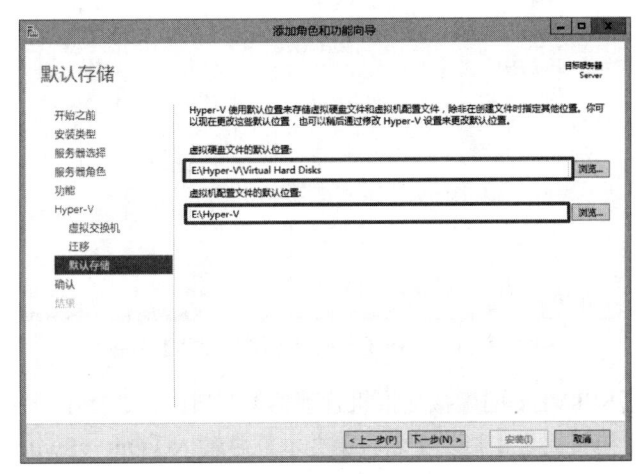

图 13-11 更改存储位置

（10）在如图 13-12 所示的【确认安装所选内容】窗口中，单击【安装】按钮，开始安装 Hyper-V 服务。

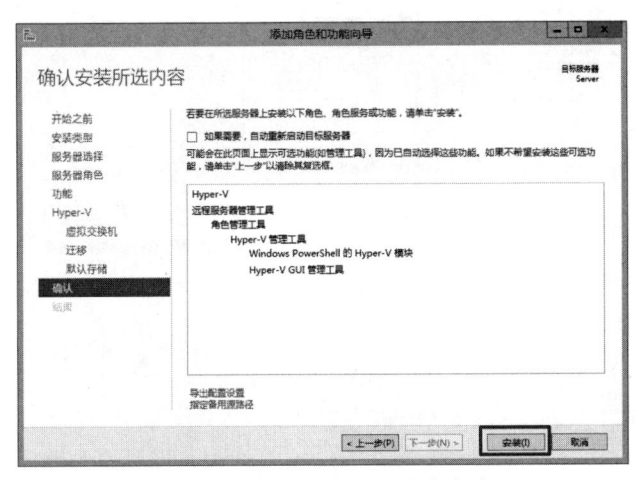

图 13-12 【确认安装所选内容】窗口

（11）在【结果】窗口中，待安装完成后单击【关闭】按钮，完成安装。

（12）安装完成后，按提示重启服务器，完成 Hyper-V 服务的安装。

3．在 Hyper-V 服务中配置虚拟交换机 Out-vSwitch

（1）在【服务器管理器】窗口的【工具】下拉菜单中选择【Hyper-V 管理器】命令。在弹出的【Hyper-V 管理器】窗口中右击【SERVER】选项，在弹出的快捷菜单中选择【虚拟交换机管理器】命令，如图 13-13 所示。

图 13-13　选择【虚拟交换机管理器】命令

（2）在打开的【SERVER 的虚拟交换机管理器】窗口中，选择上一步自动创建的虚拟交换机，并在【虚拟交换机属性】栏的【名称】文本框中输入【Out_vSwitch】，重命名交换机，如图 13-14 所示。

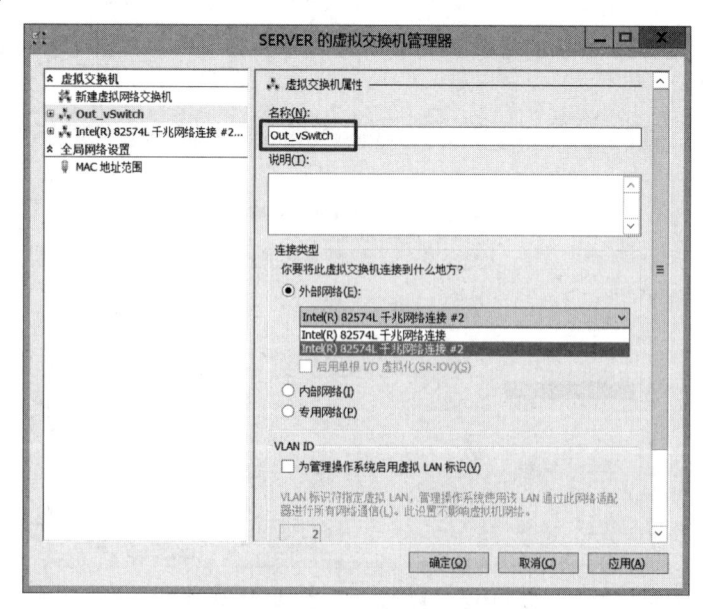

图 13-14　重命名交换机

任务验证

在【服务器管理器】窗口的【工具】下拉菜单中选择【Hyper-V 管理器】命令，打开【Hyper-V 管理器】窗口，结果如图 13-15 所示。

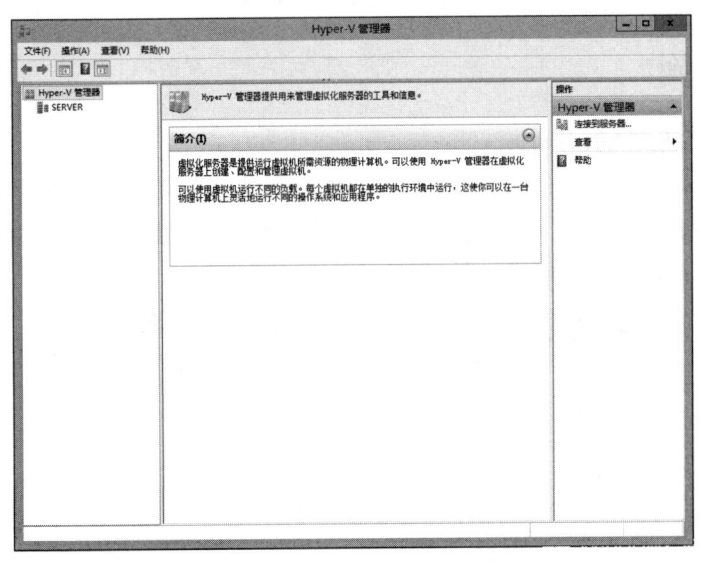

图 13-15　【Hyper-V 管理器】窗口

任务 13-2　在 Hyper-V 中部署 DNS 和 DHCP 两台虚拟机

任务规划

本任务要求网络管理员在 Hyper-V 中部署两台虚拟机，并按业务规划将 DHCP 和 DNS 服务部署到虚拟机中。服务器虚拟化结构如图 13-16 所示。

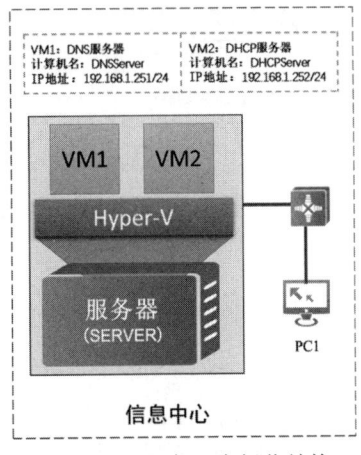

学习视频 35

图 13-16　服务器虚拟化结构

根据任务规划，使用两台虚拟机部署 DHCP 和 DNS 服务，具体涉及以下操作步骤。

（1）创建虚拟机存储目录。

（2）在 Hyper-V 中创建虚拟机 DNSServer 和 DHCPServer。

（3）在虚拟机中安装和配置 DHCP 和 DNS 服务。

任务实施

1. 创建虚拟机存储目录

根据表 13-3，在服务器的 E 盘为 DNS 和 DHCP 虚拟机分别创建存储目录，结果如图 13-17 所示。虚拟硬盘文件可以在新建虚拟机时创建，也可以提前创建，本任务在创建虚拟机时按向导创建对应的虚拟硬盘文件。

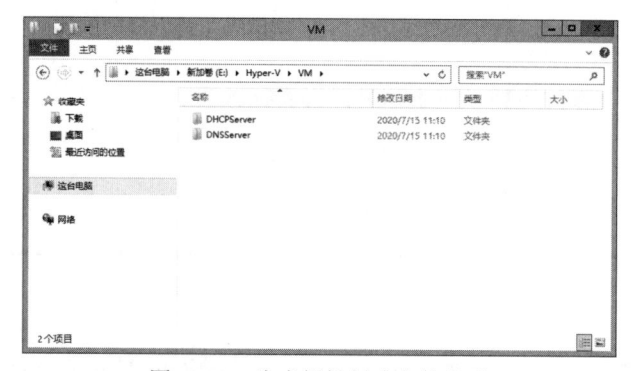

图 13-17　为虚拟机创建存储目录

2. 在 Hyper-V 中创建虚拟机 DNSServer 和 DHCPServer

（1）在【服务器管理器】窗口的【工具】下拉菜单中选择【Hyper-V 管理器】命令。

（2）在打开的【Hyper-V 管理器】窗口中，右击【SERVER】选项，在弹出的快捷菜单中选择【新建】子菜单下的【虚拟机】命令，如图 13-18 所示。

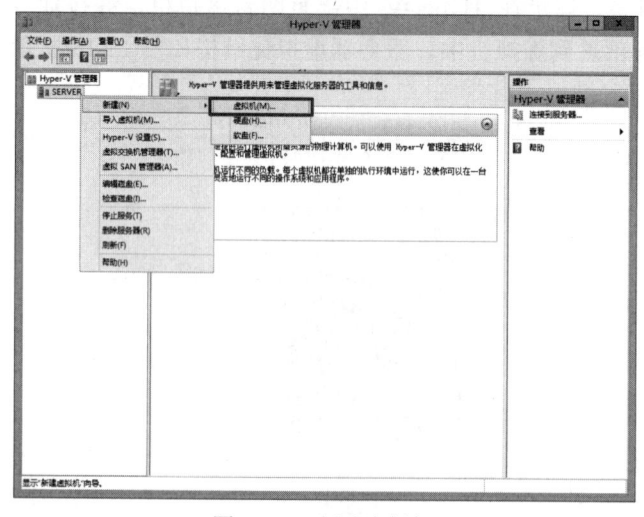

图 13-18　新建虚拟机

（3）在弹出的【新建虚拟机向导】对话框中单击【下一步】按钮。在如图 13-19 所示的【指定名称和位置】对话框的【名称】文本框中输入【DNSServer】，在【位置】文本框中输入表 13-3 中指定的存储位置【E:\Hyper-V\VM\DNSServer\】，然后单击【下一步】按钮。

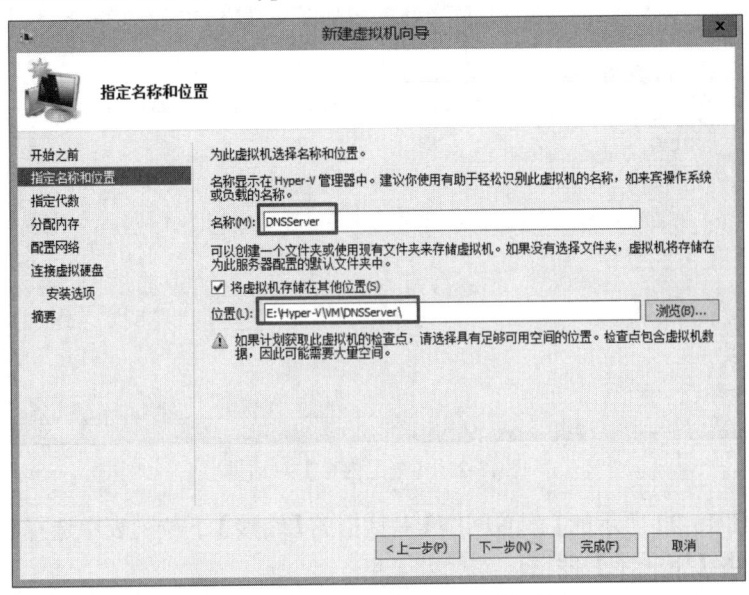

图 13-19 【指定名称和位置】对话框

（4）在如图 13-20 所示的【指定代数】对话框中，选择虚拟机的代数为【第二代】，然后单击【下一步】按钮。

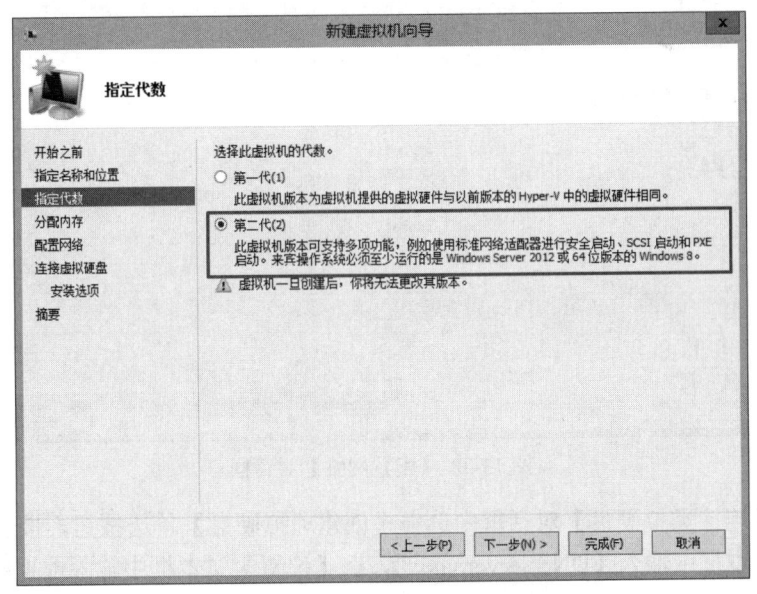

图 13-20 【指定代数】对话框

（5）在如图 13-21 所示的【分配内存】对话框中，按表 13-4 所示，在【启动内存】文本框中输入【4096】（4GB），然后单击【下一步】按钮。

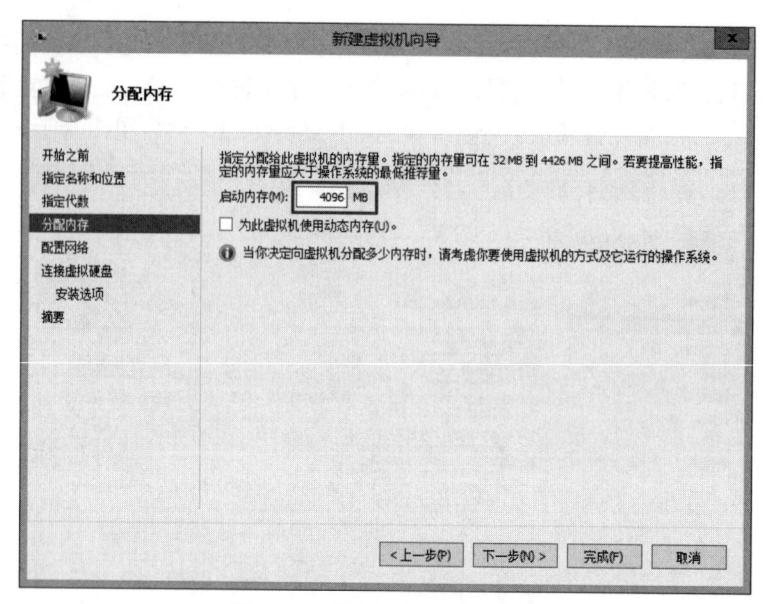

图 13-21 【分配内存】对话框

（6）在如图 13-22 所示的【配置网络】对话框的【连接】下拉列表中选择【Out_vSwitch】选项，然后单击【下一步】按钮。

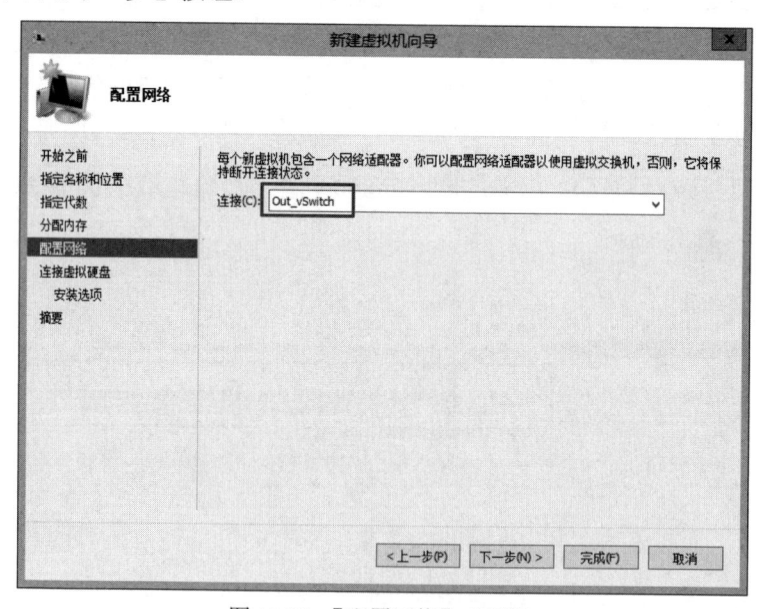

图 13-22 【配置网络】对话框

（7）在【连接虚拟硬盘】对话框中选中【创建虚拟硬盘】单选按钮。按表 13-3 所示，在【名称】文本框中输入【DNSServer.vhdx】，在【位置】文本框中输入虚拟机虚拟硬盘文件的存储位置【E:\Hyper-V\Virtual Hard Disks\】，在【大小】文本框中输入虚拟机硬盘大小【100】（单位为 GB），结果如图 13-23 所示，然后单击【下一步】按钮。

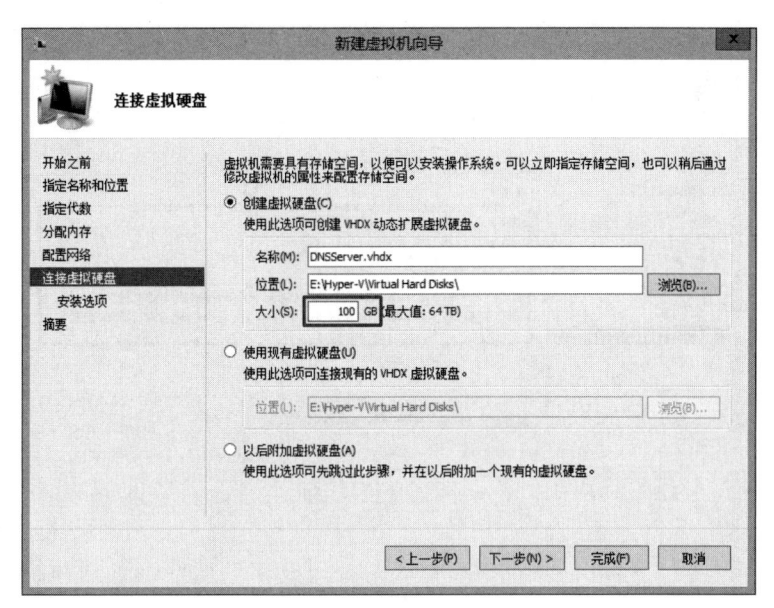

图 13-23 连接虚拟硬盘的配置

（8）在如图 13-24 所示的【安装选项】对话框中，选择操作系统安装源的方式有 3 种，本任务将通过映像文件方式进行安装，选中【从可启动的映像文件安装操作系统】单选按钮，并指向已经下载好的 Windows Server 2012 R2 安装包路径，然后单击【下一步】按钮。

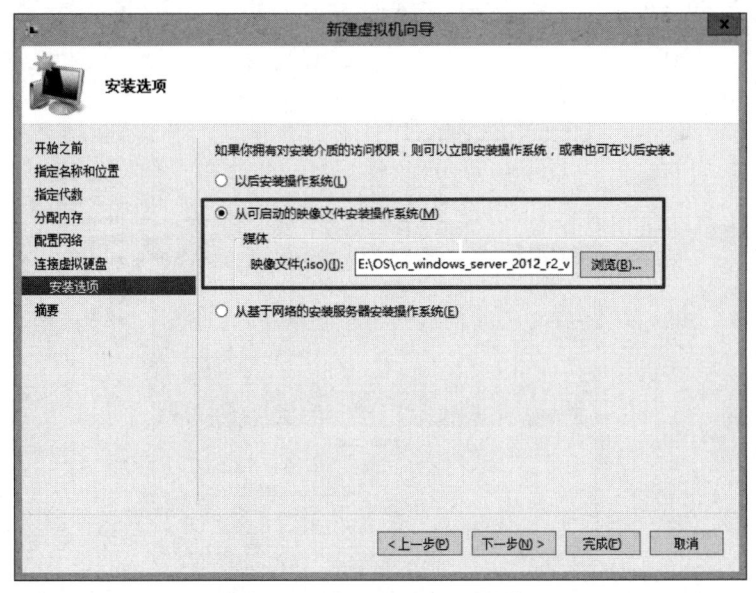

图 13-24 【安装选项】对话框

（9）在【正在完成新建虚拟机向导】对话框中，可以再次确认新建的虚拟机参数是否和表 13-1～表 13-4 中的数据一致，确认无误后单击【完成】按钮，完成虚拟机的创建，结果如图 13-25 所示。

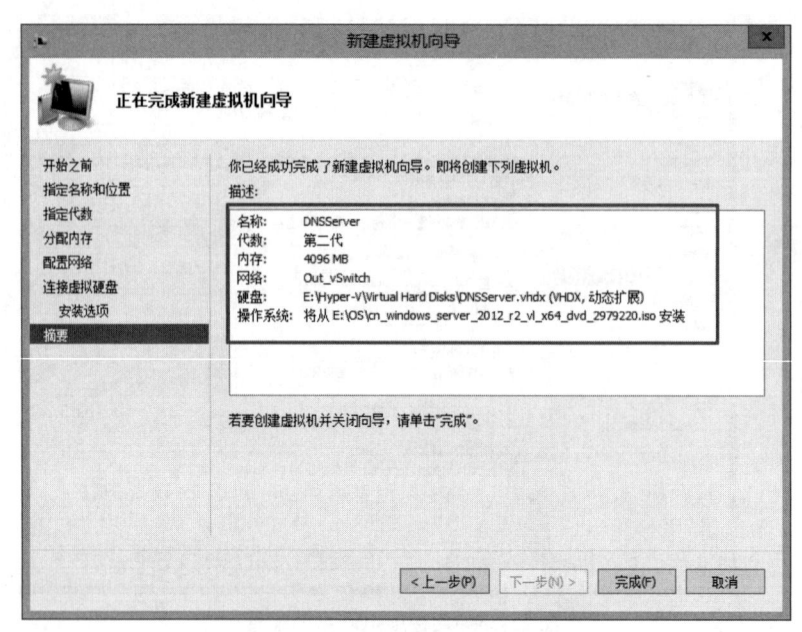

图 13-25 创建【DNSServer】虚拟机

(10)回到【Hyper-V 管理器】窗口,在【虚拟机】栏中可以看到新建的虚拟机【DNSServer】,结果如图 13-26 所示。

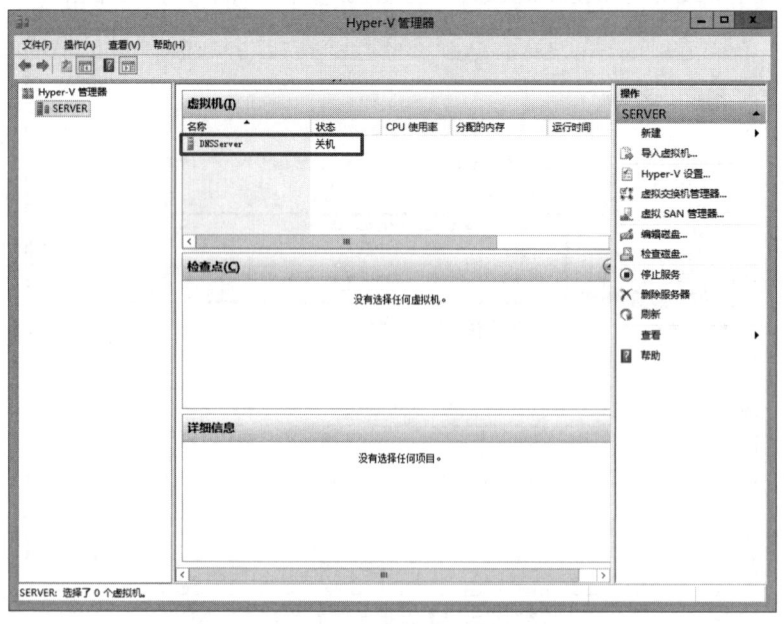

图 13-26 【Hyper-V 管理器】窗口(1)

(11)重复以上操作,继续完成【DHCPServer】虚拟机的创建,创建完成后的结果如图 13-27 所示。

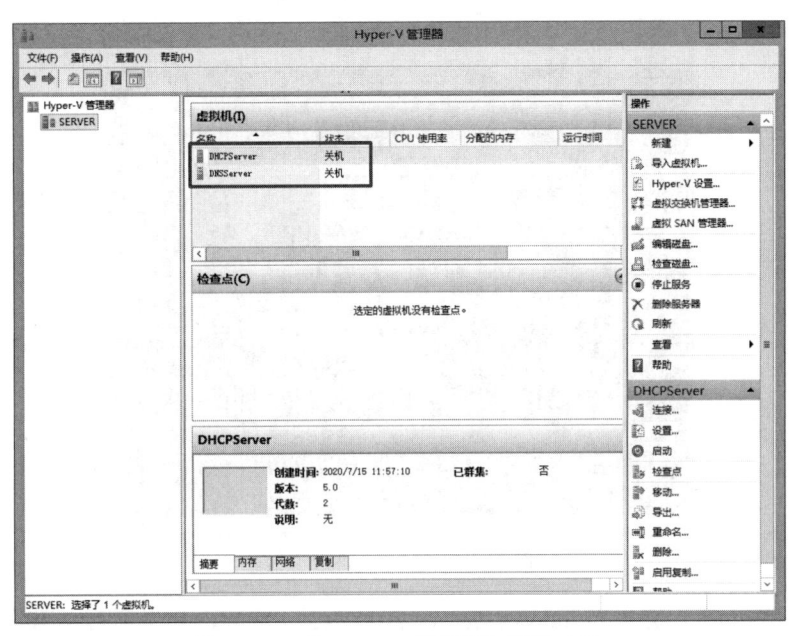

图 13-27 【Hyper-V 管理器】窗口（2）

3．在虚拟机中安装和配置 DHCP 和 DNS 服务

（1）在【Hyper-V 管理器】窗口中右击【DNSServer】虚拟机，在弹出的快捷菜单中选择【启动】命令，启动虚拟机，如图 13-28 所示。

（2）继续右击【DNSServer】虚拟机，在弹出的快捷菜单中选择【连接】命令，进入虚拟机管理窗口，结果如图 13-29 所示。

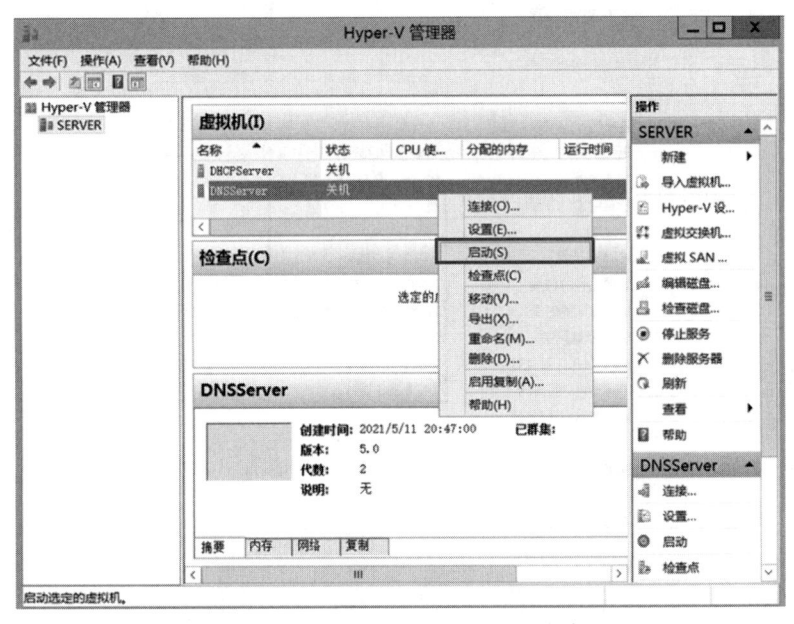

图 13-28　启动【DNSServer】虚拟机

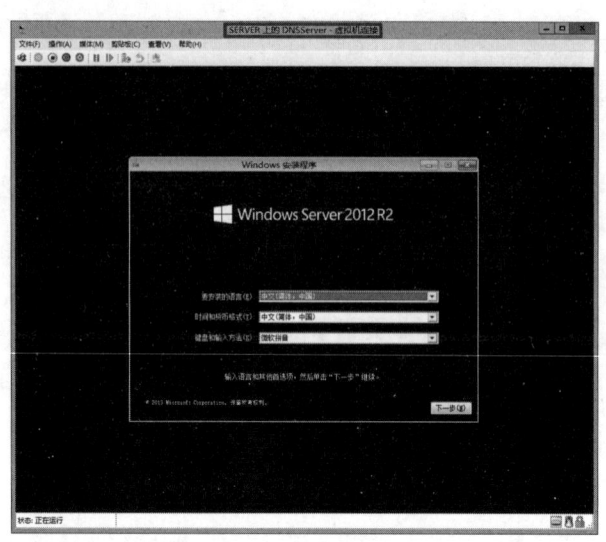

图 13-29　虚拟机管理窗口

（3）参考项目 1，完成 Windows Server 2012 R2 的安装，参考项目 7 和项目 8，完成 DNS 和 DHCP 服务的部署。

任务验证

（1）启动信息中心的客户机 PC1，查看 PC1 的网络连接详细信息，结果如图 13-30 所示。

图 13-30　PC1 的网络连接详细信息

（2）结果显示，PC1 成功通过虚拟机 DHCP 服务器获取 IP 地址。网络管理员还可以进一步配置 DNS 服务器的域名服务，然后在客户端测试域名解析功能是否可用。

任务 13-3　配置与管理虚拟机的快照

任务规划

网络管理员可以使用 Hyper-V 的快照功能对两台虚拟机进行备份，以便虚拟机在出现故障时能快速恢复。

DNS 和 DHCP 服务作为网络基础服务，在部署后，变更较少，网络管理员只需要做好其服务运行保障工作就可以了，因此，此类服务的稳定性和可靠性尤为重要。

快照功能类似于照相机的照相功能，它通过 Microsoft Volume Shadow Copy Service（卷影复制服务）技术来存储虚拟机建立快照时的状态，这些状态包括虚拟机系统的内存、磁盘、网络等内容的状态。在虚拟机后期出现故障时，快照功能可以让虚拟机快速恢复到快照建立时间点的状态。需要注意的是，快照功能不能恢复虚拟机建立快照之后系统发生变化的数据，因此快照功能非常适用于 DNS、DHCP 等数据变化很小的虚拟机备份。

任务实施

选择【Hyper-V 管理器】窗口中的【SERVER】服务器，在中间窗格中右击【DNSServer】虚拟机，在弹出的快捷菜单中选择【检查点】命令，完成快照的创建，结果如图 13-31 所示，在【检查点】栏中出现了当前时间的快照，如图 13-32 所示。

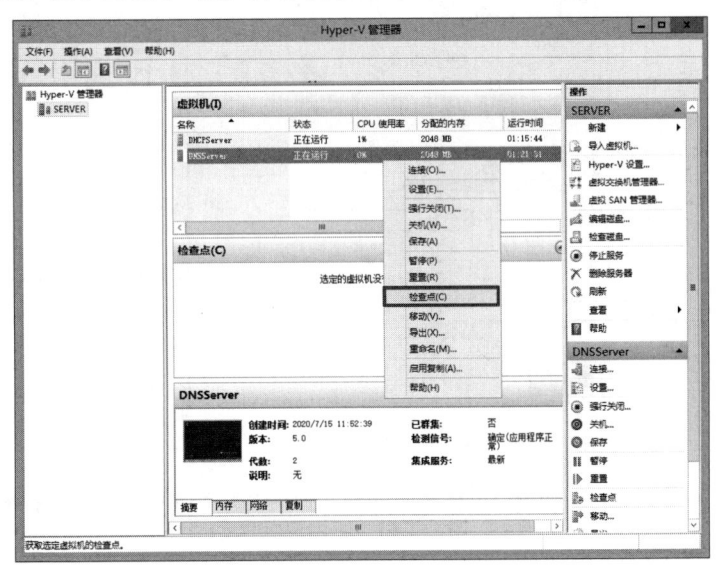

图 13-31　创建快照

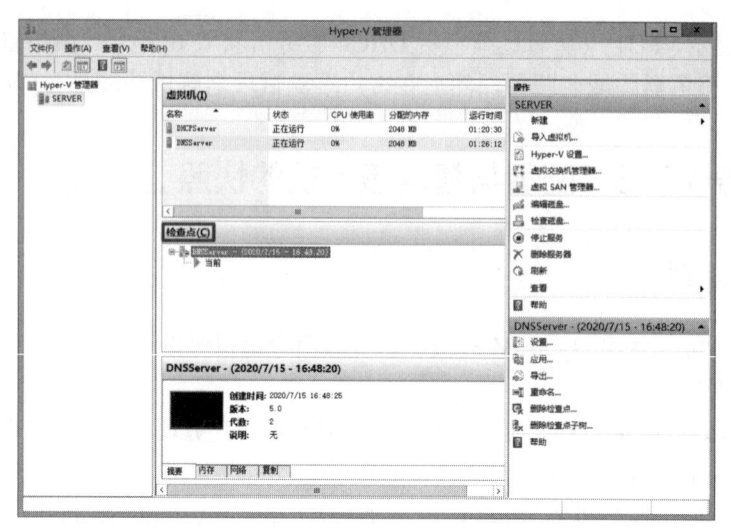

图 13-32 【DNSServer】虚拟机当前时间的快照

任务验证

当虚拟机出现故障时，网络管理员可以通过快照（检查点）还原，下面演示如何将虚拟机恢复到快照状态。

（1）在如图 13-33 所示的【Hyper-V 管理器】窗口中，右击【DNSServer】快照，在弹出的快捷菜单中选择【应用】命令，如图 13-34 所示。

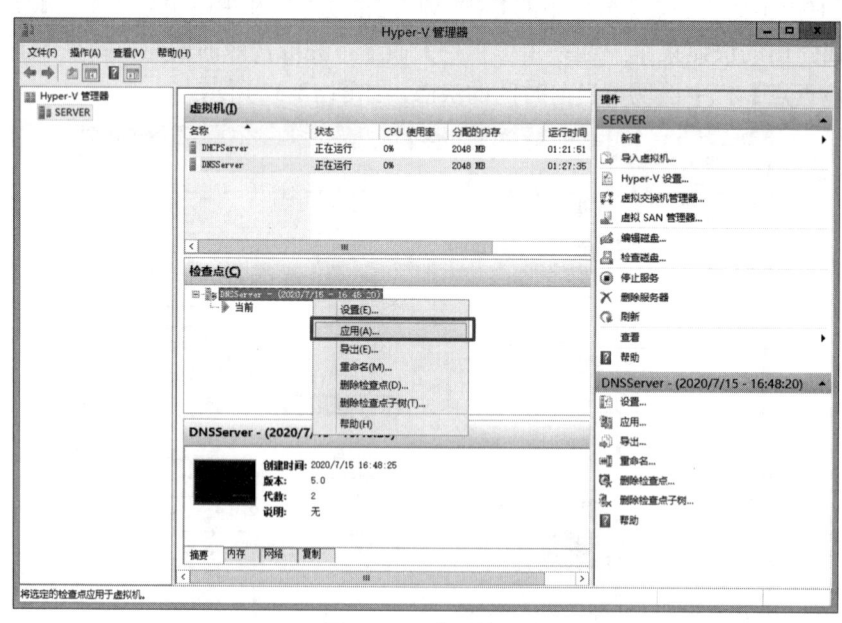

图 13-33　应用快照

（2）在弹出的如图 13-34 所示的【应用检查点】对话框中，网络管理员可以单击【创建检查点并应用】或【应用】两个按钮进行还原，建议单击【创建检查点并应用】按钮。

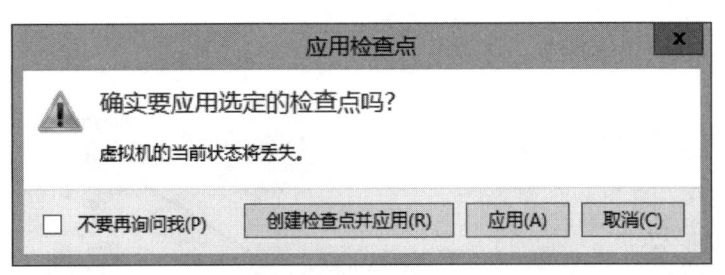

图 13-34 【应用检查点】对话框

- 创建检查点并应用：快照管理程序将先为虚拟机创建一个快照，然后将虚拟机恢复到选定的快照状态。这是一个非常实用的功能，在将虚拟机恢复到以前的快照状态时，如果当前状态没有保存，则恢复后，当前状态的数据将丢失，因此，它为提取当前数据提供了一个备份源。
- 应用：快照管理程序不会保存当前虚拟机的状态而直接应用快照。快照恢复后，当前状态的数据将丢失。

练习与实践

一、理论题

1. 下列属于 Windows Server 2012 R2 自带的虚拟化工具的是（　　）。
   A. Xen B. KVM
   C. Hyper-V D. VMware
2. Windows Server 2012 R2 的 Hyper-V 版本是（　　）。
   A. 1.0 B. 2.0
   C. 3.0 D. 4.0
3. Hyper-V 支持快照功能，它允许虚拟机创建（　　）个快照。
   A. 1 B. 2
   C. 10 D. 没有限制
4. Hyper-V 最多可以运行（　　）台虚拟机。
   A. 10 B. 30
   C. 50 D. 无限制
5. 在服务器中运行 Hyper-V，需要开启 CPU 的（　　）服务。
   A. AD B. DNS
   C. DHCP D. Intel VT-x 或 AMD-V

二、综合项目实训题

1. 项目背景

Jan16 公司在一台安装了 Windows server 2012 R2 的服务器上部署了 Hyper-V 服务，公司要求网络管理员将 FTP、DNS、Web 和 DHCP 服务都迁移到虚拟机上，当前先在网络中心内部进行虚拟化部署测试。公司的网络拓扑结构和 IP 地址信息如图 13-35 所示，项目详细需求如下。

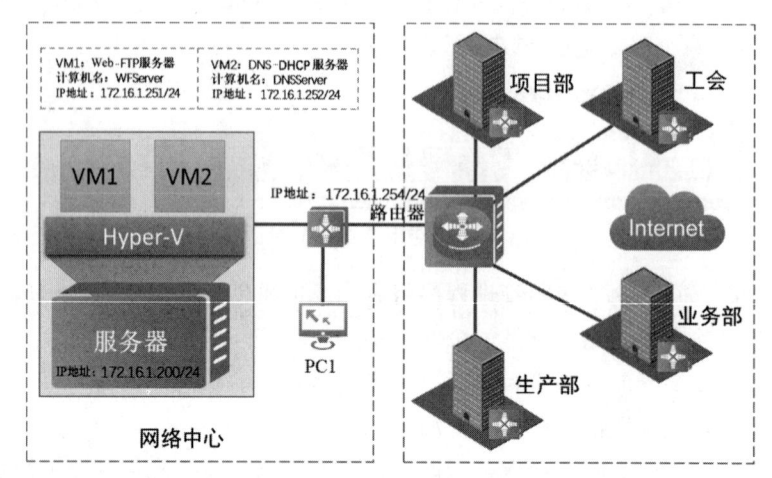

图 13-35 Jan16 公司的网络拓扑结构和 IP 地址信息

（1）在 Hyper-V 中创建虚拟机 VM1 和 VM2，VM1 用于部署 Web 和 FTP 服务，VM2 用于部署 DNS 和 DHCP 服务。

（2）在 VM1 中部署 Web 和 FTP 服务，为方便网络管理员通过 FTP 更新 Web 站点，要求将 Web 和 FTP 的主目录设置为同一个目录，即 E:\WEB_FTP\，VM1 的域名为【www.Jun16.com】，FTP 服务的账户名和密码分别为【admin】和【123】。

（3）在 VM2 中部署 DNS 和 DHCP 服务，分别为 Jan16 公司提供域名解析服务和为网络中心客户机自动分配 IP 地址，IP 地址范围为 172.16.1.10/24～172.16.1.30/24。

2．项目要求

（1）根据项目背景，分析项目需求，完成网络虚拟化、存储虚拟化、服务器和虚拟机、信息中心 IP 地址的规划工作，并将规划结果填入表 13-6～表 13-9 中。

表 13-6 网络虚拟化规划

序 号	虚拟交换机名称	连接方式	用 途
1			
2			

表 13-7 Hyper-V 存储虚拟化规划

序 号	名 称	存储位置/文件名	存储空间大小	用 途
1				
2				
3				
4				

表 13-8 服务器和虚拟机规划

服务器和虚拟机名称	主要硬件配置	操作系统	承载业务	网络连接方式

表 13-9　信息中心 IP 地址规划

机 器 名 称	IP 地址	用　　途

（2）打开 VM2，截取【DNS 管理器】窗口的主要区域管理界面。

（3）打开 VM2，截取【DHCP 管理器】窗口的已租用租约列表界面。

（4）在 VM1 中创建一个自定义网页，并发布为首页，首页内容应包括【班级+学号+姓名的 JAN16 首页】，然后在 PC1 中打开浏览器，访问【www.Jan16.com】，截取浏览器页面。

（5）在 PC1 中访问【ftp://www.Jan16.com】，截取 FTP 站点首页。

项目 14

部署公司的活动目录服务

/ 项目学习目标 /

（1）了解活动目录、活动目录对象、活动目录架构的概念与应用。
（2）了解活动目录的逻辑结构、物理结构的相关知识。
（3）掌握 DNS 服务与活动目录的关系及应用。
（4）掌握公司组织架构下活动目录域控制器的部署、域用户和计算机的管理等简单域服务部署的业务实施流程。

项目描述

随着 EDU 公司规模的扩大，公司用户和计算机规模随之增长，以传统工作组方式管理公司大量的计算机已不能满足公司的发展需求，为保障公司业务更加安全稳定，实现资源的集中管理，网络管理员将引入全新的 Windows Server 2012 R2 域来管理公司的用户和计算机。

为让部门员工尽快熟悉 Windows Server 2012 R2 域环境，网络管理员将在一台安装 Windows Server 2012 R2 的服务器上创建公司的第一台域控制器。公司域信息规划如下。

（1）域控制器的名称为 DC1。
（2）域名为 JAN16.cn。
（3）域的简称为 JAN16。
（4）域控制器的 IP 地址为 192.168.1.1/24。
（5）域用户包括 candy、jack，其中 jack 为实习生，只能在上班时间（星期一～星期五的 9:00～17:00）登录到域。

域测试环境拓扑结构如图 14-1 所示。

项目 14　部署公司的活动目录服务

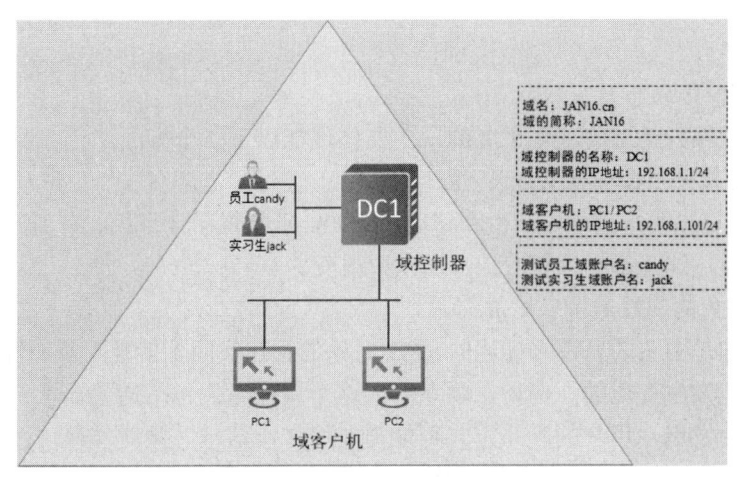

图 14-1　域测试环境拓扑结构

项目分析

本项目需要网络管理员了解活动目录的概念、活动目录的逻辑结构、活动目录的物理结构和 DNS 服务与活动目录的相关性，并在测试环境中部署公司的第一台域控制器，然后将公司的用户和计算机加入域，实现用域来管理公司的用户和计算机，工作任务如下。

（1）部署公司的第一台域控制器：根据域测试环境拓扑结构和域相关信息部署公司的第一台域控制器。

（2）将用户和计算机加入域：将客户机和测试账户加入域。

相关知识

14.1　活动目录的概念

活动目录（Active Directory，AD）由"活动"和"目录"两部分组成，其中"活动"是用来修饰"目录"的，其核心是"目录"，而"目录"代表的是目录服务（Directory Service）。

1．目录的概念

读者最熟悉的是书的目录，通过它就能知道书的大致内容，但目录服务和书的目录不同，它是一种网络服务，存储了网络资源的信息并使用户和应用程序能访问这些资源。

在活动目录管理的网络中，目录是一个容器，它存储了所有的用户、计算机、应用服务等资源，同时对于这些资源，目录服务通过规则让用户和应用程序可以快速访问。

例如，在工作组的计算机管理中，如果一个用户需要使用多台计算机，那么网络管理员需要到这些计算机上为该用户创建账户并授予相应的访问权限。如果有大量的用户有这类需求，那么网络管理员的管理难度将十分繁杂。但在活动目录的管理方式下，用户作为资源被统一管理，每个用户拥有唯一的活动目录账户，通过对该用户授予访问特定组的计算机的权限即可完成该工作。通过比较不难得出，AD 在管理大量用户和计算机方面具

309

有很大的优势。

2．活动的概念

活动可以解释为动态的，可扩展的，主要体现在以下 2 个方面。

（1）AD 对象可以按需增减或移动。

AD 对象可以按需求增加、减少和移动。例如，新购置了计算机、有部分员工离职、员工变换工作岗位，这些都必须相应地在 AD 中改变。

（2）AD 对象的属性是可以增加的。

每个对象都是由它的属性来描述的，AD 对象的管理实际上就是对象属性的管理，而对象的属性是可能发生变化的。例如，联系方式这个属性原先包括通信地址、手机、电子邮件等，随着社会发展，用户的联系方式可能需要增加微信号、微博号等，而且这些属性还在持续变化。在 AD 中支持对象属性的增加，AD 管理员通过修改 AD 架构来增加对象的属性，然后 AD 用户就可以在 AD 中使用这个属性了。

需要注意的是，AD 对象的属性可以增加，但不可以减少，如果一些对象属性不可使用，则可以禁用它。

综上所述，活动目录是一个数据库，它存储着网络中重要的资源信息。当用户需要访问网络中的资源时，就可以到活动目录中进行检索并快速查找需要的对象。而且活动目录是一种分布式服务，当网络的地理范围很大时，管理员可以通过使用位于不同地点的活动目录数据库提供相同的服务来满足用户的需求。

14.2　活动目录对象

简单地说，在 AD 中可以被管理的一切资源都被称为 AD 对象，如用户、组、计算机账户、共享文件夹等。AD 的资源管理就是对这些 AD 对象的管理，包括设置对象的属性、安全性等。每个对象都存储在 AD 的逻辑结构中，可以说 AD 对象是组成 AD 的基本元素。

14.3　活动目录架构

架构（Schema）就是活动目录的基本结构，是组成活动目录的规则。

AD 架构中包含两个方面的内容：对象类和对象属性。其中，对象类用来定义在 AD 中可以创建的所有 AD 对象，如用户、组等；对象属性用来定义在每个对象中可以有哪些属性来标识该对象，如用户可以有登录名、电话号码等属性。也就是说，AD 架构用来定义数据类型、语法规则、命名约定等内容。

当在 AD 中创建对象时，需要遵守 AD 架构规则，只有在 AD 架构中定义了一个对象的属性才可以在 AD 中使用该属性。在 AD 中增加对象的属性要通过扩展 AD 架构来实现。

AD 架构存储在 AD 架构表中，当需要扩展时，AD 管理员只需要在架构表中进行修改即可，在整个活动目录林中只能有一个架构，也就是说，在 AD 中所有的对象都会遵守同样的规则，这将有助于网络资源的管理。

14.4 轻量目录访问协议

LDAP（Light Weight Directory Access Protocol，轻量目录访问协议）是访问 AD 的协议，当 AD 中对象的数量非常大时，如果要对某个对象进行管理和使用，就需要查找和定位该对象，这时需要按照一种层次结构来查找它，LDAP 协议提供了这样一种机制。

例如，寄快递，如果要给张三寄快递，你需要知道他所在的城市、区、街道、大楼、楼层、房间号等信息，最后才能根据这个地址快递给他。这就是一种层次结构，LDAP 协议提供了类似的结构。

在 LDAP 协议中指定了严格的命名规范，用户按照这个规范可以唯一地定位一个 AD 对象，如表 14-1 所示。

表 14-1　LDAP 协议中关于 DC、OU 和 CN 的定义

名称	属性	描述
DC	域组件	活动目录域的 DNS 名称
OU	组织单位	组织单位可以和现实中的一个行政部门相对应，在组织单位中可以包括其他对象，如用户、计算机等
CN	普通名字	除域组件和组织单位外的所有对象，如用户、打印机等

按照这个规范，假如在域 EDU.cn 中有一个组织单位 software，在这个组织单位下有一个用户账户【candy】，那么在活动目录中，LDAP 协议用下面的格式来标识该对象：CN=candy,OU=software,DC=EDU,DC=cn。

LDAP 协议的命名包括两种类型：辨别名（Distinguished Names）和相关辨别名（Relative Distinguished Names）。

上面所写的【CN=candy,OU=software,DC=EDU,DC=cn】就是 candy 对象在 AD 中的辨别名；而相关辨别名是指辨别名中唯一能标识这个对象的部分，通常为辨别名中最前面的部分。在上面这个例子中，【CN=candy】就是 candy 对象在 AD 中的相关辨别名，该名称在 AD 中必须唯一。

14.5 活动目录的逻辑结构

在活动目录中有很多种资源，想要对这些资源进行很好的管理就必须把它们有效地组织起来，活动目录的逻辑结构就是用来组织资源的。

活动目录的逻辑结构可以和公司的组织机构图结合起来理解，通过对资源进行逻辑组织，用户可以通过名称而不是物理位置来查找资源，并且网络的物理结构对用户是透明的。

活动目录的逻辑结构包括域（Domain）、域树（Domain Tree）、域目录林（Forest）和组织单位（Organization Unit），如图 14-2 所示。

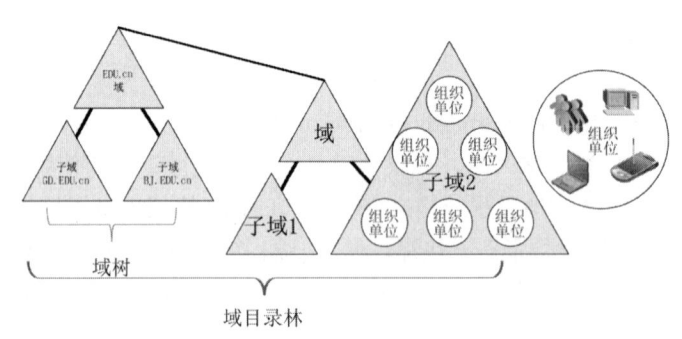

图 14-2 活动目录的逻辑结构

1. 域

域是活动目录的逻辑结构的核心单元，是活动目录对象的容器。同时域定义了三个边界：安全边界、管理边界、复制边界。

- 安全边界：域中所有的对象都保存在域中，并且每个域只保存属于本域的对象，所以域管理员只能管理本域。安全边界的作用是保证域管理员只能在该域内拥有必要的管理权限，而对于其他域（如子域）则没有管理权限。
- 管理边界：每个域管理员只能管理自身区域中的对象。例如，父域和子域是两个独立的域，两个域的管理员仅能管理自身区域中的对象，由于它们存在逻辑上的父子信任关系，因此两个域的用户可以相互访问。
- 复制边界：域是复制的单元，是一种逻辑的组织形式，因此一个域可以跨越多个物理位置。如图 14-3 所示，EDU 公司在北京和广州都有公司的相关机构，它们都隶属于 EDU.cn 域，北京和广州两地通过 ADSL 拨号互联，同时两地各部署了一台域控制器。如果 EDU.cn 域中只有一台域控制器在北京，那么广州的客户端在登录域或者使用域中的资源时都要通过北京的域控制器进行查找，而北京和广州的网络连接速度较慢，在这种情况下，为了提高用户的访问效率，可以在广州部署一台域控制器，同时让广州的域控制器复制北京域控制器中的所有数据，这样广州的用户只需通过本地域控制器即可实现快速登录和资源查找。由于域控制器的数据是动态的，因此域内的所有域控制器之间必须实现数据同步。域控制器仅能复制本域内的数据，不能复制其他域内的数据。

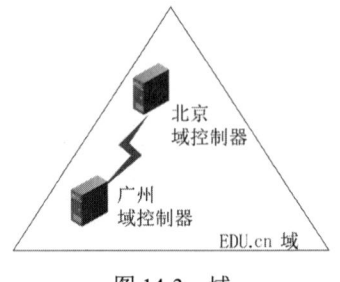

图 14-3 域

综上所述，域是一种逻辑的组织形式，能够对网络中的资源进行统一管理。要实现域的管理，必须在一台计算机上安装活动目录，安装了活动目录的计算机被称为域控制器。

2. 登录到域和登录到本机的区别

登录到域和登录到本机是有区别的，在属于工作组的计算机上只能通过本地用户账户登录到本机，在一台加入域的计算机上可以选择登录到域或登录到本机，如图 14-4 所示。

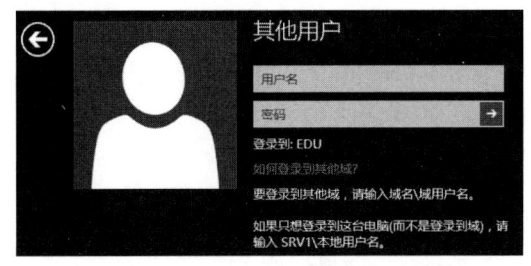

图 14-4　加入域的计算机的登录界面

在登录到本机时，必须输入这台计算机上的本地用户账户的信息，在【计算机管理】窗口中可以查看这些用户账户的信息，登录验证也是由这台计算机完成的。本地用户账户的登录格式通常为【计算机名\用户名】，如 SRV1\candy。

在登录到域时必须输入域用户账户的信息，而域用户账户的信息只保存在域控制器上。因此用户无论使用哪台域客户机，其登录验证都是由域控制器来完成的，也就是说，在默认情况下，域用户可以使用任何一台客户机。域用户账户的登录格式通常为【用户名@域名】，如 candy@EDU.cn。

在域的管理中，基于安全考虑，域客户机的所有用户账户都会被域管理员统一回收，公司员工仅能通过域用户账户使用域客户机。

3. 域树

域树是由一组具有连续命名空间的域组成的。

例如，EDU 公司最初只有一个域名 EDU.cn，公司规模扩大后，在北京成立了一个分公司，出于安全考虑需要新建一个域 BJ.EDU.cn，可以把这个新域加入域中，BJ.EDU.cn 是 EDU.cn 的子域，EDU.cn 是 BJ.EDU.cn 的父域。

组成一棵域树的第一个域被称为域树的根域，在图 14-2 中，左边第一棵域树的根域为 EDU.cn，域树中的其他域被称为该域树的节点域。

4. 域树和信任关系

域树是由多个域组成的，而域的安全边界使得域和其他域之间的通信需要获得授权。在活动目录中，这种授权是通过信任关系来实现的。在活动目录的域树中，父域和子域之间可以自动建立一种双向可传递的信任关系。

如果 A 和 B 两个域直接有双向信任关系，则可以得到以下结果。

- 这两个域就像在同一个域一样，A 域中的账户可以在 B 域中登录 A 域，反之亦然。
- A 域中的账户可以访问 B 域中有权访问的资源，反之亦然。
- A 域中的全局组可以加入 B 域中的本地组，反之亦然。

这种双向信任关系淡化了不同域之间的界限，而且在 AD 中父域和子域之间的信任关系是可以传递的，可以传递的意思是如果 A 域信任 B 域，B 域信任 C 域，那么 A 域也信任 C 域。在图 14-2 中，GD.EDU.cn 域和 BJ.EDU.cn 域分别与 EDU.cn 域建立了父子域关系，所以它们相互信任并允许相互访问，也可以称它们为兄弟域关系。由于这种双向可传递的信任关系存在，因此这几个域已融为一体。

5. 域目录林

域目录林是由一棵或多棵域树组成的，每棵域树使用自身连续的命名空间，不同域树之间没有命名空间的连续性，如图 14-5 所示。

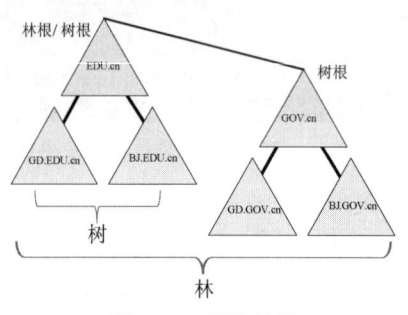

图 14-5 域目录林

域目录林具有以下特点。
- 域目录林中的第一个域被称为该目录林的根域，根域的名字将作为域目录林的名字。
- 域目录林的根域和该目录林中的其他域树的根域直接存在双向可传递的信任关系。
- 域目录林中的所有域树拥有相同的架构和全局编录。

在活动目录中，如果只有一个域，那么这个域也被称为一个域目录林，因此单域是最小的林。前面介绍了域的安全边界，如果一个域用户要对其他域进行管理，则必须得到其他域的授权，但在域目录林中有一种特殊情况，域目录林的根域管理员可以对目录林中的所有域执行管理权限，这个管理员也被称为整个域目录林的管理员。

6. 组织单位

组织单位是活动目录中的一个特殊容器。它可以把用户、组、计算机等对象组织起来。与普通容器仅能包含对象不同，组织单位不仅可以包含对象，而且可以进行组策略设置和委派管理，这是普通容器不能实现的。组策略和委派将在后续内容中介绍。

组织单位是活动目录中最小的管理单元。如果一个域中的对象数目非常多，则可以用组织单位把一些具有相同管理要求的对象组织起来，这样就可以实现分级管理。而且域管理员可以委托某个用户去管理某个组织单位，管理权限可以根据需要进行配置，这样可以减轻管理员的工作负担。

组织单位可以和公司的行政机构相结合，这样可以方便管理员对活动目录对象进行管理，而且组织单位可以像域一样设置为树状的结构，即一个 OU 下面还可以有子 OU。

在规划单位时可以根据两个原则：地点和部门职能。如果一个公司的域由北京总公司和广州分公司组成，而且每个城市都有市场部、财务部、技术部 3 个部门，则可以按照如图 14-6 左边所示的结构来组织域中的子域（在 AD 中，组织单位用圆形来表示），图 14-6 右边则是根据左边的结构创建的 OU 结果。

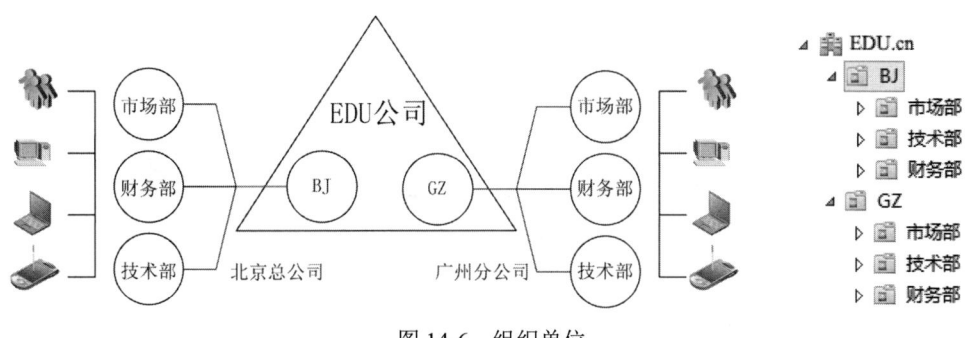

图 14-6 组织单位

7．全局编录

一个域的活动目录只能存储该域的信息，相当于这个域的目录。而当一个域目录林中有多个域时，由于每个域都有一个活动目录，因此如果一个域的用户要在整个域目录林范围内查找一个对象，就需要搜索域目录林中的所有域，这时用户需要等待较长的时间。

全局编录（Global Catalog，GC）相当于一个总目录，就像一个书架的图书有一个总目录一样，用于存储已有活动目录中所有域（林）对象的子集。在默认情况下，存储在全局编录中的对象属性是经常用到的，而非全部属性。整个域目录林会共享相同的全局编录信息。全局编录中的对象具有访问权限，用户只能看见有访问权限的对象，如果一个用户对某个对象没有访问权限，则在查找时将看不到这个对象。

14.6 活动目录的物理结构

在活动目录中，逻辑结构是用来组织网络资源的，而物理结构则是用来设置和管理网络流量的。活动目录的物理结构由域控制器（Domain Controller，DC）和站点（Site）组成。

1．域控制器

域控制器是存储活动目录信息的地方，用来执行用户登录进程、验证和目录搜索等任务。一个域中可以有一台或多台 DC，为了保证用户访问活动目录信息的一致性，就需要在各 DC 之间实现活动目录数据的复制，以保持同步。

2．站点

站点一般与地理位置相对应，它由一个或几个物理子网组成。创建站点的目的是优化 DC 间复制的网络流量。

如图 14-7 所示，在没有配置站点的 AD 中，所有的域控制器都将相互复制数据以保持同步，那么广州的 A1 和 A2 与北京的 B1、B2 和 B3 间相互复制数据就会占用较长时间。例如，A1 和 B1 的同步复制与 A2 和 B1 的同步复制就明显存在重复在公网上复制相同数据的情况，但是在站点的作用下，A2 不能直接和 B1 同步复制，因为 DC 的同步首先在站点内同步，然后通过各自站点的一台服务器进行同步，最后各自站点内进行同步完成全域或全林的数据同步。

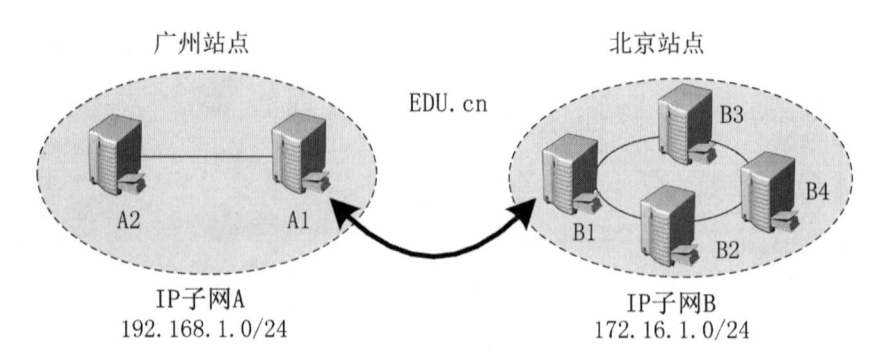

图 14-7　活动目录的站点结构

通过站点优化了 DC 间的数据同步的网络流量，站点具有以下特点。
- 一个站点可以有一个或多个 IP 子网。
- 一个站点中可以有一个或多个域。
- 一个域可以属于多个站点。

利用站点可以控制 DC 的复制是同一站点内的复制，还是不同站点间的复制，而且利用站点链接可以有效地组织活动目录复制流，控制 AD 复制的时间和经过的链路。

需要注意的是，站点和域之间没有必然的联系，站点映射了网络的物理拓扑结构，域映射了网络的逻辑拓扑结构，AD 允许一个站点可以有多个域，一个域也可以属于多个站点。

14.7　DNS 服务与活动目录

DNS 是 Internet 的重要服务之一，它用于实现 IP 地址和域名的相互解析。同时它为 Internet 提供了一种逻辑的分层结构，用户利用这个结构可以标识 Internet 中所有的计算机，这个结构也为人们使用 Internet 提供了便捷。

与 DNS 类似，AD 的逻辑结构也是分层的，因此可以把 DNS 和 AD 结合起来，这样用户可以便捷地管理和访问 AD 中的资源。图 14-8 显示了 DNS 命名空间和 AD 命名空间的对应关系。

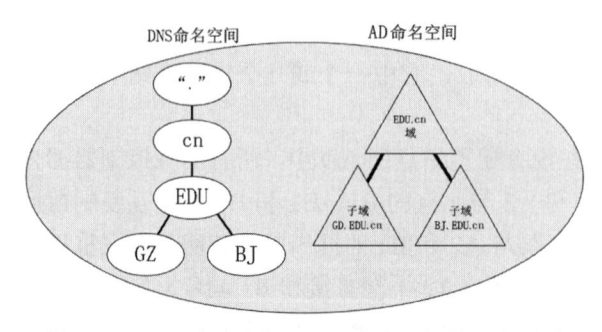

图 14-8　DNS 命令空间和 AD 命令空间的对应关系

在 AD 中，域控制器会自动向 DNS 服务器注册 SRV 记录，在 SRV 记录中包含了服务器所提供服务的信息及服务器的主机名与 IP 地址等。利用 SRV 记录，客户端可以通过 DNS

服务器查找域控制器、应用服务器等信息。图14-9所示为【DNS管理器】窗口，通过该窗口可以看到EDU.cn区域下有_msdcs、_sites、_tcp、_udp、DomainDnsZones和ForestDnsZones 6个子文件夹，这些文件夹中存放的就是SRV记录。

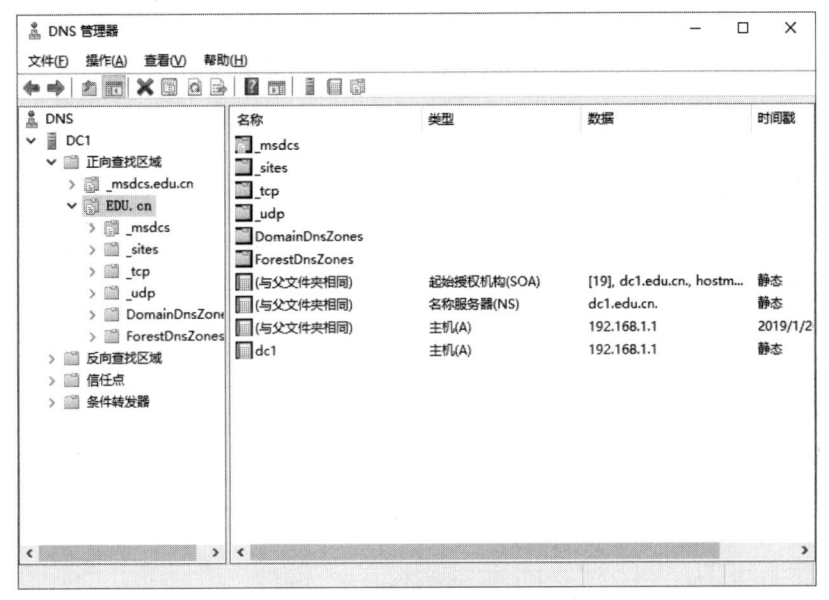

图14-9 【DNS管理器】窗口

综上所述，DNS是活动目录的基础，要实现活动目录，就必须安装DNS服务。在安装域的第一台域控制器时，应该将其设置为DNS服务器，并且在活动目录的安装过程中，DNS会自动创建与活动目录域名相同的正向查找区域。

14.8 活动目录的特点与优势

与在非域环境下独立的管理方式相比，利用AD管理网络资源有以下优势。

（1）资源的统一管理。

活动目录的目录是一个能存储大量对象的容器，它可以统一管理公司中成千上万分布于异地的计算机、用户等资源，如统一升级软件等，而且管理员可以通过委派一部分管理权限给某个用户，让该用户替管理员执行特定的管理工作。

（2）网络资源的便捷访问。

活动目录将公司所有的资源都存入AD数据库中，利用AD工具，用户可以方便地查找和使用这些资源，并且由于AD采用了统一身份验证，用户仅需登录一次就可以访问整个网络资源。

（3）资源访问的分级管理。

通过登录认证和对目录中对象的访问控制，安全性和活动目录的加密集成在一起。管理员不仅能够管理整个网络的目录数据，而且可以授予用户访问网络上位于任何位置的资源的权限。

（4）降低总拥有成本。

总拥有成本（TCO）是指从产品采购到后期使用、维护的总的成本，包括计算机采购、技术支持、升级的成本等。例如，AD 通过应用一个组策略，可以对整个域中的所有计算机和用户生效，这将大大减少在每台计算机上配置的时间。

任务 14-1　部署公司的第一台域控制器

任务规划

根据公司域测试环境拓扑结构，在一台已安装了 Windows Server 2012 R2 的服务器上部署公司的第一台域控制器，域控制器相关信息要求如下。

（1）域控制器名称为 DC1。
（2）域名为 DC1.JAN16.cn。
（3）域的简称为 JAN16。
（4）域控制器 IP 地址为 192.168.1.1/24。

公司域测试环境拓扑结构如图 14-10 所示。

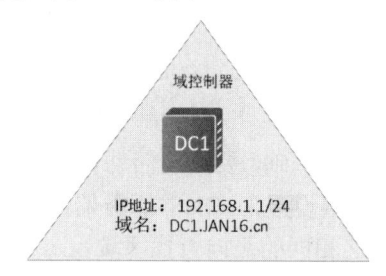

图 14-10　公司域测试环境拓扑结构

将一台 Windows Server 2012 R2 服务器升级为公司的第一台域控制器，那么这台域控制器是该公司所创建的第一棵域树的树根，同时是公司域的林根。

在创建公司的第一台域控制器时，首先需要确定公司域控制器使用的根域名称，如果公司已向 Internet 申请了域名，为保证内外网域名的一致性，通常公司会在 AD 中使用该域名，因此在本任务中，公司的根域是 JAN16.cn。

综上所述，在一台 Windows Server 2012 R2 服务器上部署公司的第一台域控制器需要通过以下操作步骤完成。

（1）为服务器配置主机名和 IP 地址。
（2）在服务器上安装 AD 域服务。
（3）通过 AD 安装向导将服务器升级为公司的第一台域控制器。

任务实施

1. 为服务器配置主机名和 IP 地址

将 Windows Server 2012 R2 服务器的计算机名称改为【DC1】，重启后配置服务器的【IP

地址】为【192.168.1.1/24】,【DNS 服务器地址】为【192.168.1.1】。

2．在服务器上安装 AD 域服务

（1）在【服务器管理器】窗口中,单击【添加角色和功能】链接,在打开的窗口中按照默认配置,连续单击【下一步】按钮,直到进入如图 14-11 所示的【选择服务器角色】窗口,勾选【Active Directory 域服务】复选框并添加其所需要的功能。

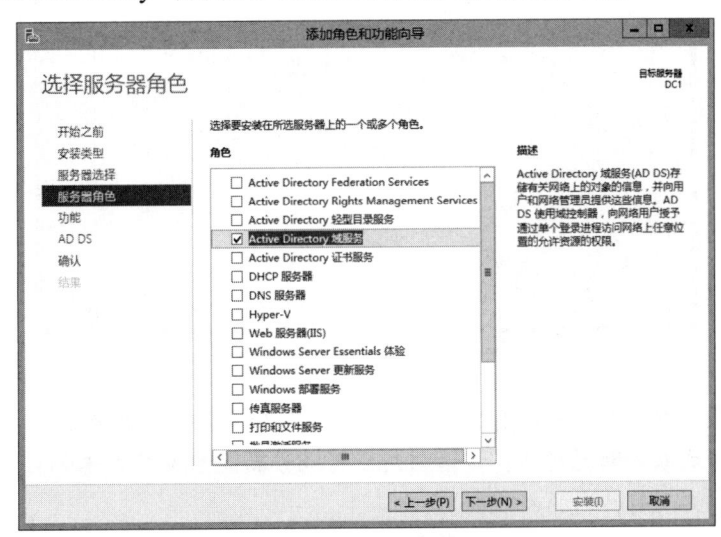

图 14-11 【选择服务器角色】窗口

（2）等待安装完成之后,在【服务器管理器】窗口中会看到如图 14-12 所示的事件标识中多了一个黄色的感叹号,表示域服务角色和功能安装完成。

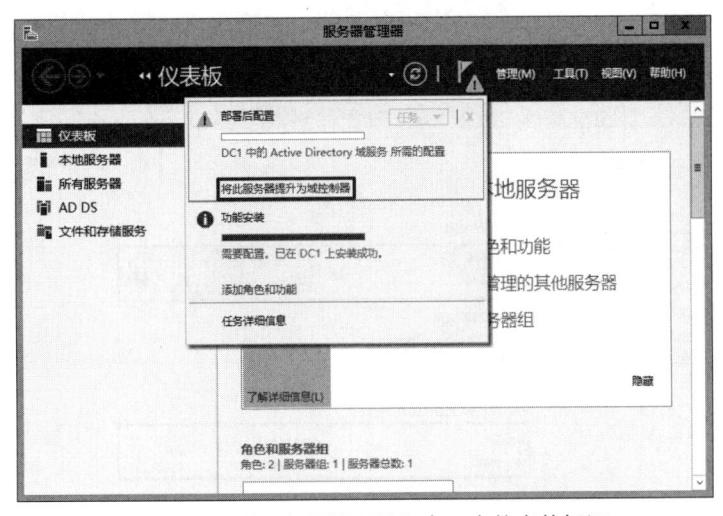

图 14-12 【服务器管理器】窗口中的事件标识

3．通过 AD 安装向导将服务器升级为公司的第一台域控制器

（1）在如图 14-12 所示的窗口中单击【将此服务器提升为域控制器】链接,在弹出的如图 14-13 所示的【部署配置】窗口中,选中【添加新林】单选按钮,在【根域名】文本框中

输入公司的根域【JAN16.cn】,如图 14-13 所示。

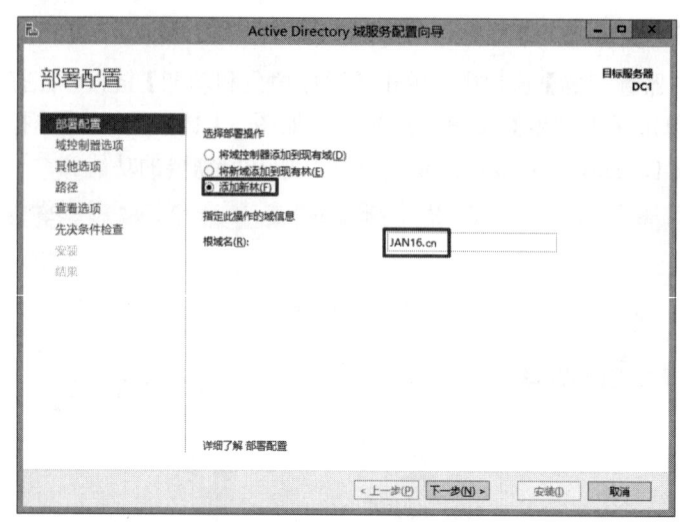

图 14-13 【部署配置】窗口

> **注意**:将域控制器添加到现有域:该选项用于将服务器提升为额外域只读域控制器。
> 将新域添加到现有林:该选项用于将服务器提升为现有林中某个域的子域,或提升为现有林中的新域树。
> 添加新林:该选项用于将服务器提升为新林中的域控制器。
> 根域名:一般采用公司在 Internet 注册的根域名。

(2)在如图 14-14 所示的【域控制器选项】窗口的【林功能级别】和【域功能级别】下拉列表中均选择【Windows Server 2012 R2】选项,并输入目录服务还原模式(DSRM)的密码。

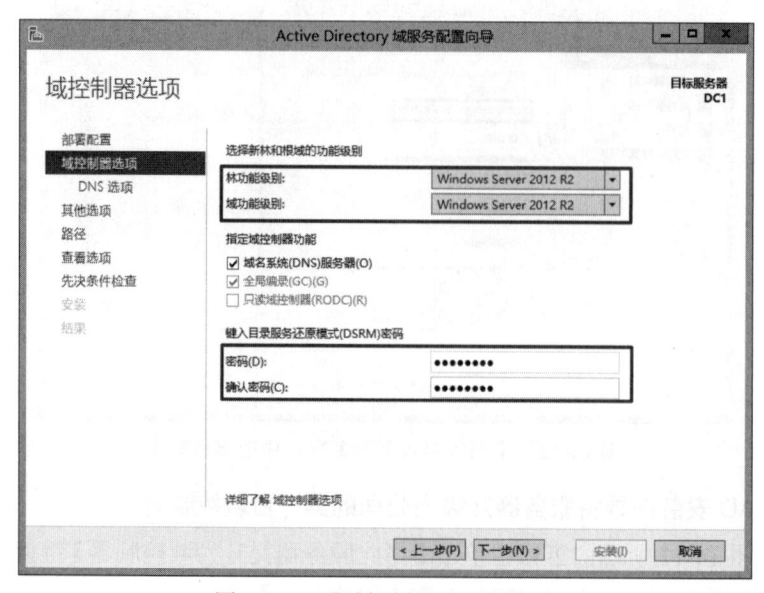

图 14-14 【域控制器选项】窗口

> **注意**：域功能级别：若将域功能级别设置为【Windows Server 2012 R2】，那么该域内的其他域控制器必须安装 Windows Server 2012 R2 或以上操作系统。
>
> 林功能级别：若将林功能级别设置为【Windows Server 2012 R2】，则要求域功能级别必须设置为【Windows Server 2012 R2】或以上操作系统。
>
> 目录服务还原模式（DSRM）密码：该密码在域控制器降为普通服务器时使用，密码要满足复杂性密码要求。

（3）在【DNS 选项】窗口中，按默认配置，单击【下一步】按钮。

（4）在【其他选项】窗口中，系统会自动推荐 NetBIOS 域名，通常这个推荐名称为末级域名名称。在本任务中，JAN16.cn 的末级域名为 JAN16，它表示新建域的简称，而在本任务中，域的简称就是 JAN16，因此，保持默认配置并单击【下一步】按钮。

（5）在【路径】窗口中，使用默认的域安装路径并单击【下一步】按钮。

（6）在【查看选项】窗口中，管理员可以查看即将生效的域配置是否正确，确认无误后，单击【下一步】按钮。

（7）在【先决条件检查】窗口中，系统会检查 AD 域升级的所有配置是否满足要求，检查通过后，【安装】按钮为可单击状态，如果检查未通过，则管理员需要根据检查提示完成相关配置。单击【安装】按钮开始安装。

（8）安装完成后，系统会自动重启计算机。重启后就可以进入 JAN16 域的登录界面，如图 14-15 所示。

图 14-15　JAN16 域的登录界面

任务验证

用户可以通过以下三种方法验证域服务是否安装成功。

1. 查看三个 AD 服务工具是否安装成功

（1）查看【Active Directory 用户和计算机】服务工具是否正常。

打开【服务器管理器】窗口，在【工具】下拉菜单中选择【Active Directory 用户和计算机】命令，打开【Active Directory 用户和计算机】窗口，如图 14-16 所示。

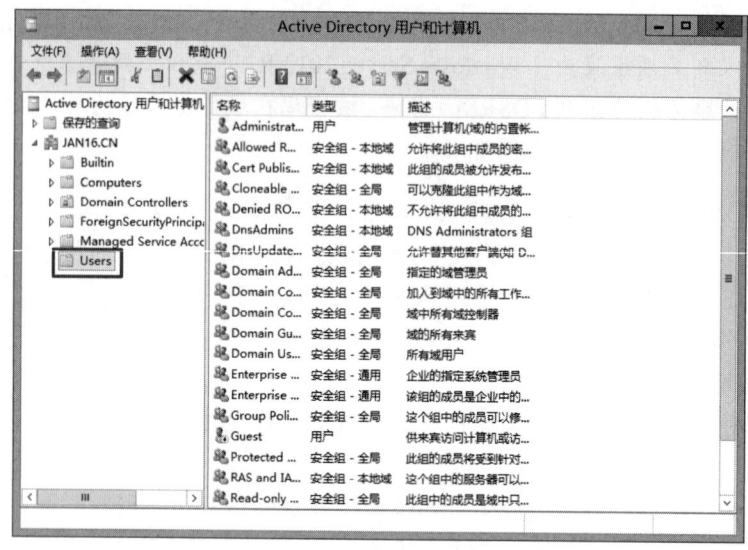

图 14-16 【Active Directory 用户和计算机】窗口

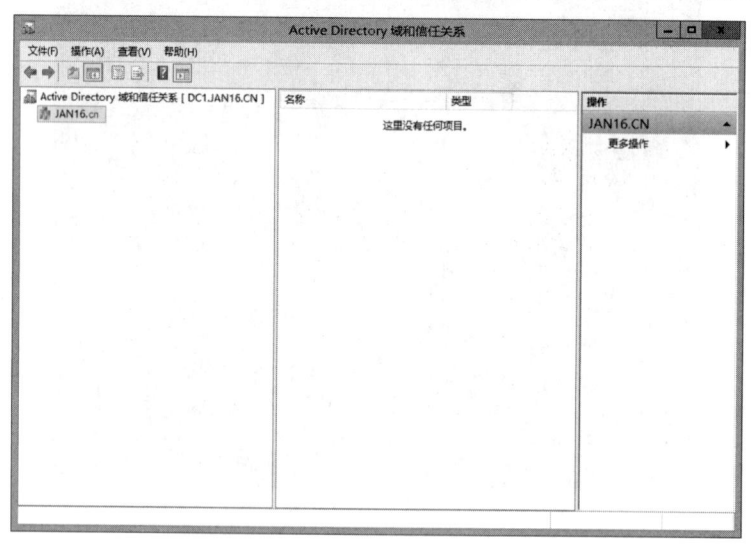

（2）查看【Active Directory 域和信任关系】服务工具是否正常。

打开【服务器管理器】窗口，在【工具】下拉菜单中选择【Active Directory 域和信任关系】命令，打开【Active Directory 域和信任关系】窗口，如图 14-17 所示。

图 14-17 【Active Directory 域和信任关系】窗口

（3）查看【Active Directory 站点和服务】服务工具是否正常。

打开【服务器管理器】窗口，在【工具】下拉菜单中选择【Active Directory 站点和服务】命令，打开【Active Directory 站点和服务】窗口，如图 14-18 所示。

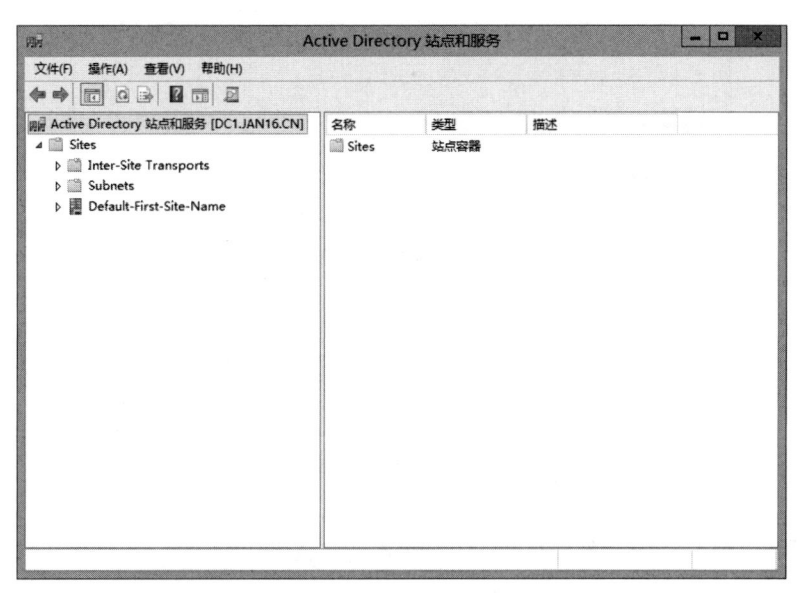

图 14-18 【Active Directory 站点和服务】窗口

2. 查看 AD 默认共享文件夹是否创建成功

在【运行】对话框中输入【\\JAN16.cn】，打开【JAN16.cn】窗口，查看 AD 默认共享文件夹【netlogon】和【sysvol】是否创建成功，结果如图 14-19 所示。

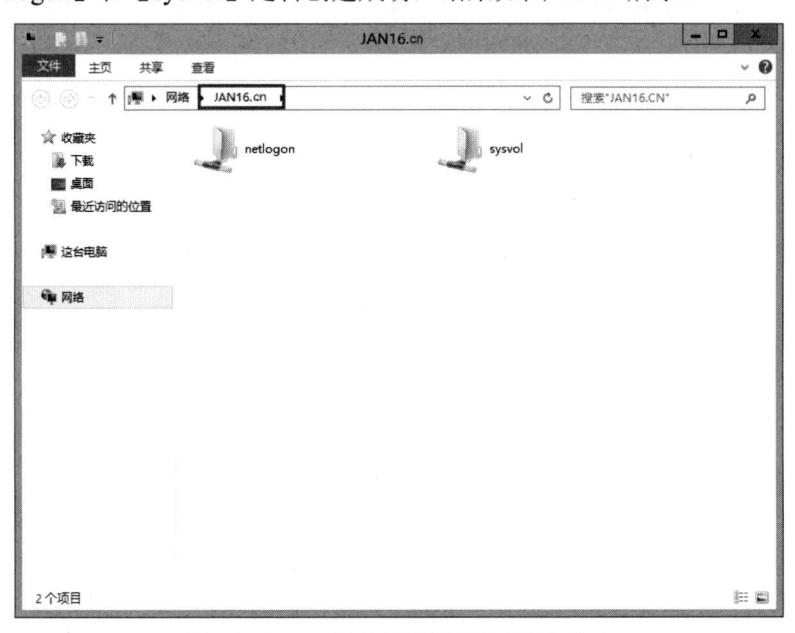

图 14-19　AD 默认创建的两个共享文件夹

3. 查看 DNS 是否自动创建相关记录

打开如图 14-20 所示的【DNS 管理器】窗口，可以看到系统自动注册的与 AD 相关的 DNS 记录。

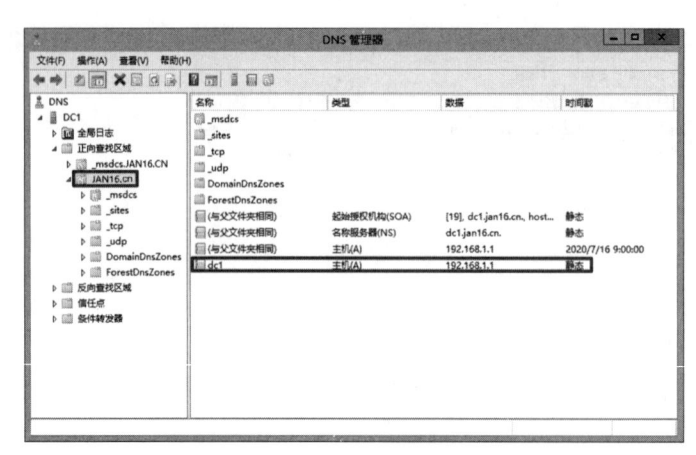

图 14-20 【DNS 管理器】窗口

任务 14-2　将用户和计算机加入域

任务规划

学习视频 37

公司已经创建了第一台域控制器，接下来需要将公司的客户机加入域，注册员工域账户和实习生域账户，并限制实习生域账户只能在上班时间登录到域。域测试环境拓扑结构如图 14-21 所示。

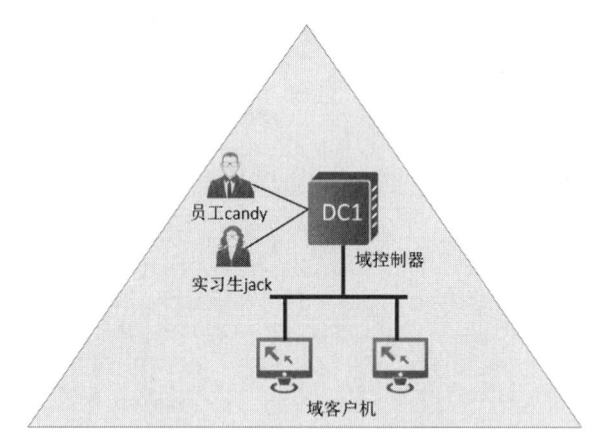

图 14-21　域测试环境拓扑结构

在非域环境下，用户通过客户机的内部账户登录和使用该客户机，如果一位员工需要使用多台客户机，网络管理员就必须在这些客户机上都创建一个账户供该员工使用。如果有更多的员工存在类似需求，网络管理员就需要管理大量客户机上的账户，此时最为简单的操作都需要花费管理员大量的时间，如更改员工的账户或密码。

在域环境下，域管理员会将公司的客户机都加入域。为防止员工脱离域环境使用客户机，管理员往往会禁用客户机的所有本地账户。因此，域管理员会为每一位员工创建一个域账户，员工就可以使用自己的域账户登录到任何客户机。在实际应用中，如果需要限制用户仅能使用特定客户机，或者仅能在特定时间使用客户机，域管理员可以在域用户管理中直接进行配置，而无须在客户机上进行任何操作。

因此，实现本任务目标可以通过以下操作步骤完成。

（1）将客户机加入域。

（2）注册员工域账户【candy】和实习生域账户【jack】。

（3）限制实习生域账户【jack】登录到域客户机的时间。

任务实施

1. 将客户机加入域

（1）在【WIN10-01】计算机上将【IP地址】配置为【192.168.1.101/24】，【DNS】指向域控制器的IP地址【192.168.1.1】。

（2）右击桌面上的【我的电脑】图标，在弹出的快捷菜单中选择【属性】命令，打开客户机的系统设置窗口。

（3）单击【更改设置】链接，在弹出的【系统属性】对话框中单击【更改】按钮，在弹出的如图14-22所示的【计算机名/域更改】对话框中选中【域】单选按钮，然后在文本框中输入公司的根域名称【JAN16.cn】，并单击【确定】按钮，此时，客户机会联系域控制器，并被要求进行加入域的权限认证。

（4）在弹出的如图14-23所示的【Windows 安全中心】对话框中，输入域管理员的账户和密码，然后单击【确定】按钮。

图14-22 【计算机名/域更改】对话框（1）　　图14-23 【Windows 安全中心】对话框

（5）域控制器完成权限确认后，允许该客户机加入域，并自动完成该客户机的注册工作。在弹出的如图14-24所示的【计算机名/域更改】对话框中单击【确定】按钮，系统将提示用户重启计算机，重启后即可完成客户机加入域的任务。

2. 注册员工域账户【candy】和实习生域账户【jack】

（1）打开域控制器的【服务器管理器】窗口，在【工具】下拉菜单中选择【Active Directory 用户和计算机】命令，打开【Active Directory 用户和计算机】窗口，如图 14-25 所示。

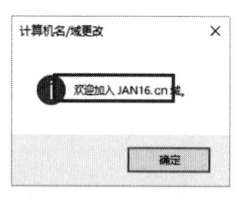

图 14-24 【计算机名/域更改】对话框（2） 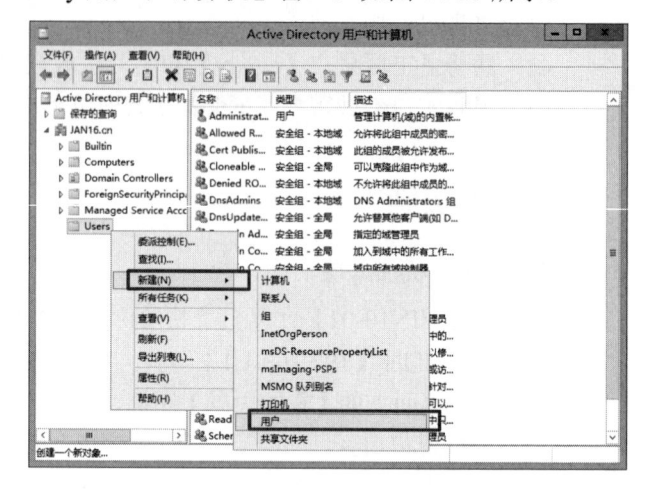　　图 14-25 【Active Directory 用户和计算机】窗口

（2）在如图 14-25 所示的【Active Directory 用户和计算机】窗口中右击【Users】组织架构，在弹出的快捷菜单中选择【新建】子菜单，然后选择【用户】命令，打开【新建对象-用户】对话框。

（3）在如图 14-26 所示的【新建对象-用户】对话框中输入员工域账户【candy】的信息，然后单击【下一步】按钮。

（4）在如图 14-27 所示的对话框中输入账户和密码，其他选项使用默认配置，然后单击【下一步】按钮，确认注册信息无误后，单击【完成】按钮，完成员工域账户【candy】的注册。

图 14-26 【新建对象-用户】对话框（1） 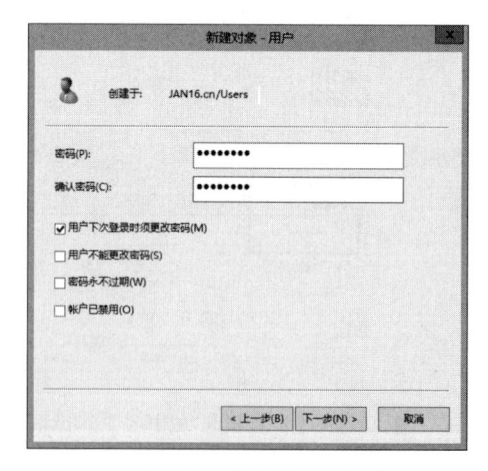　　图 14-27 【新建对象-用户】对话框（2）

（5）使用同样的方法，创建实习生域账户【jack】。

3. 限制实习生域账户【jack】登录到域客户机的时间

（1）打开【Active Directory 用户和计算机】窗口，找到实习生域账户【jack】，并在该账户的右键快捷菜单中选择【属性】命令，打开【jack 属性】对话框，如图 14-28 所示。

（2）选择【账户】选项卡，单击【登录时间】按钮，在弹出的如图 14-29 所示的【jack 的登录时间】对话框中设置【jack】的允许登录时间为上班时间（星期一～星期五的 9:00～17:00），然后单击【确定】按钮完成配置。

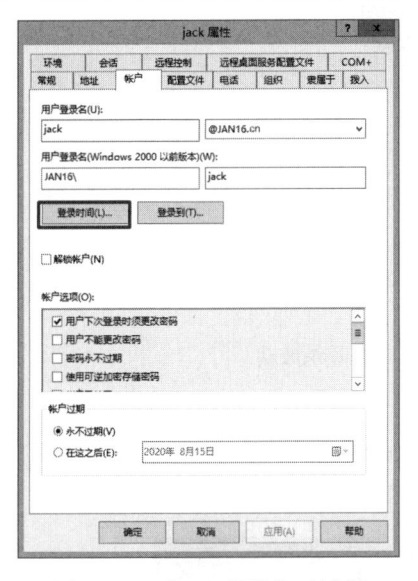

图 14-28 【jack 属性】对话框

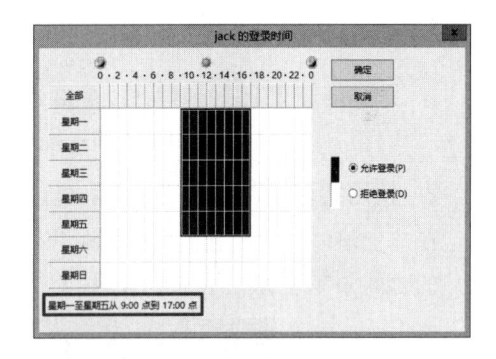

图 14-29 【jack 的登录时间】对话框

任务验证

1. 使用员工域账户【candy】登录域客户机

（1）域客户机启动后，在登录界面中，默认是本地登录，结果如图 14-30 所示。要登录到域需要先单击【其他用户】链接，切换到域登录界面，如图 14-31 所示。

图 14-30 本地登录界面

图 14-31 域登录界面

（2）输入【candy】的账户和密码后，需要修改用户密码，才能成功登录到域客户机（用户第一次登录域客户机时需要修改密码），结果如图 14-32 所示。

图 14-32　员工域账户【candy】登录成功

2. 使用实习生域账户【jack】登录域客户机

在非上班时间，使用实习生域账户【jack】登录域客户机后将出现如图 14-33 所示的【你账户的时间限制使你无法立刻登录。】提示。

图 14-33　实习生域账户【jack】无法在非上班时间登录域客户机

练习与实践

一、理论题

1. 以下关于活动目录的目录描述正确的是（　　）。
　　A．目录是一个容器　　　　　　　　B．目录可以存储用户账户
　　C．目录可以存放计算机账户　　　　D．目录可以有子目录（OU）

2. 以下关于活动目录的概念描述正确的是（　　）。
   A. 活动目录的对象可以增加和删除
   B. 活动目录的对象可以是计算机账户
   C. 活动目录架构由对象类和对象属性构成
   D. 活动目录基于 LDAP 协议访问
3. 活动目录的逻辑结构主要包括（　　）。
   A. 域　　　　　　　　　　　　B. 域树
   C. 域目录林　　　　　　　　　D. 组织单位
4. 域的三大边界是指（　　）。
   A. 安全边界　　　　　　　　　B. 控制边界
   C. 管理边界　　　　　　　　　D. 复制边界
5. 关于域的组织单位，以下说法正确的是（　　）。
   A. 组织单位可以存放组织单位
   B. 组织单位可以存放用户和计算机
   C. 组织单位是活动目录中最小的管理单元
   D. 组织单位的管理权限要按需配置
6. 关于 AD 的优势与特点，以下说法正确的是（　　）。
   A. AD 有利于资源的统一管理　　　B. AD 可实现网络资源的便捷访问
   C. AD 有利于资源访问的分级管理　D. AD 降低了公司的总拥有成本

二、项目实训题

1. 项目背景

JAN16 公司网络管理部将引入全新的 Windows Server 2012 R2 域来管理公司的用户和计算机。为让网络管理部员工尽快熟悉 Windows Server 2012 R2 域环境，管理员将在 Windows Server 2012 R2 服务器上创建公司的第一台域控制器。

公司域信息规划如下。

（1）域控制器的名称为 DC1。

（2）域名为 JAN16.cn。

（3）域的简称为 JAN16。

（4）域控制器的 IP 地址为 172.16.1.1/24。

（5）域客户机 1 的名称和 IP 地址分别为 PC1、172.16.1.10/24。

（6）域客户机 2 的名称和 IP 地址分别为 PC2、172.16.1.11/24。

（7）域账户包括 tom、mike，其中，mike 为实习生，仅允许他登录到 PC1。

域测试环境拓扑结构如图 14-34 所示。

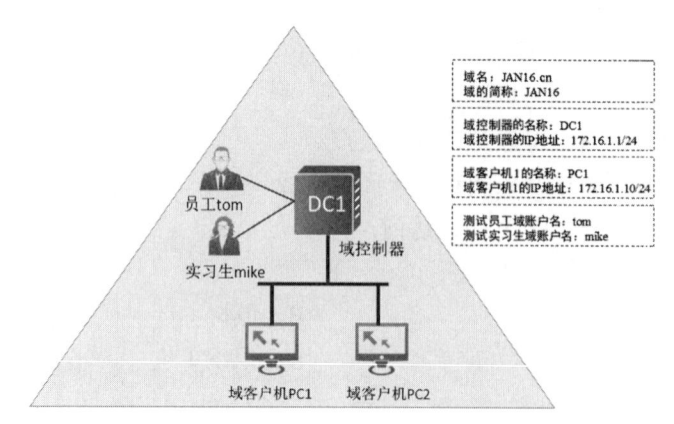

图 14-34　JAN16 公司域测试环境拓扑结构

2．项目要求

（1）根据项目背景，补充表 14-2～表 14-4 的 TCP/IP 相关配置信息。

表 14-2　域控制器 DC1 的 TCP/IP 相关配置信息规划

计 算 机 名	IP 地址/子网掩码	网　　关	DNS 服务器地址

表 14-3　域客户机 PC1 的 TCP/IP 相关配置信息规划

计 算 机 名	IP 地址/子网掩码	网　　关	DNS 服务器地址

表 14-4　域客户机 PC2 的 TCP/IP 相关配置信息规划

计 算 机 名	IP 地址/子网掩码	网　　关	DNS 服务器地址

（2）根据项目要求，给各计算机配置 IP 地址、DNS 服务器地址、路由等信息，实现相互通信并进行 AD 配置，完成后，截取以下结果。

- 截取域控制器 DC1 的【DNS 管理器】窗口的【正向查找区域】管理界面。
- 截取域控制器 DC1 的【Active Directory 用户和计算机】窗口中的【Users】组织架构界面。
- 在域控制器 DC1 的【Active Directory 用户和计算机】窗口中，截取域账户【mike】仅允许登录到 PC1 的配置界面。

课题名称	课程属性
IT职业素养(第2版) 计算机网络技术导论 Windows Server 2012网络服务器配置与管理（第3版）（微课版） Windows Server 2019网络服务器配置与管理（微课版） Linux/UNIX网络系统服务器配置与管理	专业基础课程
网络综合布线技术 网络设备配置与管理 计算机网络系统集成教程	网络系统集成与运维岗位
网络安全基础与应用教程 防火墙与入侵防御系统配置与管理 Web攻击与防范技术 VPN及安全验证技术	网络与信息安全岗位
Flash与动感网页制作技术 PHP网站开发技术 Asp.net网站开发技术 MySQL数据库技术应用教程 XML技术与应用教程 HTML5+CSS3+JavaScript网页设计项目教程	网站开发岗位

责任编辑：朱怀永
封面设计：张　昱

ISBN 978-7-121-42148-8

定价：59.80 元